全国印刷行业职业技能大赛印后装订工培训教材

YINHOU
ZHUANGDING
JISHU

印后装订技术

主　编　沈国荣
副主编　姜婷婷
编　著　王向阳　李伟民　殷永建　李孟成
　　　　叶　辉　刘吉燕　王　坚
主　审　郭　明

文化发展出版社
Cultural Development Press

图书在版编目（CIP）数据

印后装订技术 / 沈国荣主编．— 北京：文化发展出版社，2022.4
ISBN 978-7-5142-3697-2

Ⅰ．①印… Ⅱ．①沈… Ⅲ．①装订－高等职业教育－教材 Ⅳ．①TS88

中国版本图书馆 CIP 数据核字 (2022) 第 044782 号

印后装订技术

主　　编　沈国荣
副 主 编　姜婷婷
编　　著　王向阳　李伟民　殷永建　李孟成　叶　辉　刘吉燕　王　坚
主　　审　郭　明

责任编辑：李　毅　杨　琪　　责任校对：岳智勇
责任印制：邓辉明　　责任设计：郭　阳
出版发行：文化发展出版社（北京市翠微路 2 号 邮编：100036）
网　　址：www.wenhuafazhan.com
经　　销：各地新华书店
印　　刷：中煤（北京）印务有限公司

开　　本：787mm×1092mm 1/16
字　　数：398 千字
印　　张：17.375
版　　次：2022 年 4 月第 1 版
印　　次：2022 年 4 月第 1 次印刷
定　　价：65.00 元
ISBN：978-7-5142-3697-2

◆ 如发现印装质量问题请与我社发行部联系 直销电话： 010-88275710

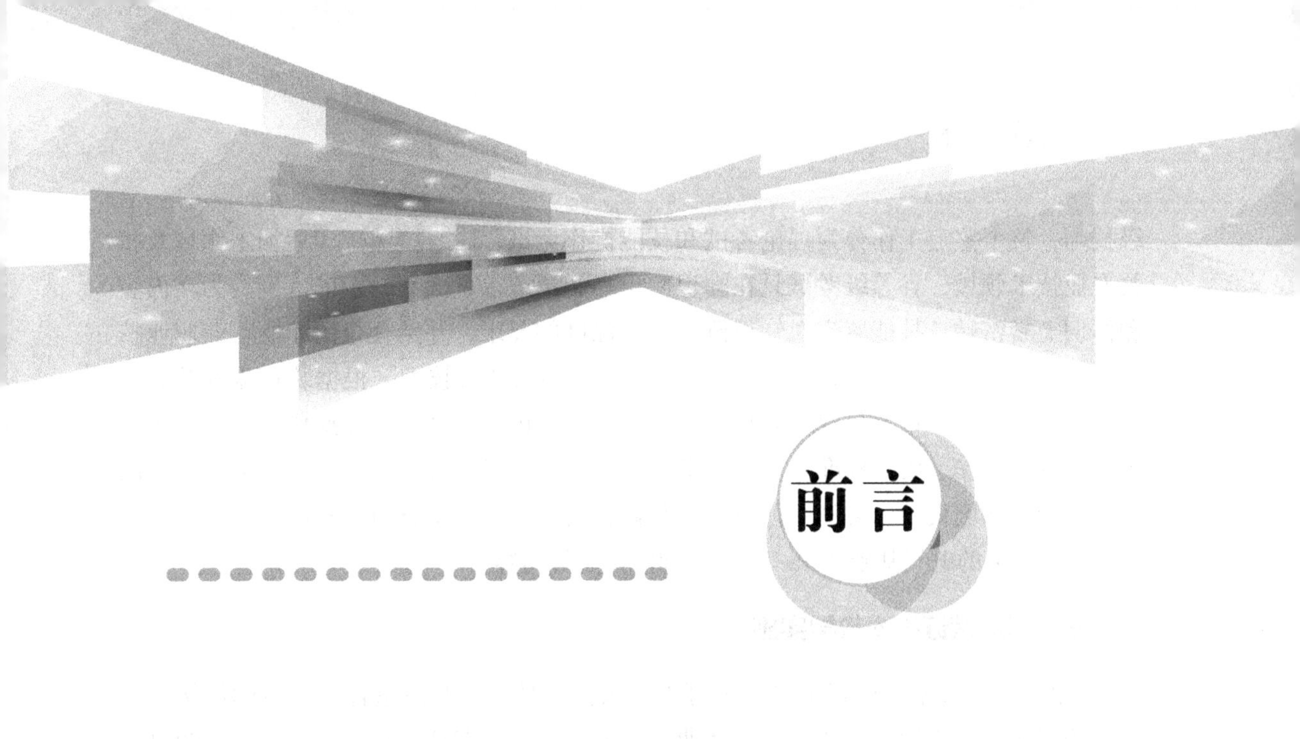

前言

技能人才是我国人才队伍的重要组成部分，印刷高技能人才是推动我国印刷业繁荣发展的骨干力量。受中国印刷技术协会委托，上海出版印刷高等专科学校根据第七届全国印刷行业职业技能大赛印后装订工竞赛（首届）的实践经验，有效利用技能竞赛这一高技能人才成长平台，编写《印后装订技术》教材及相配套PPT课件、考核题库及视频，在满足职业技能教学、培训、鉴定和技能竞赛同时，有助于提升从业人员印后书刊装订操作技能和理论知识水平。印后加工是印刷流程的重要组成部分，而作为印后加工重要分支的书刊装订是提升产品档次、实现功能增值的重要手段。《印后装订技术》从书刊装订加工原理角度出发，论述了印后装订技术的整个工艺流程，侧重于书刊加工机械的实际操作技术，并对新工艺、新设备、新材料及数字印后加工进行了一定的解析，具有较强的针对性、实用性，突出应用能力的培养。

一、印后装订技术教学目标

《印后装订技术》教材通过对印后装订技术工艺流程的阐述，使学习者掌握印后装订裁切、折页、配页、锁线、骑马订、胶订、精装、数印后道、封面整饰等印后装订机械设备的工作原理和使用调节，分析装订设备的常见故障和解决方法，并帮助从业人员了解印刷基础知识、电气基础知识、机械基础知识、安全生产知识等相关知识，从而提高印后装订员工设备操作技能及分析问题、解决问题的方法与能力。

二、印后装订技术教学内容

根据中华人民共和国人力资源和社会保障部制定的国家职业技能标准《印后制作员》（2019年版）的要求，其工种鉴定等级分为初级工、中级工、高级工、技师和高级技师，整个鉴定工作分为理论考试和技能操作考试，内容覆盖了印后加工领域及相关专业技术领域，各等级考试只在知识侧重点和深度等方面有一定的区别。为在内容和体例上紧密贴合技能鉴定对知识侧重点和深度的要求，并结合全国印刷行业职业技能大赛印后装订工竞赛技术纲要文件的要求，《印后装订技术》根据装订流程共分为十一个章节，每个章节包含工艺技术和设备操作等内容。其中实际操作中覆盖了工艺流程、设备操作、质量标准与要求、常见弊病等，项目内容还涉及和印后装订有关的印后设计、印刷设计、装订主体材料、装帧材料、订缝连接材料、黏结材料、数字印刷后道及相关的电气基础知识、机械基础知识点等内容。

三、印后装订技术教学实施

《印后装订技术》讲解了书刊装订工艺及操作技术，并注重各知识点的衔接和延伸，培训学习者持续学习能力，使从业人员能较快掌握裁切、折配锁、骑订、胶订、精装、数印后道书刊的装订加工操作，使印后书刊装订设备的操作者能快速融入生产实践中去，为印后装订学习者提供了贴近现实的学习内容。

本书由沈国荣担任主编，姜婷婷担任副主编。参与本书编写的人员有上海出版印刷高等专科学校沈国荣、姜婷婷、叶辉，河南新华印刷集团有限公司王向阳，上海中华印刷股份公司李伟民，深圳精密达智能机器有限公司殷永建、李孟成，上海紫丹印务有限公司王坚，云南出版产品检测中心刘吉燕。全书由沈国荣统稿，郭明审定。本书在编写过程中，受到了中国印刷技术协会、上海印刷技术协会、上海出版印刷高等专科学校领导的大力支持，也得到了有关印后装订机械制造公司、印刷企业和技术人员的支持和帮助，在此表示衷心感谢！尤其要感谢深圳精密达智能机器有限公司董事长郑斌、总经理刘文、总助李晓扬，东莞市浩信精密机械有限公司卢冰，好利用印后刘宇，北京中科印刷龙青，泰克正通刘涛等专家的指导与帮助，谨此致谢。同时，还要感谢我们的家人，是他们在背后默默地支持、鼓励和帮助，才使我们能全身心投入编著工作，值此新书出版之际，诚挚感谢行业专家和我们的家人。

由于作者理论知识和实践经验的局限性，在编写过程中出现不足及疏漏在所难免，期望使用本教材的广大读者随时提出宝贵意见，以便本书修订时补充更正，期待您的宝贵意见。

编者
2022 年 3 月

目录

第一章　基础知识

第二章　装订主要生产工艺流程

第三章　裁切

第四章　折页

第五章　配页

第六章　锁线

第七章 骑马订

第八章 胶订

第九章　精装

第十章　数字印后装订

第十一章 装订材料

第一章 基础知识

书是人类进步的起源和阶梯，是人类的精神食粮，是人类文明的标志，是人类智慧、意志、理想的最佳体现，也是人类表达思想、学习知识、传播知识、积累文化的物质载体。当我们畅游在知识的海洋中，书就是养育我们的大海，书海里有我们取之不竭的知识养分。书是科学、技术、艺术的综合产品，读书可以拓宽我们的眼界，获得丰富的知识。当你手捧一本装帧精美的书刊时，你是否知道书刊的印刷与制作过程?

书刊的印刷是一个系统工程，由印前、印刷和印后加工三个环节组成，这三个环节既相互独立又相互关联，都不同地影响着印刷品的质量。印后加工主要由印品整饰和书刊装订两大部分组成，书的最终价值是要靠印后制作成成品来体现，而印后制作工艺的复杂程度和不确定性远远超过了印前和印刷。

第一节　印刷基础知识

印刷是使用印版或其他方式将原稿上的图文信息转移到承印物上的工艺技术。

一、印刷发展简史

造纸术、指南针、火药和印刷术是我国古代的四大发明，对中国古代的政治、经济、文化的发展产生了巨大的推动作用。在四大发明中，造纸术和印刷术直接与印刷相关。

1. 文字的产生

印刷的前提是文字的产生，文字是记录语言的符号，是人类步入文明时代的一个重要标志。有了文字，语言就不再受时间和空间的限制。

中国最早的文字是从“结绳记事”“刻木记事”开始的。人们把需要记录的事情，按不同的类型，在绳子上结成不同大小和形状的扣结。刻木就是在木板、竹片、石上刻下不同长短和宽窄的条痕，留作记忆的凭证。随着结绳记事和刻木记事进一步发展和完善，出现了画图记事。画图记事方便了记忆，但仍无法明白无误地传达信息，于是便产生了以字像物形为特征的文字——象形文字。几千年来，汉字构造的原则基本上没有什么变化，只是字体的变化比较大。最古的汉字字体是殷商甲骨文，稍后是周代至春秋、战国时代的大篆（也称金文、钟鼎文），秦代的小篆，汉代的隶书，魏晋南北朝、唐、宋、元、明、清的楷、行、草书，直至今天常用的简化字体。

2. 笔、墨、纸的发明

纸是中国古代劳动人民的四大发明之一。105年，蔡伦在总结前人造纸经验的基础上，用树皮、麻头、破布、旧渔网等植物纤维作原料制成了“蔡侯纸”。

笔是最早的书写、绘画工具。“蔡伦造纸，蒙恬制笔”是由来已久的一种说法。在以刀、竹为笔的基础上发明的毛笔，是使用时间最长的一种笔。

墨是一种书写、绘画用品。用毛笔书写时，一定要配以适量的液体染料（通过水磨砚得到）。因此常见“笔墨”二字连用，以表示书写的工具。

笔、墨、纸的发明和发展，为印刷技术奠定了物质基础。

3. 盖印与拓石

印章，在初期只作为信凭之用，通常刻的是姓名与官衔，印章的使用方法就是以印章蘸墨后盖印。印章上的文字都是反文，这样印出来的才是正文。从印刷技术角度来看，印章相当于印版，盖印即是印刷，而雕刻印章，则属制版。

拓印是一种把碑刻上面的文字图样印下来的简单方法。把柔软的薄纸浸湿后敷在石碑上，用木槌或毛刷隔着毡布轻轻地拍打，使纸嵌入石碑刻字的凹人部分，呈凹凸分明状。待纸张全干后，用刷子蘸墨均匀地刷在纸上，凹下的文图部分刷不到墨，因此把纸揭下来得到的就是黑底白字的正写拓本了，即平时所说的碑帖。

4. 雕版印刷术

雕版印刷术是人类历史上出现最早的印刷术。它是先把正写的文稿或阁稿写到薄而透明的纸上成为版样，校对无误后将版样字面朝下贴在板材上，用锋利的刻刀将字形成图形以外的不需要的部分版面刻掉，制成刻有反体文字或图样，即文字或图样凸起的雕刻印版。再用蘸有墨的刷子在刻版的版面上涂刷，使版面凸起的文字图样均匀地粘满墨，再平整地覆盖上纸张，用一把没有粉墨的刷子在纸的背面轻轻涂刷。这样版面上的墨会粘到纸上，稍干后揭下，文字图样就转印到纸上，成为一张雕版印刷品了。雕刻印刷的重大发展就是发明了彩色套印术，即在一块版面上用不同颜色印刷文字或图像的技术。

5. 活字印刷术

1041—1048年，毕昇发明了活字印刷术。活字印刷术的工艺流程包括活字的制作、拣字、排版、印刷、拆版、还字等工序，与现代铅、铜字排版印刷的工序几乎一致。比起雕版，活字印刷术既便宜又经济，因而逐渐成为现代印刷的主流。活字印刷术推动了我国印刷技术的发展，但缺点是泥活字不易保存，不能用来做第二次印刷。元代王祯对排字做了改进，发明了轮转排字盘。排版时一人按文稿念字，另一人在两个轮盘间按字音字排版，这样的合作方式减轻了劳动强度，提高了生产效率。

6. 谷登堡铅活字印刷术

对中国古代活字印刷术做出突出改进并使之发展巨大的是德国人谷登堡。各国学者公认的现代印刷术创始人是德国人谷登堡（1397—1468）。他发明铅合金字印刷术的年代是1450年，比我国毕昇发明泥活字印刷术晚约400年，但他发明的铅合金印刷术，特别是承印方式由“刷印”变为“压印”，为现代印刷奠定了基础。

谷登堡铅活字印刷术的主要内容有：制作活字的材料为铅、锡、锑合金，这种合金制出的活字较木活字和铜活字更易成型，便于印刷，且耐印力高。制出了铸字用的字盒及铜字模，使活字的规格易于控制，便于大量生产。同时，谷登堡还研制出了油性墨，提高了印刷质量。把用木料制作出的手动垂直螺旋印刷机方式改为“压印”方式［图 1-1（a）］。谷登堡的铸字、排字、印刷方法，以及他首创的螺旋式手板印刷机，在世界各国沿用了 400 余年。

19 世纪以后，世界上陆续出现了铸字机、铸排机、照相机、胶印机、凹印机以及各种烫金机、切纸机、折页机［图 1-1（b）］等装订机械。印刷业进入了机械化生产的新时代，新设备、新技术的应用，使印刷水平达到了新的高度。21 世纪初，制版、印刷、装订三大工序，凸、平、凹、孔四大印刷门类并立的格局基本形成并延续至今。

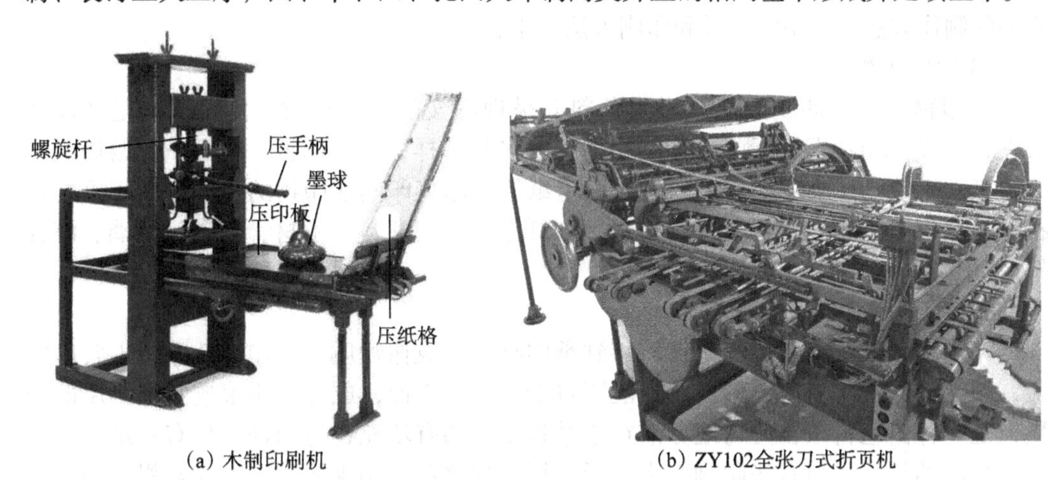

(a) 木制印刷机　　(b) ZY102全张刀式折页机

图 1-1　古、今印刷设备

二、印刷基础知识

1. 印刷的定义

随着科学技术的不断发展，图文信息的储存与传播发生了重大变化，也给印刷技术带来了日新月异的变化，使印刷有了传统印刷与现代印刷之分。传统印刷在广义上是印前（依照原稿使用各种技术方法制成印版的工艺过程）、印刷（印版上的图文信息被转移到承印物表面）、印后加工（将印刷产品按照所要求的形状和使用性能进行加工）的总称。而狭义上的印刷仅仅是指将印版上的图文信息所黏附的色料转移到承印物表面的工艺技术。国家标准 GB/T 9851.1—2008 中对印刷的定义是使用模拟或数字的图像载体将呈色剂 / 色料（如油墨）转移到承印物上的复制过程。

2. 印刷的过程

广义上的印刷过程是制版、印刷、印后加工三大工艺的全过程。狭义上印刷过程除制版与印后加工外，仅指印刷机的印刷过程，即包括给纸、印刷和收纸的全过程。由于印刷工艺不尽相同，不同的印刷工艺有各自的印刷过程。

3. 印刷的要素

一般印刷必须具备原稿、印版、承印物、印刷油墨、印刷机械五大要素，才能进行印刷。

（1）原稿

在印刷领域中，制版所依据的实物或载体上的图文信息叫原稿。原稿是印刷的依据，原稿质量的好坏，直接影响到印刷成品的质量。原稿分为文字原稿、图像原稿和实物原稿。

（2）印版

印版是用于传递油墨至承印物上的印刷图文载体。原稿上的图文信息制作在印版上，分为图文部分和非图文部分。印版上的图文部分是着墨的部分，所以又叫作印刷部分，非图文部分在印刷过程中不吸附油墨，所以又叫作空白部分。印版面上的印刷部分和空白部分相对位置依高低不同或作用不同，可分为凸版、平版、凹版和孔版。它们的制作方法、使用的版材和印刷方法各不相同。

（3）承印物

承印物是接受印刷油墨或吸附色料并呈现图文的各种物质。传统印刷是转印在纸上，所以承印物即为纸张。印刷用的纸张多种多样，如新闻纸、凸版纸、胶版纸、画报纸、字典纸、书皮纸、书写纸、白卡纸等。随着印刷承印物的种类不断丰富，现在远不仅仅是纸张，而包括各种材料，如纤维织物、塑料、木材、金属、玻璃、陶瓷等。

（4）印刷油墨

印刷油墨是在印刷过程中被转移到承印物上的成像物质。承印物从印版上转印图文，图文的显示是由色料形成，并能固着于承印物表面，成为印刷痕迹。印刷用的油墨，是一种由色料微粒均匀地分散在连结料中，掺有填充料与助剂，具有一定的流动性和黏性的物质。但有些印刷在未广泛采用油墨之前，用水墨印刷，如炭黑、原红、靛青、藤黄等各种色墨。各种油墨中又有黑墨以及各种色相的彩色油墨。

（5）印刷机械

印刷机械是用于生产印刷品的机器设备的总称。因印版的结构不同，印刷过程的要求也不同，印刷机也按印版类型的不同分为凸版印刷机、平版印刷机、凹版印刷机、孔版印刷机、特种印刷机等。每种印刷机又按印刷幅面、机械结构、印刷色数等生产有各种不同型号的设备，供不同用途的印刷使用。在这些印刷机中，除平版印刷机有输水装置外，都由输纸、输墨、压印和收纸等主要装置组成。

4. 印刷的分类

（1）无压力印刷

①静电印刷：利用静电技术吸附墨粉转移到纸或其他承印物上熔固成像。

②热敏印刷：在热敏纸上利用热力使胶囊中的色料渗出导色。

③喷墨印刷：利用喷嘴将微小墨滴喷射在承印物上。分连续与按需喷墨印刷。

④磁性印刷：利用磁力吸附墨粉再转移到承印物上熔固成像。

⑤离子沉积印刷：利用离子沉积吸附墨粉再转移到承印物上熔固成像。

（2）有压力印刷

①凸版印刷：印版的图文部分是凸起的，高于空白部分。当给印版涂覆油墨，经复纸，施加压力后，印版图文上的油墨就转印到纸张上。

②平版印刷：印版的图文部分与空白部分处于同一平面上。利用油墨、水相斥的

原理，印版图文先印在胶皮滚筒上，再转印到纸上。

③凹版印刷：印版的图文部分是凹进的，低于空白部分。当给印版涂覆油墨，经复纸，施加压力后，印版图文上的油墨就吸附到纸张上。

④孔版印刷：印版图文是由大小不同孔洞组成。印刷时，在压力的作用下，油墨通过孔洞，印到承印物上。

5. 印刷的特点

印刷是传播和储存信息的重要手段，社会进步和科学发展都离不开印刷。印刷工业是国民经济的重要支柱之一，其发展状况往往是一个国家工业技术水平的综合反映，体现出精神文明水准和教育普及程度。印刷所具有的特点如下。

（1）工艺性

印刷是使用各种印版和其他方法，将原稿或载体上的文字、图像信息，借助于油墨成色料，批量地转移到纸张或其他承印物表面，使文字或图像信息再现的工艺技术。

印刷是集机械、电子、光学、化工材料、计算机技术、编辑出版及印刷工艺等多门学科为一体的综合性较强的工艺技术。印刷工艺的排版、制版、印刷、装订等各个工序，技术性很强，工艺繁杂。当今印刷工艺与古老的印刷工艺不同，由于原稿要求不同，加之现有的印版、承印物、印刷油墨及印刷机械各有差异，形成了不同的印刷工艺。主要有凸版印刷、平版印刷、凹版印刷、孔版印刷等，各自的印刷工艺具有不同的印刷特点。因此，从工艺上说，印刷的五大要素可以形成各种各样的印刷工艺，这是现代印刷中最突出的一个特点。

（2）广泛性

印刷工业是国民经济中不可缺少的一个重要组成部分，在当今社会中，印刷已经渗透到社会活动和生活中的一切领域。

印刷技术除了作为人类主要的信息传播媒介被广泛应用以外，也作为一种工业生产手段被许多行业广泛使用。印刷市场总体来说主要涉及三个方面：一是为人类的社会活动服务，包括政治、经济、军事、科学、文化、教育、外交等各个领域；二是为人类的生活服务，包括人们的衣、食、住、行和精神生活领域；三是为产业服务，作为工业生产的手段，直接生产印刷品以外的许多工业产品，如塑料、金属、玻璃、陶瓷、木材、皮革、橡胶、织物以及各种不同结构的成型制品等。印刷产品已经从传统的书籍、报纸、杂志、文献资料、政府文件、地图、图片画册、商业广告、商标、包装装潢、有价证券、日历、文教用品和发票账册等，扩大到建筑及装饰材料、饮料及复合包装、服装、玩具、印刷电路、磁卡、微细雕刻、液晶显示等。

（3）特殊性

作为人类信息传播的主要手段，印刷需要为人类社会和生活服务，涉及面广。因此，国家相关部门对印刷工业就有一些特殊要求，加工的印刷产品不能有反政府、破坏经济、泄露军事机密、宣传伪科学和封建迷信、误导人们的衣食住行、低级黄色等内容出现。另外，不同的印刷品对印刷企业还有特殊的要求，如政府文件、票证、试卷等特殊印刷对印刷企业有保密性和安全性的要求。

三、印前与装订关系

完美之作，设计为先。随着印后装订设备数字化、智能化、网络化的发展，印后设备的快速设置和一键启动都依赖于生产信息的导入，而这些生产信息就是书籍设计的内容和数据，包括装订所用材料、工艺造型、印张规格、成品尺寸等。印后装订生产能否达到高质量、高效率标准，很大程度上取决于印后装订工艺设计的科学性、规范性和合理性。在印刷企业实际生产过程中，约70%的质量弊病在印前已经存在，例如，产品尺寸与纸张规格不符；印刷品出血位设计不当裁切出血；印前设计与印后加工材料不相符；加工机器类型不匹配等，有的质量弊病在印后是无法弥补其缺陷的，因此书籍产品的印前设计重点就是装订工艺设计。

书籍装订工艺设计大部分是在印刷企业里完成，装订工艺设计的依据依然是客户的要求，其最终目的也是最大限度满足客户的要求。

1. 认识装订工艺设计

书籍产品的形式表现是通过选题策划、编辑加工、整体设计、制作印刷、印后装订等一系列工程，才能得到可呈现给消费者的形态生动的书籍产品。完美设计的书籍不但能彰显产品内容、价值、装帧，而且能够直接满足读者的使用要求和心理需求，能大大提高书籍的销量，是商品增值的重要手段之一。

装订工艺设计是指：印刷设计师根据产品和客户提出的要求对装订诸要素进行科学设计，并能实施的具体生产施工方案。

装订工艺设计中的诸要素是指：书籍装订生产中的加工材料、工艺流程、加工手段、质量控制等要素。

书籍装订工艺设计是一种立体的造型艺术设计，与一般的绘画创作设计不同，装订工艺设计是一种整体美术方案设计，而不是最终的作品，因此设计完成后还要经过制作、印刷、印后加工等生产环节，通过纸张、各种装帧材料和印装技术工艺，将装订工艺设计转化为具有物质形态的商品。不难发现，书籍的最终形态、效果及质量，完全依赖于印前设计、印刷和印后加工技术，而书籍印前设计的实现完全依赖于印后加工工艺的实施与制作。

2. 装订材料设计

装订工艺设计从程序上来说，第一步就是选择印后加工的主体材料和装帧材料。明确这一点非常重要，因为印后加工产品的最终形态、视觉效果和使用寿命不仅与材料的选择密切相关，而且从整个印刷原理上来说，都应该在材料选择后才予以考虑，这样可以避免印刷设计少走弯路。印后材料设计是设计师要解决的一个综合性问题，我们经常发现一些书籍、小册子、函套等在印前制作时就一锤定音，或已经付印时才想起材料选择，甚至到了印后加工再来选择辅助材料，此时许多弊病已很难避免了。因为印后加工材料涉及许多要素，如产品功能、质地、视觉效果、牢度、成本等，如果预先没有对印后装订诸多加工材料做出选择，很有可能随后发现原先的设计是不合理的，或是失败的。兵马未动，粮草先行，为了少走弯路而首先进行装订材料设计，应该成为书刊设计的第一理念。

3. 书籍装订工艺设计

书籍装订工艺设计的范围很广，包括订联设计、材料设计、开本设计、裁切设计、折页设计、跨页设计、拉页设计、装帧设计、标识设计等。由于各种印后加工方式都有特定的加工对象，理论上各有长处、短处，这就需要书籍装订设计者具有优化组合的理念和思路。例如，同一书刊所有印张的空白部分（版心与版心间的中缝、拉规边、叼口边等）应当大小一致，如果印张的空白部分宽度不等，这就会给折页、订联、裁切等造成很大的麻烦，也难以保证装订的质量。所以，印后设计必须特别了解各种装订工艺的特点、成本、使用寿命等。装订工艺设计者只有对印后工艺有深入了解和研究，才能达到事半功倍的效果。

4. 书刊装订工艺设计作用

书刊装订技术近年来发展迅速，出现了许多创新加工手段，装订设备和材料也有了长足发展。印后装订能提高书籍档次、增加书籍功能并决定书籍最终形态，从而成为书籍印刷工艺中无法替代的一种重要手段。虽然从生产顺序上讲，书籍装订处于末道加工，但印刷设计者绝对不能在印前或印刷完成后才考虑印后加工，印后装订生产方案必须作为印刷的重要组成部分在整体设计时同步考虑，才能将装订质量弊病消灭在萌芽状态。

装订工艺设计者必须熟悉各种印后加工手段、效果、适性以及成本。装订工艺设计要解决的问题是：如何选择与设计最佳的材料、工艺造型来满足客户的要求。既要解决问题，又要有科学的方法与程序。装订工艺设计是一个解决问题的过程，包括对问题的了解、分析，对解决问题方法的提出、优化。书籍印前设计实际上是前段创意设计，而书籍装订工艺设计是后段实施设计，二者是有机的设计结合，所以没有印前处理和印刷，就谈不上书籍的印后装订。由于印前设计的处理软件具有强大的图文处理功能，为装订工艺设计提供了多种选择的方法，而且容易实施、落实和生产，这也是当今书刊装订工艺流程、质量控制、生产数据设置等整合到印前设计的原因所在。同时，这也给印前设计师提出了掌握印后加工工艺和技术的新要求。

第二节 装订基础知识

印后装订加工是指印刷后对印张的订装加工。是将印刷好的一批批分散的半成品页张（图表、单据、票证、衬页、封面等），根据不同规格和要求，采用不同的订、锁、粘方法，使其联结起来，再选择不同的装帧方式进行包装加工，成为便于使用、阅读和保存的印刷品加工过程。书刊装订，实际上包括订和装两大工序。书芯的原型是散页，这些散页是印刷好的半成品印张，人们根据不同的规格和要求，选用不同的联结材料，如胶水、铁丝、塑圈、线等，把这些散页书芯订成本，这种书芯加工就是装订中的“订”。与此同时，把封面包在书芯上，形成一本完整的、能够使用的、便于阅读和保存的书籍，这种书籍封面的装帧加工就是装订中的“装”。书籍（含本册）的加工实际上是先订（联）后装（帧）的，由于在加工中是以装为主，故称装订。装订方式是根据书籍的大小、厚薄、样式、使用期限、使用频率、纸张材料和牢度要求来决定的，订联的过程（折、配、订、锁、粘等）称书芯加工；将订联成册的书芯包上外衣封面的过程称书封加工，也称装帧加工；将连成册的书芯包上封面的过程称为包本加工。总之，装订是印张加工成册的总称，是书籍制作的最后一道工序，印后装订是保证印刷品产品质量并实现增值的重要手段。

一、印后装订基本概念

印刷品的复制过程主要包括印前、印刷和印后加工三大工序。使印刷品获得所要求的形状和使用性能的生产工序，称为印后加工。印后加工主要包括印品整饰和装订加工。书刊本册的加工属于装订加工，其加工工艺的复杂程度和不确定性远远超过印前和印刷。不同印刷品所进行的印后加工也是不同的，例如报纸、招贴画、广告宣传单等散页印刷品，印刷后只需进行折页、裁切、计数、打包等工序；而图书、课本、杂志等印刷品，加工过程则较为复杂。印刷好的半成品页张（图表、衬页等）经过裁切、折页、配帖等工序，再利用不同的联结材料，采用订、锁、粘的方法使其连接起来（“订”的过程），最后包上印刷好的封面（“装”的过程），并按规格尺寸切去三边，才成为一本完整、可供阅读和保存的书籍。

印后加工不仅要对书籍进行“装”和“订”，还要对书籍封面进行各种整饰处理。在书籍封皮或其他印品上进行上光、覆膜、烫金、模切、压痕或其他加工处理，叫作表面整饰。表面整饰不仅提高了书籍的艺术效果，而且具有保护书籍的作用。例如，在封面纸张上涂布一层无色上光油，可使高档杂志和书籍的封面具有较高的光泽度且能保护封面上的图案和文字；在封面上压粘一层透明塑料薄膜（该工艺称作覆膜），可达到耐磨、防水、防污染的要求；对书籍封面上的文字和图案进行压凹凸处理，可使其凸出于表面，醒目、秀丽而富有立体感。

综上所述，书刊、本册的制作主要有三大工序，即印前处理、印刷和印后加工（图 1-2）。其中印后加工阶段又包含了书刊本册的装订加工和表面整饰两大工序。

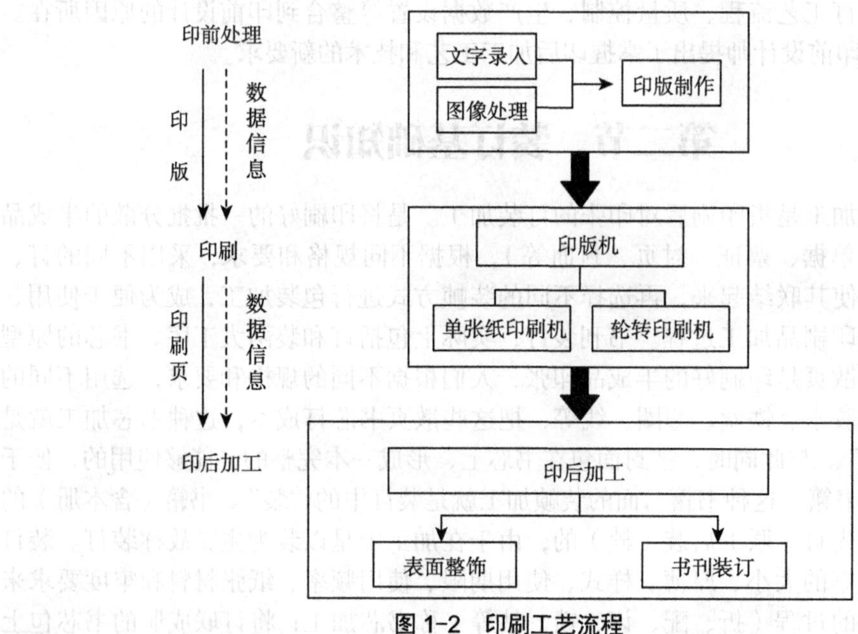

图 1-2 印刷工艺流程

二、装订在书刊印制中的作用

印刷品是科学、技术、艺术的综合产品。印后装订加工是一本书制作过程的最后一道工序，这个工序的加工质量如何，直接关系到成品书的优劣和整体效果。装订工序工种多、机型多、加工变化多，装和订的方法有30余种。每本装帧精美的书刊，均要经过装订工艺来完成。因此，装订必须做到外形美观、耐用度高、便于翻阅，达到可靠性强的质量要求。装和订既是印品的装帧工序，又是印品的艺术加工工序。

印刷品印后加工的优劣、造型与装饰水平的高低，直接反映着一个国家的工业水平和一个民族的艺术素质。装订工序是书刊印后加工制作完成的工序，其工艺技术在印制中的作用体现在以下三点。

1. 装订质量的优劣关系到阅读和使用期限

一本书的装订质量不合格，就会严重影响阅读和使用。装订质量主要体现在以下两个方面。

①书芯或书刊内文页码、版面顺序排列是否正确、整齐；图表连接是否恰当；订、锁、粘连是否牢固、平整、不变形等。

②装帧封面是否牢固、干净、平整；书封材料是否耐折、耐用、耐保存；翻阅时是否平服、摊得开；外表是否美观、不变形等。

2. 装订的生产速度直接影响到出书周期

装订工序的加工，不仅要保证质量，还要配合上工序按时完成任务、保证或缩短出版周期。装订工序步骤繁多，对于装订加工复杂的书刊来说，其在印后工序的加工停留往往比印前制版和印刷工序耗时更多。印刷品中，有很大一部分书刊在加工时时间性要求很强，从道理上讲，印前、印刷都应保证各自的准确加工时间和流水程序。然而，印刷客户和工厂经常忽略印后装订的要求。实际生产当中，由于客户确认推迟，或生产计划安排不周等种种原因，印前和印刷完工时间常常推迟，根本达不到预想的结果，导致最后将压力集中到后工序的装订。但大部分书刊印刷品的时间性要求很强，学生课本、期刊、广告等更是不允许误期。最终交货期通常很难更改，导致压力全部沉积在最后这道装订工序上。

3. 装订的生产效率关系到印制成本

产品成本反映了生产过程中对设备的利用、劳动生产率的高低、生产原材料的耗用、产品质量的好坏等。装订工作烦琐，设备种类多，花费工时大，许多工作还必须依赖手工操作，因此不断提高装订劳动生产率，充分利用设备，节约能源和装帧材料，提高装订质量，提高管理水平，对降低产品成本、增加企业经济效益是不可忽视的要素。如今，更快、更好、更便宜是印刷客户的要求，尤其是杂志、说明书、广告和商业印刷，客户不希望增加成本，期望用较低的费用高速装订。这种趋势是由客户要求快速化、个性化和目标化决定的。信息时代以小时、分钟甚至秒来计算。对印刷商来说，速度已成为竞争的关键因素，是客户评价印刷企业服务质量的重要指标。

随着读者对书籍质量要求的逐渐提高，书籍装订方式不单要美观新颖，还要求有较高的质量。从某种意义上讲，装订是决定书刊印刷品成败的关键。很多时候，往往由于装订质量问题而造成前功尽弃，必须返工甚至遭到客户退货，给印企造成人力、物力、名誉的巨大损害。以往那种只重视印前、印刷，而轻视装订的状况已经得到了很大改变。人们现在已经普遍认识到，对于一本高质量的书刊而言，不仅要有较好的制版技术、精美的印刷效果，还要有优质的订联牢度和装帧外观，才能与其设计相得益彰，才能具有长久的使用和保存价值。印后加工是保证印刷产品质量并实现增值的重要手段，印刷产品也是通过印后加工技术来大幅度提高品质并增加其特殊功能。

三、装订技术的发展

书籍是人类最古老的记录历史、传递信息的载体。在现代数字媒体诞生之前，人类的科技、历史、艺术无不依赖书籍而得以交流和传承。我国的书籍出版业有着悠久的历史和文化渊源，历史上的中国古籍，天头地脚、行栏牌界、版式、字体等，都有独特的民族风格和审美特色，符合当时人们的需求与审美意识。纵观书籍装帧的发展史，不同时期的书籍，有不同的装帧概念与形式。书籍的装帧形式也随着科学、材料和印刷工艺的发展而不断演变。

（一）书籍制作的起源与发展

印刷术是我国古代劳动人民的四大发明之一，书籍装订技术起源于印刷术发明之前，约在3000年前的殷商时代，它是随着人们对文字的发明和使用而产生的。中华民族对书籍形式的探索极大地促进了思想文化的传播，同时，我国传统的书籍设计作为艺术的一个方面，也自立于世界民族之林。

1. 龟册装

中国最早的书籍是商代刻有文字的龟甲或兽骨，产生于公元前1500—前1100年的殷商时代，距今已有3000余年。龟册装是世界上最早的书籍装订形式（图1-3），当时为了便于保存，将内容相关的几片龟甲片（以腹甲为主、背甲为辅）用麻绳串联起来，这就是早期书籍的装帧形式。后来又用牛羊等动物的肩胛骨（少数用肋骨）串联起来记载事物，所以也称为龟骨册装。从商代后期开始，出现了青铜器铭文，统治者将重要文书铸于青铜器上。到了西周，铭文可以容载较多的文字，它也是古代书籍装帧的一种形制。

2. 简策装

在纸张以及印刷术发明之前，简策装是真正意义上的书。简策装即用竹或木削成长片状进行刻写串联成册，“简”相当“册”。写在竹片上的称竹简，写在木片上的称木简，竹简和木简统称简，将文字刻在较大木块或竹签上称木牍或竹牍。为了便于收藏，将写好后的竹木简，上下各穿一孔，用丝线绳、皮革或藤条逐简编联起来，这种编联起来的竹木简就称为简策装（图1-4）。

3. 卷轴装

卷轴装是把文字书写在绢帛和纸张上，然后折叠或卷成卷的装订方法，即写好后仍是从尾向前卷起的方法。卷，用来抄写文字所用；轴，装在卷的两端或一端，当作卷的轴心以支撑卷的平整、挺括，以便阅读（图1-5）。

4. 经折装

经折装（图1-6）亦称页子装。经折装的方法仍是把书页粘成一长条，其幅面一般分为60～80mm或200～300mm长。不过不是卷起来，而是把这个长条按一定规则左右连续折叠起来，形成一个长方形的折子。为了保护首尾页不受磨损，再在上面各粘裱上一层比较厚的纸作为护封，也叫书衣。

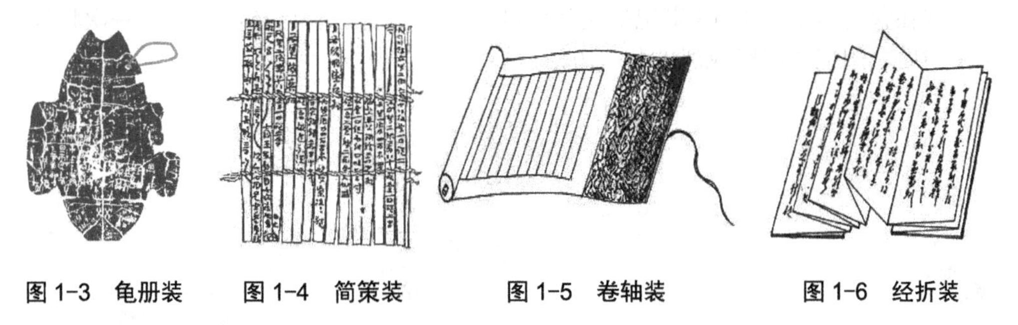

图 1-3　龟册装　　图 1-4　简策装　　图 1-5　卷轴装　　图 1-6　经折装

5. 旋风装

旋风装（图 1-7）是以一幅比书页略宽而厚的长条纸作底，而后将单面书写的首页全幅粘裱于底纸右，其余书页因系双面书写，故从每页右边无字之空条处粘一条纸，逐页向左鳞次相错地从首向尾卷起，从外表看仍是卷轴装。

6. 蝴蝶装

蝴蝶装（图 1-8）又称蝶装。蝴蝶装是把印有文字的纸面朝里对折，折线必须在一版中缝的中线上，然后将其中缝处粘在一张用以包背的纸上（现代蝴蝶装都采用对裱形式来粘接书芯），这种装帧的书籍，打开版口居中，书面朝两边展开，如蝴蝶展翅故名为蝴蝶装。

7. 和合装

和合装（图 1-9）是在封壳里层的上下接缝处，各粘一条供穿线联订用的板条。和合装是蝴蝶装之后出现的一种装订方法，特点是书芯和封壳可以分开，书芯可以随时更换，封壳硬而耐用，直到目前活页文选还在应用，更多用于各种账册、账卡、户口簿等。和合装的方法是，在封壳里层的上下接缝处，各粘一条供穿线联订用的板条，一般与内芯订口的宽度相同，上面打孔 2 ～ 3 个。

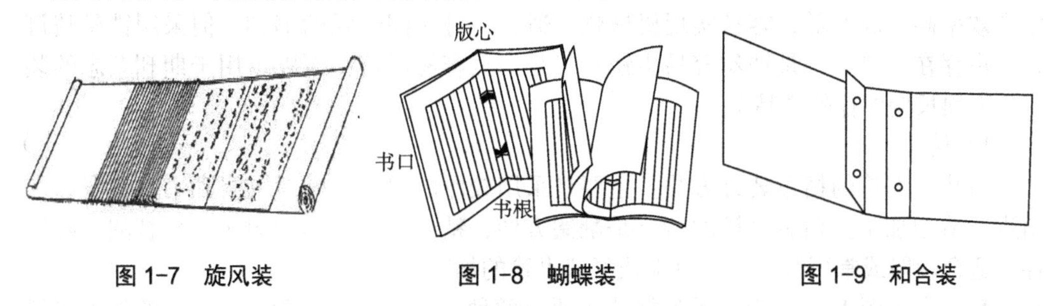

图 1-7　旋风装　　图 1-8　蝴蝶装　　图 1-9　和合装

8. 包背装

包背装（图 1-10）是在蝴蝶装的基础上发展而来的，与蝴蝶装不同的地方是将印好的书页正折，折缝成为书口，使有文字一面向外，然后将书折缝边撞齐，压平，在折缝对面的一边，用纸捻订好，砸平固定。而后将纸幅以外余幅裁齐，成为书背。再用一张比书叶略厚的整纸作为前后封面绕过书背粘于书背，再将天头地脚裁齐，一部包背装书籍就算完成。

9. 线装

线装是把书页边同封皮装订成册，订线露在外面。线装（图 1-11）也称古装或本装，出现在包背装盛行的 15 世纪的明代中叶。线装是我国装订技术史上第一次将零散页张集中后利用棉线串联成册的装订方法。

图 1-10　包背装

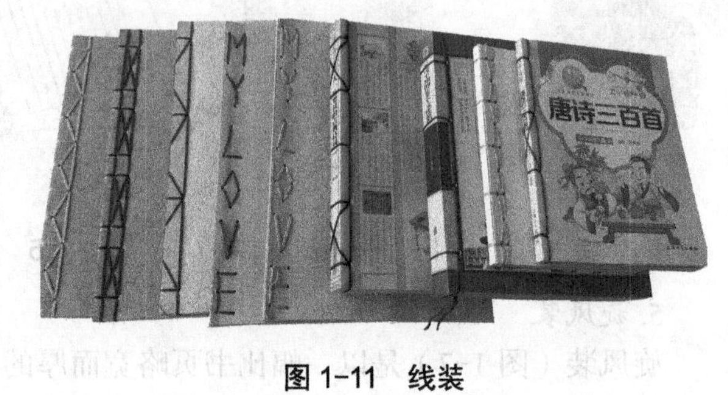

图 1-11　线装

10. 平装

平装又称“简装”，是书籍常用的一种装订方式，以纸质软封面为特征。平装的书芯加工有多种方式，工艺相对简单，是现代书籍、图册的主要装订形式之一。如图 1-12 所示，骑马订、平订、锁线订和无线胶订都是平装本。

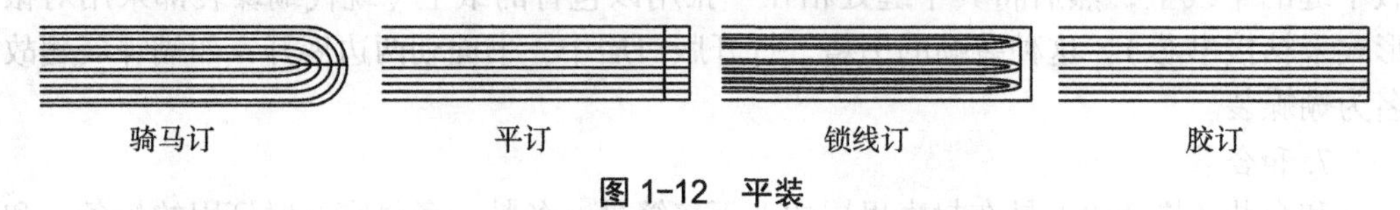

图 1-12　平装

11. 骑马订装

骑马订装是用金属丝或线从书帖折缝中穿订的装订方式。骑马订加工时封面与书芯配套成册，因装订时书册是分开骑马状，故称骑马订装。骑马订装一般均采用铁丝作为订联材料，也有少量用线作为订联材料。铁丝骑订的特点是工艺简单，出书快，生产效率高，成本低，容易实现机械化，适合装订时间性强的书刊。但采用铁丝骑订方式也存在不足，一是铁丝容易生锈；二是书页容易脱落，所以多用于期刊杂志的装订（无须长期保存的产品）。

12. 精装

精装是书籍的精致装订方法。主要是采用较厚的封面，并对书封和书芯背脊、书角进行造型加工。精装书籍的特点是翻阅方便，精致美观，牢固耐用，易翻阅，好保存，适合较厚或常用久存的工具书或经典书籍的加工。

精装书（图 1-13）根据外形样式主要有两种，即圆背和方背。精装本的加工包括书芯加工、书壳加工及套合成型加工等工艺，工序多达 20 多道。

13. 特装

特装也称豪装，是精装中一种要求更高的装订方法，工艺复杂，是一种较高级的装帧形式，装帧材料考究，书背、书封加工特殊。特装书籍的加工除精装书籍应有的造型之外，还要在书芯的三面切口喷上颜色或滚金，也有的将书壳背部处理成竹节状，封面进行镶嵌等艺术加工，以区别书籍的品级。

14. 活页裱头装

活页裱头装是以各种夹、扎、粘等形式将散页连在一起的装订方式，主要针对一些单据、账卡、发票、信笺、活页本册（图 1-14）等的订联加工。这种加工方式非常简单，且一部分需用手工操作完成，加工时，一般只需开料、配页或不配页、扎空、打龙、过数、裱头或订联，裁切工序即可完成。

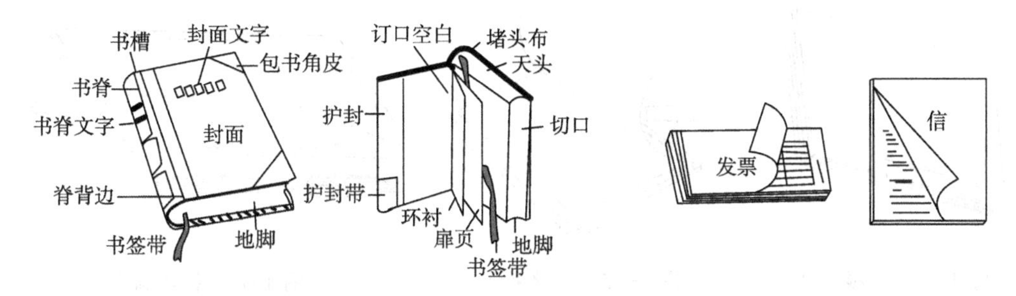

图 1-13　精装书组成

图 1-14　活页裱头装

（二）书籍装订联结法的演变

装订联结方法是指书籍的穿联或订联的工艺，不同的社会生产力确定了书籍装订的物质组合形态和工艺手段，同时也反映了相应的社会意识。从古代甲骨扎结法、编排法至现在的无线胶订方法，经历几千年的历史，但一本纸质书的基本功能和要求，依然是本质的、稳定的。今天的书籍装订联结法是经过了漫长历程发展而来的，可以归纳为十种联结方法。

1. 扎结订

扎结订（图 1-15）的联结法有两种：一种是甲骨的联结，另一种是简策的编排扎结。

扎结订是最早的一种书籍订联方法。扎结订有两种：一种是甲骨的扎结，即用动物皮条或藤条，将龟甲片或牛羊的肩胛骨编排扎结成册；另一种简策的扎结订，所用材料主要是丝或丝结绳，即将竹简编排扎结成策。

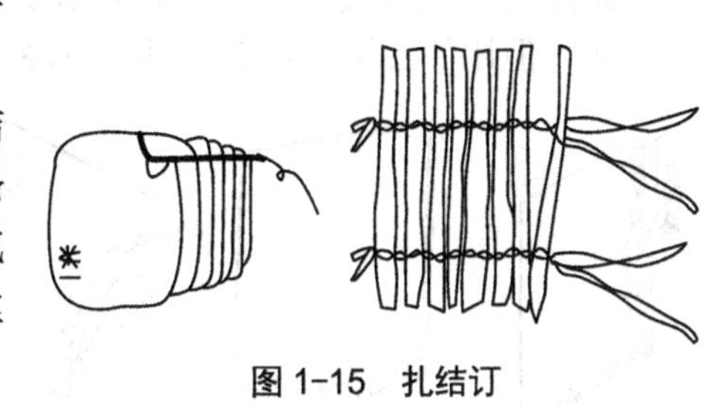

图 1-15　扎结订

2. 粘连订

一种只用黏合剂将书的各帖、各页联结的方法。书籍主要材料变为织品或纸张以后，书籍的联结方式由扎结订转为粘连订。

3. 古线订

古线装的联结形式，所用材料是以丝为主，棉线为辅进行联结成册。一种用丝或棉线将书帖或书页联结成册的方法。古线订是我国装订历史上第一次用线联结书册的一种方式。

4. 三眼订

三眼订（图 1-16）也称敲眼穿订法，是最早的平装线订法，它是在靠近书脊约 6mm 的订口处，先打三个小眼，用手工将棉线或丝线穿入眼内把书芯订牢，订书方法简单实用。

5. 铁丝订

铁丝订是一种用金属铁丝联结成册的方法。铁丝订联的方式有两种：铁丝平订（图 1-17）、铁丝骑订（图 1-18）。铁丝订具有订书速度快，工艺简单，成本低等特点。

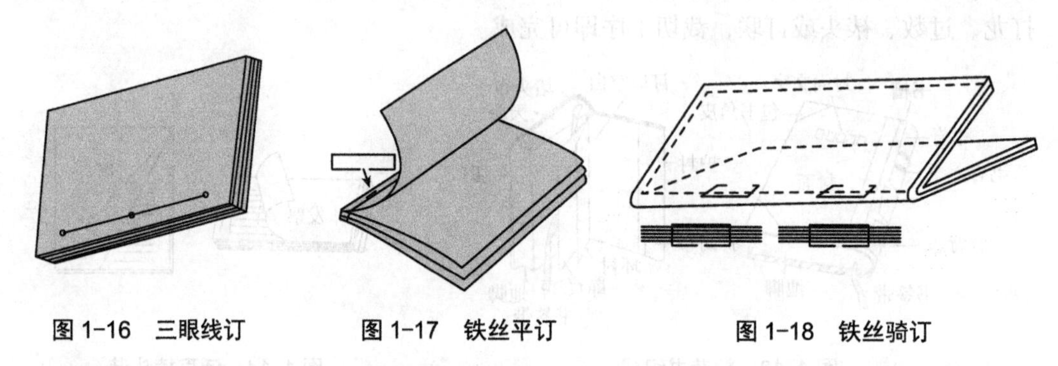

图 1-16　三眼线订　　图 1-17　铁丝平订　　图 1-18　铁丝骑订

6. 缝纫订

缝纫订是用工业缝纫机或缝纫订流水线沿书芯的订口用线缝订，将书芯订牢的方法。缝纫订的方式有两种（图 1-19）：缝纫平订［图 1-19（a）］、缝纫骑订［图 1-19（b）］。

7. 锁线订

锁线订（图 1-20）是一种用棉线或丝线经上蜡或不上蜡，在书帖最后一折缝线上，按号码顺序逐帖串联成册的方法；主要形式分平锁和交叉锁两种，手工或机械操作均可，适合较厚书籍的串订联结，具有书籍翻阅平整、经久耐用的特点。

8. 无线胶订

是用胶黏剂取代线将书页粘连成册的方法。无线胶订（图 1-21）是一种快速的装订工艺，但用的黏结材料必须具有较高的黏结强度和良好的纸张适性。

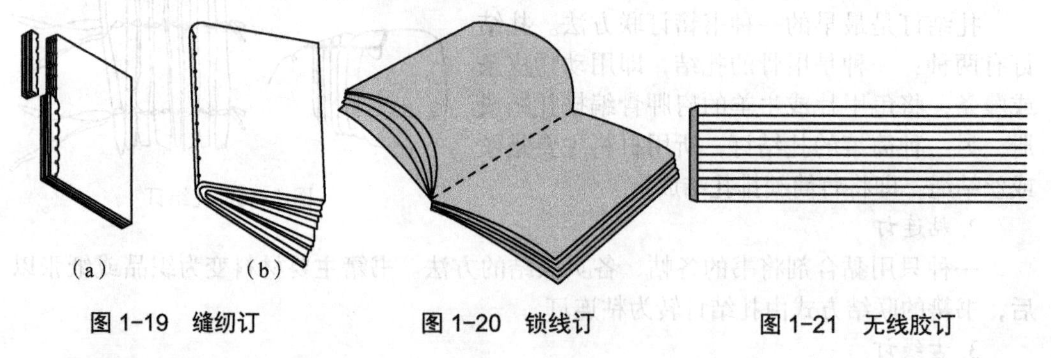

图 1-19　缝纫订　　图 1-20　锁线订　　图 1-21　无线胶订

9. 塑线烫订

塑线烫订（图 1-22）是在一定温度下能熔粘的特种塑料复合线，在折页机进行最后一折之前，以类似骑马订的穿线原理，在每一书帖的最后一折缝上，从里向外穿出一根特制塑料线，穿好的塑料线被切断后，两端（两订脚）向外形成书帖外订脚，然后在订脚处加热，使一订脚塑料线熔化并与书帖折缝黏合（另一订脚留在外面准备与其他书帖粘连），各帖之间的另一订脚互相粘连牢固并订在书背上，达到联结书册的目的。

10. 活页装订

活页装订法（图 1-23）一般都是以单页为主，装订方法是在纸页的装订线上打一列小孔，穿以赛璐珞、金属螺旋圈或爪片订联成册。活页装订在不破坏装订外形的情况下，可以随时拆装、更换内容的装订方法。当前采用活页装订的主要有卡条装订、抽杆夹装订、胶圈装订等几种装订方式。用活页装订法装订的书册翻阅方便，也可以任意取出其中一页或放入与此规格相同的页张。高级商品的样本、仿单、月历、笔记本等也常利用此装订方法。

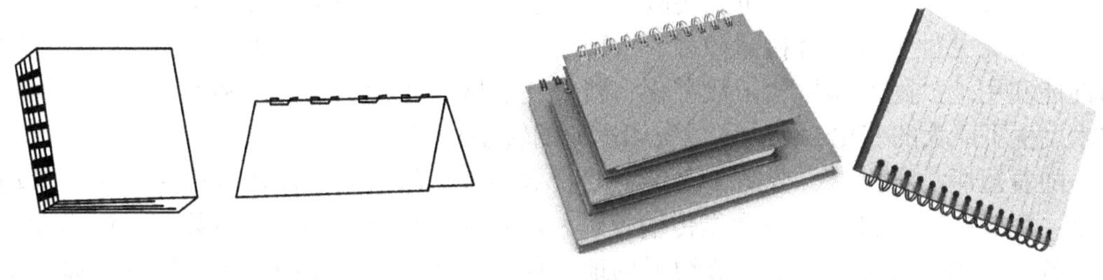

图 1-22　塑线烫订　　　　图 1-23　活页装订

四、装订机械的特性

印后装订机械是一种专业性机械，它遵从机械的普遍规律。书刊装订工艺流程长、种类繁多，形状构造比较复杂，性能也各不相同，因而决定了装订机械具有品种多、机械结构复杂及动作复杂等特点。只有掌握装订机械的工作原理、动作规律和结构特点，才能调节机器、操作机器、维护机器、保养机器，确保装订生产的高效运转。

1. 装订机械的特征

装订机械的种类很多，其构造、用途和性能等各不相同，各有其专业性要求和特征。一般装订机械有两大特征：一是结构形式多，二是机械运动状态多。

例 1：折页机就是用机器代替手工，将印张按照页码顺序和规定幅面大小折叠成书帖的机械，折页机具有机器负载较小、动力消耗低、构件轻巧的特点。

例 2：三面裁切机是专门用来裁切装订成册的毛边书籍、杂志等，其裁切精度高，压紧机构（千斤）、两把侧刀和前刀受力较大，机器负载较大，所以三面裁切机机架扎实稳固、结构紧凑、构件结实。

从以上两例可以清晰地看出装订机械的用途、构造和性能各有特点。

2. 装订机械应具有良好的工作性能和使用性能

装订机械在工作过程中，要求匀速、平稳，其机械种类和组成形式也较多，这就要求装订机械具有良好的工作性能和使用性能。

装订机械的工作性能是指准确可靠性、适应性和生产效率。书刊在装订过程中，被加工对象是纸张、书帖、封面、书芯等，这些物料的加工传送定位应准确可靠；对于书刊开本规格、厚薄的变化，装订机械应有一定的适应性；生产效率应高于手工操作，劳动强度应大大降低。

装订机械使用性能是指耐磨耐用、操作方便和安全可靠。装订机械应具有良好的耐磨性，才能保持其动作精度，运转正常；对于运动状态较多的装订机械应操作方便，使加工产品尺寸规格变动后的调节简便易行；随着科学技术水平的提高，装订机械速度也不断提高，机器的运转更应安全可靠。

3. 装订机械发展趋势

书籍具有传播和储存信息的功能，其不需要借助任何仪器设备，仅通过视觉感官即可获得信息，具有比电子媒体的信息传播、储存方法更加简单便利的优势。因此，印刷作为最基本、最简便的信息传播、储存手段，仍将发挥不可替代的作用，这对装订机械的发展来说既是机遇也是挑战。目前装订生产设备种类型号越来越多，同工种的设备毫无共性可言，材料品种多，性质各异，工艺手段多，流程长短不一，有不同的性能和用途。随着印后加工数字化、智能化、网络化设备的应用和发展，印后加工技术发生了巨大的变化，促进了传统印刷业的转型与创新。

随着短版、小批量、按需印刷活源的日益增多，印后装订设备的快速换版、自动调整、智能诊断、CIP4 网络数据传输等进程的快速发展和应用，印后装订一键启动生产节省了人力、减少了污染、节约了场地、提高了效益，为印刷业的可持续发展奠定了基础，给印后装订设备的发展带来了新的变革。如图 1-24 所示，PPC 达格内姆是一家自动化、智能化、网络化印刷直邮厂商，每天能发送超过 400 万封不同产品的数字印刷邮件，当今已具备快速准备、短时启动、低能耗及高利用率特点的机型已成为衡量印后加工工艺和设备水平高低的标准。从印后设备的自动化、智能化、数字化、网络化的发展趋势来看，未来印后设备会朝着快速准备、一键启动的简洁化方向发展，为印后生产的高速自动化、质量标准化提供可靠保证。

图 1-24　自动化、智能化、网络化数字印刷智能工厂

第二章 装订主要生产工艺流程

印刷品的价值，要靠最后装订出的成品来体现。各工序的质量、工艺必须服从装订的工艺要求，才能发挥出装订工艺的最大效益。要使书刊印刷生产能够合理有效地进行，必须有一个先后顺序的安排，书刊印刷生产工艺流程（图 2-1）就是将书刊的印前、印刷和印后加工按一定的工艺顺序串联起来组成书刊生产工艺流程。装订生产工艺流程（图 2-2）是书刊生产工艺流程中的重要一环，能连续自动地完成从折页到成书加工过程，所以装订生产流水线是提高生产效率和产品质量的生产组织形式，书刊装订数字化、智能化生产是书刊装订发展的主要趋势。在书刊装订生产线上，被加工的对象按照工艺过程连续进入生产线上，各工序利用相应的机器，按工艺顺序自动地对加工对象进行不同的加工处理，定时在工序间传送、换位和从生产线输出成品。使用装订生产线大大降低了工人的劳动强度，减少了占地面积，加快了装订速度，缩短了出书周期，因而有助于产品质量的提高。各种生产工艺流程都是以生产效率和产品质量的提高为宗旨，是书刊装订生产的主要组织形式。

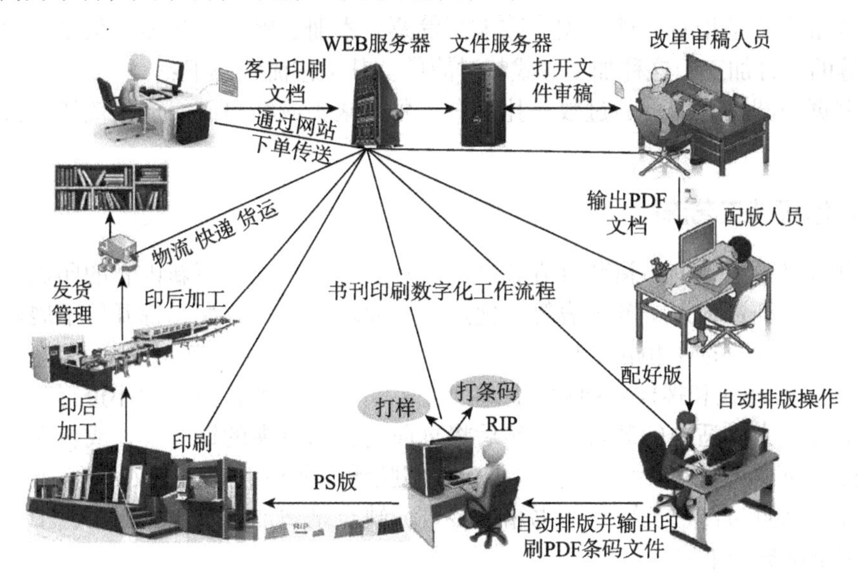

图 2-1 书刊印刷生产工艺流程

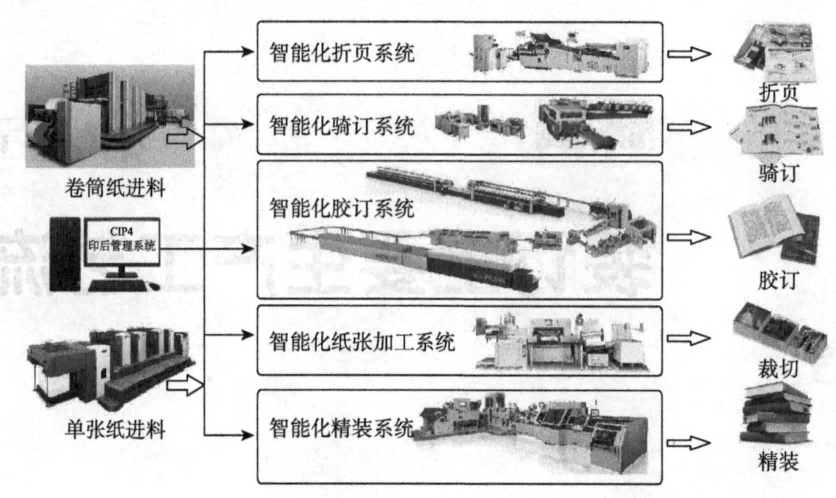

图 2-2　装订生产工艺流程

装订生产工艺流程应用的目的是减少消耗、降低成本、提高效率，进行书刊加工的科学生产。影响装订工艺流程的主要因素是使用期限、使用频率、牢度要求和书芯厚度，以及装订设备、材料和操作人员技术水平等。装订工艺流程是确定书刊结构、书芯订联方法及选择装订材料的重要依据。随着书芯厚度的增加，书籍加工的工艺过程也随之改变。书刊装订工艺流程可分为：活页裱头装工艺流程、骑订工艺流程、平装工艺流程、精装工艺流程、线装工艺流程、豪华装订工艺流程等。

第一节　活页裱头装、活页装工艺流程

一、活页裱头装工艺流程

活页裱头装是指对一些单据、账卡、发票、本册、账册、集册、信笺、便笺、活页本册等的装订加工，这种加工方式相对简单。其工艺流程如下：

理书页→开料→配页→过数→扎空→打龙→裱头或粘封面→成品裁切→检查→包装出厂。

二、活页装工艺流程

活页订是最简单的书籍装订方式之一，常用于需要经常更新内容的印刷产品，如技术手册、培训资料、财务报表等。优点是页面增减十分方便，翻开后平展性好；缺点是订口处所占用的页边距较大。

活页订有环式和螺柱式两种。原理如下：首先将页面按规格大小进行裁切，并在装订边上冲出大小适中的装订孔；然后将页面套在活页夹的铁环上，或者在装订孔上拧上螺柱，使页面固定。弹圈式活页订包括塑胶活页夹和金属活页夹两类。

螺柱式活页订能够适应很厚书籍的装订，缺点是增加或取出页面时，工序比较复杂，必须全部拆开重装。

活页装是以各种夹、扎、粘等形式，将散页连在一起的装订方式，常用于数码印后加工的工业产品手册、目录册、说明书等。其几种主要工艺流程如下。

（1）环装（图 2-3）

撞页→开料→配页→成品裁切→打孔→穿挂环、夹金属或塑料板→检查→包装出厂。

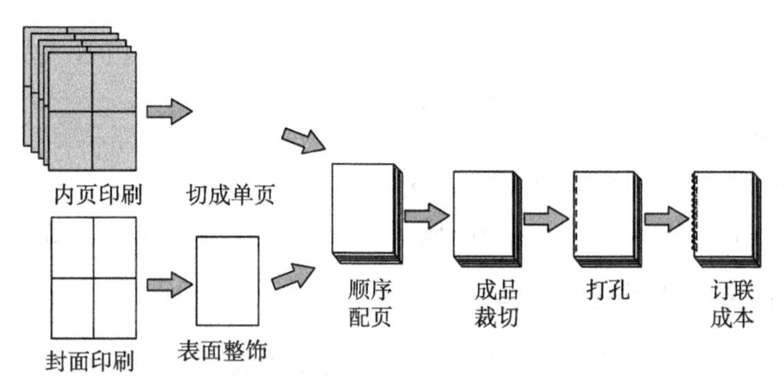

图 2-3　活页环装生产工艺流程

（2）挂历

撞页→开料→配页→打孔→穿挂环、夹金属或塑料板→检查→包装出厂。

（3）活页卡片

撞页→开料→打孔→过数→制单壳→打孔→与卡片套合→包装出厂。

（4）目录与文件

撞页→开料→粘折→裁切→包装出厂。

第二节　骑马订工艺流程

骑马订是将书的封面与书芯配套成为一册，骑在机器上用铁丝或线沿折缝进行订书，然后裁切成书册的装订方式。其工艺流程又可分为骑马订工艺流程和骑马订联动生产线工艺流程（图 2-4）。

适合纸张较薄或页数较少的册子，装订成本较低，按册子的大小分成一口订、二口订、三口订。如杂志、练习册、产品手册、医保卡、存折、证书等。

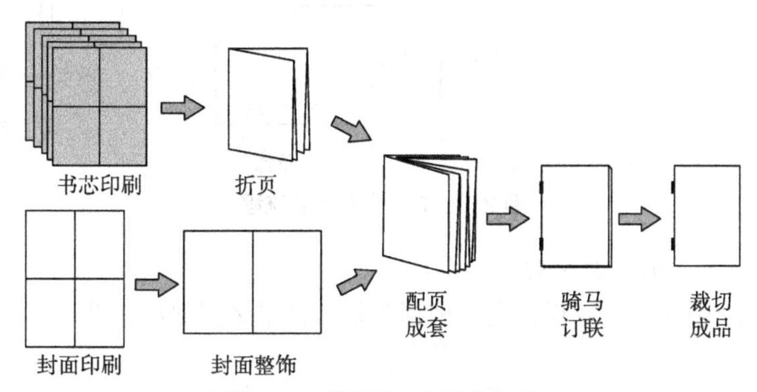

图 2-4　骑马订生产工艺流程

一、骑马订工艺流程

骑马订工艺流程，是一种用单机装订骑马订加工书册的工艺流程。其工艺流程如下：

1. 铁丝骑马订工艺流程

印张→撞页→开料→折页→套配页→撞齐→订书→捆书→切书→成品检查→包装→帖标识→码板，完成整个铁丝骑马订工艺流程。

2. 缝线骑马订工艺流程

印张→撞页→开料→折页→叠配帖→胶头→分本→缝纫订线→割线→折本→捆书→切书→成品检查→包装→帖标识→码板，完成整个缝线骑马订工艺流程。

二、骑马联动生产线工艺流程

骑马订联动生产线一般由四个机组组成，是专为装订骑马订书籍的生产线，四个机组分别为：搭页机组、订书机组、切书机组、堆积机组。其工艺流程如下：

搭页机组：调定各挡规→储帖→吸帖→叼帖→挡帖→分帖→搭帖→传送→进入订书机组：输丝→切丝→成型→订书→紧钩托平→抛书→传送→进入切书机组：定位→切书→出书→传送→进入堆积机组：贮本→计数→交叉→计数→出成品→包装→贴标识→码板。

三、平装胶订工艺流程

平装是我国使用最普遍的装订形式，在选择加工工艺时没有什么特殊要求，在正常使用条件下能保证足够的使用期限。书刊平装工艺流程主要有：平装无线胶黏订工艺流程、平装锁线胶黏订工艺流程、平装无线胶黏订联动线工艺流程（图 2-5）。

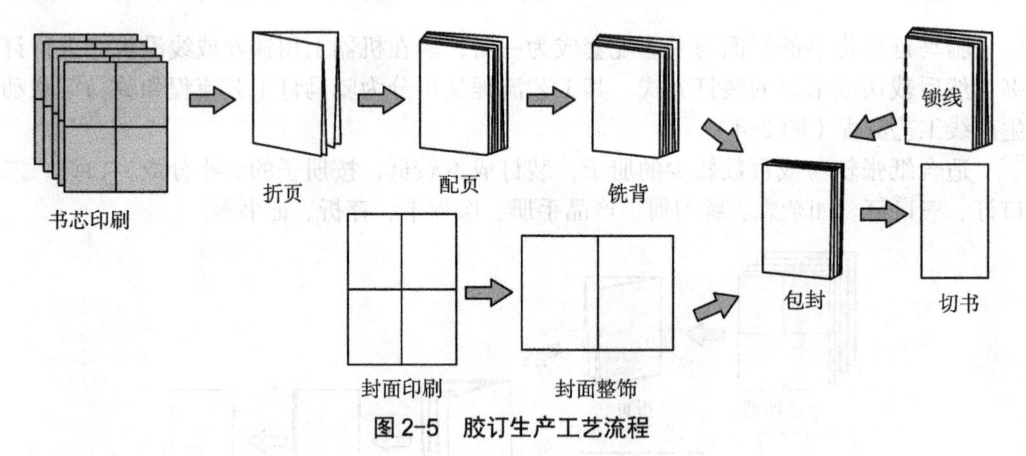

图 2-5　胶订生产工艺流程

1. 平装无线胶黏订工艺流程

平装无线胶黏订工艺流程，是一种用胶黏装订平装书册的工艺流程。其工艺流程如下：

印张→撞页→开料→折页→套张或沿张→配页→撞帖、捆帖、浆本→干燥分本→上胶订机包本→进本→震齐→书芯夹紧定型→铣背→拉槽→涂背胶→涂侧胶→粘封面

→托打夹紧成型→收书→切书→成品检查→包装→帖标识。

2. 平装锁线胶黏订工艺流程

平装锁线工艺流程，是一种用锁线方式装订平装书的工艺流程。其工艺流程如下：

印张→撞页→开料→折页→套张或沿张→配页→锁线→上胶订机包本→进本→书芯夹紧定型→涂背胶→涂侧胶→粘封面→托打夹紧成型→收书→切书→成品检查→包装→帖标识。

3. 平装无线胶黏订联动线工艺流程

无线胶黏订联动生产线是一条由五大机组组成的加工无线胶黏订书籍的生产线，其工艺流程如下：

配页机组：调定各规矩→贮帖→吸帖→叼帖→集帖→书芯进入胶订机组：进本→震齐→夹紧定位→铣背→打毛→拉槽→涂背胶→涂侧胶→粘封面→托打夹紧定型→传送干燥→书本进入剖双联机组：贮本→送单本→剖双联→传送→书本进入三面裁切机组：贮本→计数送本→切成品→传送→光本进入自动堆积机组：贮本→计数→传送→包装贴标识→码板。

四、精装工艺流程

精装是一种精致的加工方法，使用较好的装帧材料和坚固的订联方法，以提高书籍的整体使用寿命。精装工艺流程一种是用单机，另一种是用精装书籍加工联动线来完成。其工艺流程共分三个部分，即书壳加工、书芯加工、套合加工。但联动线生产时书芯加工和套合加工融为一体。

1. 书壳加工工艺流程

计算书封壳各料尺寸→开料→涂黏合剂→组壳→包边塞角→压平→自然干燥→烫印。

2. 书芯加工工艺流程

印张→撞页→折页→粘套页→粘环衬→配页→锁线或无线胶订→压平→三面裁切→涂黏合剂→扒圆→起脊→涂黏合剂→粘堵头布→涂黏合剂→涂书背布→粘书背纸或筒子纸。

3. 套合加工工艺流程

涂中缝黏合剂→套壳→压槽→扫衬→压平定型→自然干燥→成品检查→包护封→包装帖标识→码板。

五、线装工艺流程

线装，也称古线装，工艺流程分三个部分，分别是书芯加工流程、书函加工流程和套合加工流程，均为手工操作。其流程如下：

印张→撞页→开料→配页→检查理齐→压平→齐栏→批孔→穿纸钉定型→粘封面→切书→包角→复口→打孔→穿线订书→粘书签→印书根字。

装订工艺流程实际上就是为制作某一书刊或某些使用性能和工艺操作技术相近的书刊时，确定其装订工艺过程的操作顺序、生产作业组织形式及配套设备的组合。每个工艺流程图中的操作工序和设备伴随工艺技术、材料和设备发展而产生不同组合变化。从印后装订工艺设备的自动化、智能化、数字化、网络化的发展来看，装订生产工艺流程已完全融入整个印刷生产工艺流程中（图 2-6），CIP4 已将印前、印刷、印后加工生产作业完全串联在一起，从而实现了整个印刷生产工艺流程的连接、贯通和控制，这就为印后装订生产的快速自动调整、高速自动化生产和质量全过程管控奠定了基础，提供了保障。

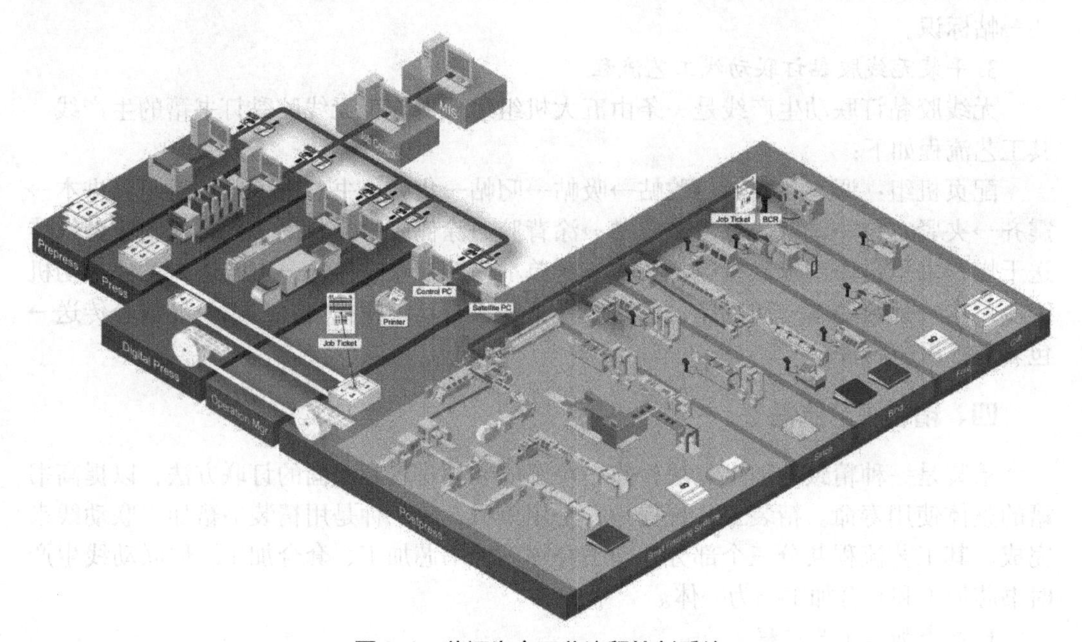

图 2-6　装订生产工艺流程控制系统

第三章 裁切

切纸机是一种纸张加工设备，它在一系列的纸类和非纸类加工领域都有着广泛的应用。小到数码印刷门店、大到印刷工厂；从印前的原纸裁切，到印后的半成品或成品的裁切，切纸机始终是不可缺少的必需设备。切纸机从最初的机械式切纸机发展到液压式切纸机，又发展到当今微机程控、彩色显示、CIP4 接口、全图像操作引导、可视化处理及计算机辅助裁切外部编程和编辑生产数据的裁切系统，使生产准备时间更短，裁切精度更高，劳动强度更低，而操作更简便、安全、高效。

第一节 切纸机分类及工作过程

书刊装订生产从开料到各种装订材料的裁切，都离不开单面裁切设备参与，所以切纸机（图 3-1）是印后加工的重要设备。

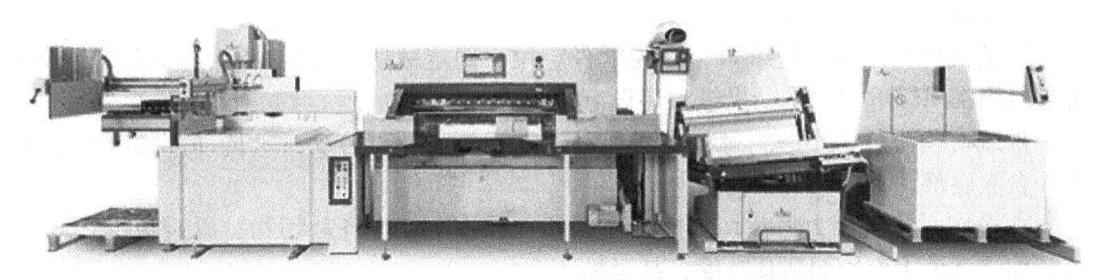

图 3-1 切纸机

一、裁切原理

纸张主要由植物纤维和填充料组成。在刀刃开始切入纸张阶段，纤维丝被拉长，此时纤维以弹性变形为主，随着刀刃继续下降，由于刀刃切入作用，纤维丝被层层拉断，纸张分离，如果一直这样裁切下去，可以持续将一沓纸一次裁切完毕。当裁切条件发生变化（如裁刀下落方式、刀刃角度、纸沓厚度等条件相同时），植物纤维的机械强度、弹塑性和摩擦系数对裁切抗力影响较大。纸张的机械强度包括抗张强度、耐折强度、撕裂强度、表面强度等，其中抗张强度影响最大。因此，要合理地选择裁刀的运动方式、运动速度和刀刃角度，以减少纸张纤维抗切力对裁切的影响，保证纸张裁切质量达到规定的精度要求。

二、切纸机分类

切纸机根据其性能的不同大致可分为如下几种。

①机械切纸机：刀床、推纸器和压纸器等主要部件均为机械传动的切纸机。

②液压切纸机：刀床、压纸器为液压传动的切纸机。

③程序控制切纸机：自动化是现代印后发展的重要手段和条件，在切纸机的自动化发展进程中，愈来愈多地使用了各种各样的智能化系统和技术。程控切纸机裁切过程是通过触摸屏实现编程和控制，推纸器尺寸位置是通过位置传感器以数字方式显示，控制系统采用信号记忆存储装置及微处理机按指令循环工作，无须人工干预，大幅度提高了裁切效率和精度。CIP4 接口能直接采集生产订单数据，实现全自动操作。裁切刀调换完全根据可视化触摸屏指令来完成，改变了过去凭感觉和经验的传统换刀方式，确保了操作人员的换刀顺序正确、规范、安全，同时便捷、快速的换刀步骤也提高了换刀效率，保证了换刀质量。

根据切纸机压纸机构（俗称千斤）的不同，切纸机构又可分为机械切纸机和液压切纸机，目前使用的均是液压切纸机。常用规格：660mm，780mm，1150mm，1370mm，1550mm，1760mm。

三、切纸机组成

切纸机由前后机架、刀床和机座等组成龙门式主体，工作台横卧在机架中，前后伸出，形成整个主体。切纸机主要有推纸机构、压纸机构、裁切机构、工作平台等组成。

1. 推纸机构（推纸器）

推纸机构是用来推送纸沓，并为纸沓定位、确定裁切尺寸的机构，一般切纸机的推纸机构都可以电动和手动操纵，还设有微调旋转手柄。

推纸机构一般采用一组螺杆螺母传动或两组螺杆螺母传动，其传动部件都安装在工作台面底部，动力由单独伺服电机提供。

在操作时严禁大力将裁切物撞击推纸器（界方）来整齐裁切物，以避免推纸器螺杆长期受到撞击而影响到其精度，甚至损坏。

2. 压纸机构（压纸器）

压纸机构的作用是将定位后的纸沓压紧，排除纸张间空气，减少裁切过程中纸沓对切刀的抗切力；防止纸张在裁切过程中发生整体位移，保证裁切精度。压纸器的压力大小必须适当、调整方便，压纸器的起落时间和行程都必须和裁刀协调一致。虽然小型简易切纸机上还使用机械压纸机构，但大部分半自动和全自动切纸机均采用液压压纸机构，因为液压压纸器的压力保持恒定，控制和操作都较为容易。

3. 裁切机构

裁切机构是切纸机的主要部件，一般由曲柄（曲轴）、连杆、刀架、裁切刀片组成，这些构件的精度会直接影响到裁切的质量。

裁切刀由刀架和刀片组成，而刀片由刀片基体和刀刃两部分组成。裁切刀一般由曲柄（曲轴）带动，由主轴的旋转运动转为裁切刀的往复运动。裁切刀的运动形式有两种：一种是平动，另一种是复合运动（平动加转动）。

①裁切刀的平动。裁切刀的运动呈平面移动方式的简称平动（图 3-2）。裁切刀平动的特点是在裁切过程中，刀刃的刀口线始终保持与工作台面平行。由于裁切刀的导向结构不同，运动轨迹可以是各种方式，平动主要有三种方式：直线、斜线、曲线。由于其刃口始终与工作台面保持平行，所以当裁刀刚切入纸沓时，其刃口全长同时与纸沓相切，产生瞬间很大的抗切力，造成冲击，易产生被切物的变形，影响裁切质量，尤其不利于对较厚的纸沓进行裁切。所以，平动形式的裁切刀机构仅在一些小型简单切纸机上采用。

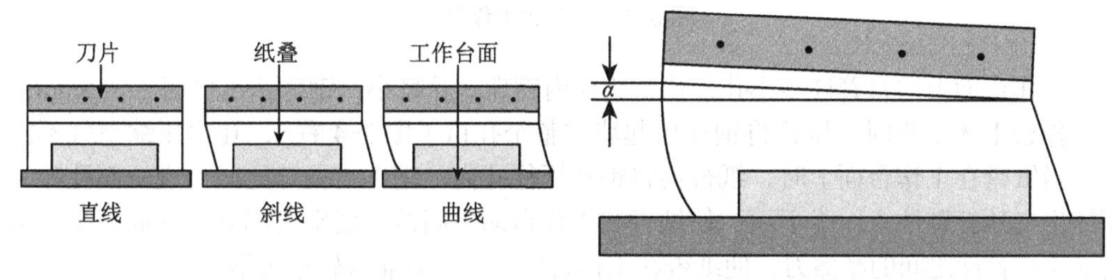

图 3-2 裁切刀的平动

图 3-3 裁切刀的复合运动

②裁切刀的复合运动。裁切刀的复合运动是平动加微量的转动（图 3-3）。在平动的同时，由于刀刃线两端点下切距离和速度的不同，使刀体绕拉杆铰接点做微量的转动。

裁切复合运动的特点是：裁切刀在最高位置时刀刃线和工作台面是不平行的（刀片的右端低左端高），有一个夹角 α，随着裁切刀的下切，夹角 α 逐渐变小，下切到工作台面刀条时，α 角变为零，正好和工作台面平行。在裁切过程中，刀刃上任何一点的运动轨迹都不相同，刀片左端曲率半径小、曲线长，刀片右端曲率半径大（接近直线）、曲线短。在裁切时刀片右端切入距离短、速度慢，刀片左端切入距离长、速度快，但刀片两端最终同时到达工作台面。

裁切刀复合运动的形成有两种：一是利用左右两条导轨槽和刀刃线夹角的不同，使裁切刀下切的平动运动加上微量的转动，先切入纸沓一端的导轨槽的夹角小于另一端的夹角，如左边导轨槽与刀刃线的夹角为 45°，右边导轨槽与刀刃线的夹角为 42°；二是利用左右两条摆臂长度的不同，形成裁切复合运动，这是利用摆臂的不同长度实施复合运动的四连杆导向裁切机构，其将滑块导轨槽导向裁切机构的平面摩擦改变为铰接点的旋转摩擦，摩擦力减小，结构简单，更重要的是零件机械加工方便。

4. 工作平台

切纸机操作劳动强度较大，裁切时需要将纸沓做换向及移动。为了减轻纸沓在工作台上的阻力，使纸沓靠上推纸器和侧向定位板时能轻快灵便，切纸机的前平台和后平台上布满了小孔（图 3-4 左），形成的气垫能有效减轻纸沓移动过程中的劳动强度。

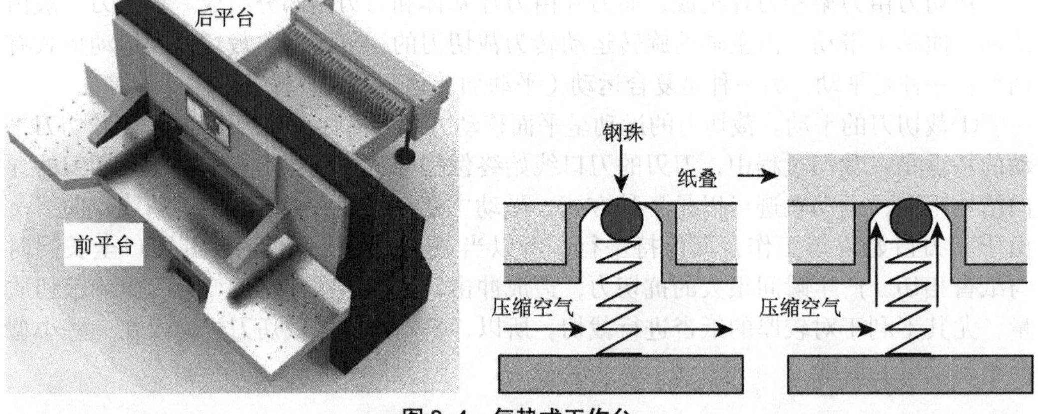

图 3-4 气垫式工作台

工作台面上均布着许多小孔，孔口比孔内钢珠直径略小，钢珠凸出台面 2 ～ 3mm，当工作台上无纸沓时，压簧将钢珠顶起堵住整个孔口（图 3-4 右），孔内压缩空气不漏泄。当纸沓在工作台面上时，纸沓会将钢珠压往孔内，钢珠与孔口之间出现一圈孔隙，压缩空气从孔隙注入纸沓下面，使纸沓和工作台面之间被一层空气隔开，从而减少了纸沓和工作台面之间的摩擦力，使纸沓在工作台面上移动时非常轻松灵活。

四、切纸机工作过程

使用切纸机前，操作者必须认真阅读说明书，了解切纸机安全操作指南，熟记关键技术数据，掌握操作面板上按钮、旋钮的作用及开关位置（图 3-5），掌握人机界面触摸屏的功能。

图 3-5 切纸机

切纸机是裁切机械的一种，采用重型机架设计，精密加工，性能稳定，坚固耐用；自动控制采用新型高集成、高稳定元器件，电子刀位指示线，保证切纸机可靠运行；触摸式按键面板，双手联锁装置，自动复位功能，保障了裁切安全。裁切刀采用高速钢刀片，锋利耐用；独特的故障自我检测功能，使裁切操作简捷、准确。切纸机的使用范围广泛，可以用于单张纸、皮革、塑料、纸板等材料的切断。切纸机主要由推纸器、压纸器、切刀、裁切条、侧挡板、裁切台（图 3-6）等组成。推纸器用于推送纸张定位并作后规矩，压纸器则将定好位的纸张压紧，保证在裁切过程中不破坏原定位精度，裁刀和刀条用来裁切纸张，侧挡板作侧挡规，工作台起支撑作用。

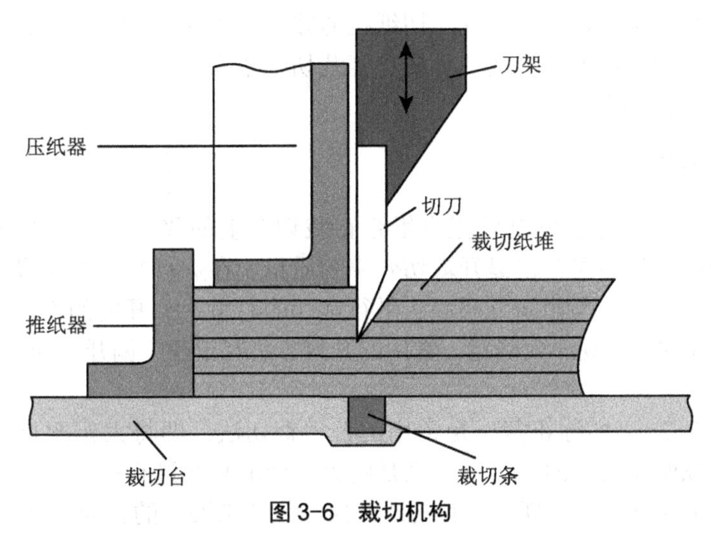

图 3-6　裁切机构

切纸机的工作主要分为上纸、裁切、下纸。上纸主要是将需要裁切的纸沓通过机器或人工闯纸理齐后，放到切纸机的工作台上。下纸就是将裁切好的纸沓整齐地放置到台板上。裁切过程如下。

1. 输入裁切数字

根据被裁切纸张尺寸输入裁切数字，推纸器位置移动后确定裁切前后位置。需要说明的是，所输入的数字应为推纸器位置确定后，推纸器的最前端到裁刀下落刀口的直线距离，即裁刀里端的纵向距离。

2. 定位

定位包括尺寸定位和空间定位。将已经闯齐纸沓紧靠推纸器前表面和侧挡板，进行纸张初定位，再使推纸器按尺寸要求将纸沓推送到裁切线上，完成纸张的尺寸定位。

3. 压紧定位

脚踩踏板，压纸器下落将纸沓紧紧压住，排除其中空气，进行压紧定位，防止纸沓在裁切过程位置发生移动，影响裁切质量。

4. 裁切

双手同时点动按钮，裁刀下落，将纸沓切断（在连续切纸过程中，压纸器先下降进行压紧定位，稍后裁刀下落裁切纸张）。裁切完毕后，裁刀先离开纸沓返回初始位置，而后压纸器上升复位（压纸器和裁切刀实际上几乎同时复位），取出被裁切物，再进行下一工作循环。

第二节　裁切操作

使用切纸机将撞齐的原纸、印张等裁切成规定的尺寸，或者将装订成毛本的书册按规定的尺寸裁切成光本书册的操作过程称为裁切或开料。裁切又可分为印前裁切和印后裁切，印前裁切（开白料）仅对纸张的四边做光边裁切处理，而印后裁切还包括将撞齐的大幅面的页张、图表、封面等材料根据工艺要求及规格，裁切成所需要幅面的规格尺寸，其裁切内容相当广泛。切纸机的裁切加工通常称为开料，而三面切书机的裁切加工通常称为切书。虽然切纸机也能裁切毛本书，但速度和效果欠佳，因此仅裁切样书或小批量书册。

一、裁切操作方法

采用合理的裁切方法可有效减少纸张在裁切台上的移动次数，避免由于纸张滑动、多次定位而引起的误差，提升裁切效率和质量。在进行裁切方法设计时，应尽可能秉持沿纸张长边裁切及相同方向多次平行裁切的总思想。开料的方法根据版面的排版、开数及尺寸的变化规律而确定，常用的开料方法有正开、偏开、变开三种。

1. 正开

正开（图 3-7），亦称正裁，是常用的普通裁切法，即将大幅面页张对裁后再对裁，依次裁切成所需的幅面。另一含义是将大幅面的页张进行平行裁，切成面积相等的若干小张。正开有一定的规律，它是以几何级数法来展开的，如对开、4 开、8 开、16 开、32 开、64 开、128 开等。因版面设计有一定的规律，裁切时较方便，所以正开是一种较容易掌握的开料方法。正式出版物普遍采用这种开法，其优点有三个方面：一是符合国家规定的开本标准；二是使用相似型裁法，在书刊装订时无论是奇数折页还是偶数折页，其图书的开本长、宽比例是不变的；三是纸张利用率高，特别适合机器折页。

2. 偏开

偏开（图 3-8 左），亦称不对裁或第一次对裁，以后几次间接地不对裁的开料方法。这种方法比正开难度要大些，偏开的版面设计不太规律，书刊开数大还好些，开数小（排版多）就不大好掌握。因此，一定要做好开料前的准备工作，确定无误后再进行裁切。有 3 开、5 开、6 开、9 开、12 开、18 开、24 开、25 开、27 开等多种。

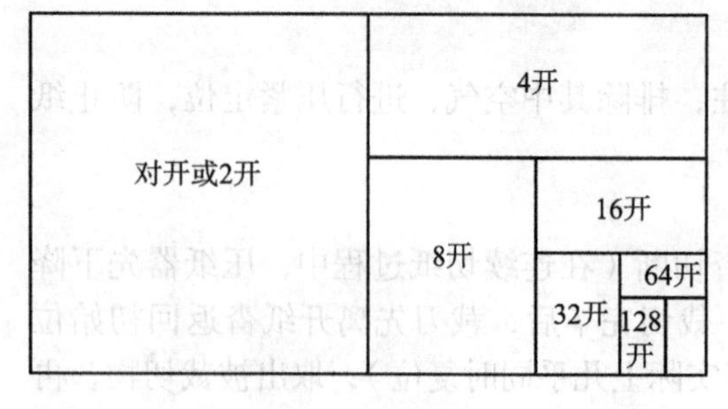

图 3-7　正开

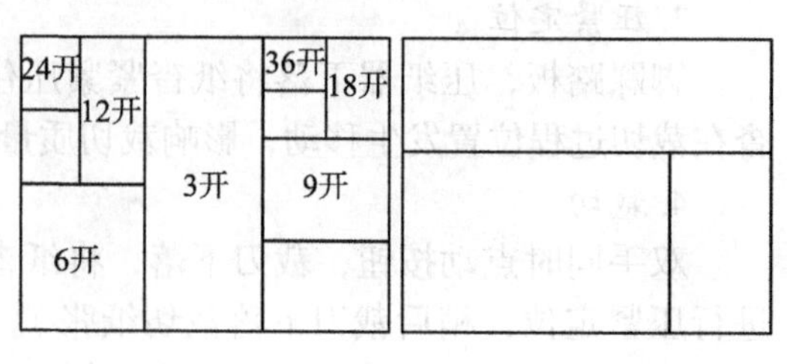

图 3-8　偏开、变开

3. 变开

变开（图 3-8 右），亦称异开，指在一全张页上裁出不规则开数和形状的方法。书刊中的插图设计是根据书籍内容的需要和出版者的要求来规定的，幅面有大有小、形状有长有短，排版时为了充分利用纸张、减少纸张裁切的损失，往往在一张纸上排有多种不同规格的小页张，此时就要采用变开的方法进行加工。变开的方法是变化不定的开料方法，其优点是纸张利用率高，可降低成本；其缺点是操作难度大，比起正开和偏开要复杂得多。同时，变开法纸张丝缕纵横交错、伸缩不一，给后道加工带来困难。

正开有规律，偏开时有规律，变开根本无规律。操作时要科学地计算，掌握各种开料方法，然后取一张样张进行划样，以保证开料工作的正确进行。

二、裁切操作要求

切纸机根据其规格不同，有裁切全张、对开、4 开等多种型号，纸张裁切长度应与切纸机规格相同。

1. 识别基准面

识别基准面（图 3-9）主要是识别印刷针脚（色标）、叼口和侧规边。裁切印刷品时，首先要识别印刷品的裁切基准面。识别方法是观看印刷针脚边上印有色标和叼口边上的痕迹。当我们拿到被裁切物时，要正确认定针脚和叼口，并以这两条边为基准面，同时撞齐这两条边才能确保裁切的正确性。

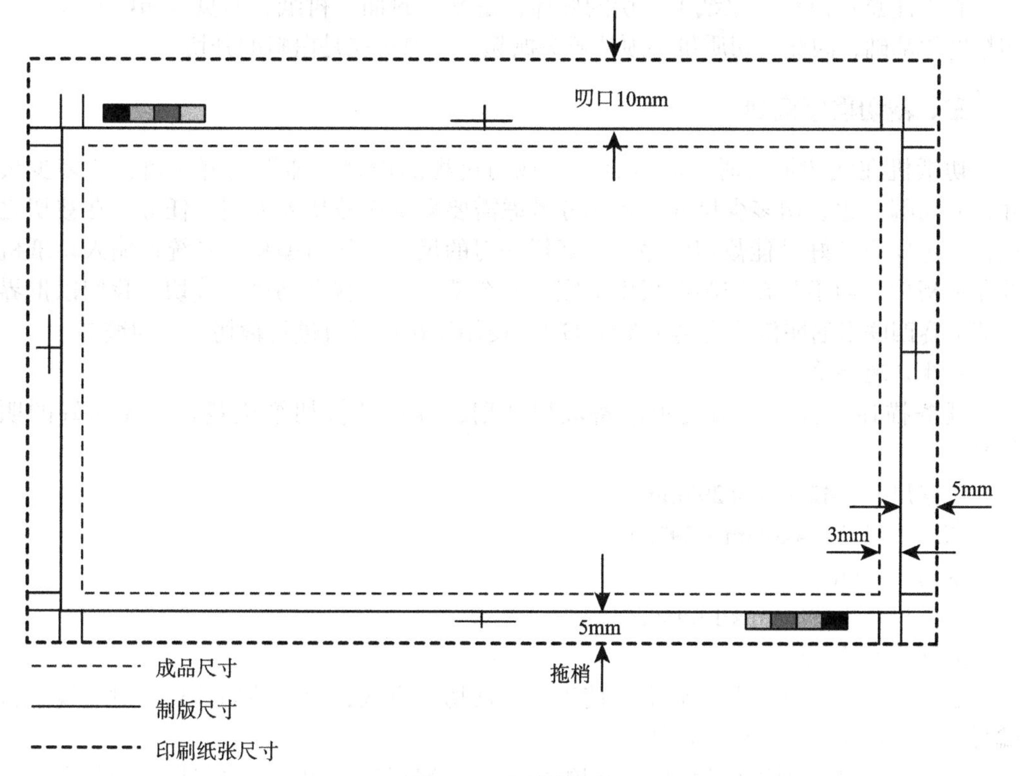

图 3-9 裁切基准面

2. 识别裁切标志

裁切标志确定了裁切的位置。裁切标志是印后加工环节中的工作助手，它能确保裁切、折页等印后加工质量，裁切标志有裁切标记、裁切记号等。裁切标志是裁切工作的指示线，操作者必须严格遵守切纸机的操作规程来裁切，一般裁切标志不会延伸到印刷图文的位置上。两个并排的裁切标志（图 3-10）可以看出，第一刀裁切标志是为了控制误裁切（操作者有时需把纸张分成几堆，以便为折页等后加工做好准备），最终裁切标志有助于纸张分隔。

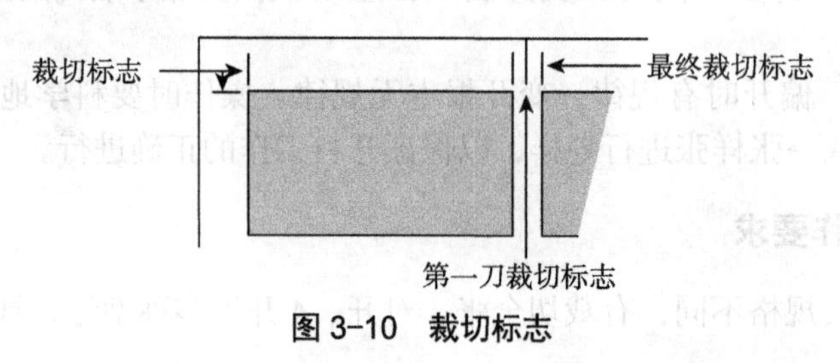

图 3-10　裁切标志

3. 裁切操作

将被裁切物理齐后，按一定的高度（一般为一令纸）搬到切纸机的操作平台上，按规定的版面、尺寸推进刀盘内，降下压纸器于标记处，撞齐的一边应与推纸器靠齐，另一边应与左侧靠板（或右侧靠板）基本形成一个 90° 直角，接着，调整后挡板与刀片的前后距离，使被裁切物与刀片的刀口相垂直，确定无误后进行裁切。

必须注意：白料（原纸）裁切的好坏，是整个封面、衬纸、零页等印刷及成品裁切精度的基础，因此裁切质量必须从源头抓起，而源头就是白料的开切。

三、裁切程序编制

切纸机在裁切纸沓时，应该有一个裁切过程的设计，即先切哪一边、切多少尺寸，后切哪一边、切多少尺寸，要充分考虑需要多少次裁切才能完成任务。在裁切之前，一定要设计好最佳裁切顺序，算好每一刀的尺寸，然后编程，系统地输入切纸机控制面板中，而不是在控制面板中输完某一个裁切数字就立马进行裁切。我们以世界技能大赛四联卡通明信片为例（图 3-11），使用波拉切纸机进行裁切程序的编制。

1. 生产通知单

任务描述：根据规格要求准备裁切计划，并用波拉切纸机裁切事先印好的明信片。

纸张尺寸：420mm × 297mm

印刷毛尺寸：420mm × 297mm

抽刀：6mm

成品尺寸：190mm × 130mm

时间：20 分钟

必要任务：①在一张印张上，使用绘制裁切线直线，示意裁切计划。对直线进行编号，示意裁切顺序。检查裁切尺寸。

②根据裁切计划进行裁切。在切纸机上进行编程后裁切，需将裁切计划放在裁切

好的成品上方。

图 3-11　四联明信片的裁切计划样张

2. 编制裁切计划

编制裁切计划就是根据印刷品尺寸、成品尺寸、抽刀尺寸、叼口和侧规位置（数字印刷没有），在空白纸上划出裁切面和裁切顺序（图 3-12），即模拟裁切方向和刀序。正确的裁切计划可有效减少印张在裁切台上的移动次数，避免由于纸张滑动、多次定位而引起的误差，提升裁切效率和质量。裁切计划样张上能反映裁切面、裁切刀序、旋转方向及裁切基准面等要素。

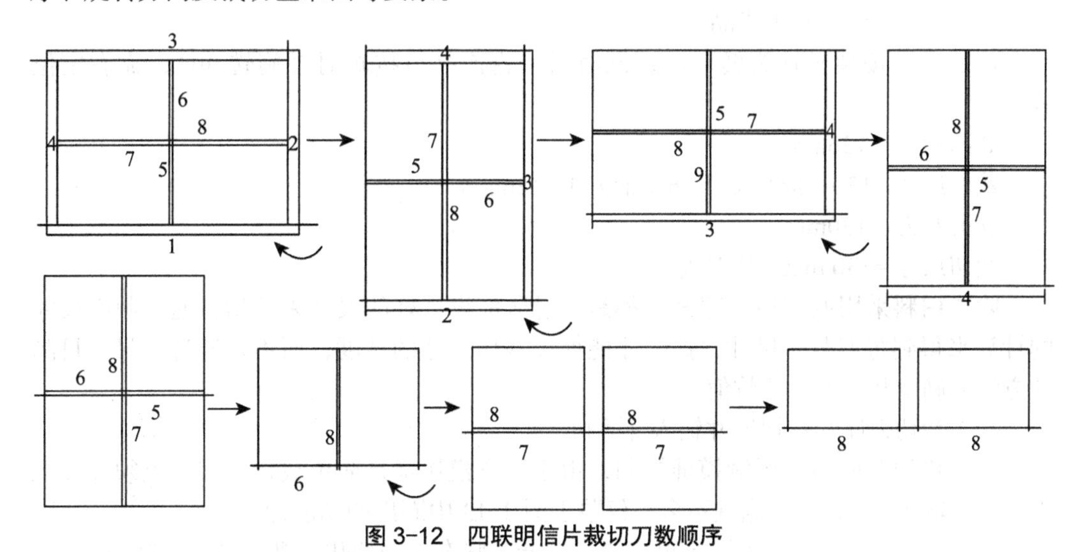

图 3-12　四联明信片裁切刀数顺序

3. 编制裁切程序

这是一张二行、二列的卡通明信片，成品净尺寸为 190mm × 130mm。根据裁切划样要求，此印刷品需裁切 8 刀，得到四张尺寸一致的明信片。

（1）裁切刀序和尺寸编制

①闯纸标：100mm。就是理齐印刷品，避免纸张之间有错位。尺寸定位在 100mm 较为适当，有利于纸张的整理。定位尺寸、纵深过大理纸费力；定位尺寸过小，纸张不易定位，台面对大尺寸纸也无法支撑。

②第一刀：281.5mm。先切长边，假如我们就以印刷品上部（印刷叼口定位）和左侧（印刷左侧规定）作为定位基准。

裁切尺寸=15.5（上部白边）+130（成品宽）+6（抽刀）+130（成品宽）=281.5mm。

裁切后，按顺时针旋转90°。

③第二刀：403mm。

裁切尺寸=17（左侧白边）+190（成品长）+6（抽刀）+190（成品长）=403mm。

裁切后，按顺时针旋转90°。

④第三刀：266mm。

裁切尺寸=130（成品宽）+6（抽刀）+130（成品宽）=266mm。

裁切后，按顺时针旋转90°。

⑤第四刀：386mm。

裁切尺寸=190（成品长）+6（抽刀）+190（成品长）=386mm。

裁切后，按顺时针旋转90°。

⑥第五刀：196mm。

裁切尺寸=190（成品长）+6（抽刀）=196mm。靠身裁切下产品放在边上待用。

⑦第六刀：190mm。

裁切尺寸=190mm（成品长）。

裁切后，按顺时针旋转90°；同时另一沓产品也按顺时针旋转90°，靠右定位放入。

⑧第七刀：136mm。

裁切尺寸=130（成品宽）+6（抽刀）=136mm。

⑨第八刀：130mm。

裁切尺寸=130 mm（成品宽）。

除了白料采用四面切，印刷品都是通过印前设计好的尺寸来裁切，通过版面尺寸的计算来得到每刀裁切尺寸，这样才能保证裁切尺寸的精度，而不是通过尺量、目测的方法来确定裁切尺寸的数值。

（2）裁切刀序和裁切尺寸输入计算机

切纸机控制面板采用触摸屏控制，由于四个模块都是简单裁切编程（无须计算机编程后传输），用到的功能键不多，仅限于图3-13中圈出的功能键。

打开“输入模式开/关”菜单，进入“开”状态（初始化是默认“开”状态），开始编程录入裁切数据。每次编程的第一步都要加入闯纸标功能，无论裁切白料、印张都需要理齐、撞齐纸张及排除空气，这些动作都是在切纸机操作平台上完成。“闯纸标”尺寸是由裁切物大小决定的，4开以下纸张通常选100mm左右。此明信片如果跳过闯纸标这一步，虽然不影响正常裁切，但直接定位裁切数据281.5mm，对于理纸、排气都会带来相当难度，而且超出了可视目测范围（前端印张歪斜、卷曲、偏离很难发现）。一般裁切物越大，闯纸标尺寸也要同步增大。

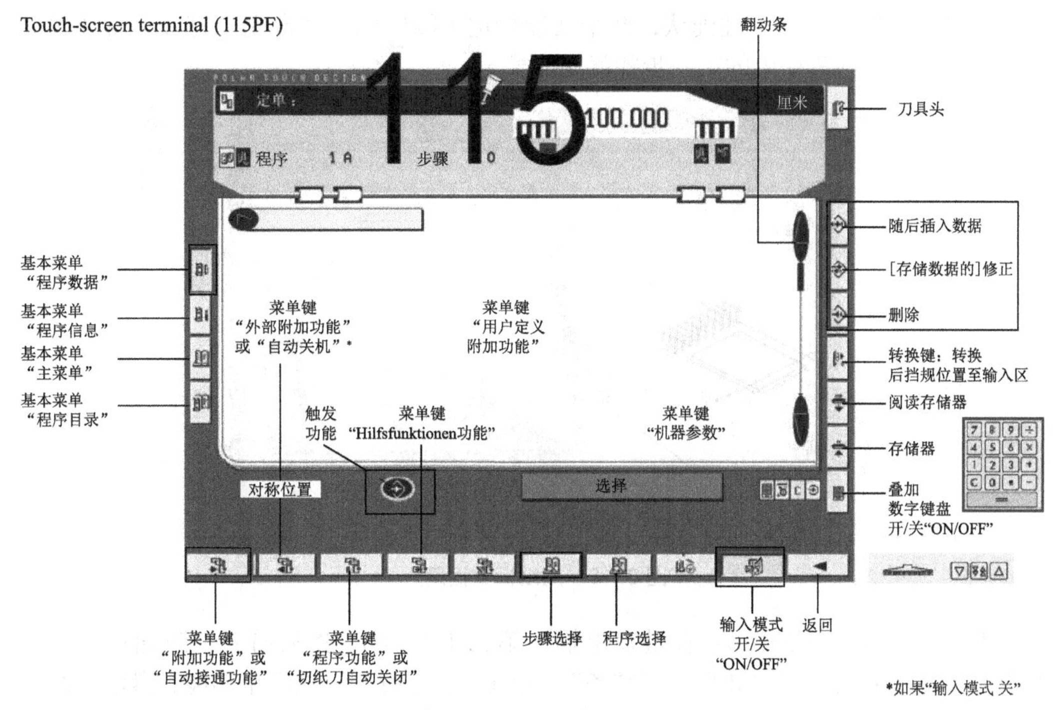

图 3-13　波拉切纸机控制面板

通过数字键盘区逐条输入 9 个步骤（图 3-14，闯纸标 + 裁切 8 刀）的裁切数据。

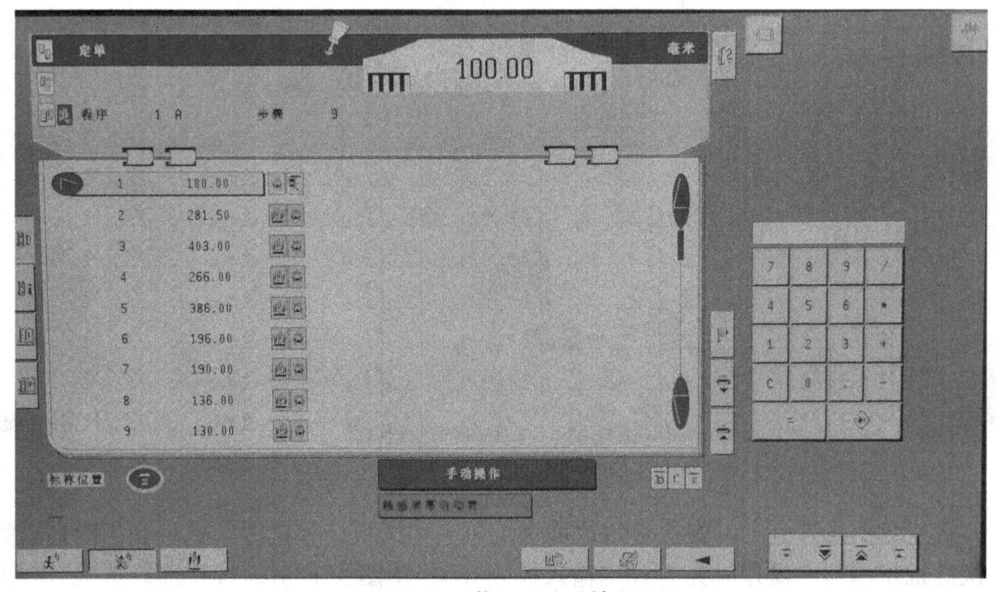

图 3-14　裁切 9 步骤输入

闯纸标数据录入（图 3-15），在任意一个号的程序里都可以直接输入裁切程序数据。在键盘上输入第一步的 100，然后打开“附加功能输入键”，在出现的菜单项中，选“④闯纸标”“⑥气台完全打开”这两个功能，激活后两个图标就会变为粉红色

（3-15 右），然后按回车键确认，两个功能标记（闯纸标、气台完全打开）就会添加在 100 后面，这样程序中的第一步骤就完成了。

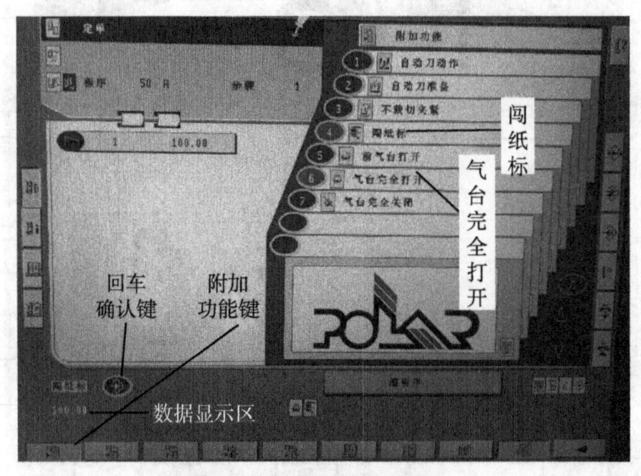

图 3-15　闯纸标数据录入

裁切数据录入（3-16）：在键盘上输入第二步的 266，然后打开“附加功能输入键”插入附加功能，选“②自动刀准备”“⑥气台完全打开”这两个功能，激活后两个图标就会变为粉红色，然后按回车键确认，两个功能标记（自动刀准备、气台完全打开）就会添加在 266 后面，这样程序第二步骤就完成了。依次类推，将后面步骤全部建立完成（图 3-16 右）。

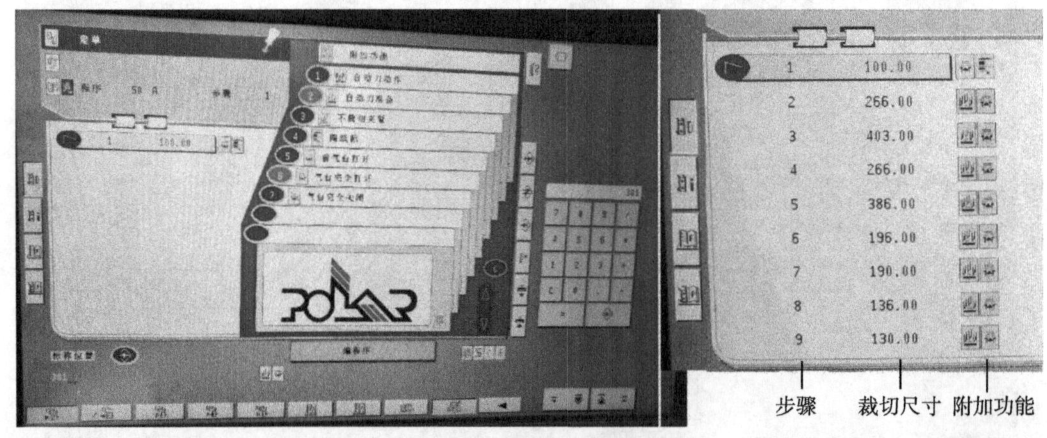

图 3-16　裁切数据录入

裁切数据录入也可以先把裁切数据全部录入切纸机计算机中，然后利用附加功能一次性批量添加。操作时先打开“输入模式开关”（图 3-17）→按“选择步骤”→进入“③校正 / 添入附加功能”，屏幕会提示你需要添加的步骤号，输入 2 ～ 9 回车键确认后（第 2 步骤到第 9 步骤被选中），进入附加功能菜单项，选中②⑥项后（与图 3-16 类似），按回车键就完成了批量添加任务。同样再对第一步骤进行添加，因为步骤 1 的辅助功能不同，只能单独添加。

图 3-17 附加功能批量添加

四、印刷品的裁切操作

裁切程序输入完成后，就可以进行印刷品的裁切操作了。

1. 使用程序进行裁切

①裁切前先开启马达、开启气泵（图 3-18），点击控制屏右上角带有马达、气泵的绿色图标，并在控制屏左下方把半自动裁切转换到自动裁切上来（图 3-18 左下）。

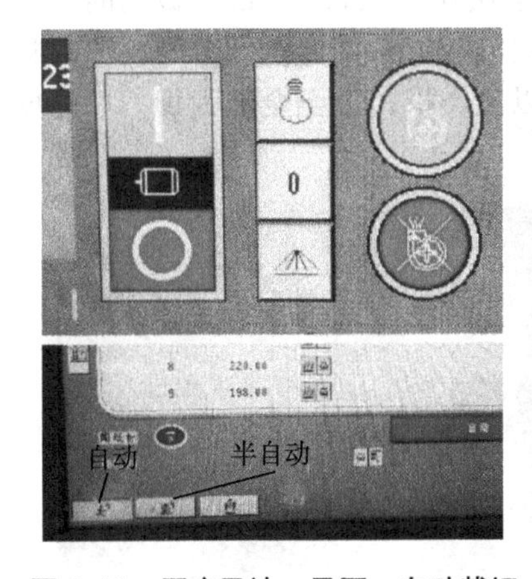

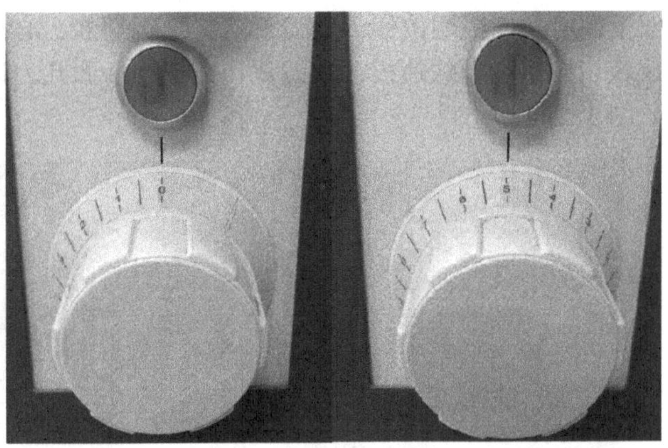

图 3-18 开启马达、风泵、自动裁切

图 3-19 调整千斤压力

②调整千斤压力。根据不同纸张品种、尺寸和高度来调整千斤（压纸器）压力，压力调整旋钮的调整范围在 0 ～ 10（图 3-19），对应的压力值在 150 ～ 4500Kp/cm^2。千斤是沿纸张的裁切线压紧纸沓，并排除纸张间空气，理论上压力越大，纸张从千斤下被拉出的可能性就越小，防止了纸张在裁切过程中发生整体位移，保证了裁切精度。但压力过大会在印张上压出印痕，甚至压坏纸张。本次裁切的明信片是 157 克铜版纸，而且裁切尺寸小、张数少，因此压力旋钮放在中间（数值选 5，约 22Kg/cm^2）即可。

③在闯纸标的位置（100mm）将纸张理齐，再用手掌压住纸叠的左边或中间，另一只手从中间开始把纸张间空气向四面排出。

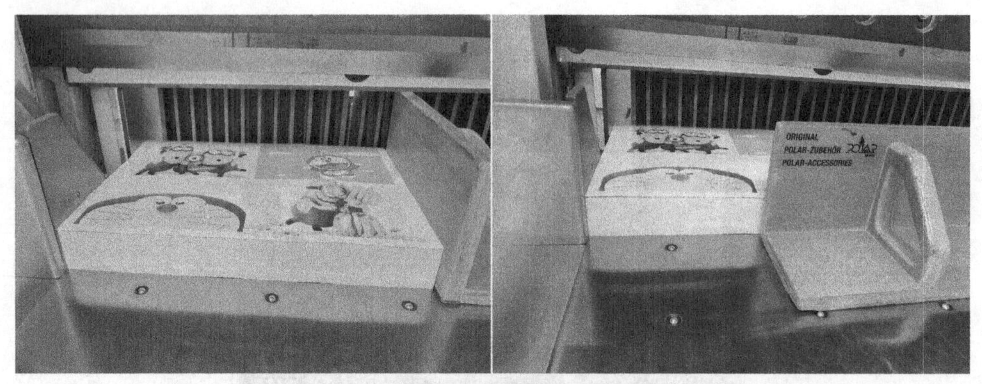

图 3-20 齐纸木板规范操作

④裁切尺寸定位在第一刀 266mm 位置，把排气后的纸沓紧靠推纸器前规和侧板，进行纸张初定位。然后用齐纸木板先轻敲侧面（图 3-20 左），再轻敲正面（图 3-20 右），并把齐纸木板挡在切口外部，此时脚踩踏板、千斤下降压住纸沓后，把齐纸木板移开（也可不把齐纸木板移开），实际上裁切量多的话，齐纸木板是有作用的，会挡住裁下产品向外倾斜、防止散乱，少量的话可以不用挡板。对于裁切小于齐纸木块长度的明信片时，齐纸木块会造成视觉遮挡，看不到裁切前产品的状况（除非千斤压纸定位后，移开齐纸木块，观察确认无误后，再把齐纸木块靠上纸沓）。最后裁切时，需双手同时按动裁切按钮，裁刀下落将纸沓切断，必须等裁刀开始向上回升时，同时释放裁切按钮和脚踩踏板，此刀裁切完毕，后面几刀以次类推，直至全部裁切刀序完成（图 3-21）。

图 3-21 成品和样张

2. 裁切注意事项

①齐纸木板敲击时要居中，防止单边，还要防止用力不足或用力过猛。用力不足纸沓顶不到位，用力过猛纸沓撞击后被弹回造成歪斜而出现上下刀，要规范掌握操作力度。

②当裁切刀刚好要切到刀条向上回的行程中，才可以释放裁切按钮。要杜绝放刀过早，造成切刀无法回到顶点或机械过载，且无法保证裁切质量，甚至造成报废。

③一般切纸机的最小裁切尺寸为 75mm，由于受到辅助压紧板宽度 75mm 的制约，拆除辅助压紧板后，最小裁切宽度是 25mm，这就是切纸机最小裁切尺寸了。有时裁切标签时成品的净尺寸为 70mm，这时就需要拆除辅助压紧板，否则无法裁切最后一刀。注意：辅助压紧板拆除后，压力就靠条板直接压在纸沓表面了，因此会产生条型压痕印，就会影响到最后一刀纸沓上部几张纸的产品质量，此时应适当降低千斤压力，把压力旋钮数值调节到 3 左右以避免压痕印产生。

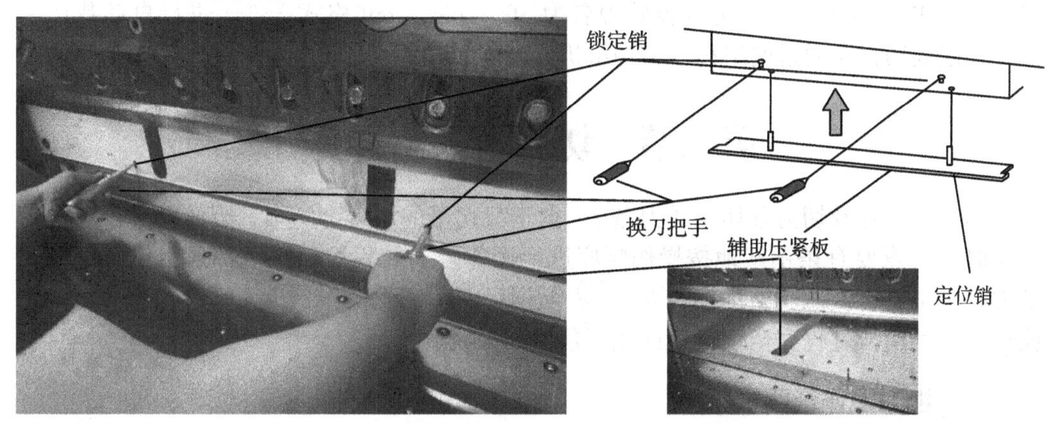

图 3-22　辅助压紧板拆装

拆除辅助压紧板步骤（图 3-22）：

a. 利用脚踏板将压紧装置降至大约距离工作台 50mm。

b. 用两个换刀把手柄头（前部螺纹用于换刀，后部柄头用于换辅助压紧板）把锁定销同时顶出，辅助压紧板自由落体掉在平台上。

c. 如要装回去，只需将定位销对位后，向上顶上去即可。

五、印刷品裁切要求

1. 裁切应遵循的原则

①必须认真阅读施工单，了解裁切产品的后续加工要求。

②执行裁切计划时，应遵循沿长边裁切的原则进行，以保证纸沓能够更多地与切纸机侧规靠齐。

③设计程序时，应减少纸沓转动和移动的次数。同时，转向一致也能避免差错产生。

④同一方向上的多次平行裁切，应尽可能在推纸器的一次移动过程中完成。

⑤纸张应理齐，并排除纸沓内空气，以确保裁切精度。

2. 裁切质量的检验

①整体尺寸（长度、宽度、对角线）、规格是否符合要求。

②相邻两条裁切线是否垂直。

③裁切截面是否光滑、有无刀花。

④纸沓是否存在上下尺寸不一致（上下刀）。

本案例是四联明信片的裁切，此种裁切编程方法适用于6联以下印刷品裁切（联数过多，裁切刀数也多，编程消耗时间就多，导致效率低）。如果是8联印刷品的裁切，则应采用分程序块编程（只对正开有效），在分程序块编程中，操作人员只需通过触摸屏上的键盘输入基本纸张尺寸、切边尺寸、成品净尺寸、光边尺寸等裁切内容，就可自动快速生成带注释的裁切程序，并自动存储到切纸机程序的一个空闲程序号内。当然，最有效、最方便、最强大的方法还是在计算机上利用裁切程序生成器（CompucutV5软件）对印前格式文件进行自动裁切编程，只需2分钟就能对CIP4规格的印前JDF格式文件（也兼容后缀名为.ifc、.cip、.ppf格式文件）进行自动裁切编程，并把裁切程序通过网络传递给切纸机，就能自动裁切印刷品了。

第三节　切纸机换刀操作

切纸机刀片及切刀裁切条（刀条），由于裁切量的增多会磨损，因此要进行更换。更换时要注意要有条不紊地按操作顺序进行操作。当前程控切纸机都采用正面更换切纸刀方式（所有换刀调整都在正面），无须到后面和侧面操作，也无须手动盘动机器做校正，整个换刀过程完全根据可视化屏幕指令来完成。

一、换刀操作及要求

无论是机械、液压，还是程控切纸机，其切纸刀片的调换方法和顺序基本相似。本任务就以波拉115-PF程控高速切纸机为例，叙述程控切纸机换刀的方法、步骤及注意事项。

（一）卸刀

①在可视化主控显示屏上，先选择（图3-23）“主菜单”显示。再选择“主菜单”下右侧的子菜单“②换刀/校正”。注意观察菜单显示内容。

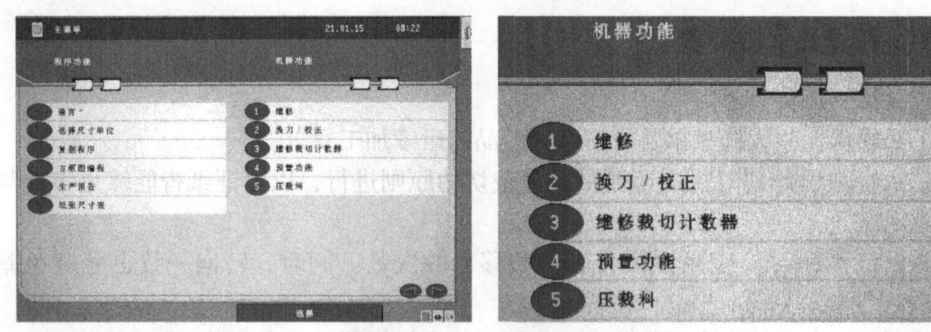

图3-23 “主菜单”选择

②在操作显示屏上，选择“①换刀”（图3-24），此时下级菜单中显示如图3-25所示画面，显示屏引导操作者对刀架进行最高位调整，即将刀架定位到最小位置的偏心螺栓。

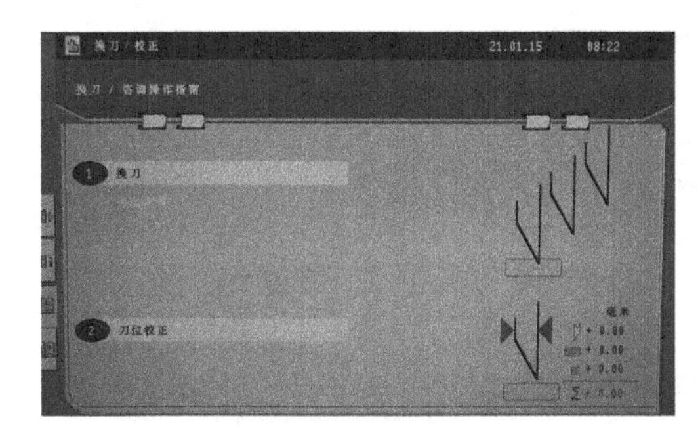

图 3-24 “换刀”选择

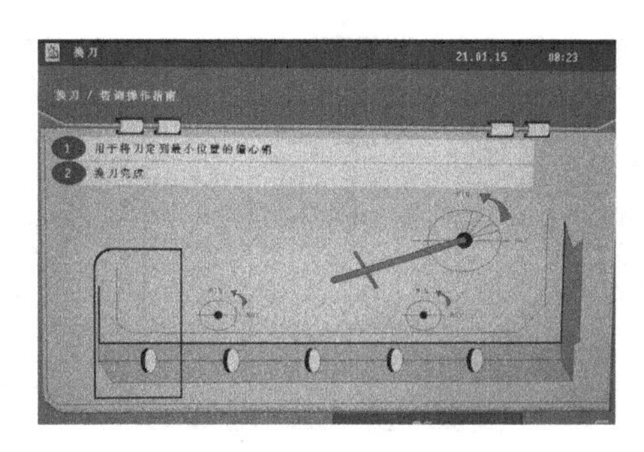

图 3-25 调高裁切刀架

根据显示屏操作引导，用T型内六角扳手先松开刀架右侧的紧固螺钉1（图3-26），再按逆时针方向旋转调整螺钉1，使偏心螺栓处于最小位置，此位置也是刀架的最高位。然后再用T型内六角扳手松开刀架左侧和右侧的紧固螺钉2和紧固螺钉3，按逆时针方向旋转调整螺钉2和调整螺钉3，使两个调整螺钉偏心螺栓处于最小位置，此位置也是刀架两端达到最高位。将裁切刀调节到最高位置是由于每把裁切刀片的高低不同（新刀片高，刃磨过的旧刀片低），在调换刀片时，如果不调高裁切刀机架的高度就安装刀片，就会损伤或损坏机械构件及造成保险装置上螺丝断裂。

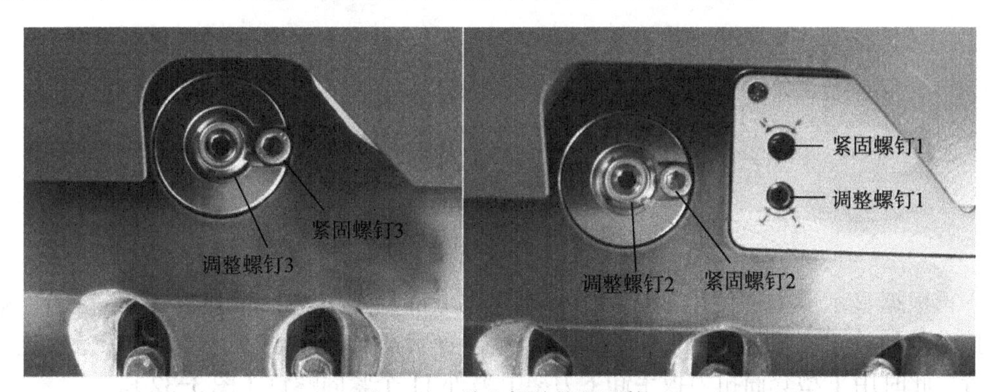

图 3-26 偏心螺栓位置调整

③在显示屏（图3-25）上选择“①用于将刀定到最小位置的偏心螺栓”，显示屏跳转到如图3-27所示画面，在“刀片调节”下选择“②普通材料”。裁切纸张一般选择普通材料；裁切布料、皮革、丝绒等选择软材料；裁切纸板、塑料片等选择硬材料。

④显示屏跳转到“使用踏板将千斤移到最低位置”的画面（图3-28），此时只需根据显示屏引导，脚踩踏板使千斤压力板下降到最低点，松开脚踏板后千斤压力板会自动回升并停留在裁切台上方约20mm位置（图3-29）。

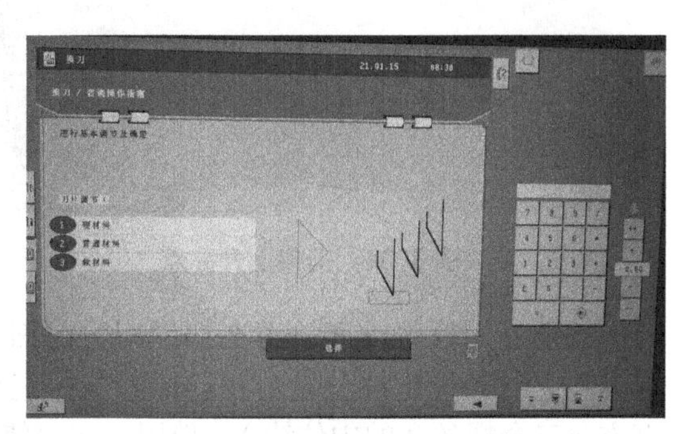

图 3-27 “裁切材料”选择

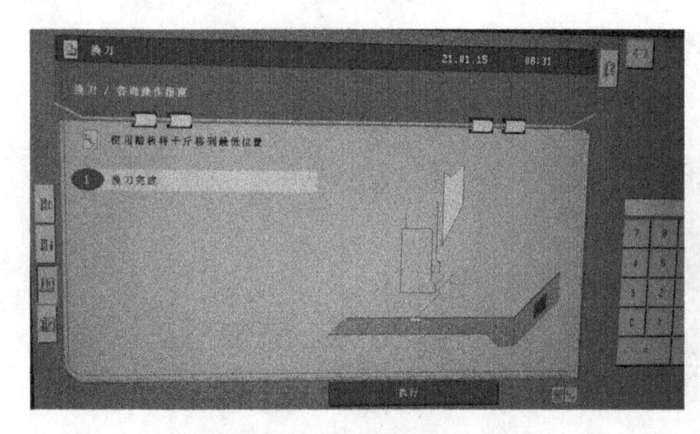

图 3-28　压板定位

图 3-29　压板位置

⑤根据显示屏上“使用裁切钮，将刀移入下部顶点中心”的引导（图 3-30），双手按动裁切按钮，裁切刀自动下降到最低点位置后，自动停止在最低位并保持在这个位置。此时需用 T 型套筒扳手先卸下刀架左侧顶端二个紧固螺钉（螺钉共有 13 个，用以将刀片固定在刀架上），左侧顶端二个刀片紧固螺钉只有在最低位才能卸下。

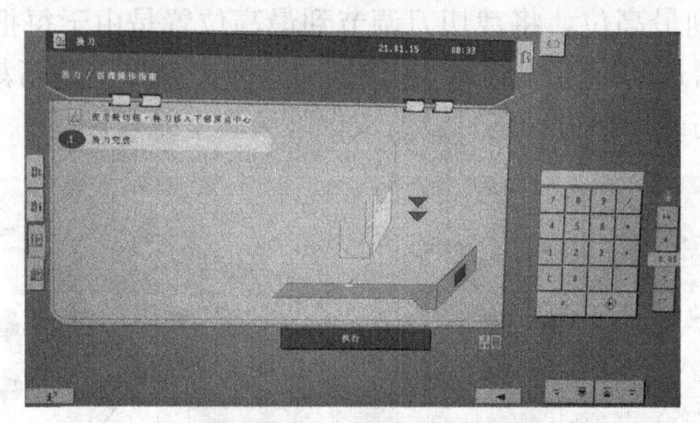

图 3-30　刀架下降低点

再根据显示屏上“使用裁切钮，将刀移入上部顶点中心”的引导（图 3-31），双手按动裁切按钮，裁切刀自动上升到最高点位置后，自动停止在最高位并保持在这个位置。此时用 T 型套筒扭力扳手卸下刀架上另外 11 个紧固螺钉（图 3-32）。

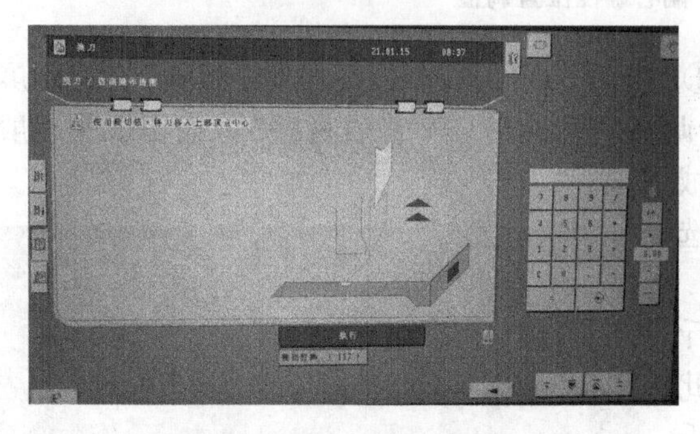

图 3-31　刀架上升高点

图 3-32　卸下刀架螺钉

⑥把专用换刀支架放置在切纸刀的前面（图 3-33），使换刀支架上二个槽口与切纸刀片上二条标记线位置对正（切刀上标记线有两条，每一根线的上方正好是切刀垂直方向三个螺丝孔的中位线），稍用力向前使换刀支架和切纸刀片紧紧贴合在一起。

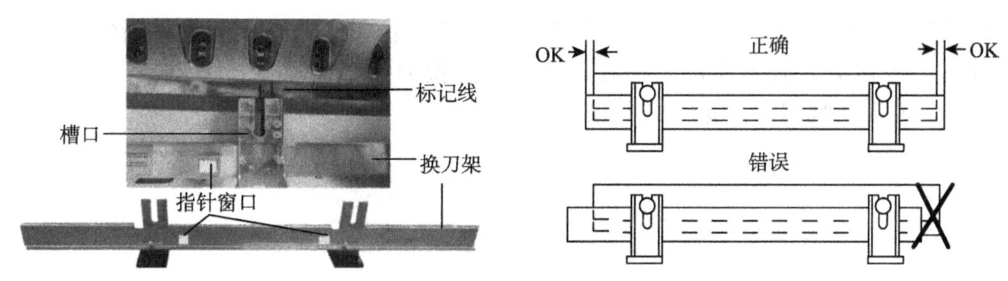

图 3-33 换刀支架位置

注意：切纸刀应放置在换刀支架的中心位置，刀片两端应缩进换刀支架，居中摆放。

⑦用 T 型内六角扳手插入刀架中心位内六角螺钉中（图 3-34），按顺时针方向旋转使刀片下降（逆时针方向旋转使刀片上升），直到切纸刀的刃口与换刀支架上的指针窗口下部对正为止。将换刀手柄从换刀支架槽口中拧入切纸刀片的孔内（图 3-35），并紧固好换刀手柄。

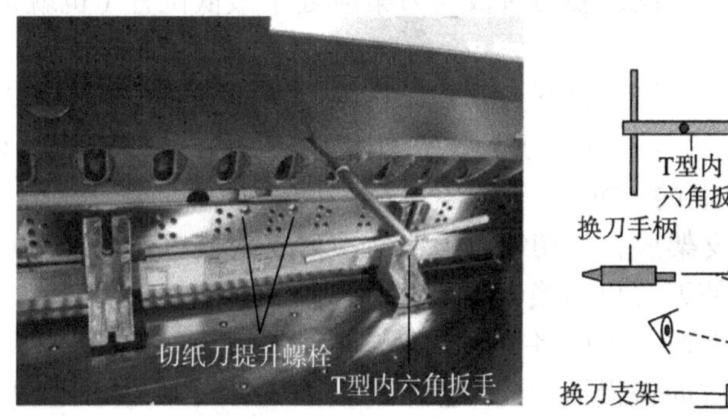

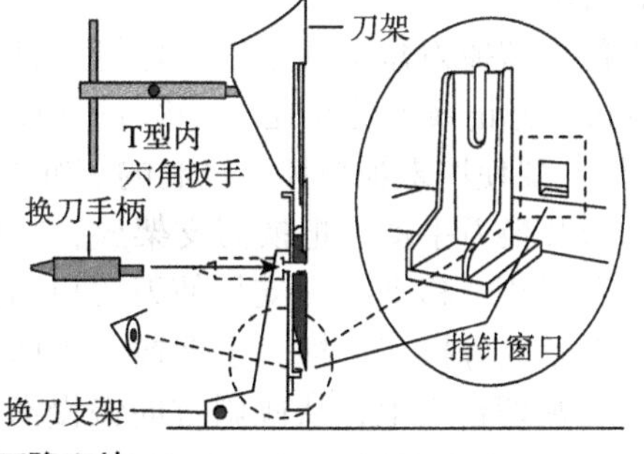

图 3-34 下降刀片

图 3-35 安装换刀手柄

⑧转动 T 型内六角扳手，使切纸刀孔内的切纸刀提升装置的悬挂螺栓能够自由转动，再双手握紧换刀手柄使换刀支架和切纸刀滑出机器。注意移出刀架时应沿倾斜方

向缓慢滑出，严禁碰撞机件。取下的刀片和换刀支架一起放入刀片盒内（图 3-36），存放或运送切纸刀必须使用刀片存放盒。松开换刀手柄，取出换刀支架，合上刀盒盖，拧上刀盒锁紧螺钉，完成整个卸刀工作。

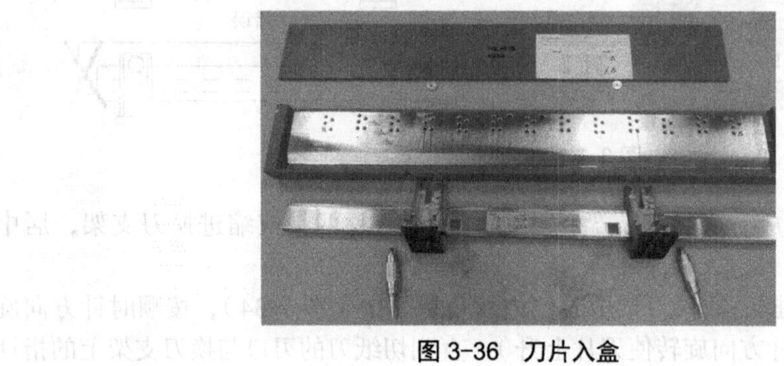

图 3-36　刀片入盒

（二）装刀

装刀顺序与步骤正好与卸刀相反，装刀时裁切刀架应处于最低位置（也就是刚才卸刀后的位置）。

①首先卸掉刀盒上两个锁紧螺钉，打开刀盒盖，将两个换刀手柄拧入切纸刀片螺孔（两边带标记线下的螺孔），然后将切纸刀片从刀盒中取出放置在一个平面上（台面或桌面），要使用未被损坏、锋利的切纸刀。

②松开换刀手柄，把换刀支架放置在切纸刀上，使换刀支架槽口与切纸刀片上标记的位置对正，移动换刀支架使刀刃口与换刀支架中的窗口指针对正（图 3-37），在此位置上紧固好换刀手柄。手握换刀手柄将换刀支架与相连的切纸刀片拿起，然后垂直放置在裁切台面上，从倾斜方向慢慢滑动到刀架下（图 3-38），并使切纸刀片上两个悬吊孔与悬吊机构上的两个悬吊挂钩处于同一垂直线上。

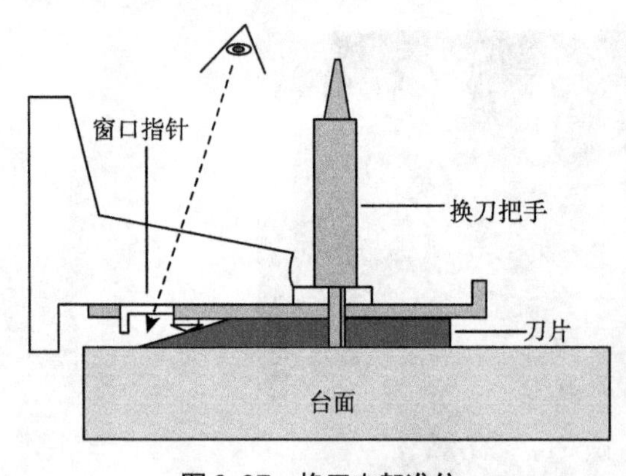

图 3-37　换刀支架准位

图 3-38　进刀

③用 T 型内六角扳手调整好悬吊挂钩的上下位置，使两个悬吊挂钩处在切纸刀悬吊圆孔的中心位置（图 3-39），然后将切纸刀片向前推到悬吊挂钩上去。

④按逆时针方向旋转 T 型内六角扳手，使切纸刀片稍微提升一点，然后取下换刀把手和换刀支架。在切纸刀下的左侧和右侧放置较薄纸张，再顺时针方向旋转 T 型内

六角扳手，使切纸刀片自然下降到底（切纸刀必须两端平行地被放到裁切条上），即切纸刀刃与裁切刀条轻轻接触，纸张被夹住，此时悬吊挂钩应处在悬吊孔的中心位置，且悬吊挂钩与悬吊孔外圆周之间留有一定间隙。如果过分用力向上或向下，就会造成切不断或裁切条切痕过深，甚至造成保险安全销损坏。

⑤将 13 个刀片紧固螺钉全部轻轻拧上，再用 T 型套筒扭力扳手从中间开始向两侧依次紧固好各个螺钉（图 3-40）。

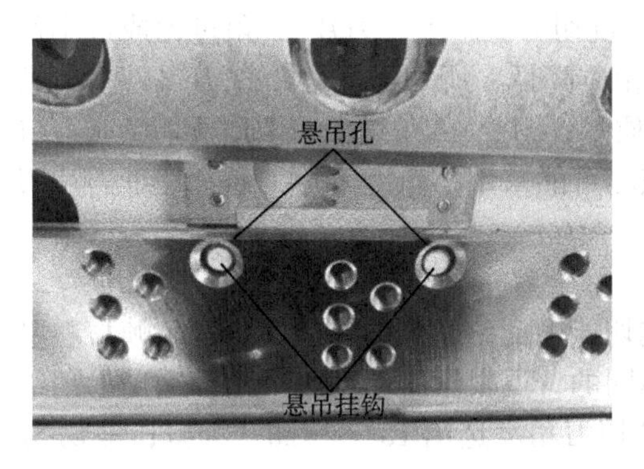

图 3-39　上刀

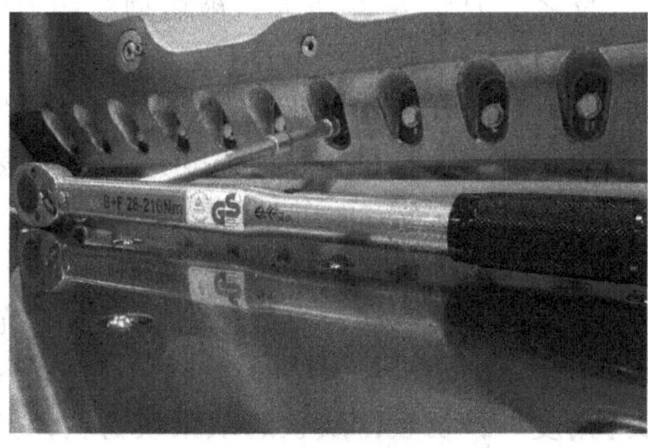

图 3-40　固刀

⑥按一次裁切按钮使裁切刀回到最高点，再按一下显示屏上“②换刀完成”，从而完成装刀工作。

⑦最后利用纸张进行裁切检查。如果纸张未被切透的话，需根据纸张未切断面对裁切刀的高低或平行度进行针对性调节。

1）高低调节（图 3-41）

当左、右两边纸张都未被切断时，需用 T 型内六角扳手先松开刀架右侧的紧固螺钉 1，然后按顺时针方向旋转调整螺钉 1，偏心螺栓会随着旋转幅度的增加使切纸刀高度随之下降，当最下一张纸切断后拧紧紧固螺钉 1 即可。

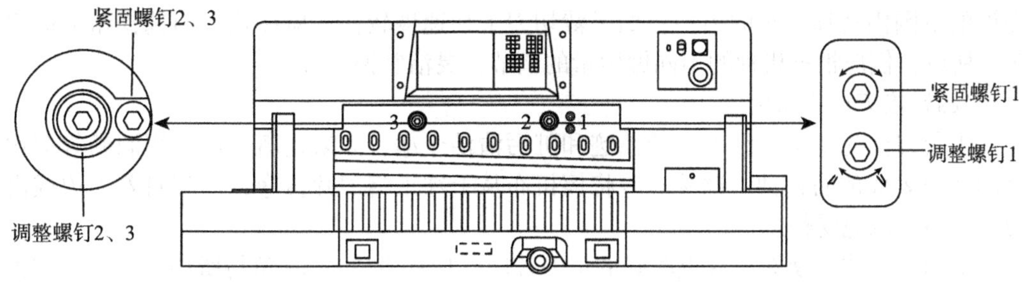

图 3-41　未切断调节

2）平行度调节（图 3-41）

当左面或右面仅一面纸张未被切断时，就需要对左面或右面的高低进行局部单面调整，此调整主要是针对整个裁切刀的平行度调节，对裁切刀整体高低影响是微小的。如遇切不断左面最下纸张时，就需要适当降低左端裁切刀高度；切不断右面最下纸张时，就需要适当降低右端裁切刀高度。先用 T 型内六角扳手拧松紧固螺钉 2 或

3，再按顺时针方向旋转调整螺钉 2 或 3，偏心螺栓会随着旋转幅度的增加使调整端切纸刀高度随之下降，当调整面下纸张切断后拧紧紧固螺钉 2 或 3 即可。

（三）切纸刀切角的选用

切纸均采用机械动作使切刀下压以铡刀形式将页张裁切开，因此，在裁切前应依被切物的抗切能力，选好刀片 α 角的大小。刀片 α 角越小，刀刃就越锋利，被切物对切力的抗切力就越小，切刀磨损和功率消耗也随之变小，所切物品整齐，切口光滑，反之，刀片 α 角越大，被切物对切刀的抗切力就越大。刀片 α 角过大或过小都不好，刀片 α 角过小，刀刃强度和耐磨性相应降低，所切纸张会出现刀口不平、卷刀、崩损或换刀次数增多，从而影响产量和质量；刀片 α 角过大，则使所切纸张刀口不平、不光滑。但只要刀片强度允许，应该尽可能采用小角度刀片，通常切纸刀片刃角应根据以下三个方面来选择。

（1）根据裁切物抗切力

切纸刀片角度的选择是根据裁切物的抗切能力而定，被裁切的纸张、装帧材料坚硬程度是不同的，被裁切的纸沓厚度也是不同的，要根据实际情况来选择适当的切纸刀片角度。裁切较薄质软的纸张或材料，其切刀角度选用 18° ～ 20° 为宜；裁切 52 克以上的纸张及铜版纸，其切刀角度选用 21° ～ 24° 为宜；裁切较厚质坚的纸板及材料（胶片、瓦楞纸等），其切刀角度选用 25° ～ 30° 为宜。同时磨刀的刀刃的直线度误差不得超过 0.2 ～ 0.3mm 范围。

（2）根据裁切物的高低

当裁切物堆叠较高时，为确保裁切的质量精度，我们可以采取特种切刀角度，即在同一刀刃的斜面上磨成两个不同的角度。这种特殊型刃角可适应随时更换各种软硬材质的被切物或堆叠较高的被切物。此种刀片的加工方法：刀刃在 23° 时在其刃角上再磨一个 26° 的夹角。

（3）根据裁切刀的下切速度

裁切刀的下切速度与刃角的关系也是密不可分的，如果裁切刀下切速度慢，应在允许的范围内选择略小的刃角；如果裁切刀下切速度较快，应在范围内选择略大的刃角。所以我们应根据机种的不同做微量的调节，灵活掌握。

（四）换刀注意事项

①装刀前先要把切纸刀上的油迹和脏污清洁干净，如果是新刀还须用酒精等溶剂擦净切刀表面的防锈油。擦洗时应将擦机布从上往下将刀片抹净，严禁对着刀刃或沿刀刃抹擦，以免受伤。

②旧刀片取下换新（或重磨好的）刀片时，应检查刀片 α 角与所切物料的抗切力是否基本符合。

③卸刀和装刀时要缓慢移动刀片，并注意刀片在移动时，避免碰撞切纸机机件等紧硬物体，以防止刀刃和设备部件受到损坏。

④ T 型套筒扭力扳手是用来拧紧刀片上 13 个紧固螺钉的专用工具，其紧固扭力应选择 70Nm 左右（T 型套筒扭力扳手预置范围在 28 ～ 210Nm），同时扭力扳手在紧固螺钉时，必须从中间向两侧（也可从左到右或从右到左）依次紧固好 13 个螺钉。如果跳跃式紧固就会造成切纸刀变形甚至弯曲，不但影响裁切精度，还会造成不可修复的

损坏。

⑤每次换刀之后都必须检查安全销的工作情况，发现移动、松动等问题后必须及时准位和紧固。

⑥为使切纸刀刃更锐利、光洁，裁切前要在刀刃上涂抹一些肥皂和石蜡，以延长刃口的使用寿命，使裁切面更光滑。

⑦换刀完成后要及时清场，不得将任何工具或物体遗留在工作台上，以防止裁切过程中无意间被推至切纸刀下，造成切纸机械损坏及人身伤害。

⑧切纸刀经过长期裁切和刃磨其高度就会降低，当切纸刀的高度< 130mm 时就要将隔离件加装到切纸刀上面（图 3-42），以弥补刀身磨损高度，保持刀架垂直方向受力支撑。

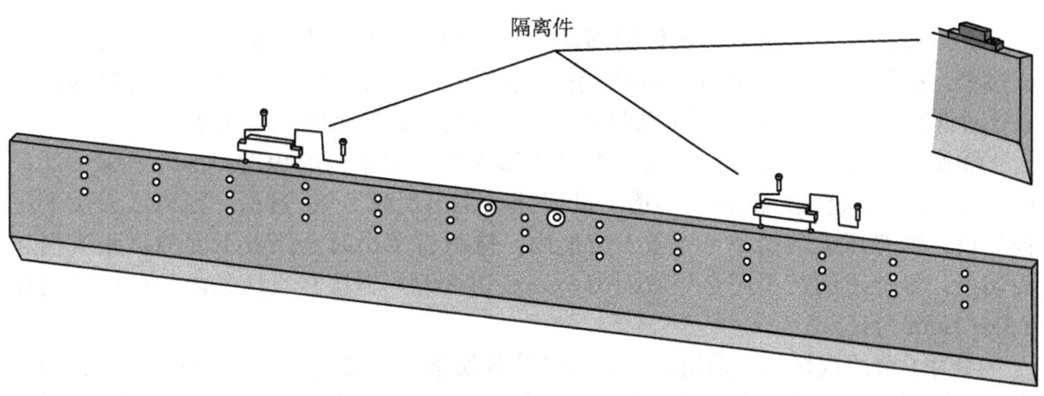

图 3-42　加装隔离件

二、换裁切条操作及要求

裁切条（也称刀条）的作用是保护刀刃不被碰伤和保证底层纸的平整。裁切条经过较长时间使用后，表面就会出现较深的刀痕，当深度> 1mm 时就应及时调换，否则裁切物的下部会出现毛口，影响裁切质量。每次装刀前都须对裁切条进行更换，使裁切条适应新装切纸刀片高低位置需求，配合切纸刀切断纸张。正确地使用裁切条可以保证裁切质量，裁切条规格长度应与切纸机规格宽度相等，裁切条宽以切纸机裁切条凹槽的宽为标准，并根据这些要求选择适用的裁切条。

（1）装卸裁切条操作

①调换裁切条时，只需将左边换刀条把手（图 3-22）向靠身方向拉，左侧裁切条就会被顶起，脱离裁切条凹槽，再从左向右取出整个裁切条。

②裁切刀条的作用是保护刀口，并使最底层纸张能被完全裁透，保证裁纸质量。裁切刀条一般用平整度好、变形少、坚硬有韧性、无节疤的木质或塑料材料制成，现在多使用高质量硬塑料或尼龙材料制成。裁切条均加工成波棱形态（即蛇形曲面），这样可以稳定地嵌入裁切条槽口内，而不需要使用胶料或螺钉固定。安装时只需把裁切条的一端推抵右侧承口并嵌入槽内，再顺着其波棱形状自右向左地将裁切条压入槽口内即可。

（2）安装裁切条注意事项

①裁切条放在凹槽内要与切纸机台面相平，不可凸出或凹进（图 3-43）。裁切条凸出，纸沓推不进去，影响裁切质量；裁切条凹进，纸沓容易被凹槽两面挡住或切完纸沓后出现压痕。

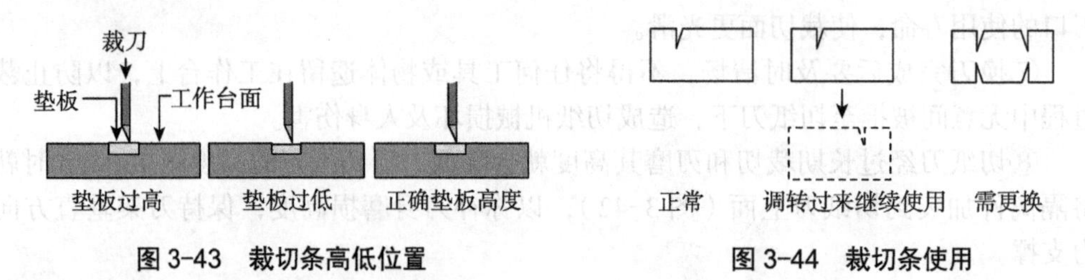

图 3-43　裁切条高低位置　　　图 3-44　裁切条使用

②裁切条在凹槽内不得做任何移动，其与凹槽应基本无空隙。如果裁切条过宽或过窄，都要及时调换相匹配的裁切条。裁切条在凹槽内过高（过厚）可更换薄裁切条，过低时可调换厚裁切条或下部垫纸，以达到与机台板面平齐的目的。

③换刀后要及时观察，注意切纸刀片深入裁切刀条内的程度，不可过深（低）或过浅（高）。过浅，纸沓切不透（最底部页张出现联刀）；过深，则切纸刀片下压裁切后，纸张压进裁切条（刀条）刀痕内，待纸沓拿出时会撕破下面的页张或损坏裁切条，最严重的甚至还会导致崩刀。一般切纸刀片下压在裁切条内的深度控制在 0.3 ～ 1mm 为宜。

④为了节约裁切条，采用转动方法可使裁切条不仅可使用四面（图 3-44），而且当四面使用后，还可将裁切刀条掉转，再调用四面使用。因此，一根裁切刀条可反复调换 8 次使用。

第四节　切纸机常见故障

一、裁切规格不准

裁切刀片与工作台的平行度和高度，裁切刀片与工作台的垂直性，推纸器的工作面与裁切线的平行度、与工作台的垂直性，对于保证裁切质量具有十分重要作用。

裁切后的物料常见的规格不准可分为三种现象：垂直度不准，平行度不准，上下规格不准。

1. 垂直度不准

裁切垂直度不准，这是由于工作台与刀门垂直度不准而造成，需调整工作台与刀门的垂直度。

2. 平行度不准

平行度不准就是指裁切歪斜，可以通过调节推纸器左右两只调节螺钉来校正（图 3-35）。

3. 上下规格不准

①若不属于工作台与刀门垂直度不准，一般情况是裁切物走动或驳口引起，这是

压纸器的压力不足、刀刃不锋利及刀刃切口角度不对等原因造成。前者要调整压纸器的压力，后者要调换锋利的刀片和有适合刀口角度的刀片。

②推纸器平面与平台平面不垂直，需要用角尺调试两平面的角度成 90°，通过调整推纸器上部调节螺钉来校正（图 3-45）。

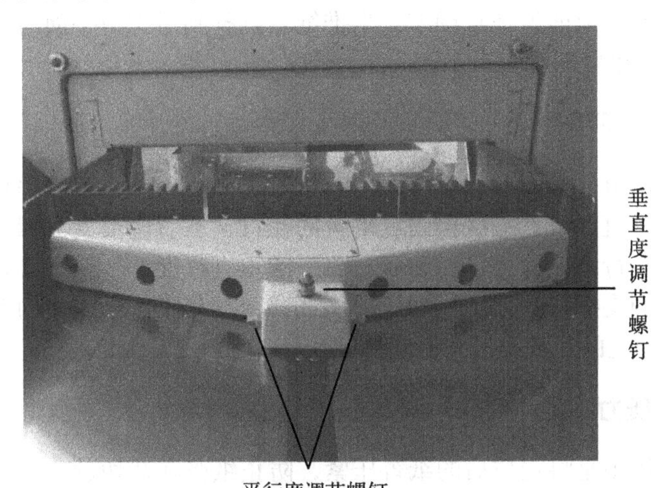

图 3-45　推纸器调节

③当操作人员把待切材料靠着后挡规摆放时，如果最上层纸张隆起的话，其会向上移动，继而也会导致上下裁切不准。通常我们会把最上层纸张的边角弯一下或卷一下，这样可以让纸张稍微平整些，但如果操作不当，就会损坏纸张，导致无法使用，也有可能使纸张出现褶痕，给折页等下道工序带来困扰，给产品质量造成损害。现在许多先进的切纸机在后挡规处增加了压纸夹，能确保最上层纸张平整服帖，这样，待切材料就可以紧靠着后挡规摆放。在压纸夹工作的同时，操作者也可以将材料向后挡规推紧并精确闯齐。

④向前推送纸堆时不可用力不足或用力过猛，用力不足纸沓不能推到位，用力过猛纸沓被弹回造成歪斜而出现上下刀象，须规范掌握操作力度。

⑤随着纸沓高度的增加，裁切尺寸的误差随之增大。因为纸沓过高，压纸器的压力相应加大，纸沓的抗切力就大，从而增加了纸沓的弯曲形变，裁出的纸张就会出现纸沓上部大下部小。因此，裁切纸沓的高度最好控制在 100mm 以下为宜。

二、推纸器移动不畅

造成推纸器移动不灵活的原因有：推纸器滑行凹槽中的纸灰、油污阻碍了滑行顺畅，凹槽中的塞铁过紧，平台调节不当。只要清除滑行凹槽中的纸灰、油污，重新调整塞铁和平台的位置即可。

三、推纸器（界方）不准

推纸器是用来为纸沓定位、确定裁切尺寸的机构，是由丝杠传动控制其前后移动，调节裁切距离，即调节纸张所需要裁切的各种规格。一般推纸器都可以使用电动和手动驱动，还设有微调旋转手柄。如果推纸器左右不正，就会造成裁切歪斜，应对推纸器进行校正。调节时松开推纸器后部左右两面螺钉，调节挡板与刀门的平行度，以及与旁板的角尺度即可。如果在正常裁切状态下，整叠裁切物出现上下刀，就应对推纸器（界方）的垂直度进行及时校正，调节时松开支撑架上的调节螺钉，使推纸器在凹槽内的定位塞铁上能做任意调节，当推纸器调整到后挡板平面与操作台的垂直位置时，把上下螺钉吊紧即可。

四、操作平台不平

操作台面的调节：操作台面应与刀门、压纸器平行，并与刀门垂直。调节方法：台面与刀门若不垂直，可首先旋松固定平台的螺钉，然后调节支头螺钉，观看台面左右两面与刀门的平行度，以及平面前后与刀门的垂直程度。在调节其垂直程度时，也可调节平台后面的支撑三角架子上螺丝。压纸器两端与工作台表面的平行度，可通过控制压纸器的拉杆上的互紧螺母来实现。

五、压纸器压力不足

压纸机构的作用是将定位后的纸沓压紧，防止纸张在裁切过程中位移，保证裁切精度，压纸器的运动是通过液压系统来实现的。其压力的大小是靠调节液压压力的大小来实现的。操作时，在一定的裁切高度以内，其压力可以由调节钮（或调节阀）来调节压纸器压力，压纸器压力大小的调节，应根据裁切纸张的种类、裁切高度、磨刃的锋利等因素来调节。一般压纸器的压力控制在 4.5bar 较为适宜。

六、保险螺丝损坏

裁切刀下降裁切是由拉杆拖动，而在拉杆上装有过载保险装置，即保险螺丝（图 3-46）。切纸刀保护螺丝是保护切纸机的重要装置，保险螺丝损坏都是由机械负载过重引起，切纸机保险螺丝断裂一般有以下几个原因。

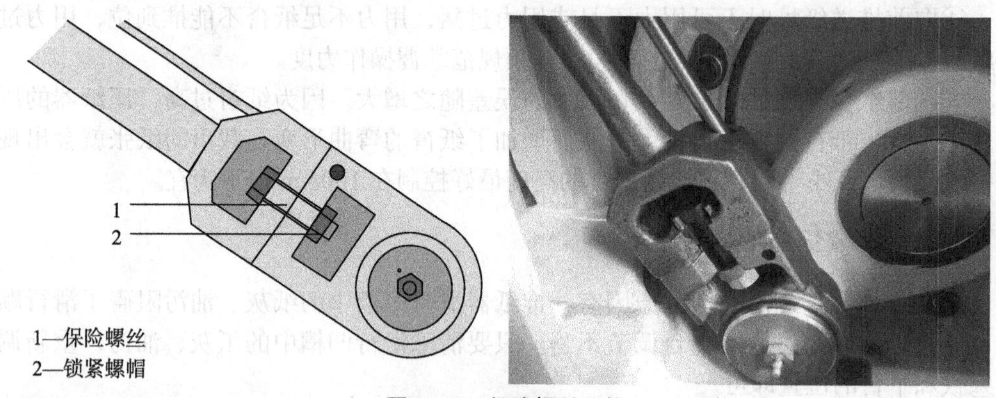

图 3-46　保险螺丝调换

（1）裁切时切到硬物（遗留在纸沓中的螺丝、螺母、垫片等）。

（2）操作人员裁切压力调整不当。

一般裁切刀切入垫刀条的深度控制在 0.5 ～ 1mm，如果裁切刀调得太低、切入过深，刀床拉动组件拉力超过保险螺丝抗拉力值，保险螺丝必然损坏。

（3）磨刀不勤、刀锋过钝。

磨刀不勤、刀锋过钝，造成裁切压力过大，螺纹拉杆滚针轴承逐渐磨坏，造成轴套间隙过大，时间一长该件磨坏，造成保险螺栓断裂。

（4）刀床下降导轨润滑不良。

如果刀床下降导轨润滑不良，刀床下降阻力必然逐渐增大，从而导致拉断保险螺丝。因此检查保养时要特别注意定时注入导轨油和润滑脂。

断裂的保险安全螺丝 1 调换比较容易，先将裁切刀移至上端位置，换上新的螺丝，重新锁上螺帽 2，并旋紧螺帽 2 大约 50 个刻度即可。

第五节 裁切质量要求

影响切纸机裁切质量的因素有很多，但裁切的规格尺寸要求做到尽可能准确，误差要控制在一定范围内。

一、影响裁切质量的因素

1. 纸沓高度

随着纸沓高度的增加，裁切尺寸的误差随之加大。因为纸沓越高，千斤的压力增大，纸沓的抗切力就大，从而增加了纸沓的变形弯曲，裁出的纸张会出现纸沓上部大下部小的现象。因此，裁切纸沓的高度应控制在 100mm 以下为宜。

2. 刀刃的锋利程度

刀刃磨削得越锋利，裁切时被裁切物对裁切刀的抗切力就越小，机器磨损和功率消耗就越小，被切的产品整齐、切口光洁。反之，刀刃磨削不锋利，裁切质量和裁切速度就会下降，裁切时就容易把纸沓上面的纸张拉出，出现上下刀口不一致的现象。

3. 压纸（千斤）压力

压纸器必须沿纸张的裁切线压紧，随着压纸器压力的增大，纸张从压纸器下被拉出的可能性就小，裁切的准确性就高。

4. 裁切机的调整精度

裁切刀与工作台的平行度和高度，裁切刀与工作台的垂直性，推纸器的工作面与裁切线的平行度及与工作台的垂直性，对于保证裁切质量至关重要。因此，在安装、维护、保养时，应该准确调整这些部位，使刀刃和刀条相对，按规定要求将纸张切断。

二、裁切的质量要求

裁切工作的质量，应该做到两个方面：一是质量上必须符合一定的要求；二是规格尺寸上要达到一定的精度。

1. 裁切质量要求

①裁切边应光洁，无刀花、无毛口、无驳口。

②纸沓上下尺寸应一致，相邻两裁切线应垂直（对角线相等），规格尺寸符合要求。

③裁切后产品应无颠倒、翻身、夹错、压痕和大折角等质量弊病。

④裁切刀有里刀和外刀之分，裁切精细产品要以里刀为准。

2. 裁切规格尺寸精度要求

①裁切大版书料，误差< 1.0mm，裁切插图及跨页拼图，误差< 0.3mm。

②裁切封皮、卡纸，误差< 0.5mm。

③裁切双联料，误差< 0.5mm。

④裁切白纸板类不吊角，误差< 0.3mm。

⑤裁切套书、丛书，封面规矩应一致，书背字高度一致，误差< 1.0mm。

⑥裁切覆膜护封，四边光滑无毛边、无开裂。

⑦裁切图表尺寸天头空白要大于地脚空白，一般比例为 4/6 ～ 4/5，掌握上大下小的版面形式。

第四章
折页

折页工序，亦称成帖工序，是将印刷好的大幅面印张，按规格和页码顺序，用手工或机器折叠成书帖的工作过程。此工序是以折页为主，包括撞页、折页、粘页（或套插页）的成帖加工操作（还包括计数和质检），是装订的首道工序。折页作为印后装订加工中的第一道工序，折页在印刷生产中起着非常重要的承接作用，印刷好的单张需要通过折页加工成为各类商业成品，其应用范围涵盖骑订、胶订、精装等，也可直接加工为拥有商品价值的宣传单、产品目录、说明册等，折页质量的好坏直接影响到产品质量。

第一节　掌握撞页方法

撞页，亦称“闯页”或称理纸。是将印刷好的大幅面印张，利用纸张与纸张之间的空气渗透所产生的自由滑动或错动原理，将原来不整齐的页张，经碰撞使之理齐的过程。撞页又分为机械和手工两种方法，短品种、薄型纸常用手工撞页，长品种、厚型纸可用机械撞页。

一、机械撞页方法

理纸机又叫闯纸机、齐纸机、收纸机，是将纸张整齐的设备。经印刷机印刷的纸张并不能收得非常齐整，不利于印后装订加工的作业，理纸机就是将纸张理齐的设备。理纸机工艺操作流程：进纸→翻转→纵向齐纸→横向齐纸→下纸（图 4-1）。理

翻转

纵向齐纸

横向齐纸

图 4-1　机械理纸机

纸机是将页张抖松，使页张之间进入空气，再利用机械振动的原理，采用伺服振动控制，配以辅助吹气系统，并根据纸张幅面和纸张厚度调整其相匹配振动频率，从而实现纸堆的精准对齐。机械撞页降低了折页人员的劳动强度，节省了理纸操作时间，提高了折页产量与质量。

二、手工撞页方法

手工撞页是靠人工将页张抖松进行碰撞，将页张撞整齐。在撞页时，可根据纸张性质和幅面大小的不同，分别采用撞击式和错动式进行撞页。

1. 撞击式理纸

撞击式理纸（图 4-2）方法适合于较硬的纸张。操作时双手将纸叠向下错动披滑开，将已披滑松的纸叠竖提起向下撞击工作台面，撞击时利用纸张自重下落。不可硬撞硬碰，以防造成纸边卷曲或撞不齐等现象出现。待上下方向撞齐后，可使用同样方法将左右方向撞齐，注意左右方向应选择侧规边进行撞击。

2. 错动式理纸

错动式理纸（图 4-3）适合于幅面大或较软的纸张。操作时双手将纸叠向左错动披滑开，使纸张侧边披成坡状，向上翻起纸叠左下角，左手向下轻推纸边，右手向右推揉纸边，使先前劈开的坡形逐渐减小直至消失。待左下角理齐后用同样的方法错动纸叠右上角。一般经过纸叠两个对角的错动之后，纸张基本就可理齐，若碰到大幅面的纸张可通过四个角错动来理齐纸张。

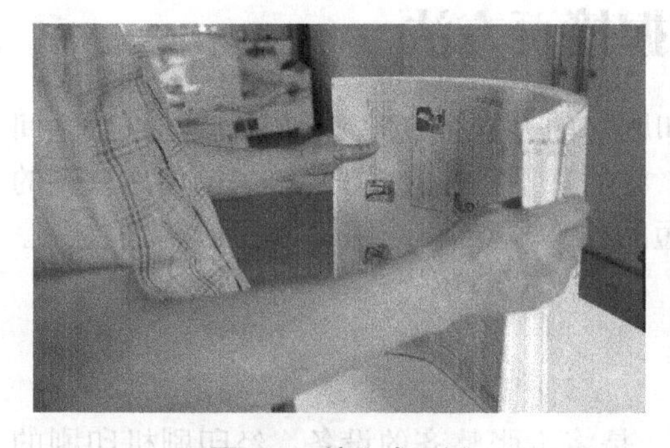

图 4-2 撞击式理纸

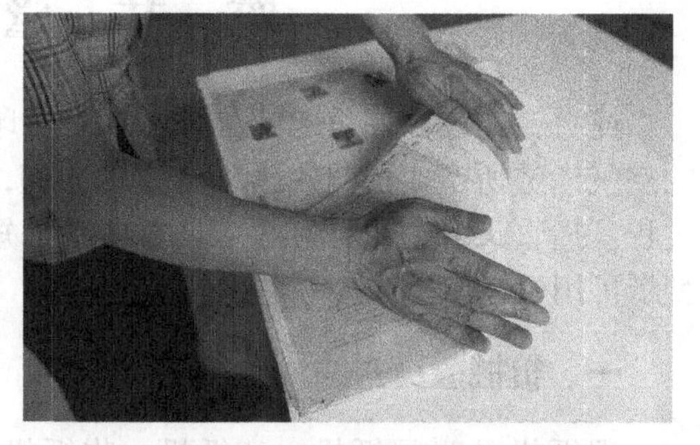

图 4-3 错动式理纸

3. 纸张卷曲处理

由于印张含水量与环境温度的不平衡，会出现印张四角卷曲、紧边翘曲，四角、四边垂下等现象，此时印张就不能正常从飞达输出及不进折页栅栏口，造成堵纸、撕纸，增加了损耗，影响了折页进度和质量。为了排除卷曲的故障，通常采取敲纸的方法来平整纸张。

敲纸就是将卷曲印张翻身，卷曲面朝下，手工在卷曲的纸张上敲出一定方向的折痕，强行改变卷曲的印张，使纸张相对平整并提高其挺度，以达到改善纸张折页适性，提高输纸定位精度，减少输纸故障，克服纸张由温度、湿度变化发生卷曲等目的操作。敲纸一般分为敲叼口（图 4-4）、敲侧规（图 4-5）两个环节，敲痕一般长 150 ～ 200mm，间隔约 30mm。特别注意铜版纸的卷曲现象不可通过敲纸来处理，因为敲纸会破坏其表面涂层影响印刷品质量，可采用在背面轻柔的方式来解决纸张卷曲问题。

图 4-4　敲叨口

图 4-5　敲侧规

三、撞页作用及要求

撞页前需要先透松纸张，抖动纸张是为了消除因静电、油墨不干等因素造成纸张的互相吸附性和粘连现象；理纸是为了防止纸张因受潮而引起的变形、卷边和折角等现象，把整理好的纸张平整地堆放在纸台上，是开料及折页所必需的操作步骤。撞页的质量好坏，直接关系到下工序的加工，页张撞理不齐，经开料后，轻则造成页码不齐、影响产品质量，重则造成产品报废、前功尽弃。因此，撞页时要注意以下几点：撞页前要确认印刷拉纸和叼口边作为基准面，要披检印张检查有无上印刷工序走版（跑版）、印刷颠倒、白版（没印上或双张印下等）、折角、残页等不合格品，发现后要及时剔出。纸张理齐后要求做到无颠倒、无翻身及防止其他印张混入。

第二节　掌握折页方法

把印张按规格和页码顺序折叠成书帖的工作过程，称为折页。大部分书籍的装订，都要首先把大幅面的印张折叠成书帖，才能供下道工序装订。

一、折页方式和名称

折页方式是由装订方式、开本、纸张克重、印刷机和折页机规格等要素而定，印刷机的版面排列（摆版页码顺序）也是根据此要求而变化，而折页又随印刷版面排列方式不同而变化。书刊装订的折页方式可以分为三种（图 4-6）。

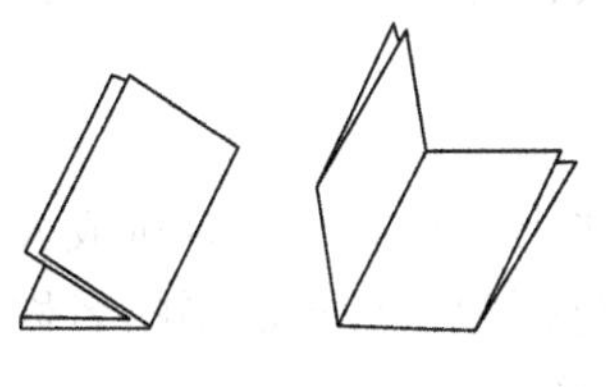

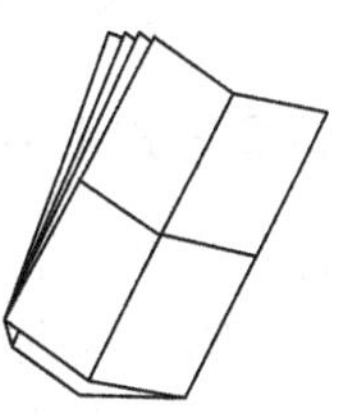

图 4-6　折页方式

1. 平行折页法

相邻两折的折缝互为平行的折页方式，即前一折折缝和后一折折缝平行，平行折又称为滚折。除零版摆版版面必须平行折页法外，对纸质较厚的印刷品也较为适合，可减少折缝处弓皱。平行折页法按版面页码顺序和装订形式要求，又可细分为三种折法（图 4-7）。

（a）对对折　（b）包心折　（c）扇形折

图 4-7　平行折

（1）对对折法

同方向或正反方向连续两个对折。即按照页码顺序对折后，再按同一个方向继续对折的方法。对对折以印张的长边为基准，每折一次，印张长度减少一半，而折帖的页数增加一倍。

（2）扇形折法

第一折与第二折为相反方向折。扇形折也叫翻身折或经折，在折页时按页码顺序与要求，折完第一折后，将页张翻身后再向相反方向折第二折，依次来回反复折叠，使前一折和后一折相互平行，折好的书帖所有折缝外露呈相互平行状。

（3）包心折法

按页码顺序分大小版面连续两折。包心折也叫连续折、卷心折，是一种按页码顺序和要求，将第一折折好的纸边夹在中间，再折第二折、第三折……成为一书帖的方法，因为第一折的纸边夹在中间，故称包心折。

对对折、扇形折、包心折法的折数都在二折以上。

2. 垂直交叉折页法

当第一折和第二折的折缝互为垂直，其相邻两折的折缝相互垂直并交叉的折页方式，称为垂直交叉折页法，也叫转折。垂直交叉折页的操作方法，当第一折完成后，进入第二折时，书页必须按顺时针方向转 90° 后，对齐页码才能折第二折（如果是折页机操作，当第一折完成后，书版即改为另一方向传递而进入第二折），第三折和第四折与上述操作相同。

3. 混合折页法

在同一帖的书页中，折缝既有垂直交叉又有平行的折叠方式，称为混合折页法，又称综合折。这种方法，用机器折页的单、双联书帖最为普遍。

根据折页方向可分正折和反折；根据折页联数，可分为单联和双联（图 4-8）。

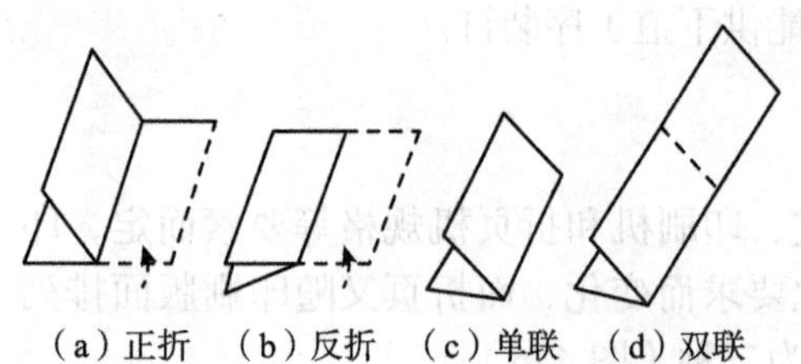

（a）正折　（b）反折　（c）单联　（d）双联

图 4-8　正、反折与单、双联折法

二、书帖折页方式和名称

书刊是由若干张书页组成。印刷时要把单张书页按要求组合拼成大张书页，然后折叠成书帖。这就需要根据印刷和装订方法进行摆版。折页的书帖名称，是指每帖书的版面多少或每帖书的页数多少（图 4-9 和表 4-1）。

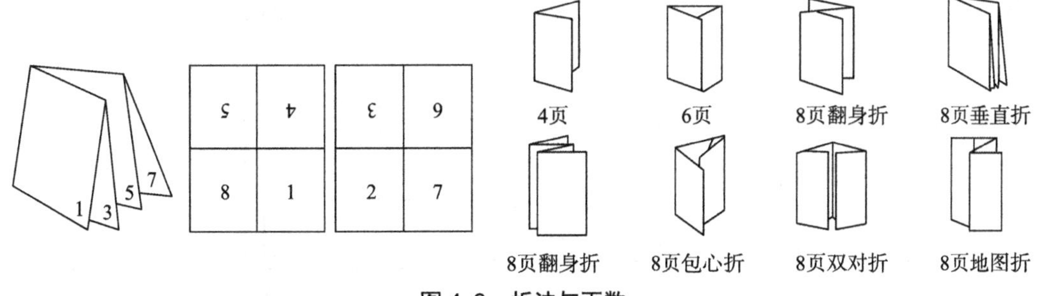

图 4-9　折法与页数

表 4-1　垂直交叉折书帖折数、页数及版面数的关系

折数	页数	版面数
1	2	4
2	4	8
3	8	16
4	16	32

摆版面的排列方法不同，其名称也要随之变化，一般书刊摆放版面均是根据印后折页设备及折法的变化而确定，具体名称如下。

1. 一折二页书帖

一折二页书帖有方 4 版和长 4 版两种（图 4-10）。

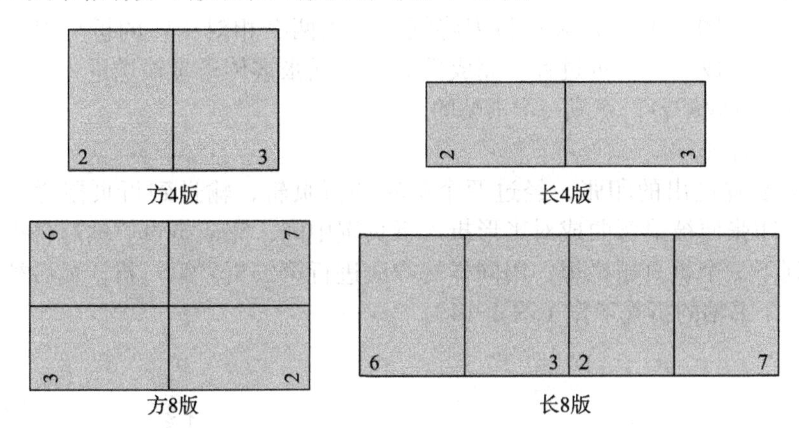

图 4-10　一折 4 版、二折 8 版

2. 二折四页书帖

常用的二折四页书帖有方 8 版和长 8 版（图 4-10）。

3. 三折八页书帖

三折八页有方 16 版（图 4-11）。

4. 四折 16 页书帖

四折十六页有方 32 版（图 4-12）。

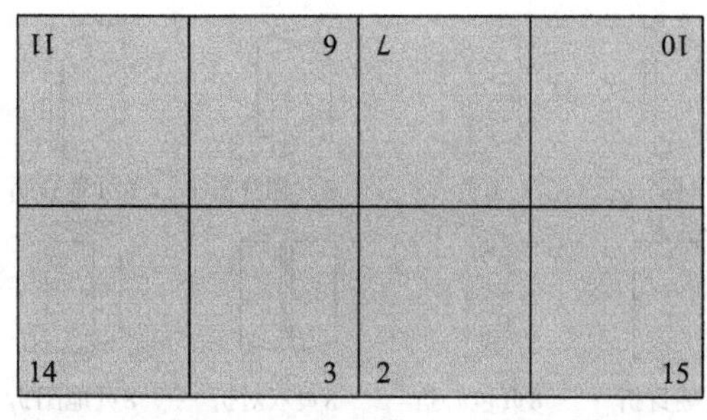

图 4-11　三折 16 版

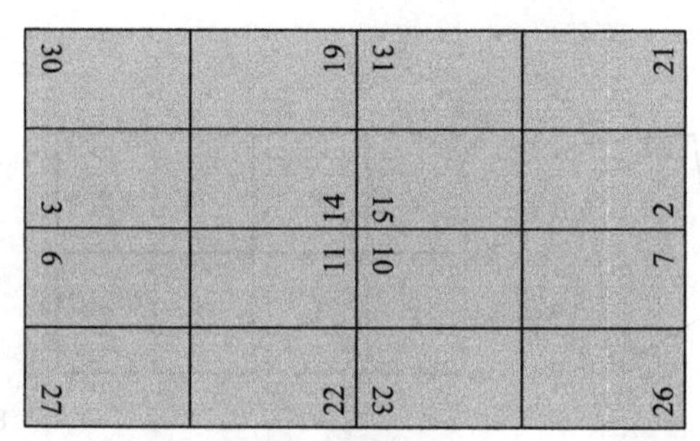

图 4-12　四折 32 版

三、折页机折页方法

随着装订机械化程度的提高，手工折页在书刊装订中使用越来越少，目前除了尾数补版、返修和一些特殊折法的小批量书帖还用手工折页来完成之外，几乎所有平版印张都依赖于折页机折页。按产品功能不同，折页机可划分为书刊杂志型、办公型、说明书型、商务型。

根据折页机械设备的类型不同，基本的折页方法有四种：冲击式、滚折式、栅栏式和刀式。冲击式和滚折式折页方法用于轮转印刷机的折页装置中，而栅栏式和刀式折页方法普遍用于印后装订折页机中。

1. 刀式折页

刀式折页（图 4-13）是采用折刀将纸张压入两个相对旋转的折页辊之间，再由折页辊送出，完成一次折页过程。完成折页后的纸张被传送带输送进入第二折、第三折。最后被送到收帖台，完成一个书帖的折叠工作。

2. 栅栏式折页

由输页装置送出的印张，经过两个旋转的折页辊，输送到折页栅栏里，撞到栅栏挡板时，印张便被迫弯曲成对半形折入折页辊中间，完成折页。然后将折过一折的书帖输送到下一个折页栅栏里，用同样的方法进行第二折、第三折。最后被送到收帖台，完成一个书帖的折叠工作（图 4-14）。

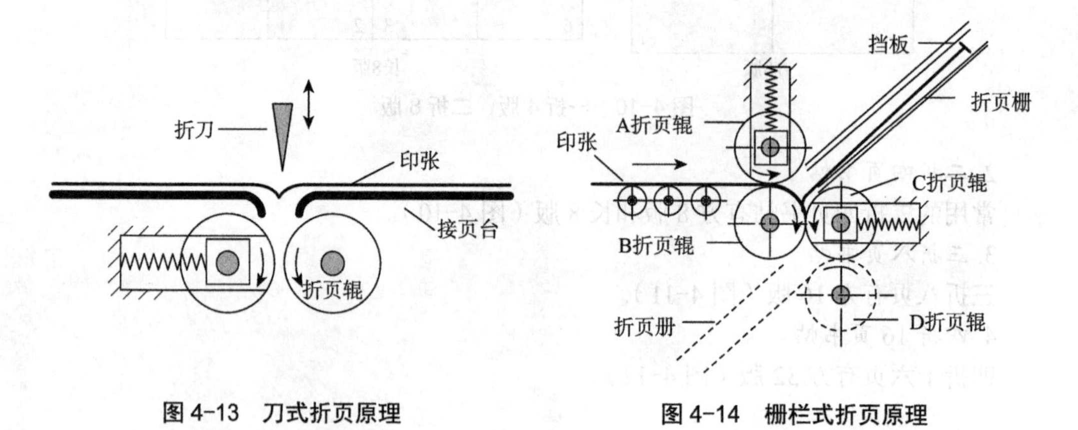

图 4-13　刀式折页原理　　图 4-14　栅栏式折页原理

第三节　掌握折页机类型及特点

由于手工折页的精度远远不如机器折页，因此印后折页加工基本上全部依赖折页机来完成。折页机（图 4-15）是用机械代替手工折页的机器。除卷筒纸轮转印刷机上有专门的折页装置使印刷折页在同一机器上连续完成外，其余大幅面单张纸印张都要由折页机折成书帖。因此，折页机是书刊装订的关键设备之一。

折页机具有生产效率高、结构紧凑、调节灵活、占地面积小、折页方式多等优点。

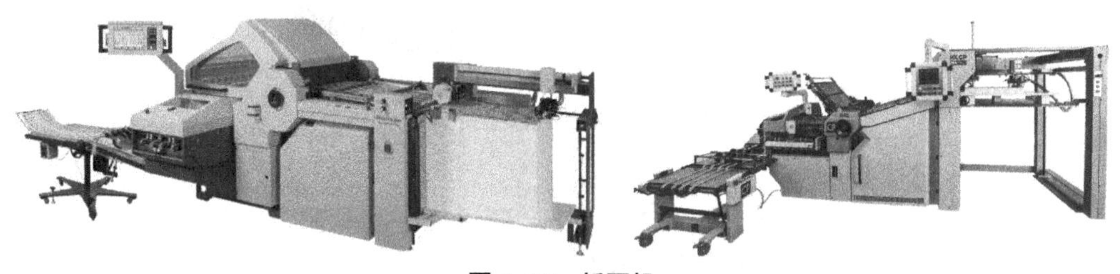

图 4-15　折页机

一、折页机分类

1. 折页机结构组成

常用的折页机都是由输纸装置、书页传送机构、书页定位机构、折页机构压痕打孔机构和收纸机构组成。

输纸装置主要是担负着分离和输送纸张的任务，能准确地将印张输送到折页部分。折页机构是将输纸装置输送来的印刷页按开本的幅面，依页码顺序折叠成书帖。收纸机构是将折成的书帖有规律地进行堆积。

目前折页机的自动化程度越来越高，操作者通过可视控制系统在触摸控制屏上输入数据（纸张规格、折法、折数等），折页工作就能自动完成。折页机组的动力传送基本采用皮带传动系统，不但声音小还具有过载时会引起皮带在带轮上打滑，起到防止其他零件损坏的作用。消音装置及安全防护装置的配置也使机器设计更加人性化，栅栏板上装有隔离防护罩，提高了消音效果和防护功能。当需要实施相关操作时，防护罩可方便打开。

2. 折页机分类

根据输纸装置的不同可分为平台式和环包式两种。

（1）平台式输纸折页机（图 4-16）

平台式输纸折页机可分装纸和输纸两部分。先将理齐的纸堆依折叠顺序直接放在输纸平台上，通过气动式输纸方法再将纸张逐张输送到折页机构。由于印张分离和输送较稳定，比较适用于轻薄纸张，但需要停机理纸和装纸。

（2）环包式（循环式）输纸折页机（图 4-17）

环包式输纸折页机是利用吸纸皮带（递纸辊）不断匀速旋转，将页张前沿部分吸起并随滚筒的转动向前移动，纸张经过感觉片、递纸轴、橡皮输纸辊之后，气路打开（停放）纸张放下，经摩擦传动被带到传递带上，直至递入折页部分完成输纸过程。

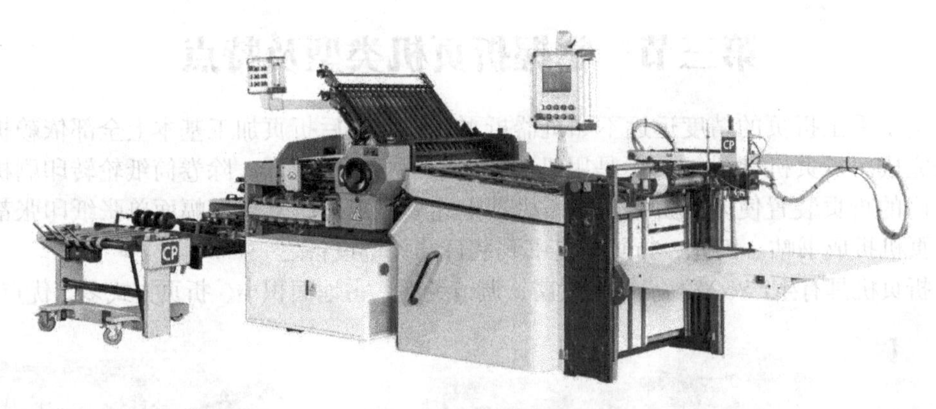

图 4-16 平台式输纸折页机

图 4-17 环包式输纸折页机

根据折页机构的不同，折页机可分为刀式折页机、栅栏式折页机和混合式折页机。

（1）刀式折页机

刀式折页机的折页机构是利用折刀将印张压入相对旋转的一对折页辊中间，再由折页辊送出，完成一次折页过程。

（2）栅栏式折页机

栅栏式折页机的折页机构是利用折页栅栏与相对旋转的折页辊和挡板相互配合，完成折页工作的。

（3）混合式折页机

混合式折页机是既有栅栏式折叠方式又有刀式折叠方式的混合型折页机。

二、折页机构特点

根据折页机构和技术性能的不同，折页机构分为刀式折页机、栅栏式折页机、栅刀混合式折页机、塑料线烫订折页机和多功能组合式折页机。除此之外，骑马联动机配套的折搭机、卷筒纸数码印刷折页机构等是另一种形式的折页机构。

1. *刀式折页机*

刀式折页机，它首先对印张折叠一次，然后将印张旋转 90° 再进行第二次折叠，折叠一次形成 4 个页面；折叠两次形成 8 个页面，以次类推（图 4-18）。

刀式折页机具有较高的折页精度，书帖折缝平实，对纸张质量的适性比较宽，对于较薄、较软的纸张折叠都能适应，折页效果较佳。该机型操作方便，当改变折页方式和规格时，机器校正所需时间较少，但由于折刀的运动形式是往复运动，其折页速度相对较低，并且构件也比较复杂。由于速度等原因，不能适应现代装订加工需求，纯刀式折页机已基本淘汰。

2. 栅栏式折页机

栅栏（梳）式折页机，能适应不同折页方式的变化。栅栏式折页机，首先进行平行折页，这种折页方式通常对印张按照一个方向折叠两次，或更多的次数。根据折页的不同要求，改变栅栏折页装置的数量和彼此位置的相互配合，可以折叠出不同折页方式的书帖（图 4-19），栅栏式折页机的核心技术就体现在它的折页板和折页辊上。

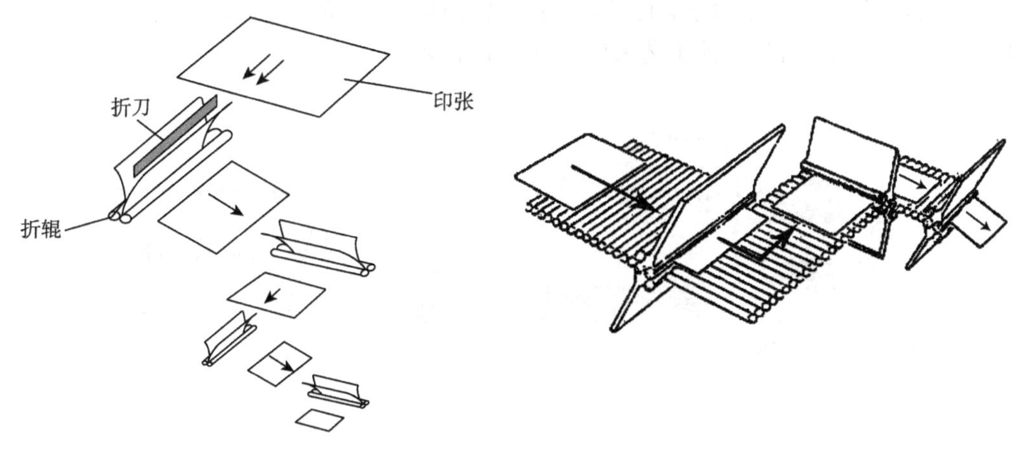

图 4-18　刀式折页机

图 4-19　栅栏式折页机

栅栏式折页机机身较小，占地面积小，折页方式多，折页速度快，具有较高的生产效率，操作方便，维修简单。

3. 栅刀混合式折页机

栅刀混合式折页机（图 4-20）的折页机构既有栅栏式折页机构，又有刀式折页机构，它集合了栅栏式折页机和刀式折页机的优点，是目前使用最多的折页机。栅刀混合式折页机的优点是折页的幅面较大，对纸张的密实程度没有特别要求，和刀式折页机相比大大提高了生产效率，和全栅栏折页机相比提高了折页精度。

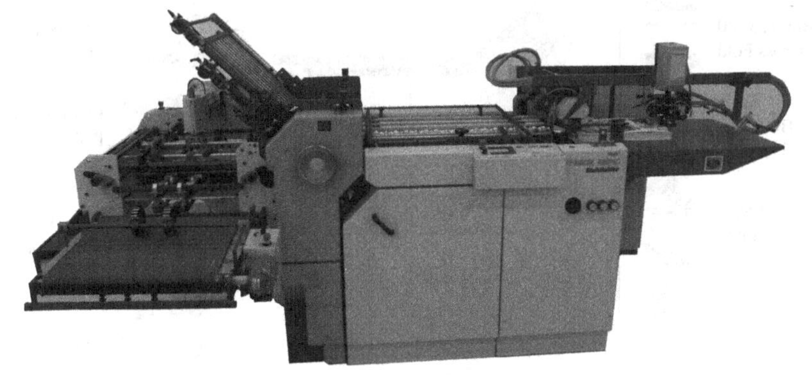

图 4-20　栅刀混合式折页机

4. 塑料线烫订折页机

该机是在刀式或混合式折页机的最后一折的折缝上，由内向外穿出一根特制的塑料复合线，使塑料线在书的两端形成骑马订脚，订脚的低熔点线被电热熔化（熔化后的低熔点线有很强的黏性），沿折缝与书帖向外黏合，高熔点线翘起，然后进行最后一折刀式折页。

塑料线烫订工艺的关键是塑料线烫订折页机（图 4-21），它是在折页机的最后一折的折缝上，像铁丝骑马订那样穿进塑料复合丝，由加热元件将订脚烫熔复合在最后一折书帖的背脊上。塑料线烫订折页机也从过去的较慢的间歇式（八脚线）发展到目前高速连续轮转式（同方向线），塑线烫订具有耐高温、抗张强度高的优点。从工艺流程来看，塑料线烫订比其他工艺来得简单且工序少。

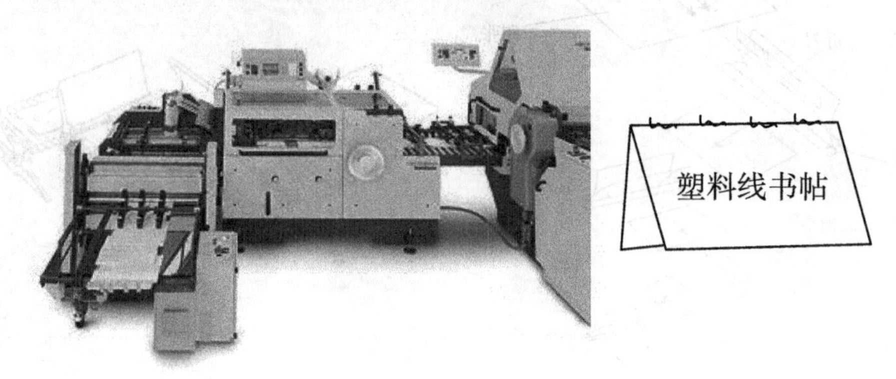

图 4-21　塑料线烫订折页机

5. 多功能组合式折页机

多功能组合折页设备可自由组合（图 4-22），即使是在已经购买设备后，依然可对设备进行重新组合或增加配置。多功能组合式折页机基本模块由传送定位机构和一折栅栏单元组成，输纸机构可选用不同的飞达配置，二折单元可选用栅栏及刀式折叠单元，并可不断进行三折单元、四折单元组合，形成多功能折叠模块，当活件变化时，只需增加或减少单元即可满足生产需求。

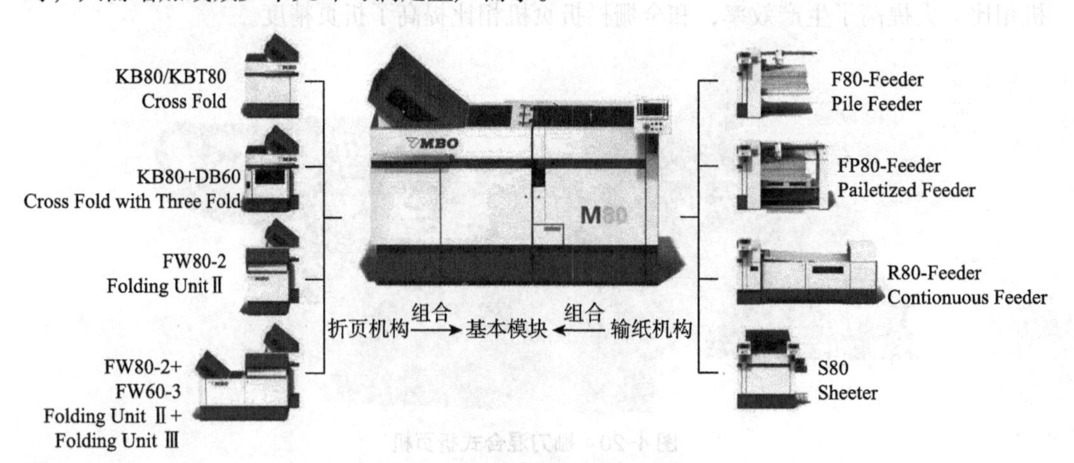

图 4-22　多功能组合式折页机

当今折页机的发展已突破了折页技术，仅停留在书帖折叠这单一功能层面上，新颖的多功能、组合式折页生产线已融合了折页、喷胶、定时切割、模切、冲孔、骑订小册子、贴标签（直邮）、可变数据打印等技术，完全实现了自动化、多样化、智能化等功能的联机生产。

（1）小册子连线加工生产线（图 4-23）

说明书、笔记本等小册子通常使用骑马订或胶订方式来装订，现在折页机后端联线配备了喷胶机组、骑马订机组、裁切机组、收书机组等，使原本分离的订联设备全部组合至折页系统中，使折页、订联、裁切等工序融为一体。例如小册子联线加工系统适用于 CD/DVD 包装或多页小册子的加工，通过该设备加工后输出的已不是半成品页张，而是完成了折页、喷胶、骑马订、裁切等一系列工艺的成品，同时此设备还可进行双联本、三联本（图 4-24）及多联本的生产，最高速度可达 8000 本 / 时，使生产效率达到了极致。

图 4-23 小册子联线加工生产线

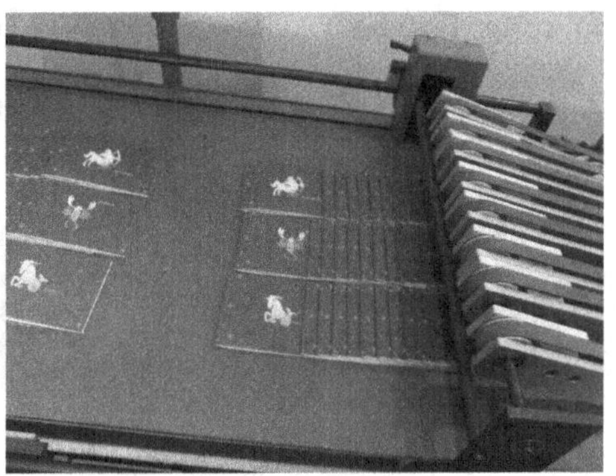

图 4-24 三联骑马订书册

（2）数字印刷后道组合生产线

Smart-binder（图 4-25）是一款集折页、骑马订、裁切为一体的数字印刷连线组合生产系统，该系统折页前端即可与数字印刷机联线使用，也可与开卷设备等进行半联线使用，此外还可加装平台式飞达离线使用。Smart-binder 生产速度为 7000 本 / 时，并提供多种个性化选配组合，如信封插入机、打孔机、打垄线装置等。此外，Smart-binder 还具有自动调整功能，在运行过程中可根据书册的厚度进行调节，配合内置的纸张、书册检测跟踪系统，实现真正意义上的印后按需装订。

除骑马订外，Smart-binder 还有一款胶装联线生产系统，该系统集合折页、胶装、裁切工序，适用于手册、样本及操作说明书的个性化按需生产。PB-600 胶装系列（图 4-26）可与单张数码印刷机联动，其速度为 400 本 / 时，可根据不同产品的幅面大小变化选择不同的折页设备。2000JS 胶装系列（图 4-26）用于与高速轮转数码印刷机或卷筒切单张设备联线生产，其速度为 1500 本 / 时，书本最大厚度为 60mm，可选用 EVA 或 PUR 热熔胶生产。

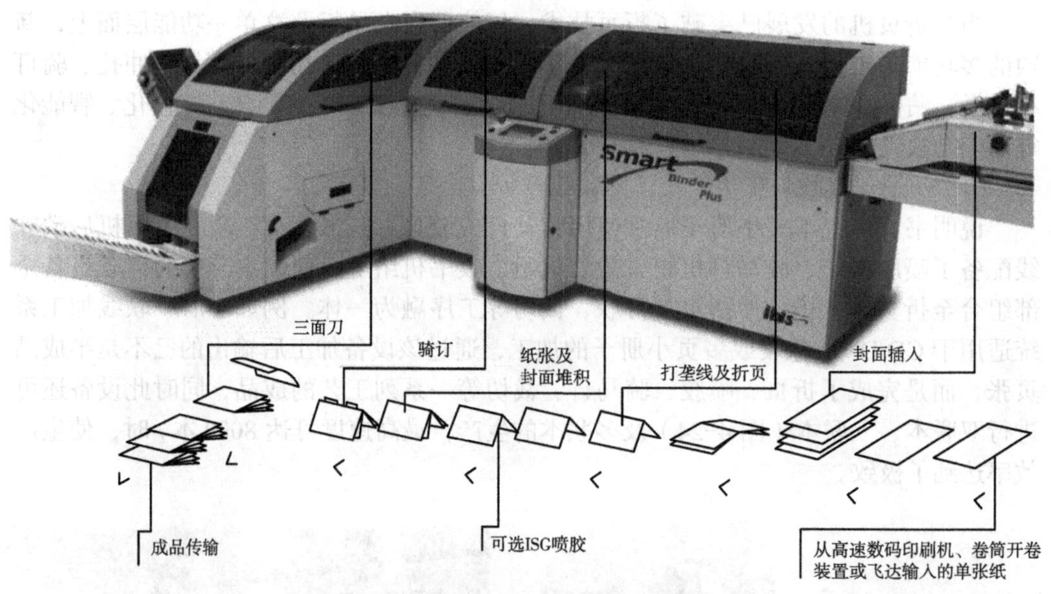

图 4-25　Smart-binder 骑马订生产线

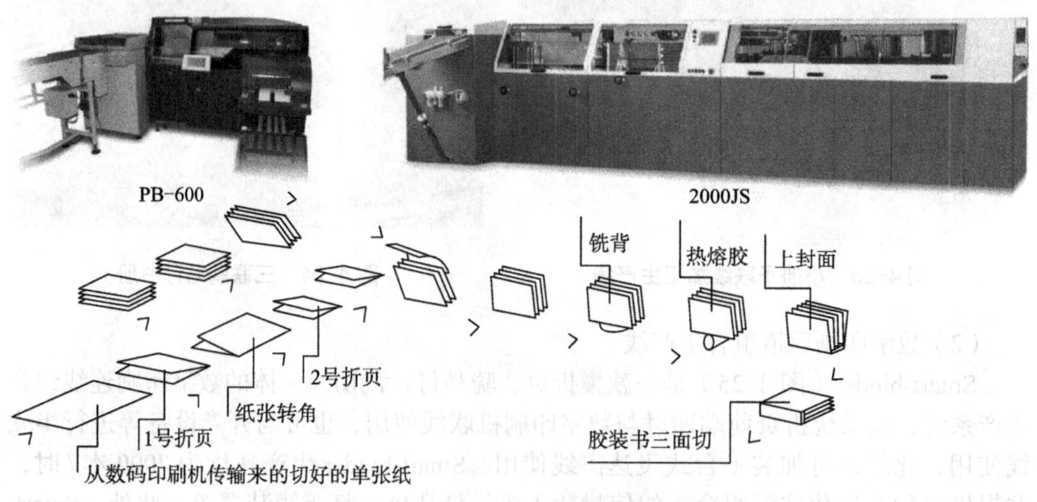

图 4-26　Smart-binder 胶订生产线

（3）包装连线组合生产

BOGRAMA（图 4-27，图 4-28）是将模切与折页相互嫁接，为折页设备增添了新的血液。BOGRAMA 可为折页机提供自动裁切、冲孔、模切、隆线打孔等多品种（图 4-29）连线配套设备，还可进行联机骑马订或单独给纸装置的生产。其中较具代表性的为 BS-MULTI 平压平模切、裁切机，该机型最高速度为 12500 张 / 时，穿孔厚度 2mm，冲孔厚度 5mm，裁切厚度 5mm，模切厚度为 4mm。

BOGRAMA 的另一款 BS-ROTARY550（图 4-30）连线折页机，可集折页、模切、粘贴为一体，其采用犁式折页方式实现了厚纸折页的流畅生产，中间配以圆压圆模切装置对卡片进行开窗，后部的小型双头飞达配合喷胶装置，又可将其他形状小卡片正确地粘贴在卡片开口窗中，为多种产品的灵活组合树立了典范。目前 BS-ROTARY550 后端还可选配糊盒装置（图 4-31），整条联线设备已能胜任包装盒的折页、模切、糊盒等工序，使折页机从简单装订折页拓展到了包装领域。

图 4-27　BOGRAMA 模切、裁切机

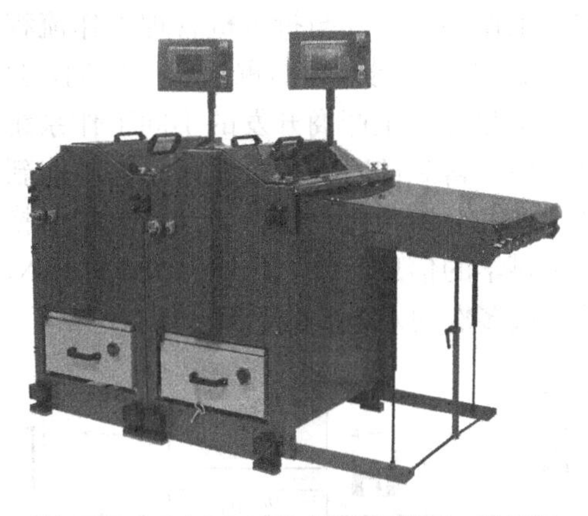

图 4-28　BOGRAMA 双工位模切、裁切机

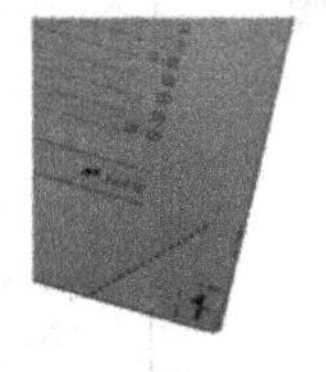

切边

圆角冲切

排孔冲切

模切

欧式冲孔

冲切

装订孔冲切

模切排废

图 4-29　模切、冲孔产品

图 4-30　BS-ROTARY550 连线折页机

图 4-31　BS-ROTARY550 连线喷胶、粘贴装置

（4）折页机智能生产

短交货时间、高质量要求、大成本压力，促使印后加工必须寻求更加高效、智能的解决方案。数字化流程管理软件作为一个能够优化生产计划、监控折页生产流程的创新工作系统，其与折页机管理工作流程的结合，大大提升了折页生产的效率，是未来印后加工控制管理的重要发展方向。DATAMANAGER（图 4-32）就是将折页设备与大多数独立生产商开发的不同工作系统相连接，使得操作者通过网络在印刷、印后系统中，得到即时的折页机信息，并能新建、处理活件，完成活件档案存储，轻松实现生产办公室与折页设备之间的数据交换，从而为生产优化、设备控制、数据分析等提供科学的信息资料。此外，DATAMANAGER 还支持 CIP4/JDF 文件，避免由于错误输入或多次输入造成的效率降低。

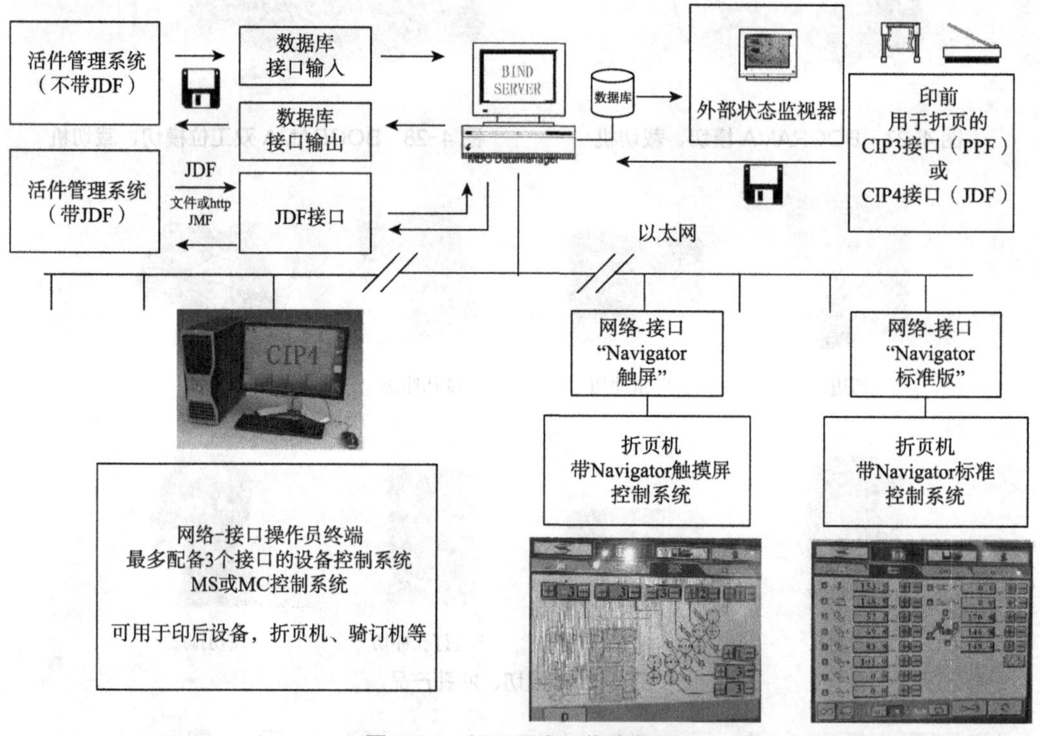

图 4-32　折页网络工作流程图

第四节　折页机调节

折页机调节分为三个部分：输纸机构调节、折页机构调节、收纸机构调节。

一、输纸机构调节

输纸机构部件是折页机的重要机构，其功能是把印张适时、准确地输送到折页机的规矩部件。由于折页机构的特点，输纸机构只能一张一张间歇送纸，不能流水式叠着送纸，因此折页机速度越高，纸张冲击就越大，过快的速度不利于折页精度的提高。间歇式输纸机构通过蜗轮螺杆组合，带动堆纸平台上下运动，分离机构通过吹风和吸风配合，将纸张送至递纸轮下，最后由皮带和输纸压球及侧规板完成输纸。输纸机构有平台式和环包式两种输纸方式。

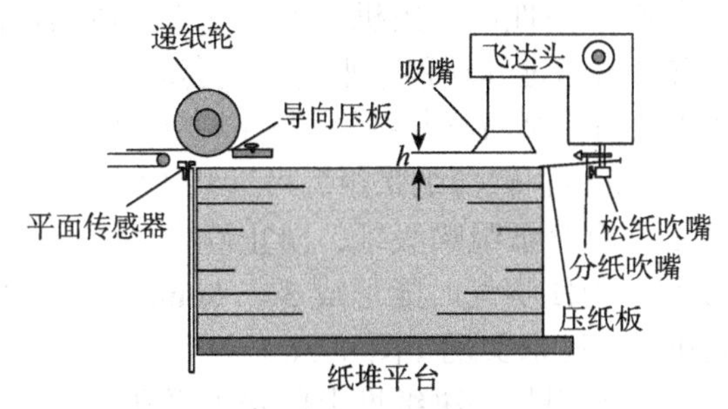

图 4-33　平台式输纸机构

平台式输纸机构（图 4-33）应用较为广泛。其自动升降平台式输纸机结构分为纸张分离系统（飞达），纸台升降系统和输纸过桥系统。这种结构的输纸方式对印张的适应范围广，输纸稳定，适应印张定量范围为 40 ～ 200g/m^2，且占地面积小，但缺点是不能完成不停机续纸。

平台式输纸机构的工作原理：将印刷好的半成品（纸堆）通过人工理纸（撞页、齐纸）后，摆放在纸堆平台上，纸台上纸张通过飞达头（纸张自动分离系统）将纸张分离，由吸纸轮将纸张送入输纸过桥传送机构（拉规部）进行侧向定位，再由输纸传送机构滚珠板带动纸张送入栅栏折页区。平台式输纸机构由纸堆平台、飞达头、递纸轮及输送过桥定位机构组成，它的优点是堆纸多、辅助时间少、劳动强度低。

1. 纸张堆积机构

输纸部装纸前要检查印张有无差错，纸堆中纸张间的错位应小于 1mm，纸堆四角应垂直于输纸台。上第一叠纸前先要确定纸张的横向规矩位置，纸张中心应对准纸台的中心线，然后就可以依前规和侧挡规为直角基准面，陆续上满纸堆中的纸张（图 4-34）。纸堆上升定位后，吸纸轮与纸堆应保持有 5 ～ 10mm 的距离，如遇薄纸应增大吸纸轮与纸堆间距，如遇厚纸应减小吸纸轮与纸堆间距。同时为防止双张及多张，纸堆高度始终应低于前部挡规。

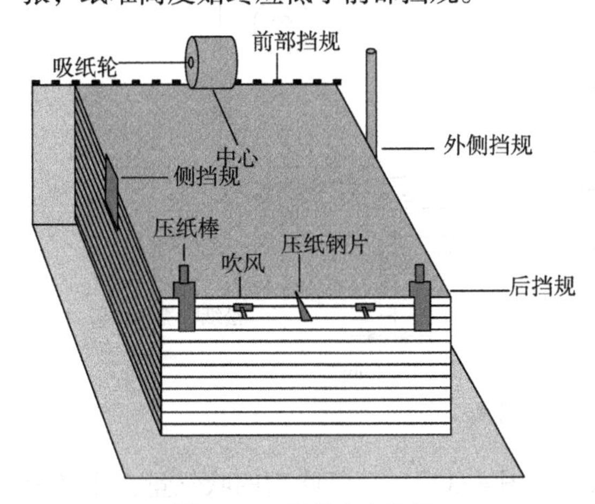

图 4-34　纸堆中心位置

图 4-35　飞达输纸机构

2. 纸张自动分离机构

飞达（图 4-35）是一种纸张自动分离系统，可根据纸张幅面做上下前后调节。飞达头是结构比较独特、具有较高性能，集机、电、气于一体的控制系统，即通过机械运动、电控制和检测位置，再通过气动程序来完成整套动作。

飞达与纸堆的距离主要看分纸吸嘴与纸堆的距离 h（图 4-33）。一般情况下，厚硬纸距离 h 可近些（h=1 ～ 2mm），轻薄纸张距离可远些（h=3 ～ 5mm）。

后松纸吹嘴的功能是配合分纸吸嘴吸纸，防止静电、油墨等因素引起的纸张间互相牵连而造成双张或多张。为使吹气时能形成 3 ～ 8mm 的山状拱形（上部 8 ～ 15 张纸）可调整松纸吹嘴旋钮和角度来实现（图 4-36）。

纸张前端二侧辅助吹风作用是解决纸堆上印张不平和两角低下的问题，调节其风量的大小是为了更好地分离纸张，一般以吹松 10 余张左右的纸张为宜。

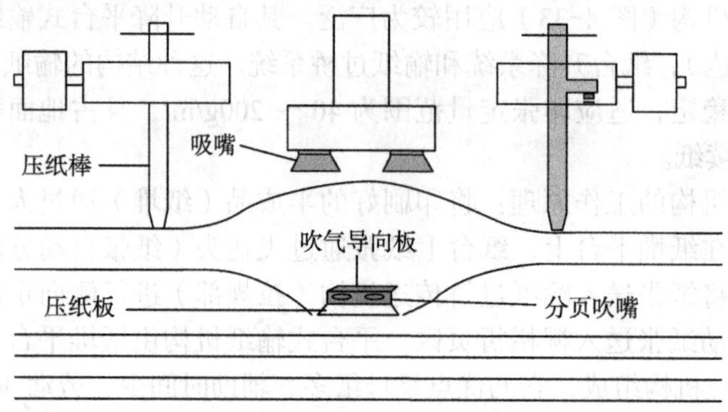

图 4-36　松纸吹气与吸气嘴

分纸吸嘴的功能是从纸堆上分离纸张。分纸吸嘴分左右两个，工作时，吸嘴接触纸张，吸住纸张后部分的两个对称位置，使纸张平衡地输送出输纸台。吸嘴的进出距离要适当，通常以吸嘴边缘与纸张后缘对齐为准或纸张边缘应超出分纸吸嘴 2mm 左右为宜；同时在没有吹风的状态下，分纸吸嘴距离纸堆 1mm 为宜。

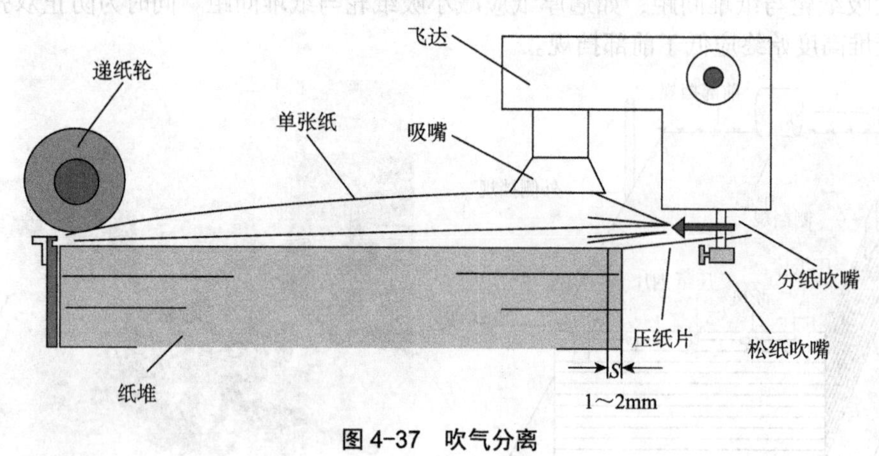

图 4-37　吹气分离

分纸吹嘴是对吸气纸张与纸堆之间吹气（图 4-37），分纸吹嘴的吹气量大小必须适合，对于大且厚的纸张，一旦纸的前端不能被有效吹起，就会造成吸纸轮吸纸不良及不能平稳送纸。对于薄纸，一旦吹气过强，可能会使纸张发生偏移或前端产生飘动，甚至吹破纸张，影响吸纸轮正常工作。

压纸钢片的功能是利用其弹性挡住吸嘴头上多吸的纸张，防止纸张分离时产生双张、多张。一般压纸钢片的位置应调整到伸进纸堆 3 ～ 8mm 处，并与纸堆下部有 1mm 间距。

压纸棒的作用是防止纸张逃脱和更好地吹松纸张。同时，内侧的压纸棒装有微动电触点开关来检测和控制飞达机构的上下位置。

图 4-38　前吹气开启

注意：对于尺寸小（对开尺寸以下）或克重轻（157 克铜版以下）的印张，可关闭飞达头上风路（吸气与吹气同时关闭），使输纸机构仅靠递纸轮就可顺利工作，这样有利于高速运转，适用于小尺寸、短纸间距的活源。实际上在高速运转中飞达头是无法胜任吸纸和放纸的快速切换的，而且还会加速损坏吸嘴电磁阀。但运用这种模式输纸时，必须打开吸纸轮下端前吹气（图 4-38），以辅助吸纸轮有效分离输出纸张。后部飞达头就按平时开机状态，仅吹气和吸气关闭即可。

3. 送纸机构

送纸机构即吸纸轮。吸纸轮（图 4-39）的吸气受电磁阀控制，吸气大小由节流阀控制。吸纸轮的吸放过程如图 4-40 所示。吸纸轮吸气点有前、中、后 3 个位置。调节时拧松吸纸轮支座上的星形手柄，向前车方向推，吸气点就处于前点位置；向后拉，吸气点就处于后点位置；一般情况下，吸气点的位置处于中间的垂直位置。

图 4-39　吸纸轮

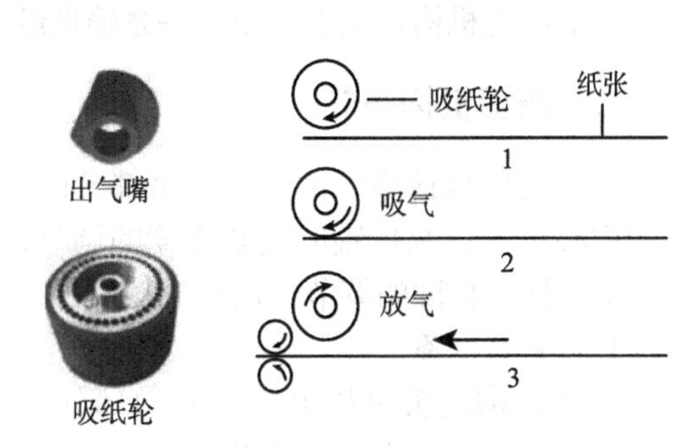

图 4-40　吸纸轮吸放示意图

纸间距是指前、后二张纸的距离，一般纸间距为纸张长度加 100 ～ 150mm，纸间距的调节是在人机界面中设定。纸间距减小，折页速度加快；纸间距增大，折页速度降低。

吸纸长度是指吸纸轮从吸起纸张开始到释放纸张这段时间纸张被吸纸轮带向前的距离。由于所折印张大小不同、克重不同，对于大幅面、厚实纸张（克重大）其吸纸长度应适当加大，对于小幅面、轻薄纸张其吸纸长度应减小，吸纸长度的调节是在人机界面中设定。

4. 输纸传送机构

输纸传送机构的走纸精度决定了一折的精度。其纸张的定位原理是利用速度的矢量特性，即采用拉规带倾斜 2°，纸在拉规上运动时产生一个分速度，使得纸张向拉规固定边靠拢，而且在设计时已将递纸轮的中心偏移 5mm，这样走纸时，拉规最多可以拉动 10mm。

吸纸轮将纸张吸起并传递给输纸传送机构（输纸过桥），起到了飞达输纸机构与折页机构的衔接作用。输纸传送机构由传送皮带、输送导向轨、压纸球、压纸条等组成（图 4-41）。纸张由输纸台进入折页部分时，首先由输送皮带利用导向轨的倾斜角进行传送，并使纸张横向推进，使纸张推向导向轨（侧规）一边，纸张沿侧规的正确路线前进。

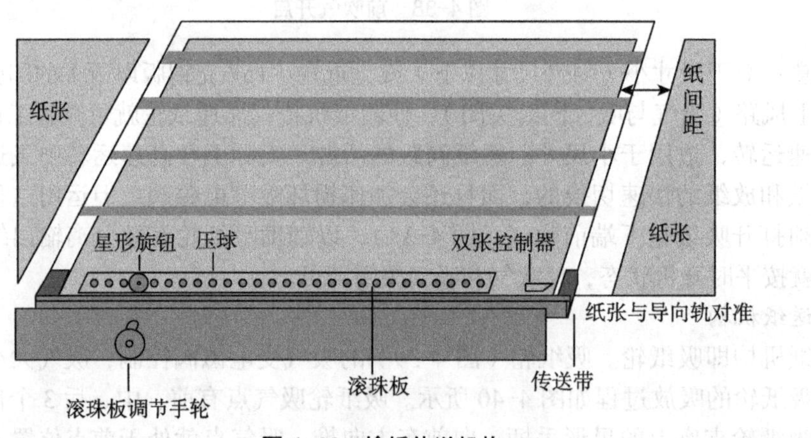

图 4-41　输纸传送机构

输纸传送机构作用有两个：一是输送纸张，二是给纸张进行（横向）定位。

二、折页机构调节

折页机构包括输纸部分与折页部分的连接，栅栏折叠机构和折刀机构，栅栏与折辊的中心位置以及折辊的松紧程度的调节，折刀在两个折页辊中心的位置以及两折页辊夹纸的松紧程度的调节，以及规矩部件的作用和调节。

1. 折页前准备

折页机构是折页机上最重要的部分，其折法选择和调整精度会直接影响折页的质量和精度。因此在折页机构工作前，要对其各部分进行检查和调节，以保持折页质量，减少故障。在使用过程中应严格做到以下几点。

①检查侧规和挡规（前规）的位置以保证印张的横向和纵向的定位正确。

②使用栅栏前，要根据不同折数的折页要求，使用或封闭各个栅栏装置，完成一折或几折的多种折页方式与幅面的折叠。

③根据折页的方式、不同的折数，使用或关闭各个折刀。

④根据折页的方式、纸张的厚度和每折的页数来正确调节折页辊松紧。

⑤根据不同的纸张厚薄及要求，使用或关闭划口刀装置。

⑥调定折刀的正确位置，书帖折缝的位置要和折刀折页位置相吻合。

⑦调节好书帖压实装置的松紧，使书帖紧实、平服、厚度一致。

如果是全自动折页机，只需在显示屏上对折页纸张的折叠方式（图 4-42）、折页尺寸进行简单设置或读入，机器就会自动调整栅栏组数、折辊组数、折刀组数及栅栏尺寸等作业参数，实现一键启动，具有调整快速、精准的优点。

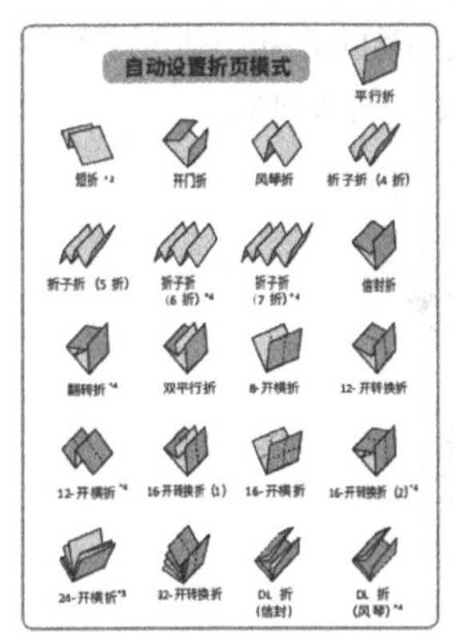

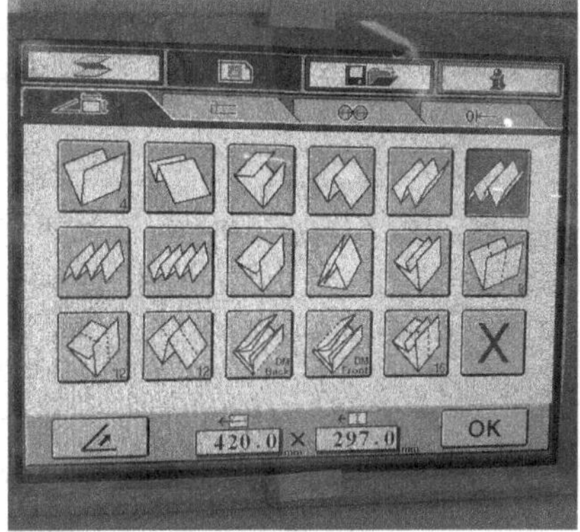

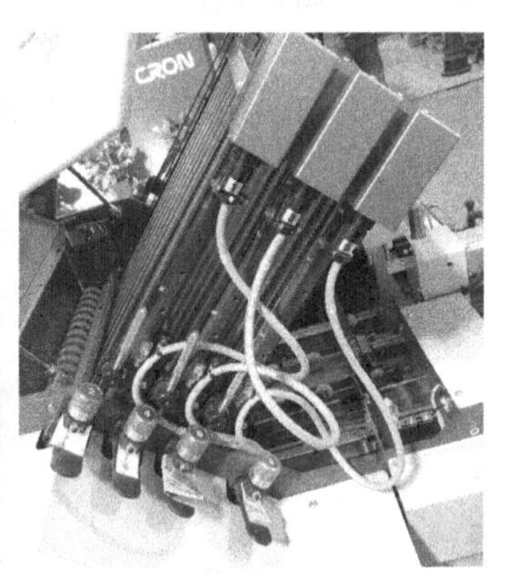

图 4-42　书帖折法设置

2. 折页机构各部件调节

折页机构各部件的调节是指折页机构形式、工作过程中各主要部位的定位及操作要求。折页机构主要由栅栏、折刀、折辊、划口刀、压球、毛刷、输送带、规矩等部件组成。

（1）栅栏折叠机构调节

栅栏折页机构利用折页辊与栅栏和转向机构配合完成折页工作。如图 4-43 所示，输纸辊将要折叠的页张逐张分别送到两个同时向里旋转的折页辊 1 和 2 之间，由于折页辊 1 和折页辊 2 对纸张的摩擦，使纸张也产生了一个与折页辊相同的运动速度，纸张沿上栅栏轨道向前运动，并被送至上栅栏挡规处，由于挡规的阻塞，纸张上部产生阻力无法继续向前运动，而后面纸张在不断向前，纸张受到两个方向力的作用后，被迫向没有阻力的三角形区空隙方向产生弯曲，当弯曲的双层纸张到达折页辊 2 和折页辊 3 之间时，受到了这对相向运动的折页辊的摩擦力，纸张在折页辊的作用下被向下带出，在通过每两组折页辊 2 和 3 时形成折痕。由于下栅栏被封闭，纸张再一次被迫转弯向前，同理受到折页辊 3 和折页辊 4 的摩擦力，纸张向前运动输出书帖，完成折叠过程。

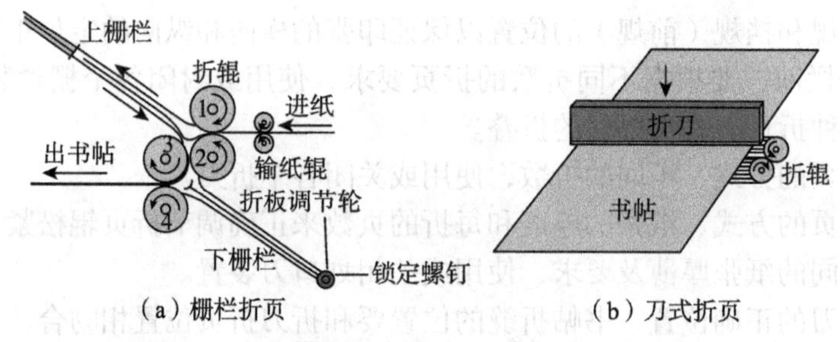

（a）栅栏折页　　（b）刀式折页

图 4-43　折页示意图

折页栅栏可以单独拆装，栅栏的数量决定了折页方式和折数。随着折页栅栏的增加和减少，依次运动以完成 2、3、4 折书帖折叠过程。也可以折叠出不同折法的书帖，一般栅栏式折页机构配备 4 个栅栏（上二个折板、下二个折板或上四个折板、下四个折板），也有为了特殊需要专门配置 20 个栅栏的折页机构，因此根据不同的产品结构、不同的开本大小，配置有不同数量栅栏的折页机（图 4-44、图 4-45）。

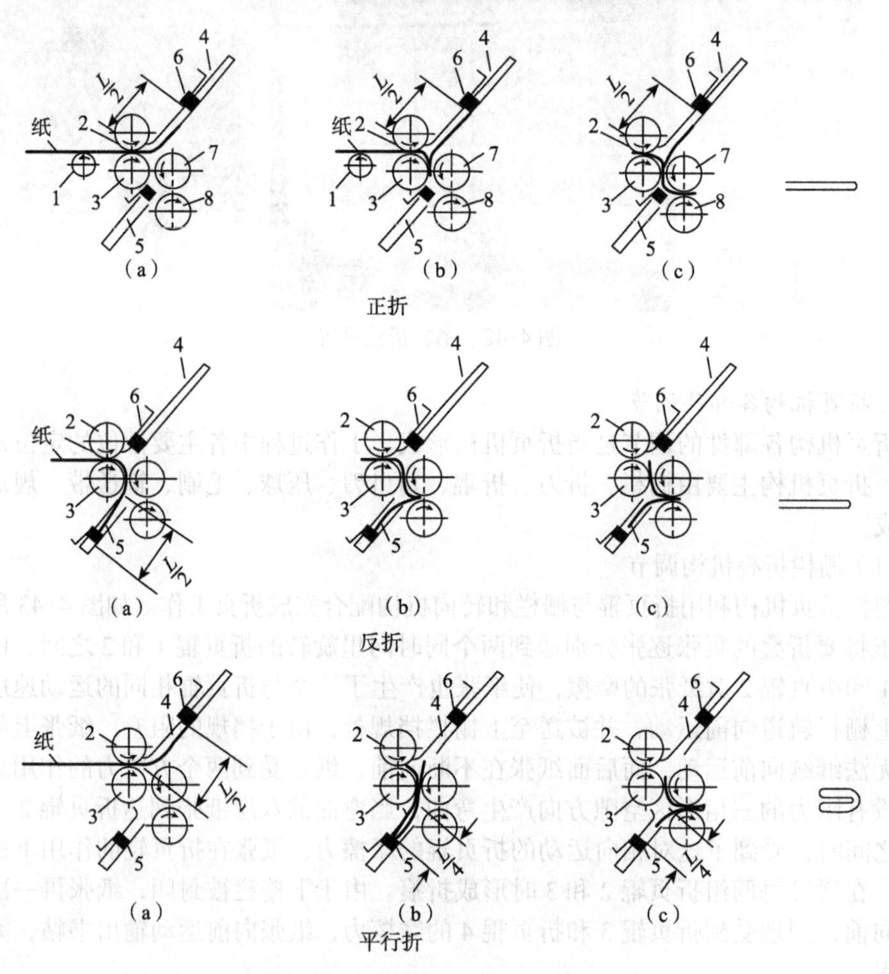

1—传送辊；2、3—折页辊；4—上栅栏；5—下栅栏；6—挡规；7、8—折页辊

图 4-44　正折、反折、平行折

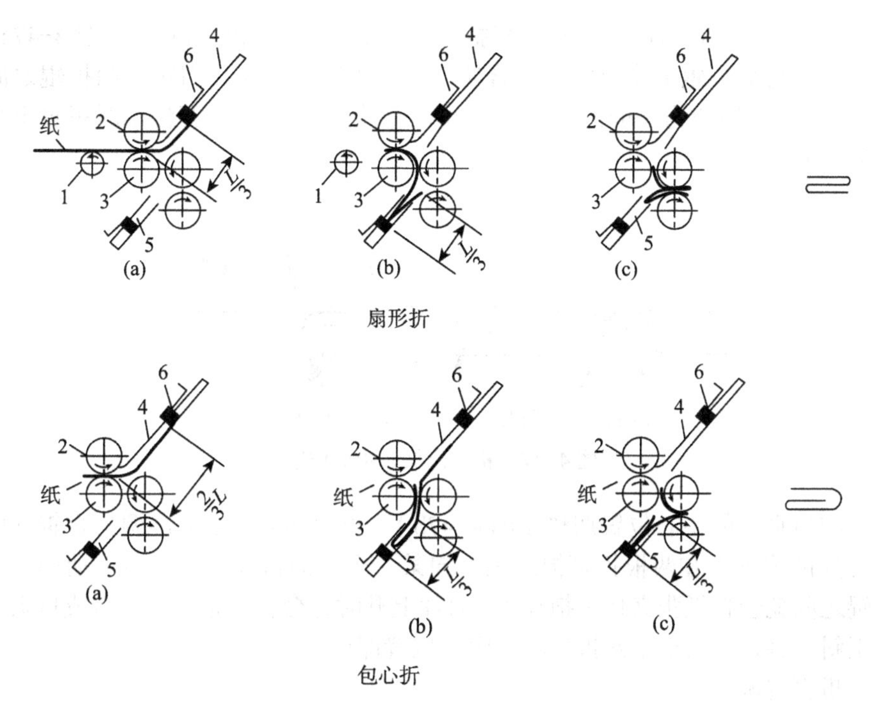

1—传送辊；2、3—折页辊；4—上栅栏；5—下栅栏；6—挡规

图 4-45　扇形折、包心折

（2）折刀机构调节

折刀折页需要一个竖向移动的折刀、两根反向旋转的折页辊和前挡规来共同完成。印张由输纸皮带水平送至一对正在相对旋转的折页辊上方，印张到达前挡规后经左右侧挡规定位，折刀下降将印张压入相对旋转的折页辊中间，反向旋转的两根折页辊夹住印张滚压完成折页工作，印张通过折辊时产生折痕，再由折页辊送出，完成一次折页过程（图 4-42）。

折刀机构的调节分为三个步骤：折刀平行度调整，折刀高低调整，折刀和折页辊的中心位置调整。

折刀平行度调整是指折刀两头的高低的调节。折页时要求折刀与折页辊的轴线平行切入，所以折刀要与折页辊的轴心线保持平行，使页张被压入两折页辊缝的两端高低一致。校正的标准是将两个 19mm 直径的小球置于二根折页辊之间，手工转动机器，使折刀刃口刚好接触一只钢球，松开螺钉，调整折刀柄上的两调节螺钉，使折刀刃口与折页辊平行，确认折刀的自身两端完全平衡，然后拧紧螺钉（图 4-46）。

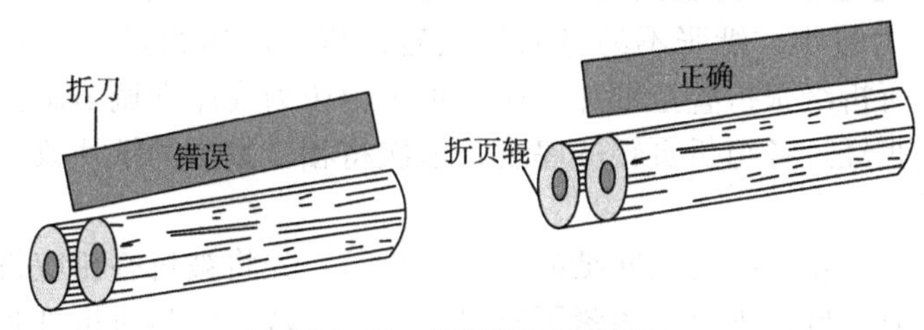

图 4-46　折刀平行度调节

折刀高低调整。折刀高低调整是指折刀和折页辊之间的距离调整（图 4-47a）。折刀下压的时间与折页辊工作时间要配合协调，其下降距离（折刀距离两折辊之间中心连线的距离 h）一般应为 3mm 左右、处于两折页辊的轴心，在开慢车时折页书帖应该能被正常折下。

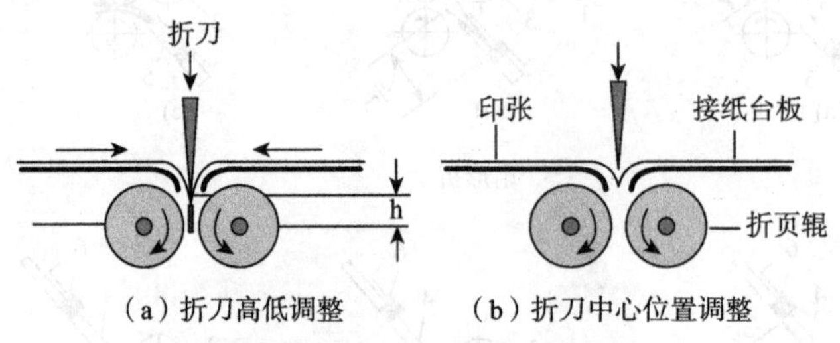

（a）折刀高低调整　（b）折刀中心位置调整

图 4-47　折刀高低、中心位置

折刀和折页辊的中心位置调整（图 4-47b）。折刀的刀刃要对准两折页辊间的缝隙中间，刀片的位置不在两根折页棍之间，向某一个方向偏离，刀片向下动作时，刀片与折页辊之间就会将纸张夹住（拖住）。刀片上升时，会将纸张带上，造成折页不稳定或折纸歪斜。将折刀校正至两折页辊的中心位置即可。

（3）折页辊调整

纸张沿侧规由输页辊将纸张送入两个相对旋转的折页辊内，通过栅栏挡规迫使纸张折弯成帖。折页辊在栅栏式折页机中，主要起输送、折页的作用，每对折页辊中有一个折页辊是不可调节的，另一个折页辊是可以移动调节的。折页辊在折页机中主要起输送、折页的作用，通常有直纹（图 4-48）和螺旋纹（图 4-49）两种。

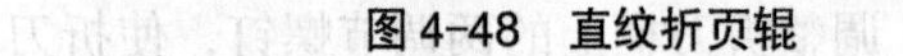

图 4-48　直纹折页辊

图 4-49　螺纹折页辊

折页辊的调定是指对折辊间隙的调整（图 4-50）。每对折页辊的间隙松紧要适度，折页辊间压力过小，纸张不易进入折页辊；折页辊压力过大，纸张就会出现压皱。校样时先取所折纸张折叠至纸片，压下折页辊压力支座即调节旋钮下方的压板，通常情况下按纸张经过各组折页辊的厚度，依次将相应数量的纸片放入各压力支座下方的压板中即可。

平时调节折页辊松紧时可用塞纸的方法来进行。先将被折叠相应折数的书页裁成长条待用，调节时，旋松支座上的紧固螺钉；将事先裁好的与所折纸张厚度相同的纸片压入支座压板下，使折页辊间隙增大，再将两张厚度相同的纸条分别放入折页辊两端，稍用力能抽动且不损坏纸条为宜，并调节滚花旋塞，最后拉动两边纸条，当感到两边拉力一致时，锁紧螺钉。如果折页辊被油墨污染，要及时进行擦洗，擦洗时要停机，采用手动驱动方法，边盘点机器边擦洗折页辊。

图 4-50 折页辊调整

三、收纸机构调节

收纸机构一般采用可移动式收纸小车形式，收纸小车可根据折纸样式调整高低和角度，并且有独立的无级调速功能，可根据折页速度进行调整（图 4-51）。

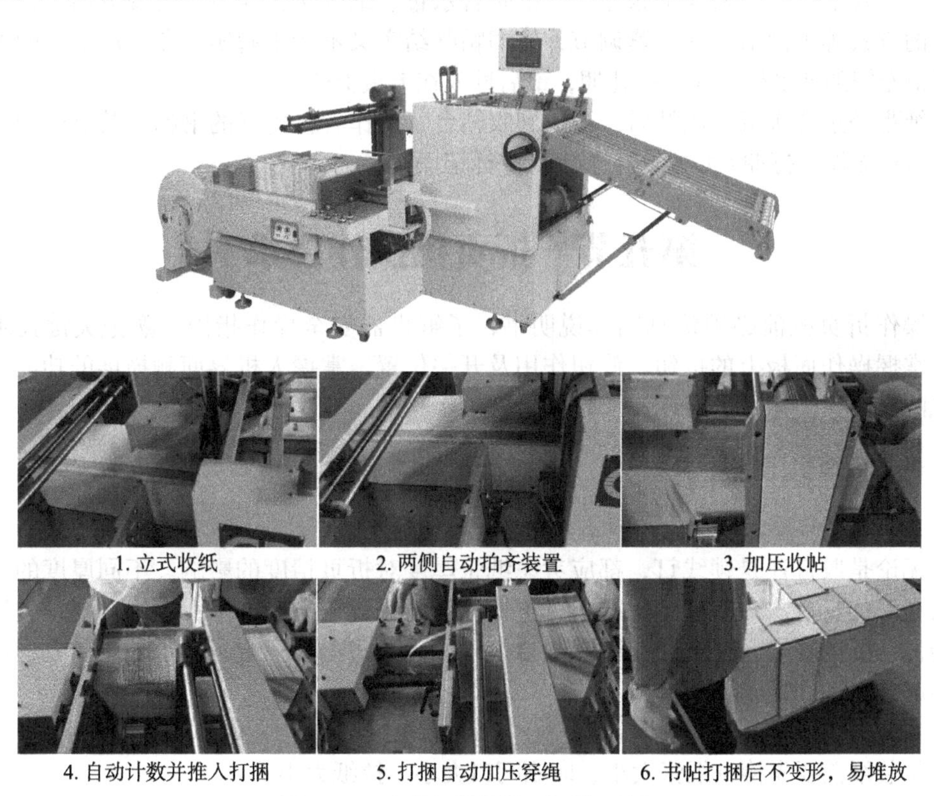

图 4-51 立式加压收帖及打捆一体机

1. 收纸机构的类型

收纸机构的类型有多种，有摆动式收纸机构，有鱼鳞式（川流式）收纸机构，有压平收帖一体机构。目前使用最多的是鱼鳞式收纸机构和压平收帖一体机构。

①摆动式收纸机构一般用于第四折折页的收帖。书帖从上向下掉落在书斗中，当书帖刚接触底板板面时，推板道接住向挡板做摆动，书帖就被推着向挡规方向前进，并被底板上弹簧舌和两边的簧片挡住，使书帖竖立不会倒下。推板完成一帖书帖的输送任务后又做第二次的接帖摆动。由于摆动式收帖装置受到速度限制，目前使用相对较少。

②鱼鳞式收纸机构是一种可移动式的收帖装置，它可以对一折、二折、三折、四折的折页进行不同位置的收帖，适应性强，使用广泛。鱼鳞式收帖装置是利用书帖的自由落体和输送带方向的惯性冲力来接住书帖，并通过传送带的变速使书帖上下相互叠加，在收帖斗完成书帖的堆叠和收集。

③立式加压收帖打捆一体机是一种组合式的收纸机构，其功能是压紧书帖，并将书帖中空气排出，使书帖定型、平服，减轻劳动强度，方便下道工序操作，提高工作效率。压平收纸机构的功能有两个：一是将书帖输送到压平收纸机，对书帖折缝施加压力，将折缝压实；二是将折成的书帖有规律地进行收集堆积。压平收帖最大的优点就是书帖经压实后排出空气，避免了书帖捆扎产生的起皱现象，减轻了收帖劳动强度，而且调整、操作方便。

压平收纸机构要根据纸张厚度、纸张含水量、纸张灰粉含量、折缝方向、折数与折页的方式等来做恰当的松紧调节，使书帖既结实又不产生起皱现象。压平后的书帖还可由专门的捆书机完成书帖扎捆，最后堆放在卡板上待用。

纸张经过几次折叠成帖后，被送到收帖台，操作者将折好的书帖按其页码顺序撞齐，检查无误后打捆或堆放在卡板上，并标记操作者。

第五节　折页机操作要求

操作折页机前必须认真阅读说明书，了解机器安全操作指南，熟记关键技术数据，掌握操作面板上的按钮、旋钮作用及开关位置，掌握人机界面触摸屏的功能。折页机的操作要求分为工艺要求和质量要求。

一、折页机工艺要求

1. 工艺设计要求

无论是胶订还是锁线订，都应考虑纸张厚度对折页精度的影响。不同厚度的纸张对所允许的折叠次数有一定的要求；折缝应和纸张丝缕方向一致；厚纸需要预先压痕才能保证折页质量。对于出血 / 接版，封面或内文拉页，以及特殊纸张，要特别标明，以引起操作者重视。

2. 折页工艺要求

①装纸前要先检查纸张大小、印刷叼口大小、拉纸大小等。

②装纸时要拔检纸张四角，发现折角、破碎、油渍等要及时取出，纸堆高低要

适合。

③折页中要经常自检折叠质量，不合格书帖要及时剔出和改折。

④歪帖改正后要严格复检，防止串号（核对页码）、弓皱、夹张。

⑤换帖码时要先折好样张，检查纸边、页码。

⑥折页后的书帖要撞齐，并检查印刷色标是否一致。

二、折页机质量要求

折页质量要求对书刊加工的优劣有直接影响。对整批印张折成的书帖所要达到的质量要求如下。

①所折书帖应无颠倒、无翻身、无死折、无页码串号、无筒张、无套帖、无双张，无外白版、无折角和大走版。

②书帖页码和版面顺序正确，以页码中心点为准，相连两页码位置允许误差≤ 3mm，折口齐边（纸边）误差最多不超过 2mm。（超过 2mm，书册裁切后易出现小页现象），全书页码位置允许误差≤ 5mm，画面接版误差≤ 1mm。

③折完的书帖外折缝中，黑色折标要居中一致，全部整齐地露出于书帖最后一折的外折缝处。

④三折及三折以上书帖应划口排除空气。打孔刀（划口刀）必须正确地划在折缝中间，并与折缝重叠，划口在后背上排列整齐，其划透深度以书页不断裂、不掉落页张为宜。分纸刀切割分出的纸边要光洁，纸边无拉破现象。

⑤折锁线订的书帖，前口毛边要比前口折边大 4mm，以配合锁线机自动搭页工作的顺利进行。折骑马联运机双联的书帖，前口里层毛边要比外层毛边大 10mm，以配合搭页机钢皮叼页分离工作的完成。

⑥ $59g/m^2$ 以下的纸张最多折四折，$60 \sim 80g/m^2$ 的纸张最多折三折，$81g/m^2$ 以上的纸张最多折两折。

⑦折完的书帖要保持页面的整齐、清洁、无油脏、无撕页、无破碎、无残页、无死折或八字波浪皱褶，保持书帖平整。收帖时要注意帖背上有无黑方块帖码标志，以避免印刷外白面的漏下。

⑧折页印张内白页、外白页差错控制。折页机图文防错检测装置图（图 4-52），能有效检测印张内、外白面，能有效防止印刷白面的遗漏弊病，杜绝了原则性差错的发生，尤其是内白页，单靠目测是无法剔除的。

图 4-52 折页机图文防错检测装置

折页机图文防错检测装置是一种双工位高精度图文检测装置（上、下均安装检测摄像头），对输纸机构的折页印张进行定位检测，如发现差错，监视器会即时报警或停机剔除。

第六节　粘页、插页操作

粘页、套页、插页是成帖工序中的一部分，在书刊加工过程中，由于书刊内容字数的限制和图表版面设计的要求，印张会存在零版（零头页），为了使它们连接在一起，便于订书及装订工艺的操作，在配页前须将这些单页或零版的不同厚度书页、图表等零版活件，用粘页、套页或插页的方法连接在相邻的书帖上。

一、粘页操作

粘页是用胶黏剂粘贴书页。粘页分手工和机器操作两种。

粘页机是代替手工粘页操作的机器。半自动粘页机（图 4-53）利用配页机的两组滚式叼牙叼住书帖，将书帖叼出贮帖台，送到带有输送链的集帖台上；在两个配页工位中间的集帖台位置上装有上胶轮，使后一书帖（一般是较厚一帖）在经过上胶轮时粘口处刷上薄浆迹（通常用白胶），然后继续由拨书辊向前输送；粘页的页张由另一工位的配页机（一般是薄帖单、双张）两组滚式叼牙叼下，被粘页张也由拨书辊向前输送；随着输送链的传动，书帖和粘页张平行前进，集帖台通道由宽变窄，使粘页张覆盖在书帖上完成重叠黏合；在经过压平轮工位时，受到两个压平轮辊子的压紧，使书帖和粘页张之间增强了黏接牢度；由输送带传到收料斗，最后由人工收帖整齐，完成整个机器粘页工作。配页工位具有缺贴、双张检测功能，发现差错会立即停机（图 4-54）。半自动粘页机的操作步骤主要有：配页工位贮帖、吸帖、叼帖、输帖、上胶、粘连压实、收帖。

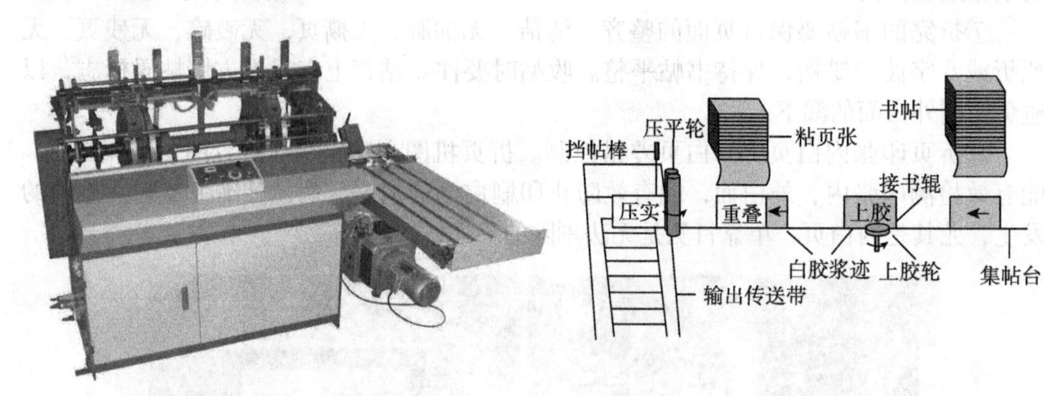

图 4-53　半自动书帖粘页机　　　图 4-54　半自动书帖粘页机工作原理

全自动粘页机（图 4-55）具有自动撞齐、自动喷胶、自动折页、自动压平和自动成品堆叠收集等功能，可连续粘连 54 页，粘帖速度 1200 帖 / 时，有图像识别纠错系统和自动打码功能。全自动粘页机集成了多种功能，仅需在触摸屏上进行简单设置，机器就可进行自动调节，生产过程中无须专人操作，自动化程度高、产品质量优异。

粘页操作的质量要求：书帖与零散页张、图表的粘连位置要正确，遇有横图粘天头，要做到无漏粘、无联帖、无串版、无双张、无翻身、无颠倒、无折角、无野胶、无歪斜，粘贴要牢固、平整，尺寸允许误差≤ 2mm，如遇有横图则需粘在天头，锁线订在二沿时，先粘时缩进折缝 1 ～ 2mm，后粘与折缝对齐。粘口宽度一般控制在 3 ～ 4mm。

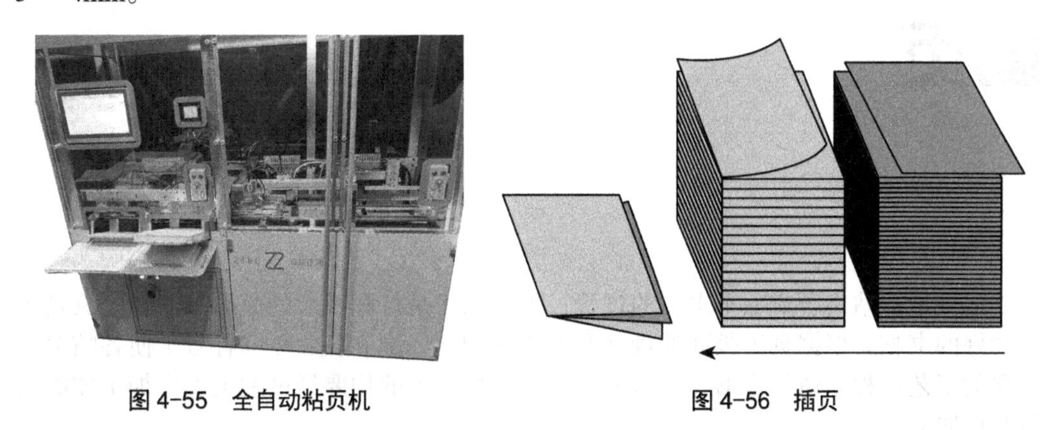

图 4-55　全自动粘页机　　　　图 4-56　插页

二、插页操作

插页操作是指将图表单页插放到另一折帖内的操作过程，如图 4-56 所示。插页地位在折帖的正中处即折帖的最后一折中间，其操作方法与套帖相仿。如插在折帖最后一折的前一折或二折处，应将折页嵌入折帖内，必要时还要将书帖口子连接处裁开才能将插页嵌入。操作时要慎防插页地位嵌错，并防止串版、双张、漏张、折角、翻身、颠倒等差错，书芯内插页的尺寸误差< 2mm。手工插好的页要撞齐，核实页码数字后要整齐地堆放在托盘上。国外有专门的插页机，放在三面裁切机与自动堆积计数打包机之间，效率高、速度快。

第五章

配页

配页是书帖集合成毛本书芯的过程，配页工序是订联成册的前道工序。配页是将折叠好的书帖，根据页码版面的排列和页码的顺序，配齐各版（或各号）使各帖组合成册的工艺过程，俗称排书。一切书刊凡在一帖以上的均要经过配页工序加工才能进行装订加工。

第一节　掌握配页前的工艺准备

印刷品在摆版时必须根据装订所采用的折页、订书及裁切等工艺方法，正确地进行摆版工作。

配页前，根据各种不同的装订形式，一般需要有三个方面的工艺准备工作：一是粘页；二是理号；三是核对样书及生产工单。

理号就是按书刊页码（包括需粘页的插图），或帖码的顺序，进行排列和整理的工作。理号时，一般是观看书帖折缝上印刷的书名，或本单位编排而印制的书名总号，按帖码顺序进行排列和整理。

第二节　掌握配页方法

配页的方法有两种：一种是叠帖式配页（图 5-1）；另一种是套帖式配页（图 5-2）。前一种方法，常用于平装、精装等装订；后一种方法，常用于杂志、小册子等骑订装订。

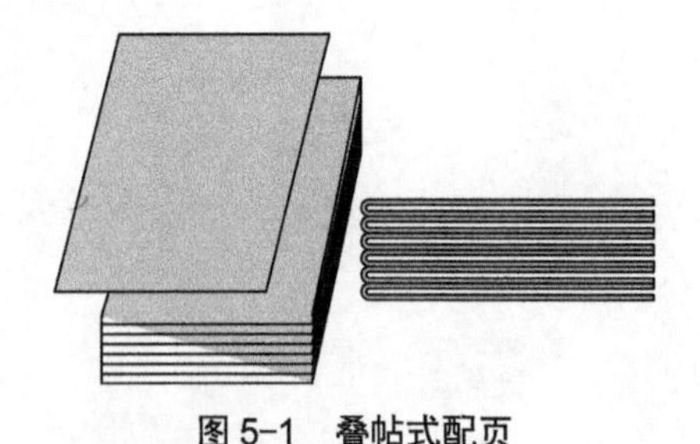

图 5-1　叠帖式配页

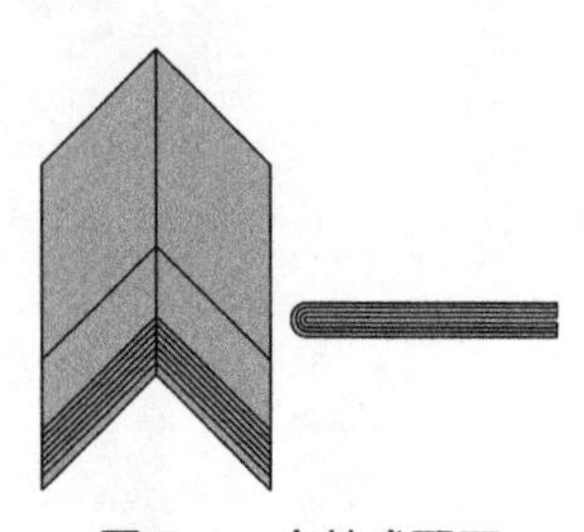

图 5-2　套帖式配页

一、叠帖式配页

按书籍页码顺序，将书帖一帖一帖地叠合起来，使其成为一本书刊的书芯，称为叠帖式配页方法（图 5-3）。

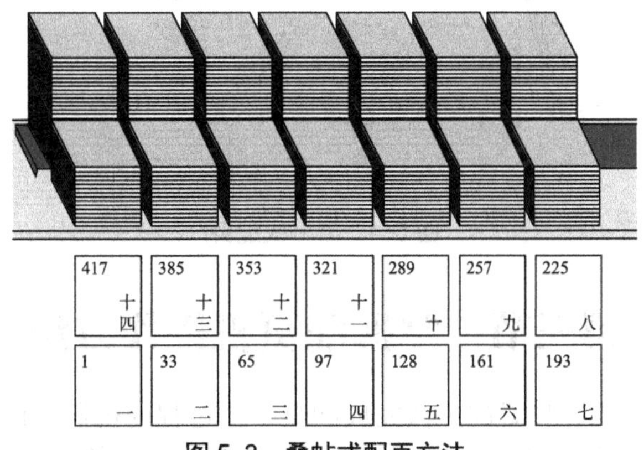

图 5-3　叠帖式配页方法

1. 手工叠帖式配页操作

配页的操作方法：书帖按每一种书刊每本的总帖数配齐后，右手从尾帖逐一向首帖取书帖，左手逐一地接过右手取来的书帖。尾帖直至首帖全部取完，就成为一本书芯。

2. 叠帖式配页的摆版要求

每帖书的第一帖和最后一帖尽可能是整帖，不足一帖的书页要分在第二帖、第三帖上，以便装订过程的撞齐、传送或订书前的分本工作。

为便于锁线装订，对于不满 8 页的零头书页，应当把它套在另一整帖的书帖之上，如有单页，可先将其粘在某一书帖的前面或最后面，再进行锁线订。

如果一本书帖数太多，可分成几部分叠配，最后再合本。

二、套帖式配页

按书籍页码顺序，将每一书帖从折缝中间呈八字形张开，套到另一帖书帖的里面（或外面），使其成为一本书刊的书芯，最后在书芯上套上封面的（有的书、刊不另外印刷封面，而封面放在第一帖上）工艺过程，称为套帖配页法，亦称筒书。

1. 手工套帖式配页操作

套帖式配页的操作方法，一般是把套在最里面的一帖放在左面第一帖，依次由左向右按页码顺序排列，最后一帖放套在最外层的一帖上。操作时，左手拿着左面的第一帖书口子的下侧向右方向移动（图 5-4）。

2. 套帖式配页的摆版要求

套帖式配页的摆版方法比较特殊，即折页后的书帖前半部分是书、刊最前面的页码，而后半部分是书、刊最后的页码。因此在骑马订操作时，要求把整帖放在书芯最里面，零头页放在最外面，以便订书时书帖规矩整齐、传送顺利。

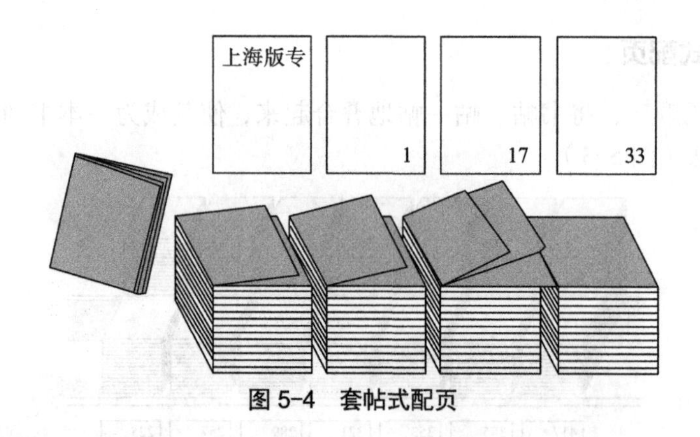

图 5-4 套帖式配页

第三节 掌握配页机操作方法

利用机械动作，用叠帖式配页法完成配页工艺过程的机器，称为配页机，俗称排书机。配页机主要由机架、贮页台、分页机构、叼页机构（输送机构）、传送机构、检测装置和收书机构等组成。

一、配页工作原理

配页机是利用机械原理，将书帖按顺序排列，并使书帖在机械过程中相互叠在传送链上，同时把完成配页后的书芯送到收书装置上的专用设备。

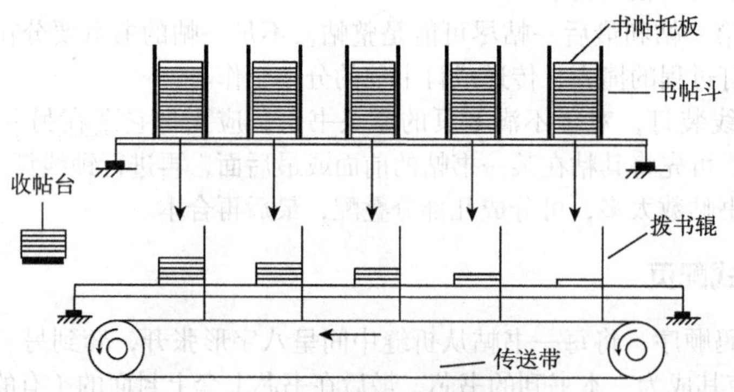

图 5-5 配页机工作原理

配页机的工作原理如图 5-5 所示。在操作时，将理好号的待配书帖，按页码顺序分别放到贮页台上装书的挡板内。当机器运行时，由挡板下的吸页装置将挡板内最下面的一个书帖向下吸住，并拗转一个角度（约 30°），然后，由叼页轮把此书帖叼出，放到传送链的隔页板上。最后，由传送链上的拨书棍将每组书帖带走，集帖成本后，再把书本送到收书装置上，这样，就在配页机上完成一本书芯的配页任务。

在配页时，一般是书的第一帖（首帖）安放在收书装置机构最近的装书挡板架内，并依此顺序把书帖放到每一个贮帖斗内。书的最末一帖（尾帖）书首先进入收帖的轨道，第一帖书最后进入传送帖轨道，从而配齐成本的。因此，在理号排列书帖时，应使书帖的页码从小到大排列，即书帖的小页码从靠收书机构排列起，按此顺序排列到最后。

配页机（图 5-6）由主电动机经带轮、齿轮等使主轴转动，主轴是一根贯穿于所有配页工位的动力轴，各配页机组通过联轴器得到主轴动力而运转。

图 5-6　配页机

二、配页机的分类

根据配页机叼页机构结构及其运动方式的不同，可分为钳式配页机、辊式配页机两种（图 5-7）。钳式配页机又可分为单层配页机和双层配页机，而辊式配页机还有单叼配页机和双叼配页机之分，目前我国均采用单层配页机，而辊式配页机采用单叼和双叼配页机构都有。依其叼页形式可分为三种：钳式配页机、辊式配页机、无滚筒配页机。

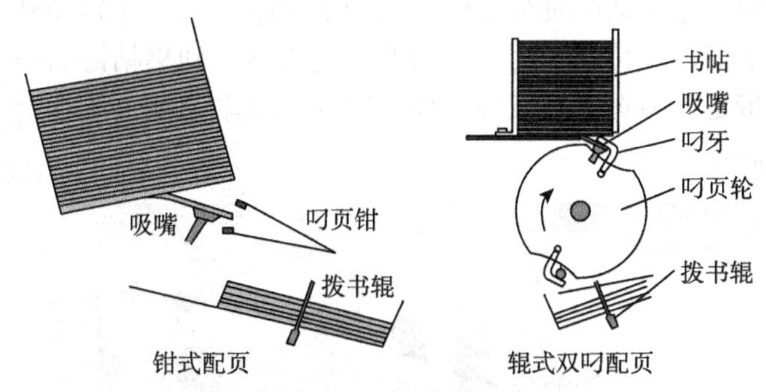

图 5-7　两种叼页机构

①钳式配页机。钳式配页机的叼页机构是采用叼页钳往复运动，用撞块控制叼页钳进行叼页和放页。由于往复运动，所以速度慢、震动强、噪声大，机件易磨损，目前较少使用。

②辊式配页机。辊式配页机的叼页机构则采用旋转运动，由凸轮控制安装在旋转滚筒上的叼页牙的开合，进行叼页和放页。由于采用旋转运动叼页机构，使机器结构紧凑，运转连续、平稳，速度相对较快。除此之外，有的配页机上还采用圆盘形刮片式叼页方法。

③无滚筒配页机。无滚筒立式配页机没有滚筒和叼页机构，因此噪声很低，速度更快，生产效率更高。其输送皮带上直接开有多排小孔，以完成吸页输送和放页（图 5-8）。

以贮页形式可以分两种：立式配页机和卧式配页机。

①立式配页机。书帖是水平放置在贮页斗里的。

②卧式配页机。书帖是竖立在台上的，书背向下、切口向上（图 5-9）。

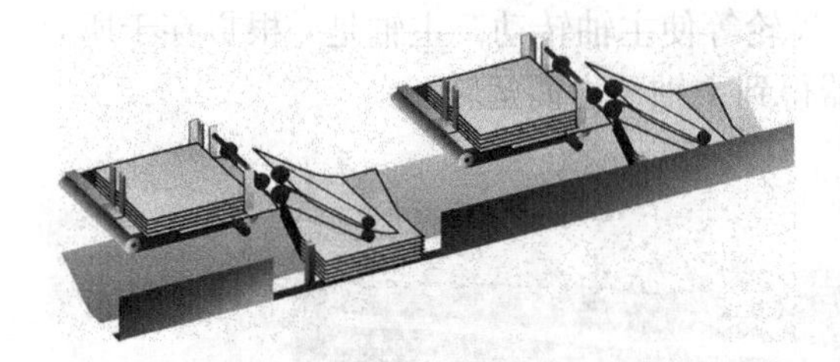

图 5-8　无滚筒配页机

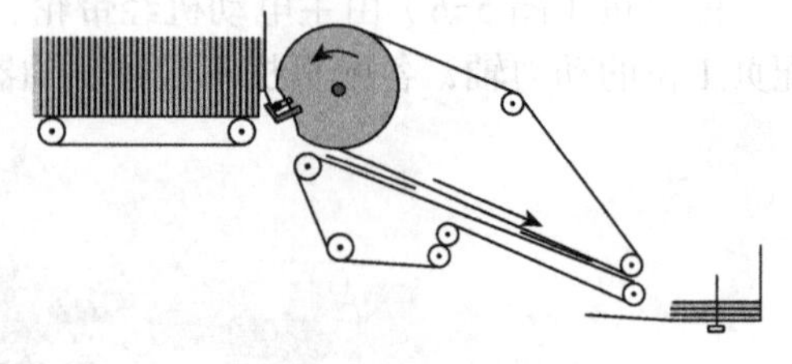

图 5-9　卧式配页机

1. 钳式配页机

钳式配页机（图 5-10 左）是由往复运动的叼页钳进行配页。叼页每往复运动一次，叼一个书帖。当叼页钳向上斜方向运动时，张开地钳准备，叼到书帖时，钳口合拢，叼页钳便向斜下的方向返回运动。叼页钳返回到落书帖位置时，钳口打开，把书帖放到下面的隔页板上，再由集帖链向前带走。叼页钳每往复运动一次，就完成一帖书页的配页过程。叼页钳的张合是由凸轮机构所控制的，所有叼页钳同时张闭，书帖同步被钳出，放到隔页板上。

2. 辊式配页机

辊式配页机（图 5-10 右）的叼页部分是利用转动的叼页轮与叼页轮上的叼页牙配合完成叼页的。叼页轮带动叼页牙旋转，当叼页轮带动叼页牙转动到上面时，叼页牙叼住书帖旋转到下面放页位置，叼页牙松开，使书帖落到集帖链的隔页板上，集帖链上的拨辊将书帖带走。叼页轮每旋转一周，完成一帖书的配页过程。叼页牙的张合是由叼页凸轮所控制的。

图 5-10　钳式、辊式配页机构

辊式配页机按叼页轴旋转一周叼书帖的数量可分为单叼和双叼配页机，其中双叼应用较为普遍。辊式双叼结构，由于运转速度比一般的单叼机构慢一半，因此吸帖、放帖十分稳定可靠。另外，双叼辊轮直径的设计比以单叼辊式大一倍，降低了书帖在叼牙传送中的弯曲度，相对来说书帖输送更加稳定、平服、挺括，这种配页机速度高，震动冲击小。

3. 无滚筒配页机

随着配页机应用的日益广泛，配页机技术也得到了快速发展，先进的无滚筒配页工作站具有顺序落帖、适应大幅面、超薄型纸及高速配帖等优点。其特点总结如下。

①在配页的设计上做了改进，书帖分离抽取方向与传送带后续传送方向完全一致，使拨书棍对书帖尾部的撞击力大大减小，不易损坏书帖的纸边，对极薄的书帖［图 5-11（a）］均能顺利配送，适应性强、效果好。

②完全采用气动原理，使用真空吸气皮带［图 5-11（b）］与吹气装置结合的技术对书帖进行分离、抽取和传送，具有磨损小、噪声低、速度快、传送稳定和调整简单的优点。

③无滚筒配页工作站的整体设计符合最新的人体工程学原理，尤其是配页工位的续料高度低于 1000mm。

④由于无滚筒配页工作站的结构简单，因此还被设计有两面续帖，能够很好地适应用户场地情况进行灵活布局，配合用户在生产物流方面进行优化设计。

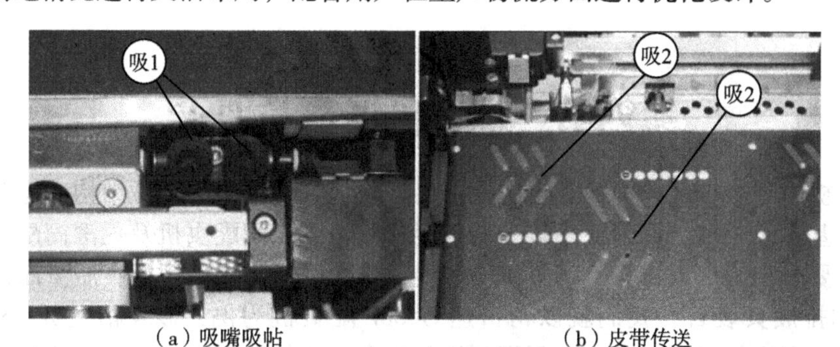

（a）吸嘴吸帖　　（b）皮带传送

图 5-11　皮带吸嘴机构

4. 立式配页机和卧式配页机

（1）立式配页机

立式配页机的贮页方法是平放，钳式配页机和辊式配页机的立式贮页方式中，书帖折缝摆放是向外的；而无滚筒配页的立式贮页方式中，书帖的脚子（地脚处）是向前的，书帖的天头在后。立式配页机操作者叠加收帖是由下而上的。在操作过程中，立式配页机由于贮页台上叠书的高度只能在 300mm 左右，因此，操作者加书帖（加头子）相对较频繁。

（2）卧式配页机

卧式配页机的贮页方法书帖是竖起来放的，书帖折缝是向下的，操作者加书帖是由前向后的。卧式配页机的贮页台长度有 1.5m 左右，贮页台不仅有动力配备，而且还可以运用吊装设备直接把每捆书吊到贮页台上，因而贮页量大、操作简便且省力。

5. 集帖形式

（1）钳式配页机的集帖形式

由于钳式叼页传递的书帖下落时的书帖口子向里，书帖折缝向外，其集帖链的位置方向和贮页台上加帖的方法与辊式配页机是不同的。其集帖方向是在操作者前方，贮页台上的书帖大页码是向下的，小页码是向上的。因为其贮页台上的书帖与钳下来落到集帖链帖上的书帖基本是同一方向的，所以只需要移动一个位置。

（2）辊式配页机的集帖形式

辊式配页机依其叼页传递书帖的形式，可分为以下三种。

①叼页牙叼住书帖沿折缝的中部，旋转半周，使书帖翻转 180° 后，才把书帖放下的传递形式。这种叼页传递形式（图 5-7 右），其集帖链的位置是靠操作者一面的，贮页台上的每一个书帖的大页码是向上的，其与钳式配页机的集帖链的位置和贮页台上每一个收帖的页码完全是相反的。

②叼页牙叼住书帖沿折缝的中部后，旋转 45° 左右，才把书帖放下的传递形式。这种叼页传递形式（图 5-9），其集帖链的位置是在操作者前方的，贮页台上的每一个大页码是朝后面的。

（3）无滚筒配页机的集帖形式

无滚筒配页机是直线传送的，贮页台上的摆帖方式和集帖链拨书辊上的摆放方式完全一致，完全靠皮带传送。由于是立式贮页台，所以大页码是朝下的，而小页码是在上面的。

第四节　配页机调整与要求

配页机的型号较多，但除了钳式配页机外，辊式配页机的机械结构、运动方式及操作方法基本上相似。目前使用较多的是辊式单叼或双叼配页机及无滚筒配页机。配页机的主要机构为分页机构、叼页机构、集帖机构以及为了保证配页质量而设置的检测装置和排废页装置。我们就以精密达 G460P 配页机为例，以 4 帖配页（8 个工位采用 1 比 2 配比）来叙述辊式双叼配页机贮帖台、工位选择、书帖厚薄检测、配页通道、书帖测高装置、配页机过渡轮及主屏幕的调整和设置。

配页前要先将所配书帖按其顺序摆放在各贮帖台的预放位置上（图 5-12 左），以待贮帖配页使用。配页机操作过程及定位要求如下。

一、核对样书

书帖按顺序正确地排列在贮帖斗内后，从第一帖开始每一书帖拿一帖，配成一本，检查顺序正确与否，再用施工单与样书一帖帖地进行核对，内容有书册、卷、页码、版面、开数等是否与加工通知单或样本相同。核对要仔细，保证无任何差错，再手工配置若干本毛本样用于胶订校样（图 5-12 右），最后复查一遍书帖顺序位置是否正确。

图 5-12　书帖预放位置、准备校样

二、配页机构调整

配页机构调整包括：贮帖斗规矩调整、贮帖、工位 1∶2 选择、吸帖调整、分页调整、叼页调整。

1. 贮帖斗规矩调整

贮帖台调整包括贮帖斗规矩调整、贮帖方式和工位选择。

配页机每一帖均有一个贮帖斗，贮帖斗规矩是根据书芯开本幅面大小来调整的。贮帖斗内有四个挡规，即一个前挡规（固定式）、两个侧挡规（左右两个，可移动），一个前口顶规，也称后顶规。

操作和定位要求如下。

①两侧规位置应以下面吸嘴为中心，依书帖的长度进行调节，不可过紧或过松，过紧书帖无法吸下，过松书帖不稳易出现双张。把书帖放入贮帖斗中，书帖的天头在右、地脚在左（地脚朝胶订主机方向）、订口靠身（不用跑到后面去加帖）、前口向外，大页码朝上、小页码朝下。调整左、右和后挡纸规矩（图 5-13 左），一般书帖摆下位置后，两侧规轻轻接触书帖两边即可。

②后顶规要依书帖宽度（长度）、厚度、平整度以及吸帖情况，做适当的松紧调整，以能正常吸帖为准。

一般书帖在贮帖斗中，左、右和后挡纸板有 1 ～ 2mm 间隙即可（图 5-13 右）。

图 5-13 调整贮帖斗规矩

2. 贮帖

也称上帖、加头子等。即依页码顺序将书帖正确地贮在书斗内的操作。

G460P 配页机采用立式贮帖方式，书帖是叠放在贮帖斗中的。注意二个贮帖斗放同一个帖码品种，第一帖、第一帖，第二帖、第二帖，第三帖、第三帖，第四帖、第四帖，最小帖码在左，离胶订主机最近，最大帖码在右，离胶订主机最远。

3. 工位 1∶2 选择

在 G460P 配页机操作主屏界面上启动机器（图 5-14 左），在零位停车后在显示屏上把抱闸打开（抱闸脱开点亮，图 5-14 右），然后到配页机后面将挡位转换成 1∶2。

配页机工位 8 个采用 1 比 2 配比。初始位置变速箱处于 1∶1 状态位置，所以必须进行工位选择，转换变速箱到 1∶2 状态位置。

在转换前注意变速箱刻度线一定要完全对齐（图 5-15），然后转动转换把手向右到 1∶2 状态位置即可（图 5-16），此时再检查一遍主屏幕上的 1∶2，确认为打开状态（1∶2 点亮，图 5-14）。

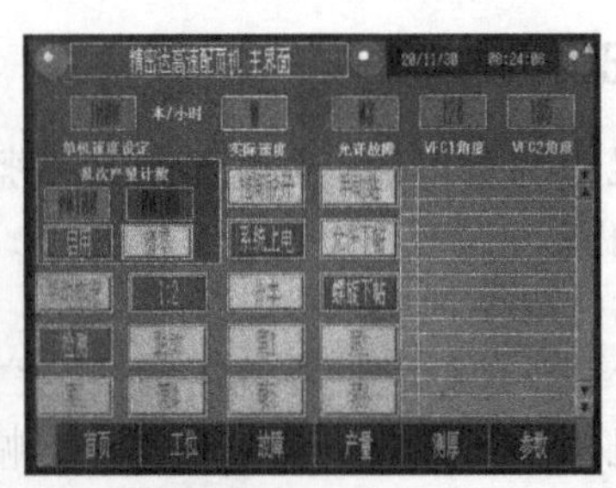

图 5-14　G460P 配页机操作主屏界面

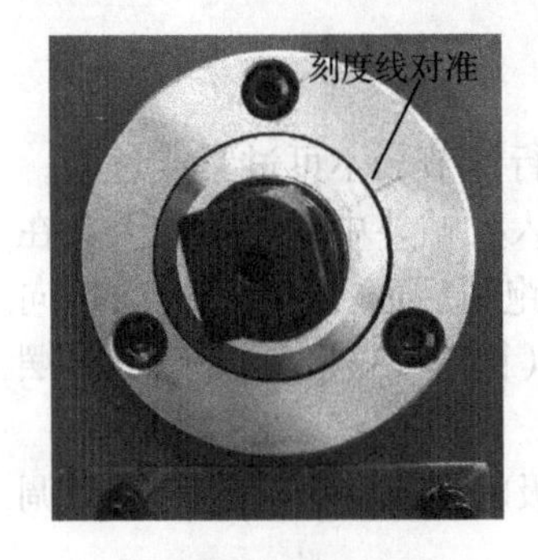

图 5-15　刻度线对准

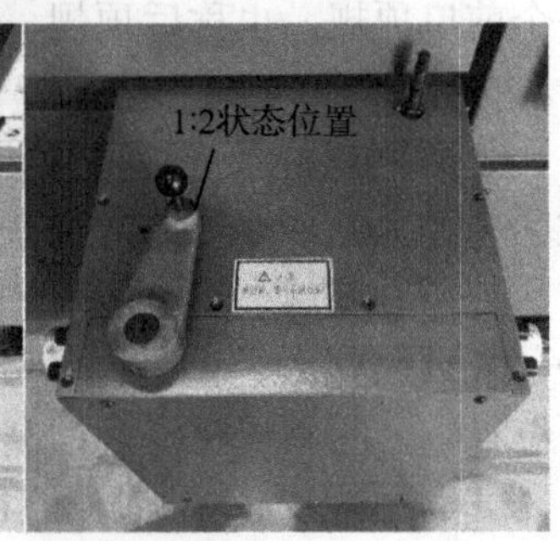

图 5-16　挡位转换状态位置

4. 吸帖调整

配页机开动后，吸帖嘴吸帖。吸嘴的吸页动作是靠气泵抽真空来实现的，吸嘴放页和吸页的时间快慢可以通过调节气阀凸轮来控制。

辊式配页机的吸帖工作过程是：当吸嘴接触贮帖斗最下面一帖的订口边位置时，吸嘴吸住书帖向下摆动 30° 左右，与上面书帖分开，分页爪伸进托住上面未吸下的书帖，这时，叼帖轮做间歇转动，叼爪张开，将吸下书帖叼住，吸气嘴风路中断，完成吸帖操作。

吸帖操作时的要求如下。

①吸帖时间和角度要正确，并与叼帖、分帖相配合。

②吸嘴风路要保持通畅，风量适当，一般情况以能稍用力就能将书帖正确吸下为标准。

5. 分页调整

分页的作用是把挡板里最下面的一个书帖从成叠的书帖中分开，并通过分页爪与吸嘴配合，将一帖书页吸下，为叼页机构叼住此书帖做准备。

6. 叼页调整

叼页就是吸嘴将书帖吸下到一定程度，叼嘴叼住书帖，将其拉出贮页台，送到集帖链隔板上。辊式叼页操作是，当叼页爪叼住书帖闭合后，向下旋转 180° 左右，叼爪张开，书帖落到集帖链托板上，完成叼帖。

①叼帖时间与吸帖角度配合协调。当叼爪接触书帖时，应正是吸嘴将书帖吸下 30° 左右的位置，当叼爪闭合将要向下旋转时，应正是吸嘴中断风路时，分爪托住上面书帖的位置。

②叼帖辊上的两个叼爪夹紧程度要适当，两爪夹紧力要相同，不可过紧或过松，或一松一紧。叼爪过松起不到叼帖作用，造成堆积、撕页；过紧，书帖夹坏；叼爪一松一紧时，书帖易歪斜而造成输送不顺利，出现乱帖等故障。

三、配页通道调整

把书芯放入配页机通道内，根据书芯的厚度用专用方孔调整把手转动调整杆，使通道的宽度比书芯厚度大 5 ～ 15mm。再将书芯放入配页机出口通道内，松开外侧通道挡板上锁紧螺钉，使通道比书芯略大 5mm 左右（图 5-17），锁紧螺钉即可。实际上所有交接通道的调整都要求做到进口大、出口小，成喇叭口对接，只要是配页书芯经过的通道都须这样调整。

图 5-17　配页机通道调整

四、书帖测高装置调整

根据书芯开本大小，调整测高检测装置的高度（图 5-18）。一般测高的检测最高点比书芯高 5 ～ 10mm，即检测光电发出的光斑高出书口 5 ～ 10mm，且光斑在反射纸范围内。调整时只需松开锁紧把手，移动测高光电到合适位置即可。

书芯测高装置有两个：配页机出口通道一个（图 5-18 左）；胶订机进本通道一个（图 5-18 右）。胶订机书芯测调装置主要是用于做锁线书芯时，由于书芯不经过配页机测高装置，能起到保护作用；另外，也能对过渡通道输出的书芯起到双重保护作用。两个测高装置调整方法完全一致。

图 5-18　书帖测高装置调整

五、配页机过渡轮调整

松开过渡轮上锁紧可调把手，转动过渡轮调节手轮，根据书芯厚度调整过渡轮的合适位置（图 5-19）。一般情况下，两组过渡轮之间的距离比书芯厚度小 0.5 ～ 1mm（位置显示器上显示的数值是两组过渡轮的间距）。4 帖书芯的厚度约 6mm，过渡轮初始表中的预设值为 15mm，所以过渡轮调整的数值在 7mm 左右。

注意：调整完以后还须检测一下过渡轮的夹紧力，把书芯放在两个过渡轮中间，夹紧力的大小以稍用力能把书芯拉出为佳。过渡轮开口也须调整成喇叭口，进口大、出口小。

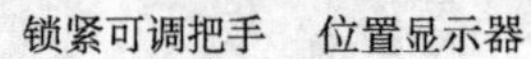

图 5-19　过渡轮调整

六、主屏幕操作设置

配页机调整完毕后，在配页机主界面触摸屏上启动相应的联动、1∶2、气泵、螺旋下帖、允许下帖和检测装置等（图 5-14）。还有主界面下的子菜单设置，如工位选择界面的设置。

联动按钮：启动状态（联动点亮）下为配页机和胶订机联机生产模式（调整完成后，打开联动按钮就可等待胶订机联机生产）；断开状态下为配页机单机生产模式。

检测按钮：启动状态（检测点亮）下机器所有检测功能有效，断开状态下机器所有检测功能失效。在生产过程中严禁停止此功能。

螺旋下帖：启用此功能，配页机启动后自动从最后一工位开始指令电磁阀通电到第一工位；按红色停止按钮时，从最后一工位开始依次指令电磁阀断电。当某一工位没有下帖，则前面工位都不下帖。

允许下帖：是控制电磁阀的开关，打开允许下帖，电磁阀就全部打开。

工位选择按钮（图 5-20）：点击工位按钮，进入工位选择子菜单，选手可以在该页面上根据目前工位选择好相应 1 号、2 号、3 号、4 号、5 号、6 号、7 号、8 号（点亮）共 8 个配页工位数。

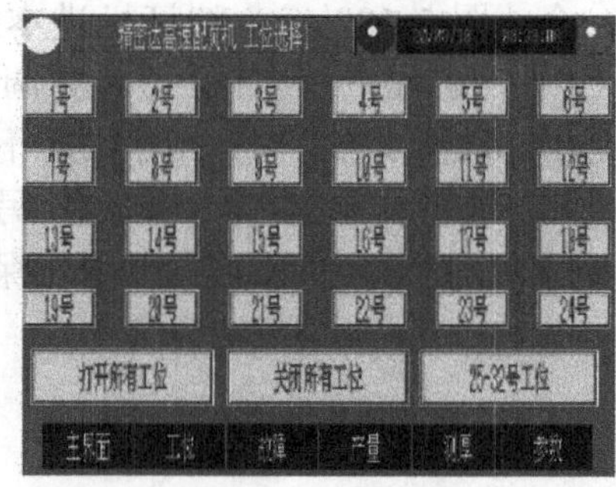

图 5-20　工位选择

七、集帖机构的调整与要求

书帖被叼帖轮叼嘴叼下，放在集帖链隔页托板上，再由集帖链上的拨书辊（固接在链条上）将书帖带走，并同重叠在下面（或上面）的书帖一起传送至收书部分。当叼爪每放下一个书帖时，集帖链拨书辊就前进一个，即增加一个页码的书帖，集帖链将重叠后的书帖全部送入收书台时，就完成了一本（或多本）书的配页过程。由于配页机的连续运动，每转一转就完成一本（或数本），依次配完所有书册。

1. 集帖操作要求

①集帖链传送位置应与叼爪放帖时间相配合。当叼爪放下书帖时，应正是集帖链两拨书棍的中间（或稍靠前些）的位置。

②集帖传送时，应保持输送通道的通畅无阻。

2. 集帖链的操作

集帖链（图 5-21）链条松紧，可通过调节机尾处固定从动链轮的丝杠进行调节。调节方法，如果集帖链的链条过松或过紧，旋转调节丝杠，将集帖链调节到紧松适度情况下即可。

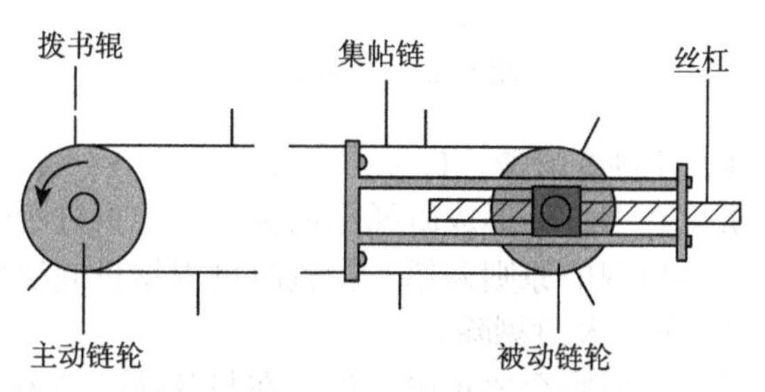

图 5-21 集帖链机构

八、收帖机构的调整与要求

配页单机是将重叠配成书册的书帖送至收书台后，书台将书册自动推出，从而完成配页机工作全过程。配页单机收书的方法，根据机型的不同也有差别。

1. 收帖方法

①手工抽本收书。操作时，先将收书挡板按其书册长度调定合适。配出的书册，按操作手拿的容量，一沓几本地抽出，抽出的书册随手粗查一道后码叠成摞，再抽下一沓。这种收书方法消耗体力大，是一种较落后的操作（图 5-22）。

图 5-22 收帖机构

②自动翻摞收书。这是改进后的一种收书形式。这种方法是利用气动和电动控制，将集帖链传送来的书册，按一定本数有规律地做 45° 翻转后，一摞摞自动推出收书台的。这种收书方法比上一种要先进得多，操作不用手工抽拿，只须在机器旁看守，大大减轻了体力劳动。

③与无线胶订联动起来的收书方法。与无线胶订联动的方法是将配页完成的书册一本一本地由平放状态转为直立状态，经过渡轮、传送链送至无线胶订主机部分的通道。

2. 收帖质量要求

为了防止配帖出差错，在叠配帖书帖印刷时，每帖书页的最外页订口处，按照帖序印上一个小黑方块，就是折标标记（图 5-23）。而采用套配帖的骑马订，折标应印在装订撞齐书帖的天头折缝线位置上。

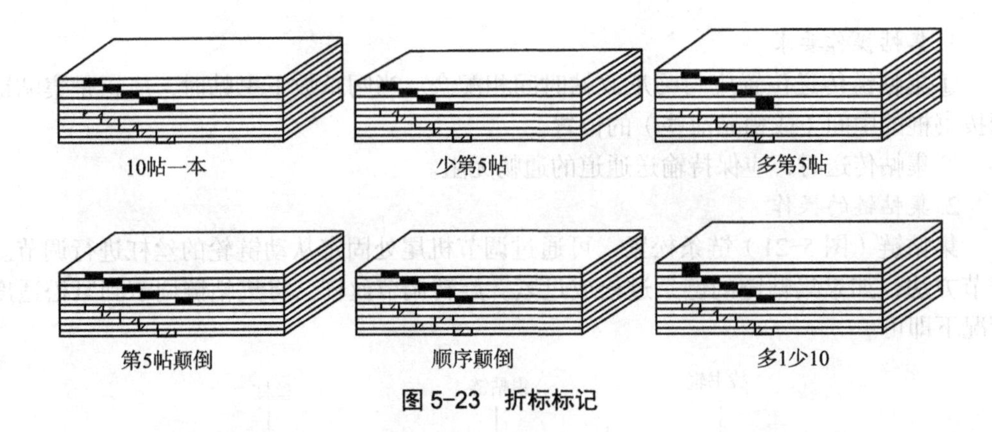

图 5-23　折标标记

①折标位置要准确，印迹要清楚。折标不宜过大或过小（约为 5 号字双空）。

②配书芯以后，折标在书背处形成阶梯形的标记。配页机所收的书册都要进行粗查，以避免单机配页工序出现的原则差错。检查时可根据折缝黑标的阶梯规律，将双帖、漏帖、倒头、串号等差错及时剔除。

③配页前和配页后的书册吻合要正确无误。在与其他品种衔接时，切勿出现串版现象，即应将一个品种完全收拾干净以后，再配另一个品种。

第五节　配页机自动控制装置操作及要求

自动控制多帖、缺帖、错帖、颠倒、调头装置是配页机上的重要机构。为了保证配页机配出书册的质量符合要求，配页机上已大量采用光电控制装置，使检测系统更加灵敏可靠。配页机上每一贮帖台和叼页机组都装有书帖厚薄检测装置，用来检测多帖、少帖（即缺帖和双帖）、乱帖的自动报警、停机的装置。配页机的厚薄检测装置是固定在机架上的，当发生多帖、少帖、缺帖、乱帖故障时，通过机械动作发出信号通知中央控制系统，机器会自动停车或将这些不符合质量要求的书芯从废品斗抛出，并发出光信号显示是哪一个贮页台发生故障。因此，自动控制装置是保证配页质量的“监察员”和“眼睛”。目前配页机上的自动控制装置，主要有两种形式，一种是书帖厚薄检测信号控制装置；另一种是摄像头（电眼）图像检测控制装置。

1. 书帖厚薄检测信号控制装置

书帖厚薄检测信号控制装置自动控制是采用机电和光相结合的装置，采用杠杆放大的方法来检测书帖的厚薄和有无书帖。运用杠杆放大的原理来检测书帖的厚薄度，精确度较高，反应比较灵敏。书帖厚薄检测装置是安装在叼帖轮的下端，叼出的书帖经过装置上面的滚轮就能每次检测。滚轮受压后带动螺钉下降，顶动传感器中的弹簧钢片弯曲，使电阻感应片形变，电路中产生不平衡，发出排废或停机指令。

书帖厚薄检测是控制配页多帖的重要质量检测装置（图 5-24），是根据书帖的规格和厚度来调整的。点动机器，使叼页爪夹紧运行到双张检测的中心位置（两个检测螺纹孔之间距离在检测轴承下方位置范围都可以），取该工位印张厚度的 1.5 倍书帖放在检测轴承与叼页轮之间；松开双张检测开关上的锁紧螺母，转动调整铜螺母，调整双张检测开关与感应棒之间的距离，使双张检测开关的指示灯刚好亮即可，调整完成后拧紧锁紧螺母。

注意：在调整过程中，双张检测开关不能随意转动，否则易引起导线断路和损坏。

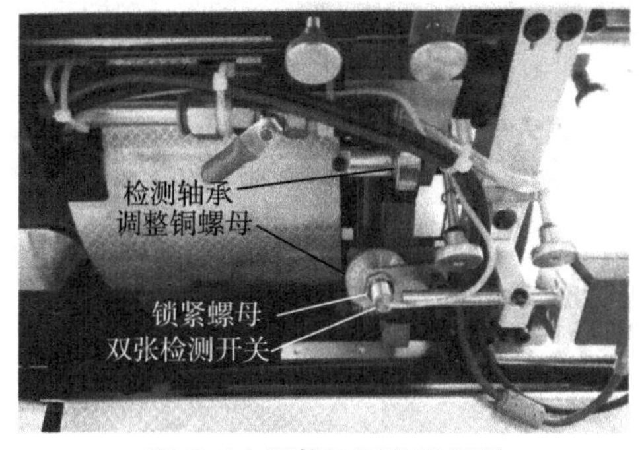

图 5-24 厚薄检测装置调整

2. 摄像头（电眼）图像检测控制装置

对于厚薄相同的配错书帖，书帖厚薄检测装置是失效的、无用的。因此出现了摄像头图像检测装置（图 5-25，CCD 照相检测系统可对图像及条形码进行识读），即通过摄像头拍摄的书帖的正确图像，并存入计算机，以后每一帖下来经过摄像头时的图像都与存储在计算机中的正确图像进行局部像素对比，以达到剔除错帖的目的，处理错帖现在最有效的就是图像检测系统。图像检测识别对直径 10mm 圆范围内的彩色和黑白图像均能智能识别差错。

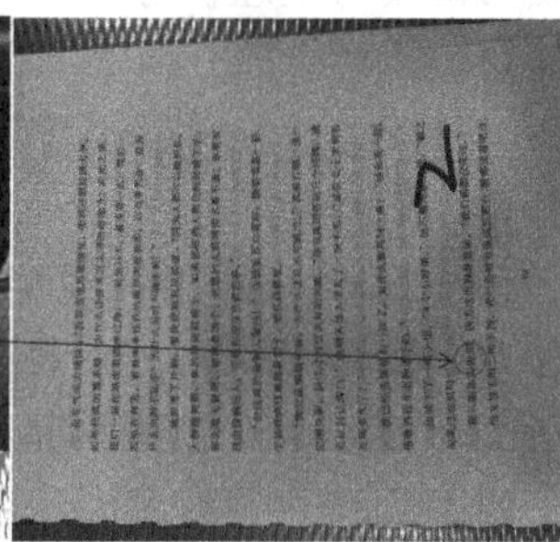

图 5-25 图像检测装置

图像检测装置能检测出漏帖、错帖、乱帖、颠倒、调头，但不能检测出双帖及多帖。通常为保证配页书册的正确率，通常采用厚薄检测系统和图像检测识别系统相结合的方式，来达到配页质量 100% 的正确性，避免原则性差错。

3. 乱帖控制装置

配页机在书帖传送面板上和每个配页机头集帖链通道上面，都装有一套控制乱帖装置，以防止书帖集帖不齐而堵塞通道。当从叼页牙（传送带）放下的书帖，若书帖没有落到正确位置，当集帖链在输送过程中，该书帖就会碰撞乱帖触片或触头，从而触发开关报警和电路被切断，机器自动停止转动。

每次发生乱帖的故障处理后，都应通过拨动调节装置使触片或触点复位，方能正常开车。在调节乱帖控制装置时，应根据书册的书帖多少，而调节触片或触点的长短，即调节触片或触点与集帖链通道平面的距离高低。一般是尾帖处低，首帖处为最高，尾帖处到首帖处一带的触片或触点基本上成梯形为佳。因为尾帖到首帖的书帖在集帖链通道内是逐渐增高的，所以调节片或调节点距离集帖链通道平面的高度也应逐渐升高，以便有效地发挥其控制乱帖的作用。

第六章 锁线

锁线装订指的是用针、线或绳将书帖钉在一起的装订方法。这种方式大多用来装订结实、持久耐用的书籍，如《辞海》《新华字典》《现代汉语词典》《大型画册》、艺术类书籍及《圣经》等。

第一节　掌握锁线方法

锁线订是一种用针线穿过书脊并将各页书按顺序逐帖串联在一起，并使书帖之间相互锁紧的装订形式。锁线订历史久远，是一种高质量的有线装订法，适用于较厚书册的装订。由于锁线订是沿书帖订口折缝处进行订联的，因此订后书册还能翻开摊平，便于阅读。锁线订是一种牢固度高，使用寿命较长的订书方法，采用锁线订的书芯可以制成平装本，也可以制成精装本。锁线订一般采用机械锁线，但对于小批量、特殊活源或返修品，还须采用手工方法来完成。

锁线有侧订及骑马订两种形式。三眼订、线装、缝纫平订等，装订线沿平行于书脊的方向穿过书芯属于侧订形式，侧订方式装订牢固，但不能完全平铺展开；装订线沿书帖中间折缝处穿过书帖，将各书帖串联在一起的订联方法是骑马订形式。本章只叙述骑马锁线订。

一、平锁

平锁（图 6-1）是由穿线针和钩线针间隔构成一组，穿线针把线沿折缝引入书帖中间，钩爪把线拉到钩线针位置并套入勾线针凹槽中，再由钩线针把线拉出书帖订缝形成线圈并相互锁牢的锁线方法。平锁是每帖线位相同的锁线方法，经平锁后的书帖，串联线位于书帖中间，而线圈及线结则在书帖外面。平锁适应纸张种类范围大，而且容易操作，所以平锁方式是目前使用最多的锁线方法。

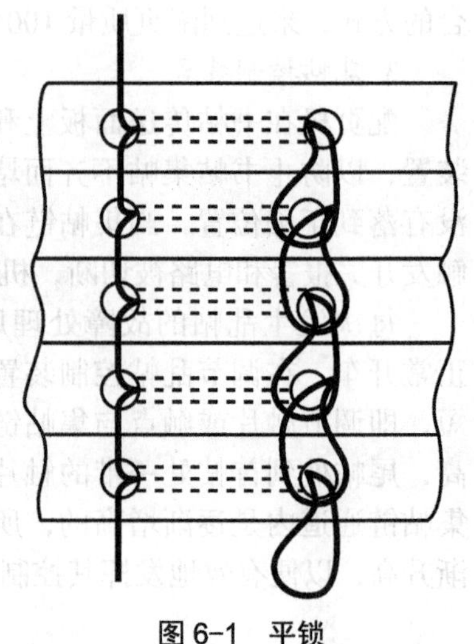

图 6-1　平锁

二、交叉锁

交叉锁（图 6-2）也称间帖串、跳锁或绞花锁。一般由固定穿线针、活动穿线针及钩线针构成一组，活动穿线针左右往复运动将书帖锁成册。经交叉锁后的书帖，串联线均匀分布于书帖折缝中心，较平锁而言交叉锁书帖更加平整、紧实，书芯和书脊厚度基本相同，且节省串联线。交叉锁虽然能避免书背锁线部位出现线泡或过高的鼓起，但此种方法牢固性不如平锁，而且书帖在交叉线的拉力下易发生上下位置错位。

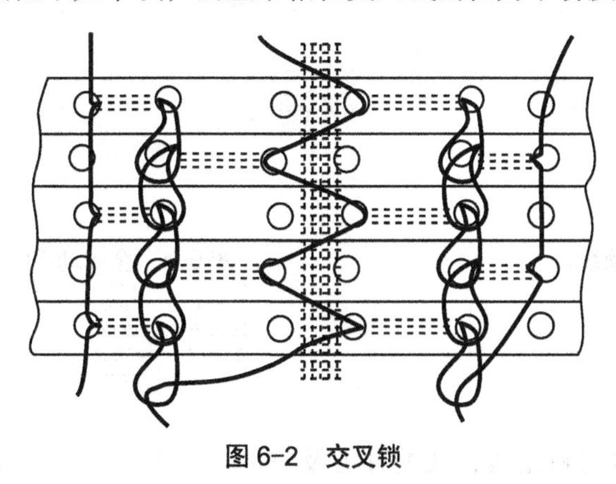

图 6-2 交叉锁

第二节 锁线机分类及准备

锁线机是运用机构将配页好的书帖用锁线方法订联成书芯的机器。锁线机通过穿线针与钩纸针相互交替，把配页好的散书帖从订口折缝逐帖串联成书芯，一般由锁线机构、搭页机构、控制原件等组成。

一、锁线机分类

锁线机按自动化程度可分为半自动锁线机和全自动锁线机两类，它们的主要工作机构基本相同，但是在输帖、自动控制方面差异较大。另外，锁线机根据加工幅面的大小不同，其型号也有所不同。

1. 半自动锁线机

半自动锁线机（图 6-3）主要有两种，一种是手动将书帖搭在订书架靠板上，另一种是手动将书帖搭在输帖链上，通过输帖链将书帖输送至订书架靠板上。一般半自动锁线机速度为 35 ～ 85 帖 / 钟，最大加工尺寸 460mm × 400mm，最小加工尺寸 100mm × 150mm，锁线机底针最小直径 2mm，针距 23.55mm，最多针数 12 组，可进行平锁和交叉锁。

2. 全自动锁线机

全自动锁线机（图 6-4）由输页机构、缓冲定位机构、锁线机构、出书机构及自动控制器等部件组成，除加书帖和收书芯需人工完成外，搭页、揭页、锁线、计数、割线分本等均自动完成。全自动锁线机最快速度可达 250 帖 / 分，最大加工尺寸

320mm×510mm，最小加工尺寸75mm×150mm，锁线机底针最小直径1.5mm，针距18mm，最多针数12组，可进行平锁和交叉锁，同时具有对齐边和不齐边二种分贴功能，以满足不同书芯的加工要求。

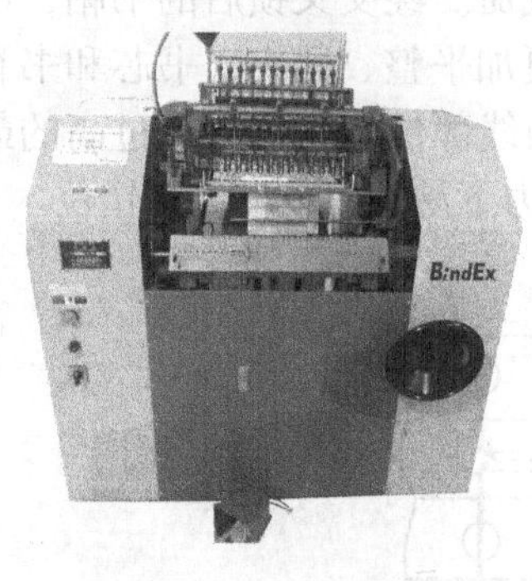

图6-3　半自动锁线机

图6-4　全自动锁线机

二、锁线准备

1. 线的准备

锁线订缝的连接材料是线，线的种类及质量直接关系书册的连接牢固性，因此线的挑选是锁线前的重要准备工作。锁线常用线有绵线、丝线、合成纤维线等。

（1）绵线

绵线是由棉花纤维制成的线，可分上光与不上光两种，包装形式有直轴型、宝塔型等，锁线以使用宝塔型较为多见。棉线规格根据专业标准分为42支纱4股、42支纱6股、60支纱4股和60支纱6股四种，对应型号分别为S424（42S/4）、S426（42S/6）、S604（60S/4）、S606（60S/6），其中S表示支纱，斜线下数字表示股数。锁线时应根据书册厚度，书帖折数，纸张定量等来选用不同粗细的绵线，若绵线过细，强度低，则书帖连接牢固性差，订缝经锁线后易出现断线、散帖等现象，缩短了书册的使用寿命。若棉线过粗，虽然强度高，书帖连接牢固，但订缝经锁线后会加大书背宽度及书脊高度，造成加工困难，耗材浪费的同时也影响了书册外观，因此需根据书册具体情况挑选合适的棉线进行锁线加工。

（2）丝线

丝线是由蚕丝制成的线，是我国历史上最早使用的一种订缝锁线材料。丝线原色与纸张相同，具有质地柔软、强度好、光滑、牢固耐久等特点。经丝线锁线后的书册书背平整，不高凸、不易变形。但丝线因价格高、伸缩性大而较少使用，目前只在一些高档古装书和画册上应用。

（3）合成纤维线

合成纤维线是一种将聚合物在高温高压下熔融后，经过极细孔径的喷头流丝、凝固后加工制成的纤维线，较为常见的有涤纶线和尼龙线。合成纤维线具有强度高，无线头、价格便宜等特点。使用合成纤维线进行锁线可选用较细的线而不断裂，经加工后的书册书背不高凸、平整服帖，但此种线弹性较大，易引起收缩拉回，导致出现切口不齐或书背弯曲等现象。

2. 引线

引线装置的作用是顺利地将线穿入书帖内，使书帖串联成书芯，该机构由拉线杠杆、过线圈、压线盘等部件组成。

将宝塔型线圈（图 6-5）的底部插入线圈搁板上，线圈搁板装置上的弹簧片通过张力将线圈固定在线圈搁板上。

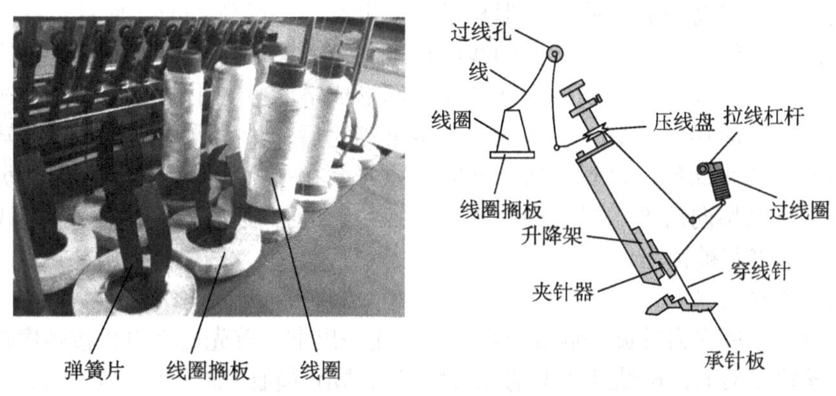

图 6-5　穿引线路

接着把每个线圈中线头拉出，穿过线架的过线孔，套在拉线杠杆牵引的升降杆上，经过压线盘，进入小拉簧过线圈。最后将线穿进穿线针的针孔。在操作过程中如果发生“断线”，则装置在压线盘杠杆上的微型接触器会发出信号，立即停机，指示操作者进行排除故障处理工作。

第三节　锁线机工作原理及过程

1. 锁线机工作原理

搭页机按节拍将书帖放在鞍形导轨支架上，由送帖链条上的推书块（挡块）将书帖沿导轨向前推送。当书帖被送至送帖位置时，高速旋转的加速轮将书帖夹紧后，以很高速度发送到订书架上的缓冲定位工位上完成整个书帖的输送。为了防止书帖冲撞定位板时反弹或飞起，定位机构装有缓冲装置，使书帖得到准确的定位。订书架接到书帖后摆向锁线位置，送帖订书架在凸轮控制下向后摆动 26° 左右，在订书架后摆和锁线过程中，由凸版控制的定位机构始终夹持着书帖，以确保书帖定位准确不被破坏（图 6-6）。

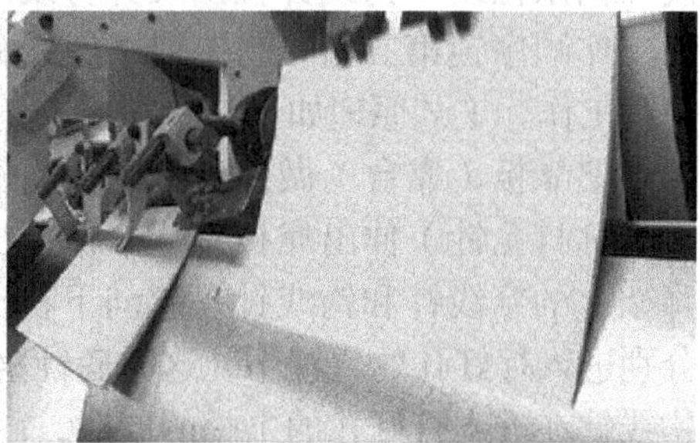

图 6-6　锁线工作

根据所选定的锁线方式装在订书架下的底针先打底孔，穿线针在升降架带动下下移穿线，钩爪、钩线针按工艺进行牵线、钩线，一个书帖锁完之后，订书架摆回原位。为使书帖脱离订书架，在订书架摆回的同时，定位装置放开书帖，敲书棒将锁好的书帖在订书架向前摆动时敲下，使书帖平稳离开订书架，并使书帖切口部分保持平整。打书板在书脊边缘敲打几下，使书帖更为整齐平服。挡书针的作用是挡住书芯，使其在出书台上保持整齐，防止后退松散。当继续下一帖锁线时，底针、穿线针、钩爪等重复以上动作，只有钩线针上的线圈被留在第二帖小孔的外面。而后，钩线针又从小孔里拉出一个线圈，将线圈相互套在一起形成链状。在书帖向出书台推送的过程中，将前一帖的活扣抽紧成一个小结。一本书锁完后，计数器控制搭页机空转一周，即不送书帖但锁线动作仍进行一次。此时，原来藏在书帖折缝内的线因无书页的遮掩成为明线。在书帖向后推送过程中，将最后一帖的活扣锁紧成一死结，由割线刀将明线割断，一本书芯被锁完。

2. 锁线工作过程

锁线机工作过程为搭页→输页→定位→锁线→出书。首先由搭页机按顺序将书帖搭放在鞍形导轨支架上，送帖链条上的推书块将书帖沿导轨向前推送。当书帖到达送帖位置时，高速旋转的加速轮将书帖夹紧并发送至订书架上的缓冲定位工位，至此书帖就完成了输送和定位。订书架接到书帖后摆向锁线位置进行锁线，在锁线过程中，定位机构始终夹持着书帖，以确保书帖定位准确。锁线完毕后由推书板将书帖推出至书台上。

锁线机构（图 6-7）工作过程为底针打孔→穿线针引线→钩爪拉线→钩线针打结。根据选定的锁线方式，订书架下的底针先打底孔，穿线针在升降架带动下开始下移穿线，钩线爪、钩线针按工艺进行拉线、钩线，一个书帖锁完后，订书架摆回原位。为使书帖脱离订书架，在订书架摆回的同时，定位装置放开书帖，敲书棒将锁好的书帖敲一下向内夹紧，使书帖平稳离开订书架。挡书针的作用是挡住书芯，使书帖在出书台上保持整齐，防止后退松散。当继续下一帖锁线时，底针、穿线针、钩爪等重复以上动作，钩线针上的线圈被留在第二帖小孔外部，钩线针从小孔内拉出一个线圈，将线圈相互套在一起形成链状。在书帖向出书台推送过程中，前一帖的活扣抽紧为一个线结。待所有书帖锁完后，计数器控制搭页机空转一周，使设备不送书帖但锁线机构仍运行一次，原来藏在书帖折缝内的线因无书页遮掩成为明线，在书帖推送过程中将最后一帖活扣锁紧成一个死结，由割线刀将明线割断，一本书芯即制作完成。

①钩爪拉线方式（图 6-8）。锁线机构的工作过程可分为：送帖→底针打孔→穿线针引线→钩爪拉线→钩线针拉出线并打线圈→打结。打好结后一帖书就锁好，接着按上面的工作顺序锁第二帖。当一册书锁线完毕后，由割线刀将线割断，就完成一本书册的锁线工作。工艺原理如下。

订书架靠板（靠台）做前后摆动，当书帖从输帖链输送到订书架靠锁线位置时，底针（俗称打孔针）伸出靠板，从书帖的折缝中间沿折缝处由里向外打孔。于是安装在升降架上的穿线针和钩线针一起向下移动，同时打孔针也逐渐下降，使穿线针和钩线针分别进入打好孔的位置中，这时底针全部退出书帖的折缝。

钩线针在进入打好孔的书帖的同时，由直齿条带动其旋转一个大于 180° 的角度，使钩线针尖端部分的凹凸向里，转到准备钩线的位置。

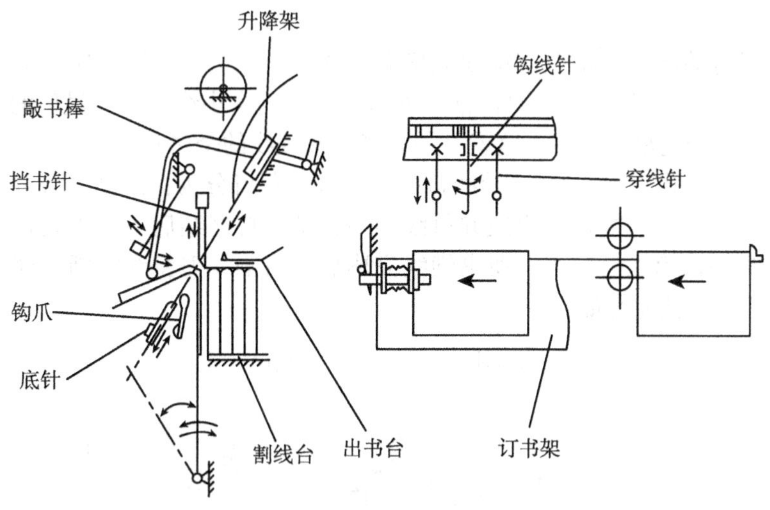

图 6-7　锁线机构

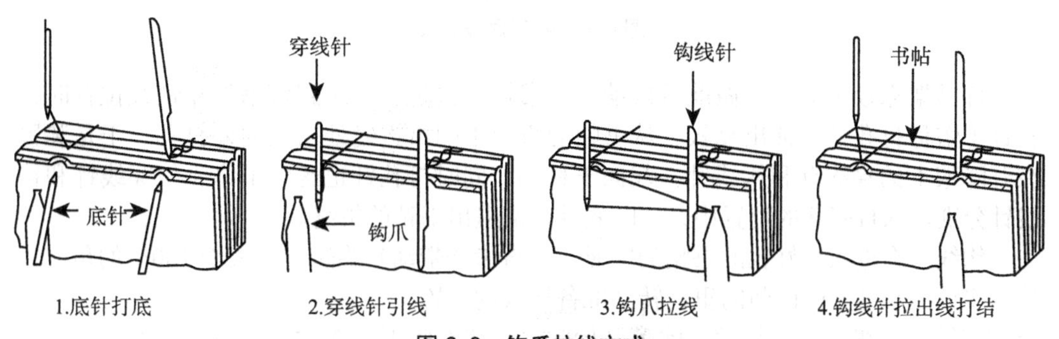

图 6-8　钩爪拉线方式

穿线针将线引入书帖后，穿线针和钩线针在升降杆的控制下稍为向上回升一定的距离，使引入线形成一个线圈，以便于钩线爪在运动过程中能将线钩住。

钩线爪在凸轮和连杆的作用下，开始被推着做横向的向右移动，当其被移到穿线针抛出的线圈时，就钩住线圈一起移动，这时，穿线针上线圈被其拉成双股的线。

当钩线爪拉着线做横向移动超过钩线针时，钩线爪就向前微微抬起，并开始向左移。这样一个动作，就将线套入钩线针上的钩线凹槽中。于是，钩线爪也就脱离线而复位。

钩线针钩住线后，升降杆开始回升。钩线针和穿线针在升降架的带动下向上做抬升运动。此时，钩线针在齿条的运动下，又做一个大于 180° 的反向旋转动作，将钩出的线在书帖外面绕成一个线圈的活结。

与此同时，钩线爪向里微微向下复位，并且在凸轮的带动下逐渐做横向向左移动退回到原始的位置。这样就完成了书页的锁线工作过程。

第一帖书页完成锁线后，再开始第二帖书页的锁线工作。第二帖书页的锁线工作过程与第一帖书页的锁线工作过程相同。所不同的是从锁第二帖书页开始，钩线针穿过前一帖的帖外线圈（即活线圈），钩出后一帖的新线圈，并将前一帖线圈抽紧打成一个小结。

把一本书册的所有书帖全部锁线完毕后，紧接着让机器空转一次（即不搭书帖或称打空滚），这时，最后一帖书页的活线圈就被打成一个小线结，将最后的书帖锁紧，而使书册成为一个完整的书芯。这就是一本书芯的锁线的全过程。

②吹气送线方式（图 6-9）。锁线机构的工作过程可分为：送帖→底针打孔→穿线针引线→吹气送线→钩线针拉出线并打线圈→打结。打好结后一帖书就锁好，接着按上面的工作顺序锁第二帖。当一册书锁线完毕后，由割线刀将线割断，就完成一本书册的锁线工作。工艺原理如下。

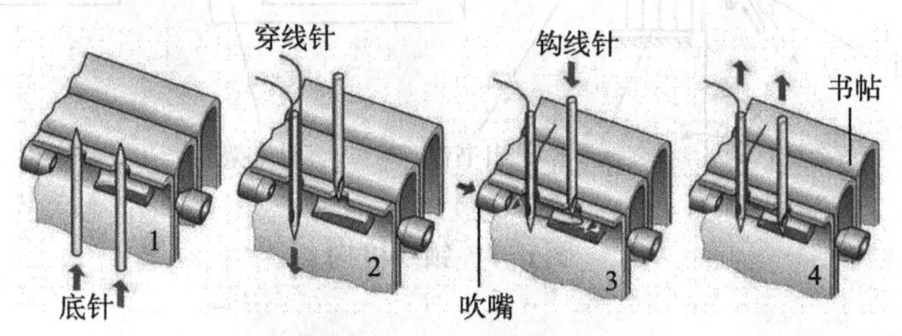

图 6-9　吹气送线方式

订书架靠板（靠台）做前后摆动，当书帖从输帖链输送到订书架靠锁线位置时，底针（俗称打孔针）伸出靠板，从书帖的折缝中间沿折缝处由里向外打孔。于是装置在升降架上的穿线针和钩线针一起向下移动，同时打孔针也逐渐下降，使穿线针和钩线针分别进入打好孔的位置中，这时底针全部退出书帖的折缝。

钩线针在进入打好孔的书帖的同时，由直齿条带动其旋转一个大于 180° 的角度，使钩线针尖端部分的凹凸向里，转到准备钩线的位置。

穿线针将线引入书帖后，吹嘴开始吹气，线在喷射气流的作用下，沿着开有槽型的平面块形成双股线圈，此时钩线针开始下降，并穿过线圈中间。

钩线针下降到最低位置时，吹嘴停止喷射气流，线在没有外力的作用下恢复原来状态，正好在回拉中进入钩线针槽钩。

钩线针钩住线后，升降杆开始回升。钩线针和穿线针在升降架的带动下向上做抬升运动。此时，钩线针在齿条的运动下，又做一个大于 180° 的反向旋转动作，将钩出的线在书帖外面绕成一个线圈的活结。

第一帖书页完成锁线后，再开始第二帖书页的锁线工作。第二帖书页的锁线工作过程与第一帖书页的锁线工作过程相同。所不同的是从锁第二帖书页开始，钩线针穿过前一帖的帖外线圈（即活线圈），钩出后一帖的新线圈，并将前一帖线圈抽紧打成一个小结。

把一本书册的所有书帖全部锁线完毕后，紧接着让机器空转一次（即不搭书帖或称打空滚），这时，最后一帖书页的活线圈也就被打成一个小线结，将最后的书帖锁紧，而使书册成为一个完整的书芯。

第四节 锁线机操作工艺及要求

自动锁线机由搭页机和锁线机组成，其主要过程有：搭页部分的贮帖、吸帖、叼帖、揭页分帖、搭帖、送帖；锁线部分的过帖、齐帖定位、上帖（订书架的摆动）、底针打孔、引线及穿线、穿线针引线、钩爪带线、钩线针钩线、线圈打结、分本。经过上述过程，书完成锁线全过程操作。

操作自动锁线机前，首先要根据书刊幅面的大小及要求，做好一切准备工作，确定好锁线的方式和针位、针距，选好纱线等。调好计算机操作屏上的计数、所订书册的帖数等数据，其操作过程及要求如下。

1. 揭页分帖系统

揭页分帖的作用是对飞达输送来的书帖进行分帖，即把书帖中缝分成人字形，然后按一帖一帖顺序自动堆放在输送链的导轨上（图 6-10）。

锁线的书帖是通过小型飞达装置输入到有拉伸的传送皮带上，并在整形工位的挡板和轴承的共同作用下对书帖的背脊进行整形，以最大限度满足揭页的需求，揭页器上下各有两个真空揭页头和内置长短边揭页器（上部有 4 个，下部有 4 个），这种特殊的长短边揭页器，可以快速、轻松地对书帖进行长短边分离，尤其对于尺寸、厚度、折法各异的书帖，有极大的适应性。

2. 送帖轮及送帖操作及要求

送帖轮也称过帖轮或打页轮（图 6-11）。作用是将搭页机搭在输送链上的书帖，正确、平稳地送到订书架靠板的规矩处，以供锁线机锁帖用。

图 6-10 揭页机构

图 6-11 送帖轮机构

书帖经过送帖轮时，由上送帖轮下压与下送帖轮产生快速摩擦，将书帖送入订书靠板规矩处。送帖时，输帖链上的挡规将书帖推到送帖轮位置，称送帖位置，送帖位置应依上送帖轮下压时间来决定。上送帖轮下压与下送帖轮接触对书帖产生摩擦转动的时间，就是送帖轮开始送帖、过帖的时间。

送帖的时间和位置与书帖长度 d_1 有关，书帖 d_1 越长，输送链的挡规就应送得越少（或越远），即应向右移动；书帖 d_1 越短就应送得多些（近些），即将输帖链挡规向前（左）移动。送帖的正确位置，一般是输帖链挡规将书帖推送到两个送帖轮中间，上送帖轮下压与下送帖轮接触书帖时，书帖位置应超过送帖轮的中心线约 50mm [d=（50 ± 1）mm]（图 6-12）。

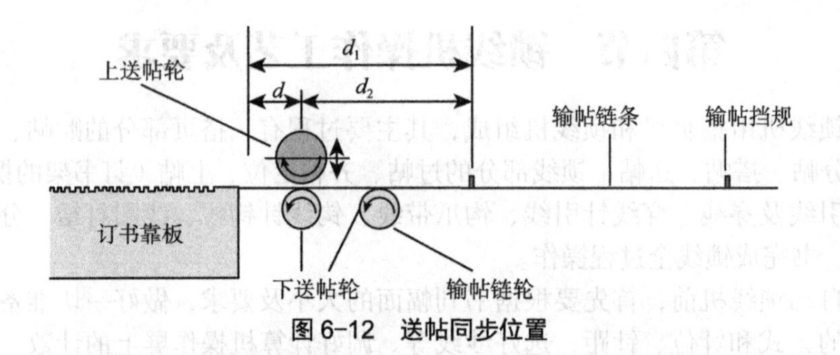

图 6-12　送帖同步位置

送帖速度的快慢与书帖厚薄、幅面大小及纸质好坏有直接关系，一般情况下，书帖折数少，纸张薄软，送帖速度应减慢；书帖折数多，纸张又厚硬，送帖速度就应加快。

两个上下送帖轮之间的距离 h 的大小，要根据书帖的厚度调定。为了使书帖达到良好的摩擦效果，操作中常以两送帖轮之间距离 h 调到在上送帖轮下压的最低点（书帖厚度的一半左右为宜），但务必不要使两送帖轮在空转时相互接触摩擦，即不能使两轮间距 $h \leqslant 0$。

送帖轮送帖操作时要求：

①送帖时间和位置要准确、送帖与订书靠板的往复摆动要协调，当靠板（即靠台）复位与输帖链板架稍低或在同一条直线位置时，应正是输送过帖的时间（图 6-13）。

图 6-13　送帖正确位置

②送帖的速度根据实际要求调定，不可太快，以避免书帖被弹回或出现歪帖，也不可过慢，以避免造成送不过帖或送帖不到位而造成撕页或不齐帖。

③送帖轮之间距离要适当，过高起不到摩擦作用，书帖送不出去，过低书帖被送帖轮压挤出痕迹或造成断裂损帖。可用点动或手盘车的方法检查送帖的位置是否正确，速度是否匹配，检查上送帖轮空转下压时是否有与下送帖轮接触摩擦的声音，如不符合正确送帖要求应及时调整。

3. 缓冲、定位机构操作要求

书帖经送帖轮正确地送到订书靠板（架）规矩后，拉规和挡规将书帖挡齐，然后经摆动将书帖压平稳后准确定位，给穿眼锁线做好准备工作。

书帖的定位机构作用有两个：一个是接收书帖，并对书帖起缓冲作用，避免书帖快速送入时出现反弹、偏移等现象；另一个是书帖经拉规后起定位作用，并摆动输送到锁线位置。

拉规一般分二种：一种由拉舌和挡规上的缓冲装置组成；另一种是由皮带和拉规上的缓冲装置组成（图 6-14）。

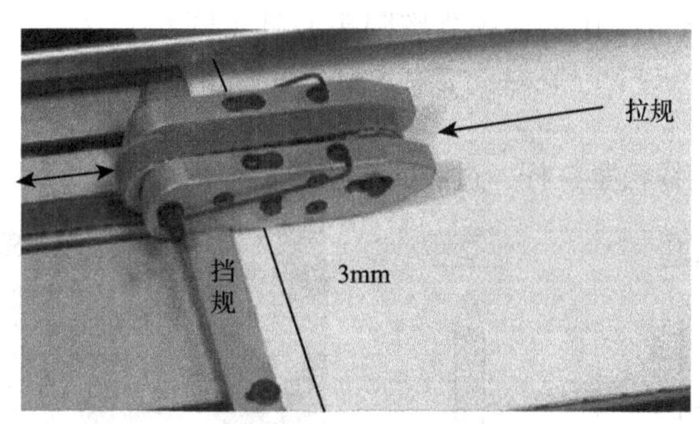

图 6-14　定位机构

两种拉规的功能都是为了使书帖防止弹回（由于高速时对规矩的撞击），并使书帖能按准确位置骑服在靠板上。

缓冲定位机构的作用是对输帖机构高速输送来的书帖进行缓冲和定位，以防止书帖出现反弹、偏移和漂浮等现象，并对书帖进行精确定位，保证书帖位置准确，以利于对书帖进行整齐锁线。从搭帖机过来的帖进入锁线机锁线时，如何保证每帖锁线位置都处于一致，即同一位置是提高锁线质量的关键。自动锁线机的书帖加速轮（送帖轮）速度可根据整机的速度做自动同步调整，达到速度匹配一致要求。尤其是带双重定时同步皮带的书帖套准定位装置，使锁线前的书帖得到精确对齐。

书帖定位时要求如下。

①规矩的位置，应以书刊幅面的长度的大小来确定。一般情况下书帖幅面长，定位规矩就应向左推定，书帖幅面短时（书帖传送路途就短）则应将规矩向右拉动，并与上面针眼位置相配合。

②拉规的位置在调定时，可将书帖放在离规矩约 3 ～ 4mm 处，摆动机器后的皮带能把书帖拉到规矩定位即可，即书帖经拉动后，能被拉足至规矩处（书帖紧靠规矩）为佳。

4. 底针扎孔

底针扎孔，即锁线进针前从书帖中间向书帖折缝外先进行扎孔的操作。书帖经准确定位后，压帖三角将定位的书帖压平服在靠板上，防止送帖时飘动不稳造成歪帖或不齐帖。然后靠板向锁线穿针部分摆动。摆动时，靠板下面里侧的一排底针做同步运动，并自下而上地穿过书帖的折缝线，扎一排孔后迅速下降。底针扎孔的作用是为了穿线针和钩线针顺利地进行穿线和钩线锁帖。

操作时要求如下。

①底针的位置与穿线针（缝针）、钩线针位置要准确，缝针下降穿线时必须穿在底针所扎的孔眼内。

②底针上下移动的距离，以向上移动能将书帖折缝扎通，但决不能与穿线针或钩线针相碰，一排底针位置要求一致，针尖要在一条直线上。

③所扎的眼孔前后不得歪斜，准确地扎在书帖中间的折缝上（图 6-15）。

④根据底针的直径和形状，底针共有三种形式：其一，圆头底针直径为 1.6，针顶尖为 45°（图 6-15 左），用于常规书帖或薄帖的订联；其二，双节圆头底针（图 6-15 中），用于装订厚书帖；其三，双节椭圆头底针（图 6-15 右），针尖横截面呈椭圆形，用于厚书帖的订联。

5. 引线及穿线

引线装置是由拉线松紧杠杆、过线圈、压线盘等部件组成（图 6-16）。

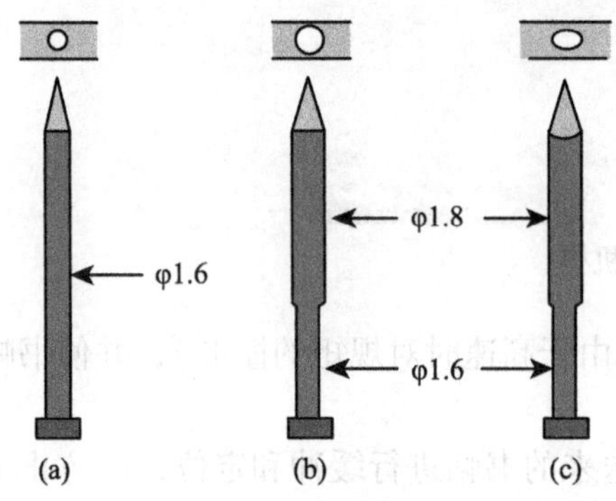

图 6-15　底针类型

图 6-16　引线装置

锁线机使用的纱线一般是 60 支 4 股和 60 支 6 股上蜡绵纱线或锦纶线。使用纱线穿引的路程是：纱线从搁线盘上将纱线拉出，穿过线盘上的过线孔，套在拉线杠杆的升降杆内，经压线盘，进入拉簧线圈，最后送进穿线针。

6. 穿线针

纱线经引线路程被送到穿线针并穿进针孔内，留出 10 ～ 20mm 的线头，留出针头下降时的余地。操作时，穿线针下降，将纱线穿入靠板并送入打孔后的书帖折缝中间，等待钩线三角将线带走或等待吹线嘴将线吹走。

穿线针操作时的要求如下。

①穿线针与底针位置要对准，穿线针下降穿线时，应是底针所托的针孔处。

②穿线针的高低要调整适当，其程度以针头下降恰能被钩线三角准确钩住为宜，过高或过低都会产生钩不住线造成散帖、订锁不牢现象。

③穿线针下降送线时与钩线三角或吹线时间要配合得当，穿线针与钩线三角在工作时的位置，应以钩线三角能顺利地将纱线钩住或吹线嘴吹走，并带到规定工作位置为宜。其上下间距一般为 0.5mm 左右，不可过大或过小。间距过大钩线三角钩不住线圈；间距过小或无间距，穿线针与钩线三角相接触或碰撞容易将穿线针撞断。

7. 钩线三角或吹线与钩线针钩线

钩线三角钩住穿线针引来纱线后，通过移动和摆动，使纱线送到钩线针的凹槽钩位，并做 180° 的转身动作，使纱线从书帖中间拉出绕成圈套并打结成为辫型。

同理，吹线装置的线在喷射气流的作用下，沿着开有槽的平面块形成双股线圈，此时钩线针开始下降，并穿过线圈中间，吹嘴停止喷射气流，线在没有外力的作用下要恢复原来状态，正好在回拉中进入钩线针凹槽钩位，并做 180° 的转身动作，使纱线从书帖中间拉出绕成圈套并打结成为辫型。

操作时的要求如下。

①钩线针与底针位置要对准，钩线针下降时，应是底针打底针打孔眼位置。

②钩线针高底应与钩线三角或吹线嘴相配合，下降时应以顺利钩住线为宜。

③钩线三角与钩线针在工作时的距离不可过大或过小，过大不钩线，过小易撞针（一般情况二者间距保持在 0.7mm 左右为宜）。

④钩线针上的凹槽不可过大或过小，过大钩双线，过小不钩线。

⑤凹槽内要光滑，与纱线接触部分不可有毛刺不平现象，以避免拉线时纱线被磨断。

8. 打空并割线

每一本书芯装订完毕后，机器轮空运转一次（图 6-17），线因没有书帖而暴露在外面，被割线针杆钩住，随着书芯不断增加而逐渐向里推进，直至被送到割线刀锋口而自动割断。由于割线机构的作用，经锁线机装订的书芯是被逐本自动分开的。

割线刀要求安装正确合理，以钩住线为宜，若有偏进或偏出，容易出现钩不住线的现象，造成割线机构失效等弊病。

9. 分本卸车

锁完线的书册被推到收书台后，收书台上的挡板将锁完的书册挡住，书册仍直立在台板上而不倒下。待锁到一定数量后，拿开挡板，逐本检查锁完的书册有无不钩线、错空、错帖、书册松紧是否一致合格等。无误后分开成册成摞后放在预定地点（或放在流水线的传送带上），待下工序进行加工（图 6-18）。

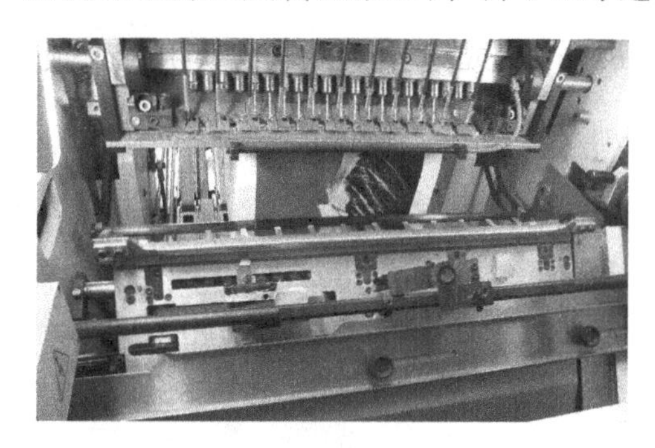

图 6-17　空转割线

图 6-18　分本卸车

由于分本卸车是锁线机操作的最后一个小工序，因此，要求操作时要严守质量关，切勿放过错帖等不合格品。

第五节　锁线订质量要求

锁线的优劣直接影响到书册书帖的顺序、牢固度及美观程度，因此在操作中必须做到以下几点。

①锁线前，要检查配页工序所配出的书册页码顺序是否正确，是否有多帖、少帖、串帖、错帖等现象，检查时可查看折缝上的黑方块标记，有不合格品应及时剔出或补救。

②锁线时，要保证书帖的整洁，无油污或撕破和多帖、少帖或多首少尾等错帖、无串帖、无不齐帖（缩帖）、歪帖，或穿隔层帖，针孔光滑、无扎裂书帖，无断线脱针或线套圈泡等不合格品。

③锁完线的书册厚度要基本一致，针位和针距要平骑在书帖的订缝线上、排列整齐，不歪斜。锁线的结扎辫子要松紧适当，平服地在书背上，缩帖≤ 1.5mm，书册卸车后，要认真检查错帖、漏针、错空、扎破等不合格品，保证锁线质量的合格。

④针距与针数（表 6-1）的要求：针位应均匀分布在书帖的最后一折折线上，针距与针数应符合表的要求。上下针应在同一孔中穿入，无连续的脱线、断线现象。

表 6-1　针距与针数

开本	上下针位与上下切口距离	针数	针组
≥8开	20 ～ 25mm	8 ～ 14	4 ～ 7
16开	20 ～ 25mm	6 ～ 10	3 ～ 5
32开	15 ～ 20mm	4 ～ 8	2 ～ 4
≤64开	10 ～ 15mm	4 ～ 6	2 ～ 3

⑤用线规格和订缝形式

1）用线规格

42 支或 60 支 4 股或 6 股的白色蜡光线，或同规格的锦纶及尼龙线。

2）订缝形式

书帖用纸 $40g/m^2$ 以下的四折书帖，41 ～ $60g/m^2$，或相当厚度的书帖可用交叉锁。除此均用平锁。

第七章
骑马订

第一节　掌握订联方法

将书页订成本（书芯），称为订书，即把配好的散帖书册或散页，应用各种方法订联，使之成为一本完整书芯的加工过程。订书是书刊装订主要工序之一，无论何种装订形式，均须经过订书，才能成册。例如平装书籍，因订书方式的不同，可分为缝纫平订、锁线平订、线装平订及平装胶订等，而胶订又可分为无线粘胶订及有线粘胶订。骑马订可分为骑马铁丝订和骑马线订。精装书可分为铁圈精装、蝴蝶精装、锁线精装、无线精装等。

书帖连接的方法可分为两种：订缝连接法和非订缝连接法。

订缝连接：用纤维丝和金属丝将书帖连接起来，这种方法用于书帖的整体订缝和一帖一帖订缝。主要用于缝纫订、锁线订及线装，而铁丝订主要用于骑马订，铁丝平订已淘汰。

非订缝连接：是用粘胶剂把书帖连在一起，称为无线粘胶订。

第二节　骑马订操作

骑马订也称马鞍订，取其于装订之时须将书帖如同为马匹上鞍一样的动作，骑跨在订书架上而得名。而订联的钉子就是订在马背的位置上。因此，打开书来看最中间的部分，可以看到整本书以书帖中间折缝处的钉子为中心，全书的第一页与最后一页对称相连接，最中间两页也以其为中心对称且相连。

一、骑马订工作原理

骑马订书机根据自动化程度不同，可分为手动、半自动和全自动骑马订书机。

手动骑马订书机工作原理：将书帖和封面经配页（套配帖）后，用手工放入订书支架上，脚踩控制踏板，使订书机头将铁丝钉从书背订口处穿进，并将钉脚弯曲订牢书芯（订成毛本书芯），最后输送到书台上。

半自动骑马订书机工作原理：半自动骑马订在订头前装有集帖链，也是脚踩控制踏板，由人工将配页后的书芯搭放在集帖链上，由走动的集帖链输送至订书机头下，其他步骤和手动骑马订书机一样。

骑马联动机工作原理：搭页机将书帖和封面顺次摊开呈人字形后，骑跨在订书机的三脚架上，集帖链自动将书帖输送到订书机头下，然后订书机头钉上铁丝钉，最后经三面裁切，加工成可供阅读的书刊。

骑马订（图 7-1）是利用铁丝或线在书帖脊的位置将书帖订合起来的一种订书方法。采用骑马订方式装订的书刊，具有工艺流程短、出书快、成本低的优点，而且翻阅时能够将书摊平，便于阅读。但由于铁丝钉容易生锈、牢度低，不利于长期保存。还由于骑马订采用套帖配页，故书刊不宜太厚，一般适合装订薄型的书刊。所以这种装订法比较成熟，工艺过程也比较简单，适用于杂志、期刊、画报以及各种小册子的装订加工。采用骑马订方式订联时，页码必须可以被 4 整除，一般为 4 页、8 页、12 页、16 页、20 页、24 页、28 页、32 页等。当骑订书刊的订联厚度≥ 1.3mm，即书刊总厚度≥ 2.6mm 时，拼版就应对内帖版心做偏让处理，即对内帖版心的爬移量进行位移和纠偏了，以保证成品版心和页码全书对齐。

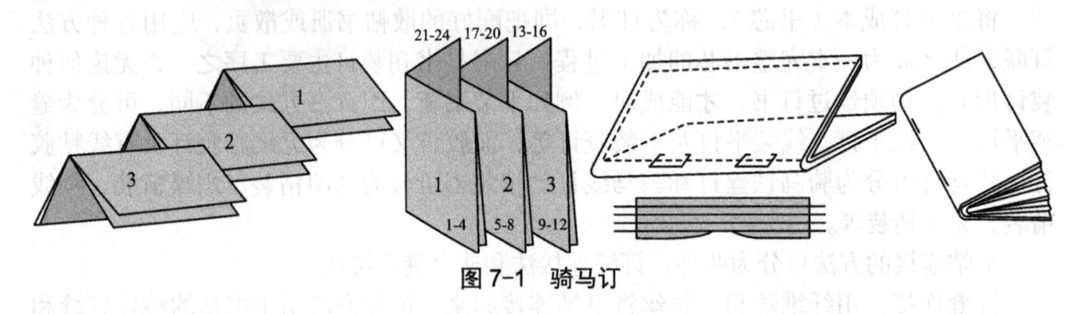

图 7-1　骑马订

骑马订是书刊装订中的一种常用订联形式，使用广泛、操作方便、易加工和生产成本低。订书机又分为单头订、双头订、三头订、四头双联订、半自动订和骑马联动订等多种，订书时以机头部分为主要操作部位。

二、常用订书机型号及规格

铁丝订是利用订头来进行订联的，骑马铁丝订机有单头、双头和多头等各种类型。虽然订书机头的种类有很多，外形也不一样，但大多数订书机头结构原理和技术性能基本相似。

通常以订脚之间的距离来代表订书机型号和规格大小。常用订书机头规格如图 7-2 所示：ZG45 代表最小订距是 45mm（适用于 64 开以上规格）；ZG48 代表最小订距是 48mm；ZG50 代表最小订距是 50mm；ZG75 代表最小订距是 75mm（适用于 32 开以上规格）。

铁丝订书机一般由料架（装铁丝盘架）、输送铁丝、制铁丝订脚、弯脚、压紧铁丝弯脚、订书台、电动机和传动机构，以及机架等组成。从技术性能上讲，既能用于平订，也能用于骑马订。但铁丝平订由于牢度及铁丝易生锈等原因已经被淘汰，铁丝订书机主要用于骑马订。订骑马订时，订书台与订书机头呈 135° 左右的角度，即订书台与蝴蝶刀呈 45° 角左右。

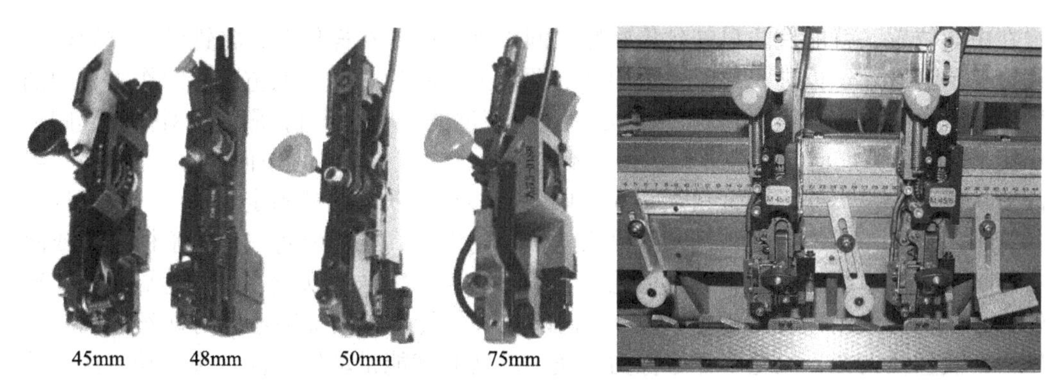

图 7-2　常用订书机头规格

三、骑马订工作过程

骑马订是一种最简便的装订方法，通常其订联厚度≤ 4mm（书刊厚度≤ 8mm）的书刊。如骑马订采用 60 克铜版纸、50 个页张（96P 正文 +4P 封面），其厚度为 4mm。其订联原理：由订书机头控制器通过曲线板带动的装订块（中刀）滑板和弯订器（边刀）滑板的上下循环运动，从而完成送丝、切断、成型、订书和弯钩（紧钩）五个动作的组合。

1. 输送铁丝的基本原理

常用的铁丝运动方向由右向左运动，向订头部分输送铁丝。从铁丝订书机输送铁丝的机械结构方式来说，一般分为三种：一是用棘轮机构输送铁丝的结构方式；二是用偏心凸轮推动摆杆左右摆动机构输送铁丝的结构方式；三是用前两种机构加以改进组合输送铁丝的结构方式（图 7-3）。

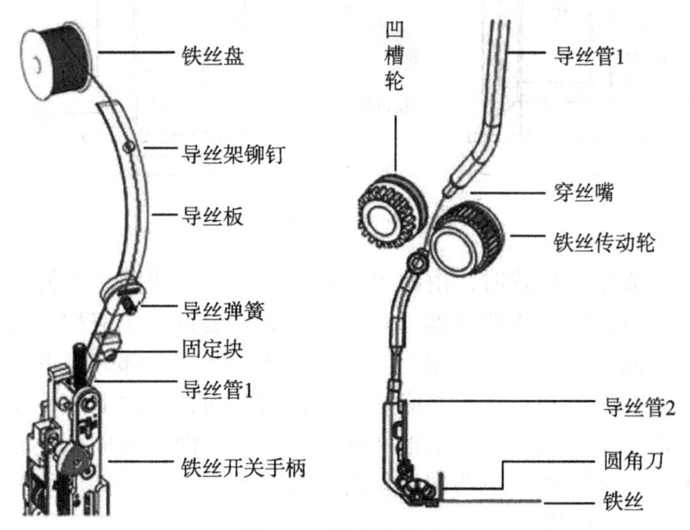

图 7-3　铁丝输送路径

大多数使用的铁丝订书机头铁丝输送方式是组合式的单向传动轮组合输送机构。输送铁丝的方向是从左向右的。在穿铁丝前先要转动铁丝开关手柄，将三角型手柄放置在中间位置，就能使两只铁丝传动轮之间出现空隙。在操作时，将铁丝穿过导丝架铆钉孔，沿着导丝板进入导丝弹簧中间的两片毛毡圆片中间（毛毡圆片的作用是加油后进行铁丝的润滑）。再将铁丝从固定块孔中穿过进入导丝管 1，固定块对铁丝起固定作用，使铁丝只能向前机头方向运行，不能倒退（铁丝传动轮是单向逆时针传送），当需要从机头中拉出铁丝时，只须将固定块向上移动，铁丝就被固定块释放。铁丝从导丝管 1 出来后，通过穿丝嘴进入两只铁丝传动轮中间，此时要将三角型手柄向左或向右旋转（使左边小齿轮和右边大齿轮啮合，开启铁丝输送。铁丝在小齿轮端面的凹槽轮上移动，在大齿轮圆平面上移动），使两只铁丝传动轮间隙减小，对铁丝形成一定压力，铁丝便夹在三滚轮中靠摩擦力传送，旋转时就能带动铁丝向订头移动，铁丝的输送就是靠两只铁丝轮提供动力来源，来完成送丝的过程。从两只传动轮出来的铁丝经过导丝管 2，进入切料圆角刀沟槽中。此时，圆角刀下降，下降到接近圆角刀沟槽处，将要裁切铁丝时，传动轮停止转动，铁丝停止输送，圆角刀继续向下运动并截断铁丝，从而完成一次铁丝输送工作。每次成型块向后运动停顿时，铁丝就又开始穿入成型块长槽中，再开始下一个循环工作。

当铁丝在导丝管 1 或导丝管 2 中出现堵塞情况时，可以拆卸导丝管轻易地对故障进行排除。排除时先要将开关手柄放置中间位置，拧下导丝管的位置固定螺钉，就可校直铁丝或将铁丝全部抽出，重新安装即可。

2. 制铁丝订脚的基本原理

制铁丝订脚是由凸轮所控制，并通过弯订器、装订块、成型块来完成的（图 7-4）。

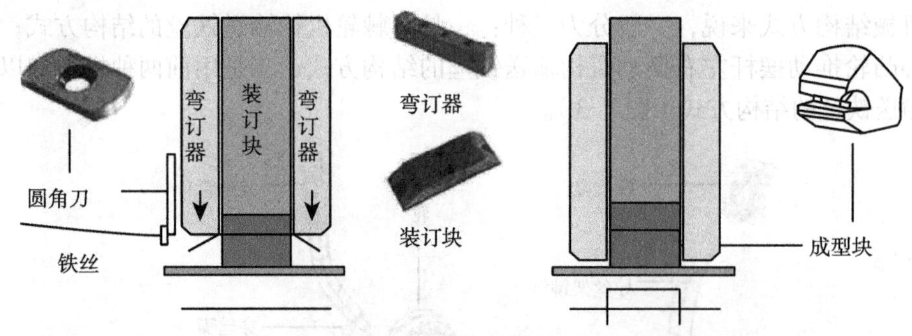

图 7-4　制铁丝订脚

当铁丝输送到成型块位置时，由圆角刀将铁丝截断。成型块（俗称撑头）中的磁铁将铁丝吸住，然后向里送入弯订器（俗称边刀）和装订块（俗称中刀）下部，两边弯订器先下降，将截下来的铁丝两端（伸出成型块的两端）部分向下压，铁丝就进入弯订器的沟槽内，在此时间，铁丝在成型块的长口槽内，槽内下部平面阻挡住铁丝中端部，不被弯订器压下，铁丝没有余地在此空间发生弯曲。在成型块、弯订器、装订块的相互作用下，使弯订器两边两端铁丝向下弯成直角，而装订块下面铁丝不动，于是制成了门字型订脚的形状。

3. 铁丝订书的基本原理

当铁丝制成门字型订脚后，在书本到达挡规位置后，装订块向下运动，压住订脚订入书背订口内。在装订块将铁丝门型订脚向下压的一瞬间，由装订块下方的斜形角度把成型块顶出，于是成型块向后移动，成型块长槽口离开原来被其阻挡住的铁丝订脚部分，使铁丝订能顺利向下运动。此时，托铁丝舌从里向外移动立即托住铁丝门订脚，防止铁丝门订脚自由滑落，当装订块下降碰撞铁丝门订脚瞬间，装订块接触托铁丝舌时，由于托铁丝舌是斜坡舌角，因此托铁丝舌向里移动，铁丝订脚在装订块的冲压下，两端的订脚订入书页中，将书页订住（图 7-5）。

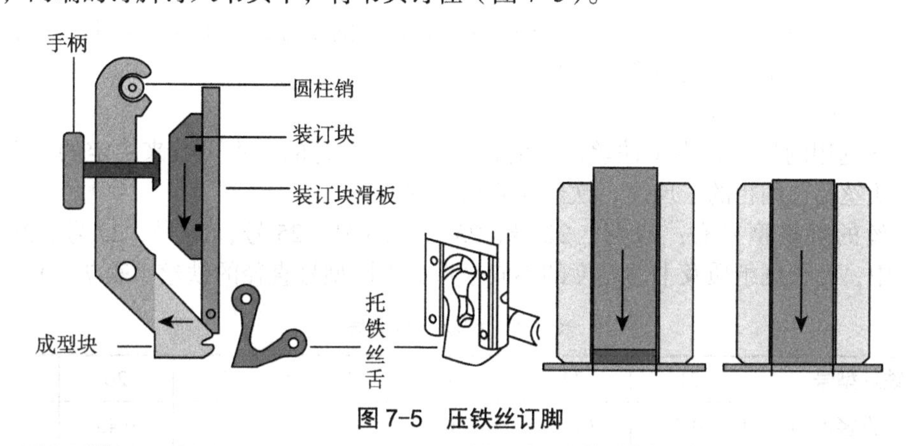

图 7-5　压铁丝订脚

4. 铁丝订弯脚基本原理

①铁丝订脚订入书本的书页后，其两端的订脚朝中间相向弯曲。当铁丝订脚入书本的书页中，其两端订脚头穿过书本最下面一页稍过一些时，装置在蝴蝶刀下面的蝴蝶刀托板在连杆抬升下，将蝴蝶刀向上推动。同时，上面中刀继续将铁丝订脚向下面压，而铁丝的两只脚被蝴蝶刀所阻挡，于是，铁丝订脚的两只脚就沿着蝴蝶刀平面上的沟槽往中间相向运动。此时，装订块压着铁丝向下，而左右两只蝴蝶刀顶住铁丝订脚的两只脚向上，这样上面的中刀与下面的蝴蝶刀之间形成了一个相向力，从而使书本面上的铁丝钉与书面压紧，书本底下的铁丝钉弯脚与书本最后一页压紧（图 7-6）。

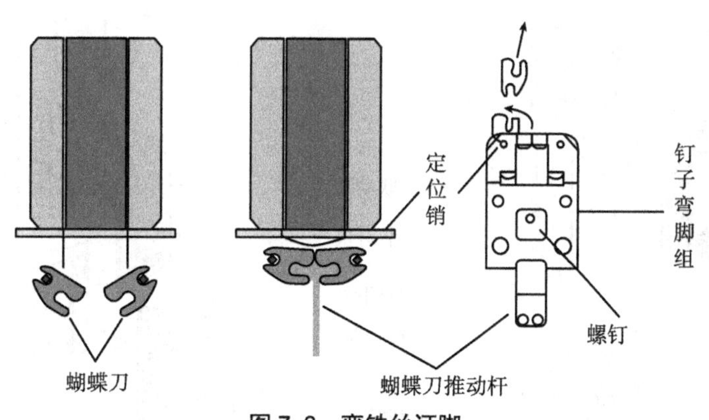

图 7-6　弯铁丝订脚

②蝴蝶刀片的更换。拧下钉子弯脚组上的紧固螺钉，使蝴蝶刀推动杆能从下部方向抽出，将钉子弯脚组中的一片蝴蝶刀向上旋转，使蝴蝶刀能从定位销的上部取出。同理，从上部将新的蝴蝶刀的槽口对准定位销放入钉子弯脚组，并向钉子弯脚组方向

旋转，装上蝴蝶推动杆，装上螺钉并拧紧即可。

弯脚时间的早晚一般不调节，而弯脚的弯曲程度及铁丝钉的长短，要根据开本大小、书刊厚度进行调节。

四、装订块、弯订器、铁丝的选用要求

装订块（中刀）、弯订器（边刀）的规格和铁丝的型号，一般应随着书刊每册印张的多少变化而变化，使其适合于产品要求。

1. 铁丝的选用要求

铁丝选用的型号大小（铁丝选用的粗细）是由被订的书本页数来决定的。书本页数多，铁丝要选用粗的，反之，铁丝就要选用细的。

铁丝的规格型号有：21 号、22 号、23 号、24 号、25 号、26 号、27 号、28 号。在生产中，要根据纸质及书芯厚度的不同来选择不同型号直径的铁丝（表 7-1）。

表 7-1　铁丝规格型号

铁丝型号	21	22	23	24	25	26	27
铁丝直径/mm	0.8	0.71	0.6	0.55	0.5	0.45	0.4

使用铁丝时要选用优质、符合强度的铁丝，并注意铁丝的摩擦阻力是否符合本机头的要求，因为太大的阻力会阻塞铁丝的导向零件，影响机头正常工作。

2. 装订块和弯订器的选用与要求

装订块和弯订器的选用（图 7-7），与铁丝的粗细有着密切的关系，即不同型号粗细的铁丝也要有不同型号的装订块和弯订器来适配。因此，在生产过程中，应根据生产书本页数的多少，适当地选用各种规格的装订块和弯订器。但是，任何装订块的宽度都是一样的，宽度均为 12mm 或 14mm，即每个门字订脚的针脚宽度都是 12mm 或 14mm，目前使用最多的是 12mm 针脚宽度的订书机头。

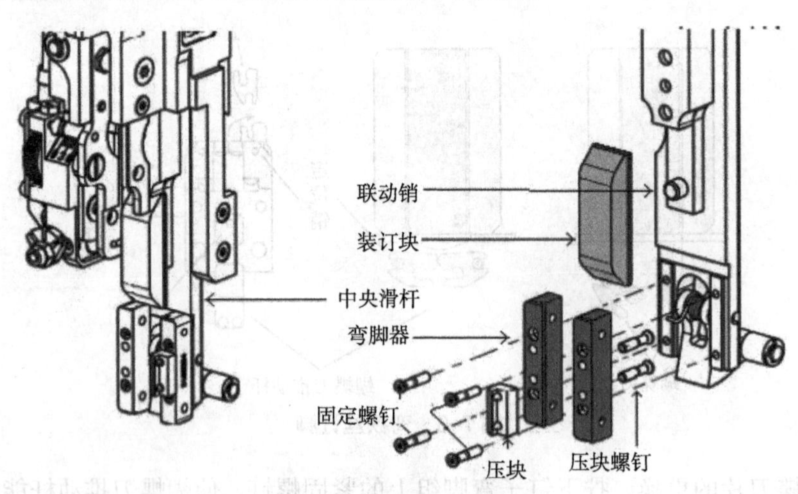

图 7-7　装订块、弯脚器

23 号铁丝应选择凹槽宽狭度最大的装订块和弯订器；24 号及 25 号铁丝应选择凹

槽宽狭度中等的装订块和弯订器；26 号及 28 号铁丝应选择凹槽宽狭度最小的装订块和弯订器。如果使用最粗的 23 号铁丝而选择凹槽宽狭度最小的装订块和弯订器，则铁丝不能有效进入凹槽内，甚至导致铁丝断裂；反之，使用 26 号铁丝而选择凹槽宽狭度最大的装订块和弯订器，则铁丝在凹槽内就有了较大的间隙，订脚就会产生不平服或弓皱现象。

装订块和弯订器都有相应的零件号，由于不同型号的铁丝导向槽宽狭不同，因此装订块和弯脚器必须根据铁丝的型号配合使用。

①订书。装订块滑板和弯订器滑板同时使装订块和弯订器下行，由于装订块下降速度快，迫使订脚从弯订器槽内伸出而订入书本，直至订脚全部穿透。弯订器在最低位置时将停留片刻，这时下面的弯脚在蝴蝶刀的作用下向上动作，使订脚能弯脚，从而完成全部订书过程。装订块与弯订器在下降时，成型块向外退出，等待下一次送铁丝。当前一只订脚订入书本时，后一只订脚正在送丝的过程中，由此循环不断，组成了连续的装订过程。

②装订块的调换。更换装订块时，先将中央滑杆向下拉到最下面，然后将装订块从联动销上向外取下即可。装订块上面和下面是完全一样的，两面均可使用，如果一面磨损和损坏，可以将装订块转到另一个面继续使用。安装顺序和拆卸时正好相反。

③弯订器（弯脚器）的调换。更换弯订器时，也先要将固定弯订器的中央主滑杆向下抽出，松开弯订器上的四个固定螺钉，取下弯订器。然后，再松开弯订器上的两个压块螺钉，取下压块，调换新弯订器即可。弯订器上下都可使用，但考虑铁丝凹槽的位置原因，如果一面磨损和损坏，可以将弯订器转到另一个面继续使用，但左边要换到右边，右边要换到左边。安装顺序和拆卸时正好相反。

五、铁丝订质量要求

铁丝订的质量应达到：订距一致、订脚弯得平服，铁丝订脚不轧手、轧断和不起弓，铁丝不陷入书页内，上下书页不拉破和沾污。

六、骑马订工艺操作与要求

1. 机头的装卸

机头是通过 T 型块（安装块）来固定在机器上的（图 7-8）。安装订头时，从左侧面或右侧面将 T 型块导入 T 型槽口，T 型槽口上下是楔形的，只能从两侧进入。将两个随行块对准横梁导向槽，然后用内六角扳手将内六角螺钉按顺时针方向拧紧，即将订头固定在机头墙板上。工作时机头墙板带动订头一起做左右移动，而驱动横梁带动两个随行块还要做上下移动。订头的动作就是通过两个随行块的升降来得到动力和控制，并有节奏地完成所有动作。

订脚在书刊上的位置、订脚与订脚的间距，都是通过侧向移动订头不同位置来实现。

2. 铁丝长短和订脚的调节

铁丝的长度取决于装订书刊的厚度，书刊越厚所需的铁丝越长，反之，所需铁丝就短。

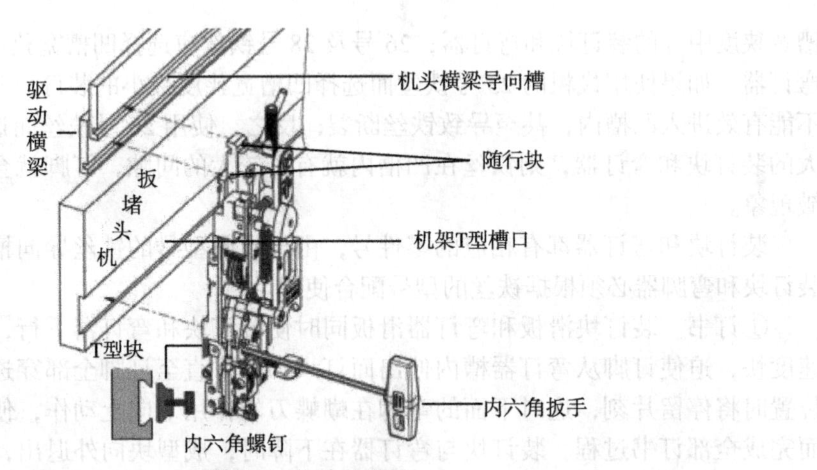

图 7-8 机头的装卸

铁丝的长短和钉脚的调节相互关联，在调节中需要解决两个问题：一是铁丝总的长度问题；二是铁丝两边的弯脚长短的一致问题。

（1）铁丝长短的调节

铁丝长短的调节通过旋转铁丝长短（表 7-2）调节旋钮来实现，调节时将旋钮上的槽口对准刻度线，刻度线上的每一个间隙相当于书刊 1mm 的厚度，根据书刊厚度调整铁丝的型号的同时，也需要对刻度线进行略微的调整（图 7-9）。

表 7-2 书本厚度与铁丝长度对应值

书本厚度/mm	0.5	0.5 ～ 1	1 ～ 1.5	1.5 ～ 2	2 ～ 2.5	2.5 ～ 3
铁丝长度/mm	23	24	25	26	27	28

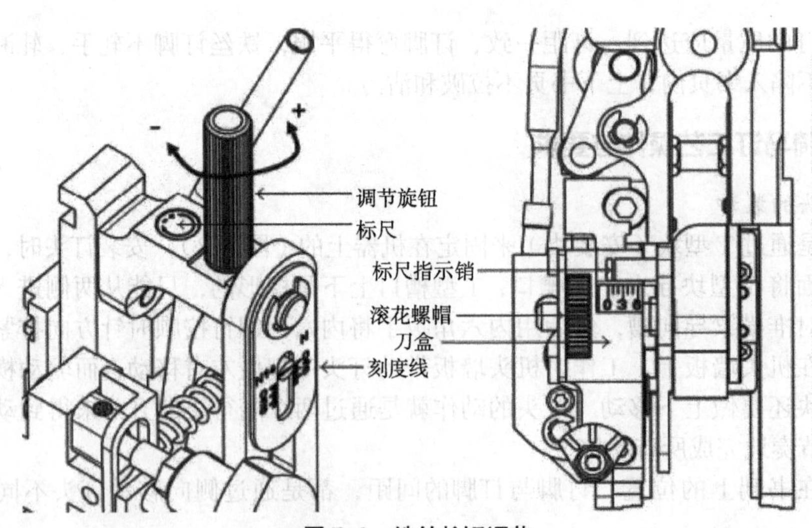

图 7-9 铁丝长短调节

调节好后先要进行试订，如果订书订脚的长短不能满足要求，就要旋转调节旋钮来进行微调。如果将调节旋钮按逆时针向“+”方向旋转，就能增加铁丝的长度；如果将调节旋钮按顺时针向“-”方向旋转，就能减少铁丝的进给量。旋钮每旋转一圈相当于 2mm 的铁丝长度差别，可以根据标尺来控制铁丝的进给量。例：装订 2 页纸的铁丝长度约为 24mm。

（2）弯脚长短的调节

铁丝订脚的二个弯脚（二个针脚）的长度取决于书本的厚度，通过调整刀盒装置可以设置装订书本的厚度。调节时，旋转滚花螺帽，直到标尺指示销端部指到刻度尺上所需的数值即可。刻度尺上每一小格以 mm 为单位，代表装订书刊的装订厚度值。旋转滚花螺帽，按顺时针方向旋转，刀盒向右移动，右边订脚就短；按逆时针方向旋转，刀盒向左移动，左边订脚就短。

3. 蝴蝶刀的位置调整

蝴蝶刀中心位置的调整有两种方法：一种是中心位置的对齐；另一种是利用配置的标准模板来调整。

①中心位置的对齐。蝴蝶刀机构（紧钩盒）的中心位置必须与订脚成型块的中心位置对齐，调节时松开蝴蝶刀盒上的两个固紧螺钉，移动蝴蝶刀盒使之中心位置与上部成型块的中心位置对齐，再拧紧第二个螺钉以固定蝴蝶刀盒以校正位置（图 7-10）。

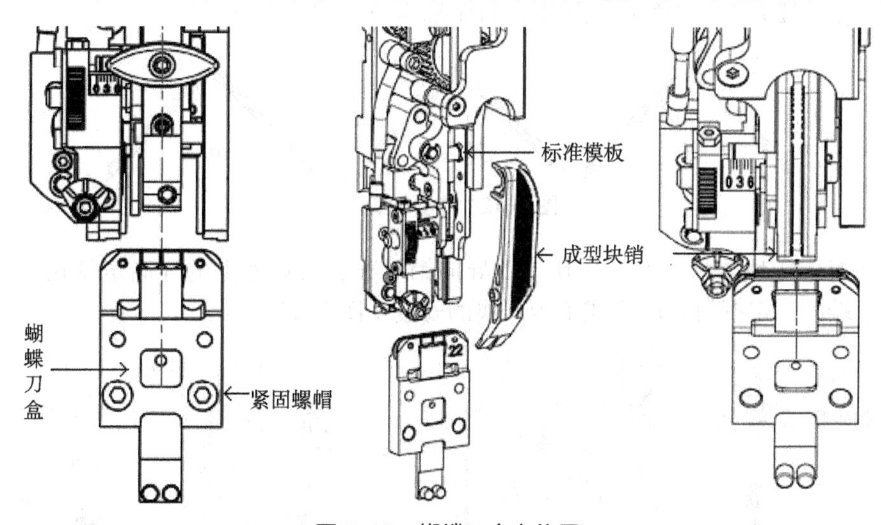

图 7-10 蝴蝶刀中心位置

②标准模板的调整。先卸下铁丝成型块，将标准模板取代成型块，使标准模板插入成型块销上，并向下旋转到挡块处。在此位置上根据模板上的刻度线，校正蝴蝶刀盒的中心位置，以达到精确的中心位置调整。拧紧二个固定螺钉，卸下标准模板，装上铁丝成型块即可。

4. 成型块与弯订器中心位置调整

成型块到达弯订器下方时，一定要将铁丝精确地放在弯订器的沟槽中央位置下端，即成型块必须把铁丝准确地对准弯订器的槽口（图 7-11）。

调节时松开成型块上定位固定螺钉，旋转偏心成型块挡块，成型块就能进出移动，直到铁丝对准弯订器槽口（可以借助于镜子，放在蝴蝶刀盒上方），拧紧成型块固定螺钉即可。

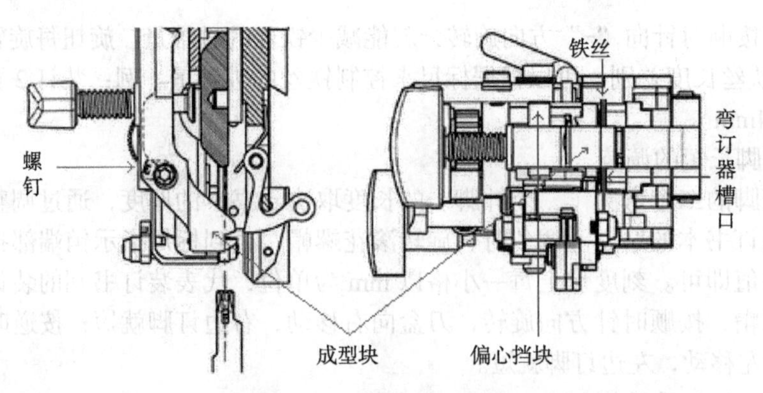

图 7-11　成型块中心位置

5. 对中压块的中心位置调整

订头上的对中装置的作用，是将订脚准确地订入书帖的折缝中央位置。

对中压块有左右两块，其工作过程是：右对中压块是装配在弯订器上的，即对中压块的动作是随弯订器一起下降的，它是在装订块将钉子压入书帖中缝前，先把书帖紧紧地压在蝴蝶刀盒机构的中底块上进行中缝定位（图 7-12）。

图 7-12　中置块订子

①右对中压块。将右对中压块上的导向销对准右弯订器上的导向定位孔插入，然后拧紧上端的固定螺钉，就完成了中压块的安装（图 7-13）。

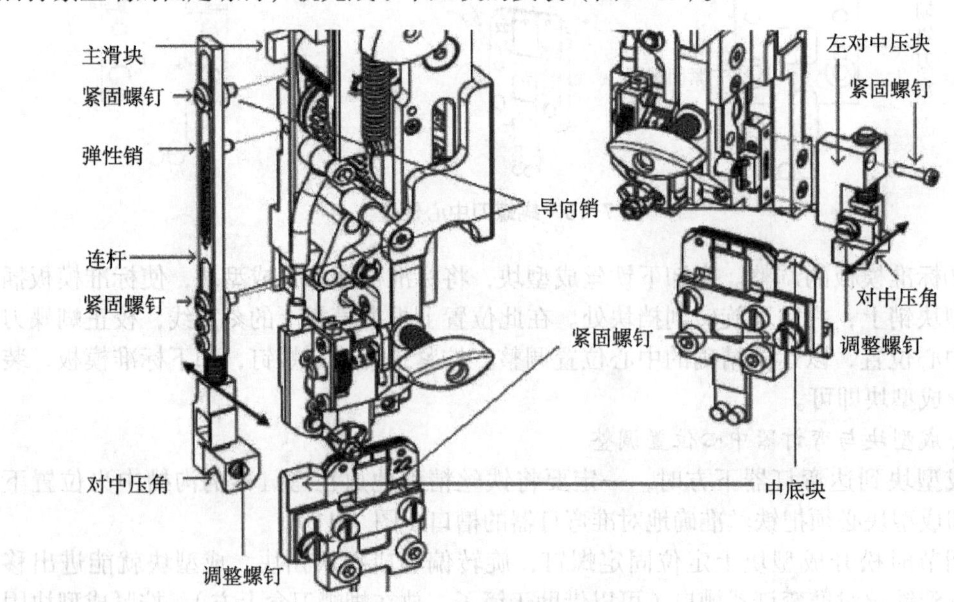

图 7-13　中压块中心位置

在调节中压块的前后位置时，只要旋转调整螺钉，中压块就能前后移动，将中压角对准中压块的中心位置即可。

松开蝴蝶刀盒上的中压块紧固螺钉（右边），使中压块能在长形孔中上下移动，一般调整到中压块上端距离蝴蝶刀盒上端约 0.5mm，拧紧紧固螺钉。

②左对中压块。将弹性销插入机头弹性的孔内，并将拉簧挂在弹性销和连杆上。将两只螺钉上的导向销对准机头上的导向孔，旋紧螺钉，连杆和左对中压块就被固定在机头上，同时连杆的上槽型孔挂在主滑块上，由于紧固螺钉连接的特殊轴套，因此能使连杆体随主滑块的上下联动而移动联动，从而带动左边中压块的上升和下降。

旋转调整螺钉，中压块能前后移动，将中压角对准中压块中心位置即可。

同样松开蝴蝶刀盒上的中压块紧固螺钉（左边），使中压块能在长形孔中上下移动，一般调整到中压块上端距离蝴蝶刀盒上端约 0.5mm，拧紧紧固螺钉。

6. 更换切丝平刀和圆刀

切断铁丝是靠平刀和圆刀相互配合来完成其动作，当铁丝穿出圆刀中心孔后有一个短暂停顿，此时平刀紧帖圆刀面向下运动，将铁丝切断（图 7-14）。

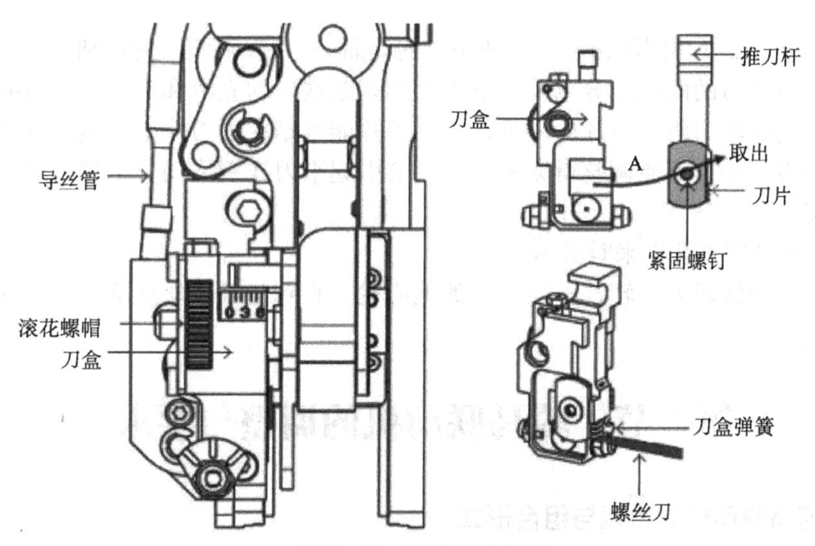

图 7-14　切丝刀片装卸

（1）更换切铁丝平刀

更换切丝刀片先要将刀盒卸下，按顺时针方向转动滚花螺帽，将刀盒慢慢旋出订头导轨，取出刀盒。

从刀盒中向右取出推刀杆，要防止推刀杆下部的弹簧的瞬间弹出。

平刀切丝刀片两侧都有刀刃，可以使用四个端面，同时每个面的刀刃可以多次旋转，使用不同的角度（未使用过的端面）来裁切铁丝。

拧松刀片上的固定螺钉，就可以拆卸刀片或调整刀片的角度，然后拧紧紧固螺钉即可。

重新将推刀杆装入刀盒，操作时用螺丝刀压住刀盒的弹簧，不得将弹簧压弯或变形，然后将推刀杆推入刀盒。

将刀盒放入导轨，并将导丝管插入刀盒内，按逆时针方向旋转滚花螺帽，将刀盒慢慢旋进订头导轨。

（2）更换圆刀片

向左侧旋转铁丝校直偏心轮，直到露出内六角螺钉孔，松开内六角螺钉，就可向外取出圆刀片，换上新的圆刀片即可（图 7-15）。

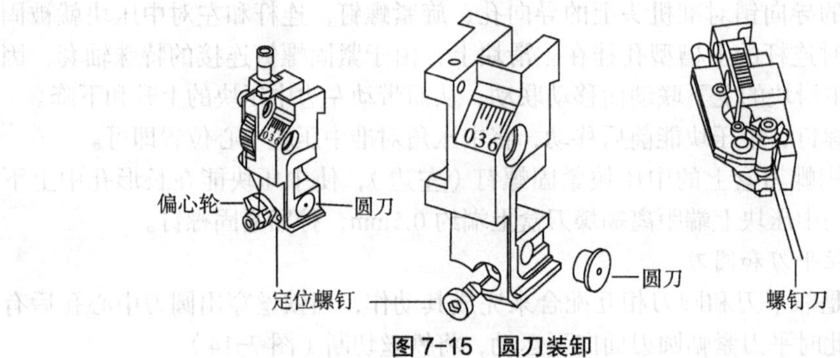

图 7-15　圆刀装卸

圆刀片可以转换不同的角度（未使用过的端面），以保持圆刀的锋利。

圆刀片与平刀的间隙十分重要，它关系到切断铁丝的光滑和平直，调节时，松开定位螺钉，用螺丝刀将圆刀片向外推，使圆刀片能紧贴在平刀片上，然后拧紧定位螺钉。注意圆刀与平刀不能调整得太紧，过紧会引起平刀连接推动杆卡住，同样会引起铁丝的堵塞。

（3）铁丝从圆刀孔出来时必须平直

调整时使用螺丝刀旋转铁丝滚轮上的偏心轮，直到装订铁丝从圆刀中心孔水平笔直输出为止。

第三节　骑马联动机的调整与要求

一、骑马联动机的功能与组合形式

骑马联动机基本由搭页机、订书机、三面切书机组合而成联动线（图 7-16），由于具备三个功能，所以习称为三联机。随着技术的进步和功能的扩展，骑马联动机在配页机、订书机、三面裁切机的基础上，再加上堆积机、包装机、插页机、喷码邮发等组成新的多种形式的装订联动线，这也是骑马联动机发展的方向。

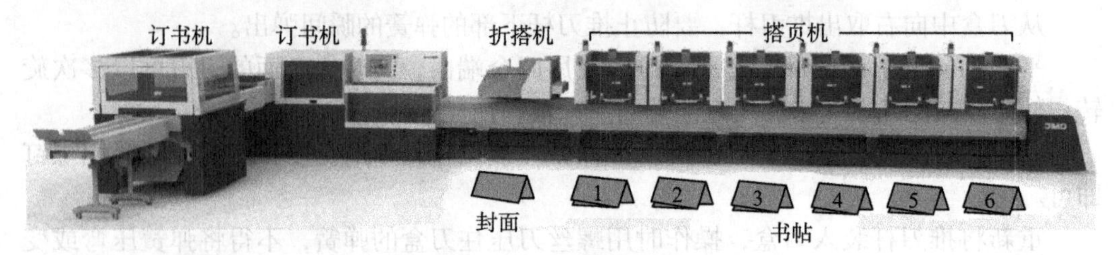

图 7-16　骑订联动线

骑马联动机的传动由电磁制动的电动机传到大带轮，然后通过万向联轴器分别传动给订书机、搭页机和三面切书机，改变联轴器之间的相对工作位置，即可改变它们之间的运动配合关系。

骑马联动机有许多型号，但机械结构和技术性能基本相仿，工作过程如下。

1. 骑马联动机工作过程

将经过折页完成后的书帖，由搭页机组自动输页并配上封面于集帖链上，通过集帖链的传送，同时在传送过程中经逐页分散的光电检测、歪帖检测和集中的总厚薄检测后，将书帖送至订书机机头下，订书机头按照质量检测装置给予的指令信号，对合格的书帖和封面订上铁丝订脚，然后输送给三面切书机裁切。对不合格的书帖，由废品剔除机构传送到废品斗。装订后的书本送至三面切书机接书架上，顺次通过二道挡规，首先两侧刀裁切天头、地脚，再进入前口刀裁切切口（老式的也有先切口子，再切头脚的）。如果是双联本，那么还要裁切中缝。最后，通过光电计数装置，按预选的本数进入直线输送机（也有采用收书斗内集书达到预定份数时，自动交替使用另一只收书斗，用人工收书），直线输送机可以连接堆积机进行自动堆积，从而自动连续完成三个工序的全部骑马订工作过程。

2. 骑马联动机的组合形式

骑马联动机组是由搭页机组、骑马订书机、三面裁切机等组合而成。在这些组合中，除搭页机组的机头可按实际需要有多少之分外，其他部分均要按联机组合使用。骑马联动机组生产自动化程度较高，全部装订过程连续自动进行，并装有控制系统，主要包括书帖检测、超载停车、输本歪斜停车、废书剔除、出书计数等多种控制装置，用以控制装订质量。

二、搭页机操作及要求

骑马联动机由封面搭页机（图 7-17 左）和书帖搭页机（图 7-17 右）组成。书帖搭页机是骑马联动机中第一个机组，搭页时打开书帖，搭在连续移动的链条上，后一书帖搭在前一书帖的背脊上一起移动，依次类推，最后搭上封面。搭页机的机组（头子）配备的多少是根据生产的书刊厚薄，即印张多少而定的，也可以全部停止使用，只使用订书和切书部分。

图 7-17 封面搭页机、书帖搭页机

搭页机的作用是将书帖从贮帖台上拉出并从中间打开书帖，搭骑在连续移动的集帖链有尾输送板的三脚架中间，后一书帖搭在前一书帖的背脊上一起移动，依次类推，最后输送到订书机头订书。根据书帖的数量，配备搭页机的数量及快慢挡比例，然后将书帖按页码顺序依次排列好。最里面一帖（图 7-16，第 6 帖）放在最后的搭页机上，最上面一帖（图 7-16，第 1 帖）放在离订书机头最近处。一般期刊最外面的是封面应放在离订书机头最近的搭页机上（最后搭），然后逐台把操作手柄扳向接通的快慢挡位置，机器开动后顺序重叠、配套成册送至订书机头下订书，并检查该书帖是否落在两个红色有尾输送板的中间。

1. 搭页机的组成和工作原理

搭页机是由底座上的传动轴通过链条带动三组传动轴面形成循环。这三组轴是按一定的相对位置而连续转动的（图 7-18）。

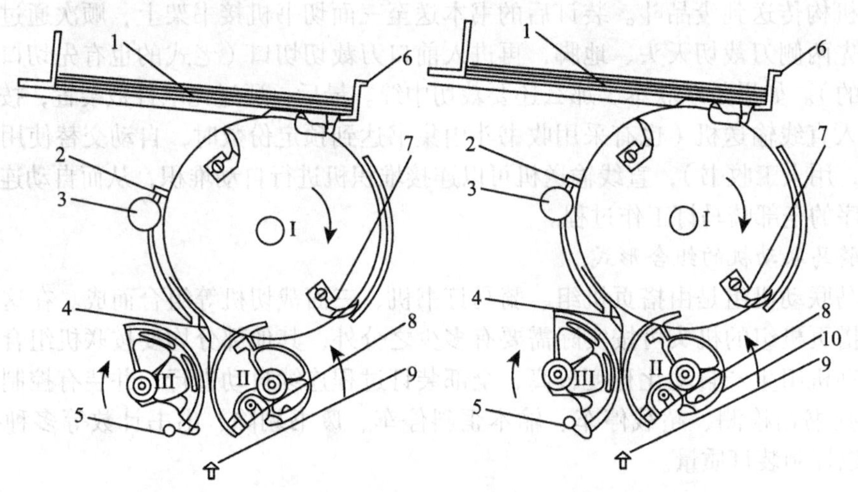

Ⅰ—叼纸轮；Ⅱ、Ⅲ—分纸轮；1—书帖；2—挡规；3—压贴轮；4—摆杆；5、7、8、10—叼爪；6—吸气嘴；9—落书杆

图 7-18　搭页工作原理图

搭页工作原理如图 7-18 所示。搭页采用的双帖方式，即叼纸轮Ⅰ转动一圈，完成两个书帖的输送。搭页时，将书帖放在台板上。由两只吸气嘴 6 把最下面的一帖吸住后往后拉下，接着被转动的叼纸轮Ⅰ轴上的二叼爪 7 同时叼住，此时，吸气嘴 6 应立即停止吸气。叼纸轮Ⅰ继而把书帖拉出台板。在叼爪将书帖传送到分帖挡规 2 过程中，叼纸轮Ⅰ另一个叼爪又叼住书帖。当书帖传送到达分帖挡规 2 的一瞬间，叼爪 7 自动放开书帖，这时靠一组压帖轮 3 使书帖保持运送，随着压帖轮的继续转动，书帖将被预先调整好的分页挡规所挡住，进行定位并停留片刻，同时摆杆 4 将书帖压到前后分纸轮Ⅱ和分纸轮Ⅲ的叼爪 5 和 8 上，将书帖打开，并在左右两根对称吹气杆的作用下，书帖因自重而下落到落书杆 9 上。集帖链则将落书杆上的书帖顺次推下，把成册的书送至检测和装订位置。

2. 书帖打开方式

由于骑马联动机的配页方式是采用套配帖，因此书帖的中心位置须打开使其能骑在集帖链上，书帖打开的方式是根据长短边的位置不同而设定的，这是为了骑马订能有效地打开书帖。通常单联本书帖设计成相同边，采用真空吸帖打开方式，而双联本书帖设计成长短边，这是因为双联书帖的前口毛边是双折页，没有长短边就无法将书帖从中间分开，因此双联书帖在设计时把最后二折设计为平行二折，即双联书帖折页采用对对折（滚折）方式。

长短边书帖又分为正长短边书帖与反长短边书帖。正面看到的前面毛边大于后面光边的书帖被称为正长短边书帖，正长短边书帖的最后一折是反折的（图 7-19 左）。正面看到的后面毛边大于前面光边的书帖被称为反长短边书帖，反长短边书帖最后一折是正折的（图 7-19 右）。反长短边的正折是逆时针折，正长短边的反折是顺时针折。

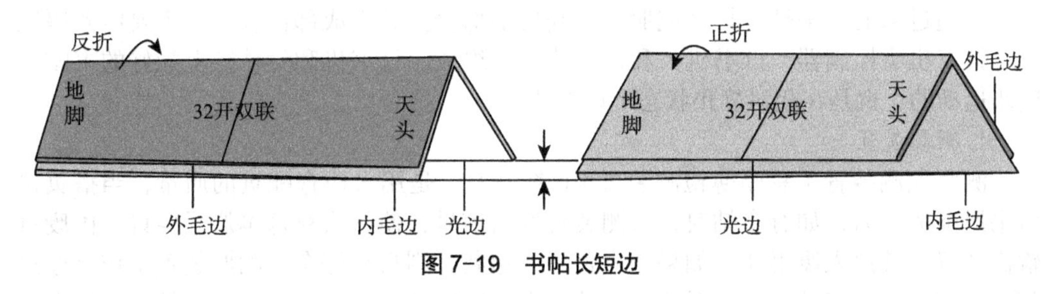

图 7-19　书帖长短边

①正长短边书帖。正长短边（6 ～ 18mm）书帖的打开方式（图 7-20 左）为叼爪打开，摆杆 4 将书帖压到前分纸轮Ⅱ叼爪 8 的夹紧位置，叼爪 8 叼住长边并拖动书帖，摆杆 4 回到原始位置。随后后分纸轮Ⅲ的叼爪 5 叼住书帖的短边，书帖被打开并落到落书杆 9 上。

②反长短边书帖。反长短边（6 ～ 18mm）书帖的打开方式（图 7-20 右）为叼爪打开，摆杆 4 将书帖压到前分纸轮Ⅱ叼爪 8 的夹紧位置，并由辅助叼爪 10 推开长边。叼爪 8 叼住短边并拖动书帖，摆杆 4 回到原始位置，随后分纸轮Ⅲ的叼爪 5 叼住书帖的长边，书帖被打开并落到落书杆 9 上。

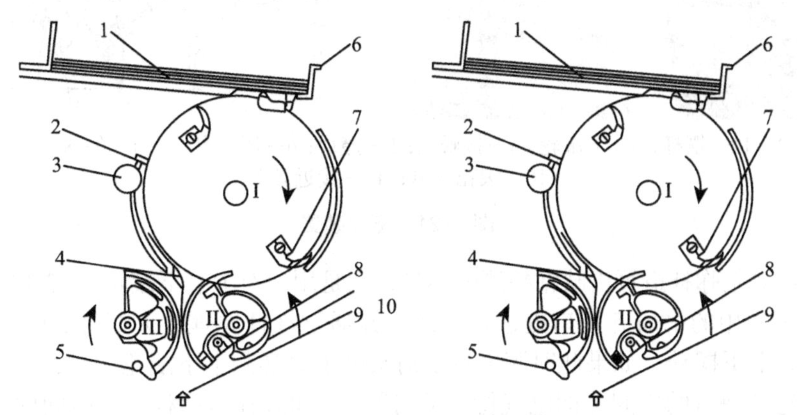

Ⅰ—叼纸轮；Ⅱ、Ⅲ—分纸轮；1—书帖；2—挡规；3—压贴轮；4—摆杆；5、7、8、10—叼爪；6—吸气嘴；9—落书杆

图 7-20　书帖长短边采用叼爪分帖打开方式

③正超长短边。超长短边（大于 18mm）的书帖的打开方式（图 7-20 左）为叼爪 + 吸嘴打开，摆杆 4 将书帖压到前分纸轮Ⅱ叼爪 8 的夹紧位置，叼爪 8 叼住长边并拖动

书帖，摆杆 4 回到原始位置。随后后分纸轮Ⅲ的吸嘴吸住书帖的短边，书帖被打开并落到落书杆 9 上。

④反超长短边或无长短边书帖。反超长短边或无长短边书帖的打开方式为吸嘴打开，前分纸轮Ⅱ上吸嘴 8 吸住书帖长边，后分纸轮Ⅲ的吸嘴吸住书帖的短边，书帖被打开并落到落书杆 9 上。

三、订书机组操作与调节

订书机组是骑马联动机的主机，它的任务是将套配在集书链上，并经过订书传送链条传递过来的散书帖，订联成册并送到切书部分。其组成部件较多，主要由测厚装置、订书机头控制器、订书机头和传动装置等组成。订书机和集帖链上配好的书帖是同步运动的，也是在相对静止状态下订锔的。

1. 测厚装置

测厚检测装置（总厚薄检测装置）（图 7-21）是用来检查配页的质量，当搭页机将书册配成以后，如有多帖时，检测装置发出信号，使机头对这本册子停订，由废页输出装置将其送入废书斗。如果输出歪斜或超载，则自动停车。测厚装置工作是通过偏心测书轮，将书帖在缺帖时所造成的正常厚度变薄，或由于多帖（双帖）时使书册超过应有的正常厚度，变成电的信号向控制装置发出，再由自动控制装置将错书剔出并输送到坏书斗内。

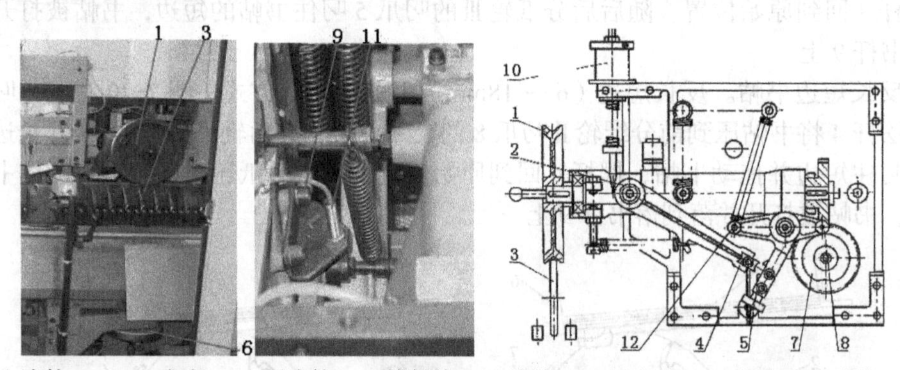

1—上滚轮；2、12—摆杆；3—下滚轮；4—接触块；5—撞块；6—压书盘；7—凸轮；8—滚轮；9—螺钉；10—滚花螺母；11—接近开关

图 7-21 测厚装置

厚薄检测是弥补搭页机缺帖检测的不足，它是用一对上、下滚轮 1、3（图 7-21），对集帖链运送中的书册齐订口处进行检测，并通过杠杆原理放大摆杆 2 的摆动，使接触块 4 随着上下摆动，如果此时测书轮 1 箭头朝下对准测书下滚轮 3 时，则要求滚轮 8 调整到凸轮 7 缺口的中间（即电气检查的时间），如果在这一很短的时间内，接触块 4 嵌入两撞块 5 的中间，此时可调整螺钉 9，使接近开关 11 接通，表示总厚薄正常。如果书册由于缺页或多页而造成总厚的减少或增加，则此时接触块 4 嵌不进撞块 5 的中间而顶在外侧，摆杆 12 下移，则接近 11 开关断开，发出总厚不符的信号。搭页机缺帖检测信号和厚薄信号经电气装置后能使订书机头控制气缸动作，当缺帖或多帖的书册传送至装订位置时，订书机将不予装订，同时经计算机移位控制命令控制出书传送

组上的执行电磁阀动作，将该书输入废品斗。正常生产时，在压书盘 6 上放入订联书本厚度的一半，旋转滚花螺母 10 用来对厚薄测量的精度进行调整。

一般检测装置是检测书背，由于靠压力来测试厚薄，因此书背折缝处易引起断裂、破碎等弊病。而另一种检测装置是检测书的中间部分的，相对较合理，有效避免了书背折缝处纸张的破碎等现象。

2. 订书机的调节顺序

订书机在工作过程中一般是按开本大小、叉书位置、集帖链、书册厚度顺序来进行调整。

①按开本大小调整订书机机头与弯脚座。先将机头置于机头安装板中线对称距离上（按该书册骑马订间距离的要求）。然后将弯脚对准机头中刀后固定，同时装好导向板。

②叉书位置的调整。顶书叉位于机头左方集帖链下面，其作用是将书芯输送到三面切书机去。由于顶书叉采用了平行四边形连杆机构，整个顶书叉都是平行位移的，因而保证了顶书过程的平稳性。正确的叉书位置，能使订书机出书传送架抛出的书册正好落在三面切书机两接书支架的中间。

③按开本大小调整好集书链条。集书链条相对于订书机头应有一定的正确位置，才能使骑马订分布在书册的需要位置上。调整时首先把欲订的书册放在集帖链上，并用光边紧靠有尾输送板，手盘机器，使集书链与机头架同时向前移动，当二者的速度相同，即保持相对静止时停止盘动，如图 7-22 所示，松开螺钉 1，转动手轮 2，使集书链上书册移至订书机骑马订订下时所应有的位置正面，然后紧固螺钉 1，由此保证了订脚在书册上的位置。

④书册厚度改变时调整。在订书机头中刀下移至最低位置时，如图 7-23 所示，松开二个手柄 1，转动手轮 2，使弯脚座先向下移，然后将欲订书书册放在中刀和弯脚座之间，再转动手轮 5，将弯脚座支承板向上抬起，使书册在订书机头和弯脚间夹紧，并旋紧二个手柄 1。

1—螺钉；2—手轮；3—凸轮

图 7-22 集帖链位置

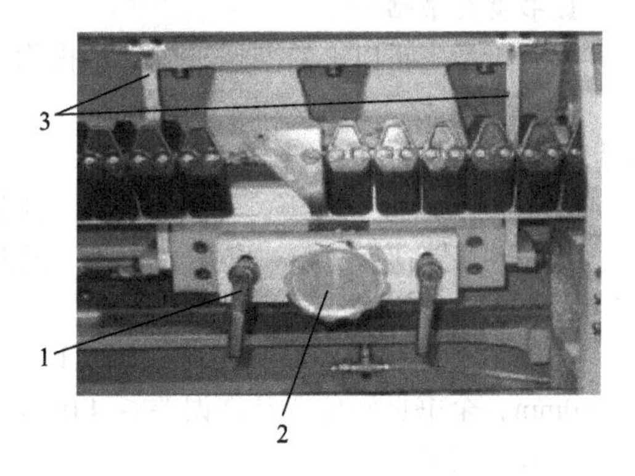

1—手柄；2—手轮；3—撑杆

图 7-23 弯脚座调节

3. 坏书输出装置工作

凡因多帖、少帖或其他故障，使订书机头停订的书册，仍被叉出和传送。在传送带出书处，由继电器控制将不合格书册抛进坏书斗内。

订书机头接到停止订书指令的同时，坏书输出装置也收到了信号，等坏书走到出口处时，电磁阀开始工作，将拦书爪（或挡书爪）吸下，迫使不符合装订质量的书册在拦书爪的表面通过，沿传送带和传送轮传送抛在坏书斗中。

四、三面切书机

三面切书机由三个固定的刀片组成（图 7-24），当完成订联的毛本书移动到裁切位置时，裁刀刀片下降将书帖裁切整齐，并输出裁切后净尺寸的光本书册。骑订三面刀每组都由上下刀对一本书进行剪切式裁切，所以前刀、侧刀都有上、下刀片之分。中刀（中间的裁刀）是为裁切双联书刊所用。

骑订三面切书机由传送机构、定位机构、裁切机构等组成，其中刀架、刀胎、收书斗和传动装置等主要部件所组成刀架升降是由偏心轴所控制。

图 7-24　三面切书机

五、骑马联动机质量要求

1. 书页与书帖

①三折及三折以上的书帖，应划口排除空气。

② 59g/m^2 以下的纸张最多折四折，60 ～ 80g/m^2 纸张最多折三折，81g/m^2 以上的纸张最多折两折。

③书页版心位置准确、框式居中，页张无油脏、死折、白页、小页、残页、破口、折角。配帖应正确、平服、整齐，无多帖、缺帖、错帖、缩帖、倒帖（颠倒书帖）、无明显八字皱褶、死折、折角。

④书帖页码和版面顺序正确，以页码中心为准，相邻两页之间页码位置允许误差 ≤ 2.0mm，全书页码位置允许误差 ≤ 4.0mm，画面接版允许误差 ≤ 1mm。

2. 装订质量

①配帖应整齐、正确。

②订位为钉锯外钉眼距书芯长上下各 1/4 处（图 7-25），订距规格一致，允许误差 ± 3.0mm。

③钉锯钉在折缝线上，订后书册无坏钉、轧坏、中缝破碎；无漏钉、断订、缺订

脚、订披，弯脚平服和紧松适度；书册平服整齐、干净，钉脚平整、牢固，钉锯均钉在折缝线上，书帖歪斜允许误差≤ 0.2mm。

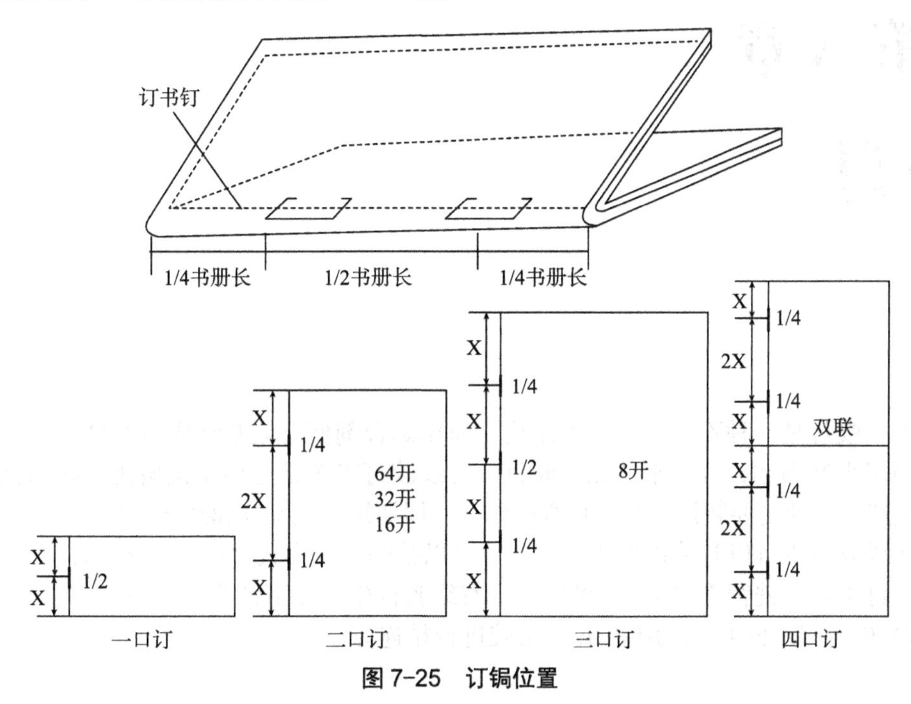

图 7-25　订锔位置

3. 成品质量

①成品裁切歪斜误差≤ 1.5mm。

②成品切书规格准确，裁切后无毛口和严重刀花，无连刀页，无严重破头。

③成品外观整洁，无压痕。

④书本两对边的平行度和相邻边的垂直度的误差应不超过 ± 0.5mm。

4. 使用铁丝规格

铁丝的使用是根据书册的厚薄和纸质的好坏来决定的。书册厚，纸质又好，所用的铁丝直径就应大些或质地硬些，相反铁丝直径就可小些或质地软些，一般情况见表 7-3（以 52 g/m^2 胶版纸为准，定量大可依次加大线径）。

表 7-3　铁丝规格

书刊页码数	40页码以下	41 ～ 70页码	70 ～ 120页码	120页码以上
线径 /mm	0.5 ～ 0.55	0.55 ～ 0.6	0.6 ～ 0.7	0.7 ～ 0.8
铁丝号数	25 ～ 24	24 ～ 23	23 ～ 22	22 ～ 21

第八章

胶订

无线胶订是一种不用铁丝、不用线，而用黏合剂使书帖联结成册的订联方法，它一般用于平装书刊，故称平装无线胶订。无线胶订工艺是适用于机械化、联动化、自动化生产的一种主要装订工艺，具有产能高、周期短、效率高和经济等优点。

无线胶订机可以是单机形式生产，也可以是联动线形式生产（图 8-1）；可以进行无线胶订生产（铣背方式），也可以进行有线胶订生产（不铣背方式）；胶黏剂可以使用 EVA 热熔胶，也可以使用 PUR 热熔胶进行粘连。

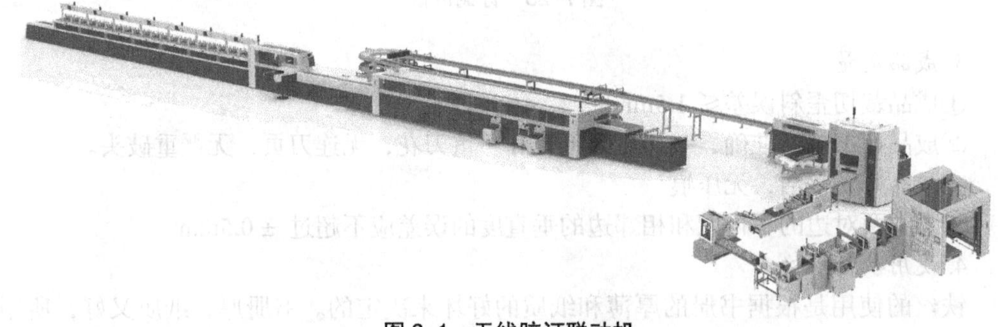

图 8-1　无线胶订联动机

第一节　掌握无线胶订机类型

胶订机按其形状可分为三种：直线形，圆盘形，椭圆形。按照生产速度的不同，胶订联动线又可分为低、中、高速三类。低速胶订联动线生产速度在 2000 ～ 4000 本 / 时，夹子数量为 10 ～ 14 个；中速胶订联动线的生产速度在 4000 ～ 8000 本 / 时，夹子数量为 15 ～ 25 个；高速胶订联动线的生产速度一般在 8000 本 / 时以上，夹子数量为 25 ～ 30 个。

一、直线型

直线型胶订机（图 8-2）是一种外形呈长方形（长条式）的胶订机，由于采用单书夹装置所以也称为直线型单头胶订机，又由于书本在机器中运行轨迹是往复式直线运动，所以速度较慢，最高速为400本/时。直线型胶订机由循环转动链条上的链板和往复夹书器带动书芯在各工位上完成上封、上胶、包封、定型、出书等动作，其主要机构按直线排列，故称为直线胶订机。

图 8-2　直线型无线胶订机

工艺流程：进本→撞齐→夹紧→铣背拉槽→涂背胶和侧胶→上封面→夹紧定型→出书，其中进本给料及收书是用手工来完成的。

直线型胶订机操作简单，一人即可完成从供书本、铣背、上胶、供封面、包本、托实压紧、收书等工作。直线机装订厚度一般在3～50mm之间。直线式包本机虽然速度较慢，但可做零活，尤其对付超宽封面的勒口，且对八开或十六开折前口（超宽折边）的书，直线包本机可以直接上封面完成（其他机型需要对封面进行折叠加工后生产）。目前直线型正在向微型化发展，袖珍式直线机目前正被数码快印店及办公文件的装订加工所应用，更重要的是对于短版和小批量生产来讲，也十分经济、实用。

二、圆盘型

圆盘型胶订机（图8-3）呈圆形，它是由一个大圆盘匀速旋转动作进行胶订的设备，在旋转过程中完成进本、夹紧、上胶、上封面、成型、出书等工作。圆盘型胶订机的书夹数为3～5个最为常见，书本在机器中运行的是轨迹圆弧形行程，最高速为1800本/时。

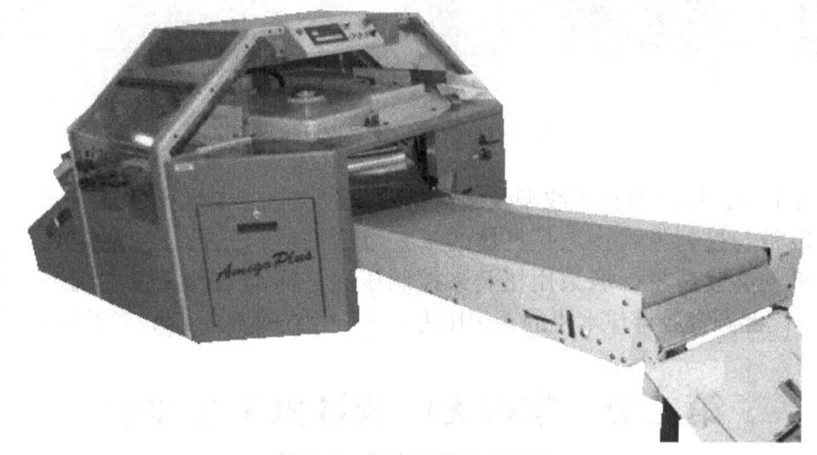

图 8-3　圆盘型无线胶订机

工艺流程：进本→撞齐→夹紧→铣背→拉槽→涂背胶和侧胶→上封面→夹紧定型→出书，其中进本给料及收书还是依赖手工来完成的。

圆盘机被生产厂家普遍应用的原因是：投资低，占地少、能耗低，整机调节方便，适用于短品种、小批量的生产。

圆盘机由于书本在机器中运行的是弧形轨迹，也存在许多不合理因素：如铣背、开槽、上胶、托挡等都在弧形中实行，相互不匹配的工位，夹紧定型不理想（只有3秒），造成干燥固化时间过短，因此速度也受到较大限制，不适合高速运转，落书机构也存在着先天不足使产品容易变形（是自由落体破坏了书本外形），另外圆盘机的封面定位机构也不稳定，速度很快时定位易出现偏差，所以该机种不适合联机生产仅用于小批量、多品种、慢速生产。

三、椭圆形

椭圆形胶订包本机（图 8-4）是印后装订领域主流机型，中型、大型、高速、功能多的胶订机都是椭圆形的，与其他类型的胶订设备相比，椭圆形胶订包本机的特点非常突出。一方面，椭圆胶订包本机在进行铣背、开沟槽、上胶等工序操作时，都处于直线工位，因此这些动作的一致性非常高；同时，椭圆胶订包本机直线运行距离长，因此干燥时间也长，使胶订书刊的质量得到了提高。另一方面，椭圆胶订包本机在运转方式上是连续的，出书后定型好，书背不易被撞碰。工艺流程：进本→震齐→书芯夹紧定型→铣背→打毛→拉槽→涂背胶→涂侧胶→粘封面→托打夹紧成型→出书。

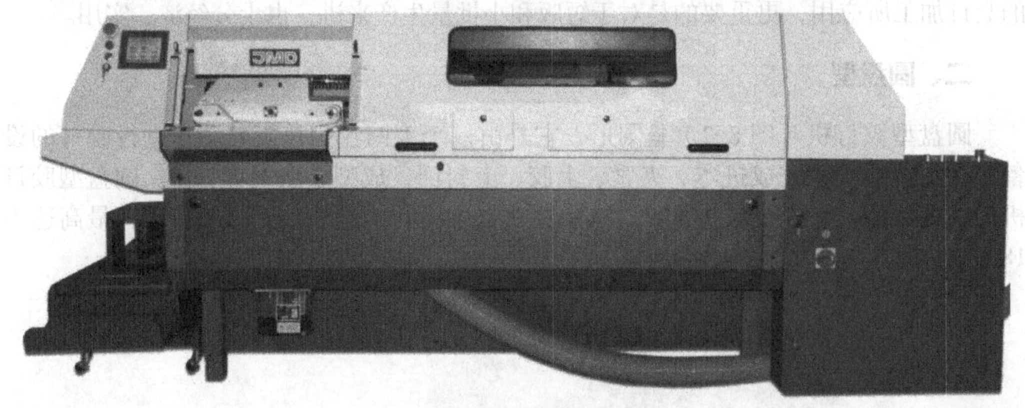

图 8-4　椭圆无线型胶订机

从设备上看，椭圆形与直线型及圆盘型胶订包本机主要区别体现在三个方面：一是书夹的数量与排列方式；二是具体的工艺设计细节；三是设备整体质量。椭圆形胶订包本机的夹紧装置一般采用扭簧来控制压力，而圆盘胶订包本机用凸轮来控制夹子压力，因此圆盘胶订包本机的夹子压力大于采用扭簧来控制的夹子压力。

第二节　掌握无线胶订机工艺要求

无线胶订生产联动线是对平装书刊的半成品进行连续加工使之成为书册的加工设备，其功能已经延伸到了书刊插页、打包、喷码、邮发等领域。

一、对印制方面要求

1. 对印刷分版的要求

书本在印刷分版时，如遇有零版（2 页的 4 版、4 页的 8 版，以及单页）的情况，这零版排列的部位，不宜放在书本的第一帖或最后一帖。这样配页机在配页时，集帖链集书帖易集得齐。同时书本在配页后也易于挡齐，可以避免因零版的页数少，而容易产生弓皱和发披的现象，可防止配页机向胶订机交接书芯时发生故障。

在分版时，还要严格注意，不能采用套筒的分版排列方法。如果遇有 2 页 4 版的零版，那么要排成 4 版，装订时用沿页的方法处理。

2. 对书版的规格要求

用无线胶订联动机生产，书版版芯与版面规格一定要适合工艺要求。具体要求如下。

①印制正图 32 开双联的规格尺寸，书帖尺寸不得小于 137mm × 387mm，从图 8-5 中可以看出有两个规格尺寸是与一般规格尺寸根本不同的。一个是书册订口部位的 2.5mm 左右，这是铣背必不可少的；另一个是双联中缝间的 9mm，这是剖双联锯片刀和两本书（天头和地脚）的裁切量。中间圆锯片刀剖双联就需要 2 ～ 3mm，天头 3 ～ 4mm 的裁切余量，地脚锯片刀 2mm，地脚 3 ～ 4mm 的裁切余量。切净的光本尺寸为 130mm × 184mm。

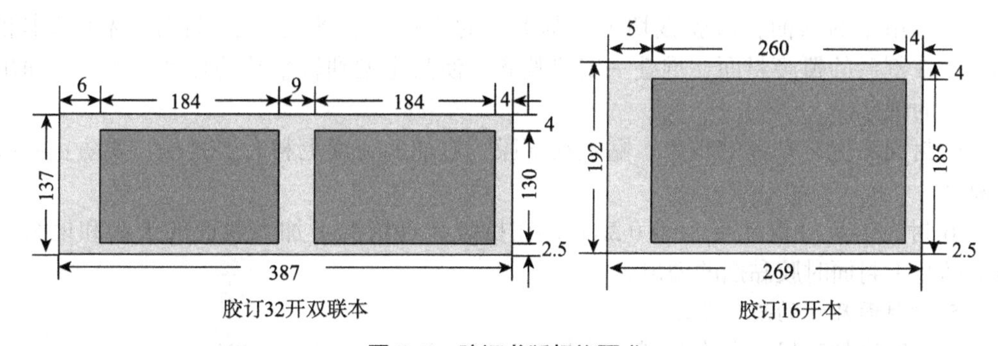

图 8-5　胶订书版规格要求

②印制 16 开的规格尺寸，书帖尺寸不得小于 269mm × 192mm。订口铣背 2.5mm。

③书帖印制色标（黑方块）的要求。

为了适应无线胶订工艺质量要求，使包好封面的书本能检查配页的质量，在书帖的折缝上，仍然印制书名、帖码、色标外，还在书帖切口部分（或天头光边部分）印上与书帖折缝部分同样的色标，便于检查。

④对书帖纸边的要求。

一本书所有书帖的纸边（包括头脚与切口）要宽窄基本一致，便于联动机各机组的挡规能调节准确。

3. 对插图的印制规格要求

书刊中若有插图，其印制规格尺寸的要求，与书版规格尺寸的要求相同。但在规格安排上要特别注意以下两点。

①正文中的插图，如遇跨页的拼图（和合版），在尺寸上一定要除去铣背的加工余

量，这余量一般为 1 ～ 3mm 范围内（具体要看排版及铣背的设计要求）使图拼齐。

②正文前后页（书本的前后页）的插图与封二或封三相拼图，则既要考虑铣背的因素，还要考虑侧胶的宽度。就是说，正文前后书页上的拼图，要以无线胶订机铣背的宽度和侧胶的宽度而定。

4. 对封面印制规格要求

无线胶订联动机生产的书刊，对封面的印制尺寸要求如下。

①对 32 开双联双本封面的规格尺寸具体参考图 8-5 中所示要求。

②对 16 开封面规格尺寸。

应与 16 开书芯相配套，这与一般装订工艺的规格尺寸要求相同。

③封面书脊尺寸的要求。

要比用一般装订工艺装的书脊规格尺寸略大一些，书本印张越多的，则要更大一些。因为胶订的书本在包封面前书芯不经压平、捆扎而会较松，具体尺寸要对书芯具体测量而定。

④对封一、封四需要居中印刷文字、图案的规格尺寸要求。

其应适应无线胶订的书刊订口与切口部位要比一般装订的书刊规格小 1 ～ 2mm 的要求而做相应的调整。

⑤对帖塑料薄膜和过油的封面要求。

a. 对贴塑的封面，薄膜裁切（裁割）后的规格，要求能与纸封面的幅面基本相同。但裁割后的覆膜封面，堆叠一定要整齐，使其定型到较平整的程度，防止封面出现卷曲的现象。

b. 封面不能有粘连的现象。贴塑料薄膜、过油的封面上料时要抖松，要防止静电及粘连。

⑥封面的尺寸误差要小于 0.2mm，在拼版允许情况下加大封面的天头和地脚尺寸，防止上封面时胶黏剂的溢出。

5. 对封面尺寸的规格要求

封面宽度加工尺寸允许范围：最大 642mm（291mm+60mm+291mm）。

二、对书帖方面要求

书帖质量的好坏与否，不仅对无线胶订机的生产效率有直接影响，而且对产品质量也有直接影响。因而，书帖在工艺上一定要符合胶订机生产的要求。

书芯在配贴后进入胶订前的处理是胶订过程中不可忽视的工序。配好的书帖外形平整度、松紧度的好坏，直接影响胶订生产线能否正常运转，而且对成书质量也有着直接的影响。书帖如果未撞齐、捆扎不平、不压实，就转入铣背、拉槽，那么这种存在质量缺陷的半成品在胶订机中被书夹夹紧后必然导致书背不平，铣刀铣不到位，书背拉槽深度达不到标准，胶订后易产生脱页、散页、空背、皱背等诸多质量问题，因此书帖的整理工作对成书后的产品质量影响巨大。

1. 对书帖折页要求

无线胶订书刊的掉页、散页等问题跟折页直接有关，折页出套过大，夹页时撞页不到位，都是造成掉页、散页的原因。所以，不管是机折页还是手折页，四折页时必须划口放气，以免出套；一折页或单页最好采用粘页的办法去解决，这样就可以保证不出现掉页现象。

2. 书帖堆放

书帖堆放时要求每摞数量一致，每摞之间订口向里 10mm 交叉堆放，防止书背订口发披及弓皱。

3. 对零版及插图粘页的工艺要求

无线胶订联动机生产的书册中，如果遇有零版（4 版或单页）以及不满 4 页的插图，一般都需要经过粘页后再进行配页。具体要求如下。

①粘页所粘的部位，应根据无线胶订联动机的配页机的不同型号，以及其吸嘴吸页的不同部位而确定。一般在粘页操作时书帖上粘页的部位，一定要在配页机吸嘴吸页的相反部位，不使吸嘴吸页时直接吸粘页的一面，以防止吸单张或吸 4 页而引起吸破和撕纸，减少配页机操作过程中的故障和停机现象。

②粘页操作时，既要使粘的书页（或插图）与书帖粘牢，又要使书帖与书帖之间相互不粘连。同时，粘好页的书帖，要撞得齐整而平服。

在堆放书版的卡板上，要垫纸，防止卡板损坏书版。每堆放到半米左右高度，要夹放一块平整的木板，堆完后书帖面上也应该压一块木板，使书帖平服。

③对粘过页的书帖，在投入配页机生产前要逐帖检查，对书页没有粘牢的，要全部取出；对书帖与书帖之间相互粘牢的，要分离后才能上帖。

4. 对书帖铣背要求

较厚和定量较大的书刊，背胶胶层过薄也是掉页、散页的主要原因。如果铣背过深（超过 3mm），还会造成前口裁不开，出现缩页现象。因此，要求操作人员严格掌握铣背深度，轮转页控制在 3mm 以内，平张页控制在 2.5mm 以内，折页出套要小于 1.5mm。书芯过厚时要增加铣背深度，增加背胶的厚度，为 1.2 ～ 1.5mm，这样书背就不易被折断而掉页了。

5. 对书帖、封面尺寸的要求

书芯加工尺寸允许范围	封面加工尺寸允许范围
最大：510（长）×305（宽）×60（厚）mm	最大：510（长）×642（宽）mm
最小：120（长）×100（宽）×3（厚）mm	最小：120（长）×220（宽）mm

三、对操作人员要求

操作人员的技术水平直接决定着胶订产品的好坏，上岗前必须对操作人员进行技术培训，首先需要了解胶订机的性能、操作顺序、维护原理和相应的一些解决问题的办法，否则就会给产品质量稳定性带来一定的影响。因此，要增加一线人员对新设备、新技术、新产品、新工艺的了解，提高其技术素质和综合能力。同时，设备的完好率也是提高胶订产品质量的基本保障。

第三节 胶订机调整与要求

无线胶订联动机由配页机组和平装胶订机两大部分组成。配页机组的功能是将不同的书帖集配成一本本完整的书芯，书芯在输送带的作用下，逐步由平躺转到立起连续不断地输送到平装胶订机中。

无线胶订机由机架、导轨、夹书器、进本单元、铣背机构、吸纸屑机构、涂底胶装置、涂侧胶装置、给封面机构、托打成型机构、收书装置、电气控制等部件组成（图 8-6）。其中铣背机构、吸纸屑机构、收书装置是由单独电机分别驱动，其余各部分的工作动力都由主电机提供。主电机的动力经链轮或皮带传给减速箱，减速后分别由书夹机构传动链、上胶机构传动链、包本机构传动链、给封面机构传动链、封面机构传动链输出。

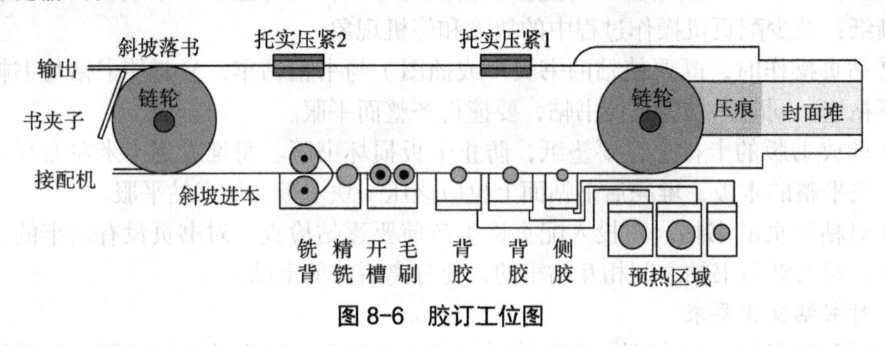

图 8-6　胶订工位图

书夹运动是胶订包本机的主要运动，书夹安置在固定机架上的导轨中，由固定于链条上的驱动销驱动，每个书夹绕导轨运行一周，就可完成一本书或刊的胶订加工过程。

书夹处在开始进书本处（能短暂停留），在曲线板的作用下，此时书夹是张开的，书芯进入书夹内，书夹带着书芯向前运动一段距离，书夹自动将书芯夹紧；同时由台板旁的电眼检测发出书夹有书芯的信号，指令电磁阀送气；当书夹通过铣背箱上方时，由高速旋转的铣刀完成书芯的铣背和开沟槽工序；书芯继续向前运行，由旋转的背胶轮上背胶；由上侧胶机构上侧胶，同时，封面机构输出一张封面并压好四根痕线，封面输送链将封面送到托打成型机构台上；当书夹到达托打成型机构上方时，书夹短暂停留并定位，此时封面已在托打成型机构上由侧规和前规定好位；托打成型机构中的双面凸轮通过托打摆杆将包本台顶起，使封面粘贴在涂有胶液的书芯背部（即托实定型），然后拉紧摆杆将托打成型台前后夹板夹紧（即托实成型）；双面槽凸轮继续转动，拉紧摆杆使前后夹板松开，紧接着托实摆杆使托打成型台下降到原位；托打成型完成之后，书夹重新向前运行，在曲线板的作用下，书夹张开，包好的书靠重力下落，落在输出传送带上，书本由立式转向平躺，在长传送带上冷却固化，最后将书送到裁切机构贮书斗内。处于张开状态的书夹继续运行，重新回到起始的进书本处，重复进行进书本动作，这样就完成了包本工作。胶订生产联动线一般是由 12 ～ 30 个书夹来依次做这样的回圈运动，进行书刊胶订的包本作业。

胶订机是胶订联动线的主机。胶订机调整包括七个步骤：一是书夹开度调整，二是进本通道调整，三是进本平台调整，四是书芯加工站调整，五是上胶机构调整，六是上封机构调整，七是托打成型机构调整。我们就以剑桥 -12000 胶订机（图 8-7）为例，调整一本 32 开 4 折页 4 帖书本，毛本书芯尺寸为 145mm × 217mm、封面尺寸为 297mm × 217mm。

图 8-7　剑桥 -12000 胶订联动机

一、书夹开度调整

剑桥 -12000 胶订联动机共有 28 个书夹，每个书夹绕导轨运行一周就可完成一本书刊的胶订加工过程。胶订的书芯厚度越大，书夹的开度就应同步增大。书夹调整方法如下。

1. 测量书芯厚度

用数显油标卡尺测量书芯的实际厚度，实际测得的书芯厚度为 6mm（图 8-8）。在调机时将显示屏上书本厚度参数设置为 6mm，机器就会自动进行调整。

2. 零位停车

在书夹开度调整之前，必须确保胶订机在安全状态下。先启动机器运转，然后按零位停车。

3. 触摸屏设置

打开胶订机操作主页界面，将右下“联动”改成“手动”状态（图 8-9）。进入触摸屏上面“调试维护”子菜单，点开左面的“伺服调整”，进入到书夹调整操作界面（图 8-10）。

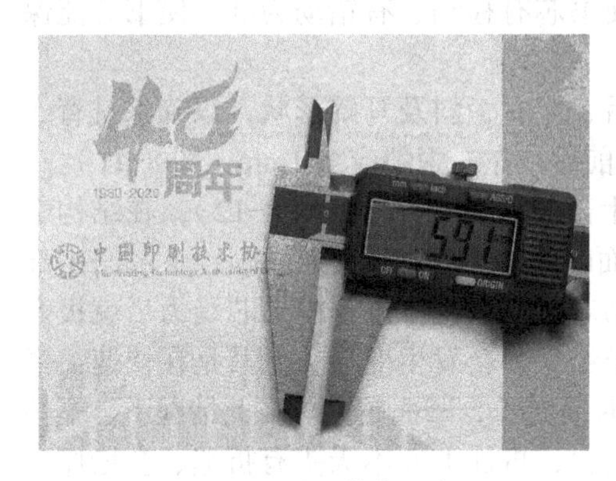

图 8-8　测量书芯厚度

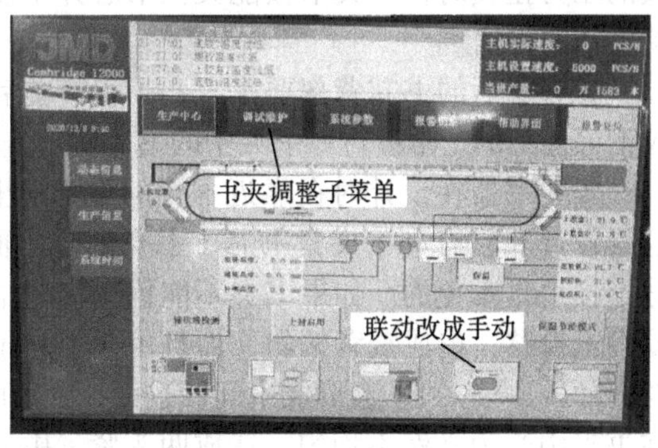

图 8-9　胶订机操作主页界面

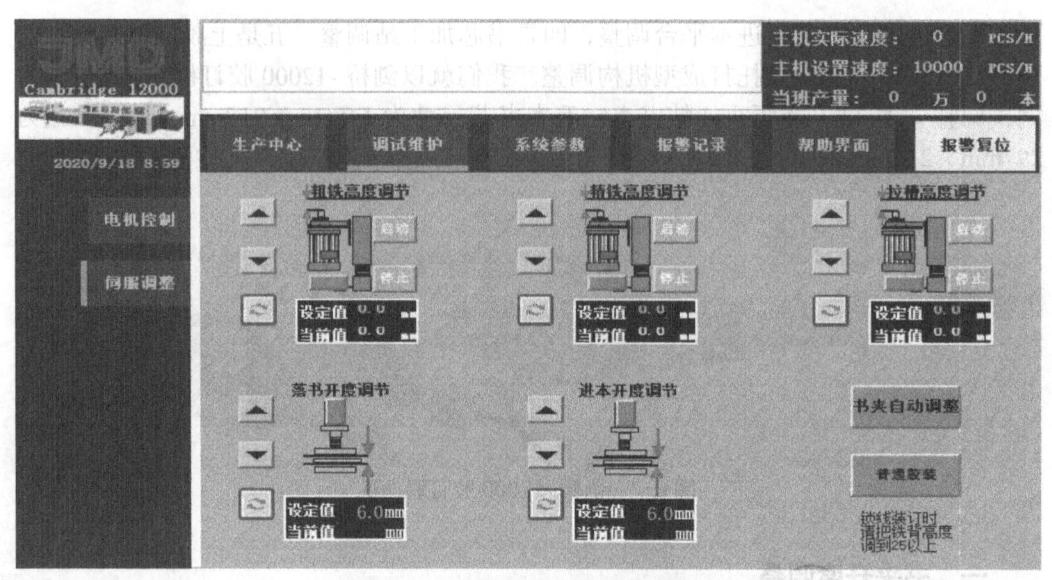

图 8-10　书夹开度调整操作界面

在最下面一项中，将“落书开度调节”下的设定值和“进本开度调节”下的设定值设置成书本厚度 6mm，参数设置好后按下“书夹自动调整”（书夹自动调整被点亮），此时机器就会自动运行，完成所有书夹开度 6mm 设定值的调整，当书夹自动调整灯灭时，表示书夹已经完成调整。

4. 书夹开度调整要求

无线胶订联动线的主机各种加工均用夹书板夹紧后进行工作，书夹子的最大夹书厚度在 60mm 左右，可用最大幅面为 A3 开本尺寸书芯，最小为 64 开本尺寸。书夹子有前后夹板，后夹板为支承架，前夹板依靠两条长槽，在后夹板的两条导向板上前后滑动。

①书夹子张开：书芯进入夹书板时，夹书板张开的距离一般要比书芯的厚度大 10mm 左右为宜，能使书芯顺利进入书夹。

②书夹子闭合：夹书板夹紧书芯的距离应比书芯的厚度小 1 ～ 2mm，在调节夹书板的压力扭簧时，以夹书板能夹住书芯并不使书芯有移动、有错动为准，使书芯能保持整齐的程度。

③夹紧后的书芯背部要平直，不得有前后、左右歪斜及马蹄形状，以确保铣背、拉槽等加工的正常进行。书夹中的书芯背部，前后、左右歪斜应≤ 1mm（图 8-11）。

④夹书器在设计时在靠近书脊的下部比上部厚 20 ～ 30 丝（图 8-12），在结构上这样设计非常有利于夹紧书芯（书脊处吃力面略大），而经过长期磨损，下部凸出部分磨损也是难免的。如果书夹不能均衡夹紧书芯，那么铣背过程中书芯受力后就极容易向上挪移，造成铣背偏斜，而且由于书夹子经受力会发生变形（尤其是在快速关紧时，冲压力较大），会形成中间凹进面，使用时间越长，凹面越大。在此情况下，书帖在书夹中受力必然不均匀，造成两头紧、中间松，再加上原本天头有折缝、会增厚，书脚部受压更轻，尤其在通过铣背时受到向上压力，造成书芯向上窜动，引起铣背偏

斜，破坏了书脊矩形平衡，造成书背上地脚方向段空，头上胶水比较实，脚上发空，严重的甚至地脚上会涂不上胶水。所以对于磨损处要做及时的修正。

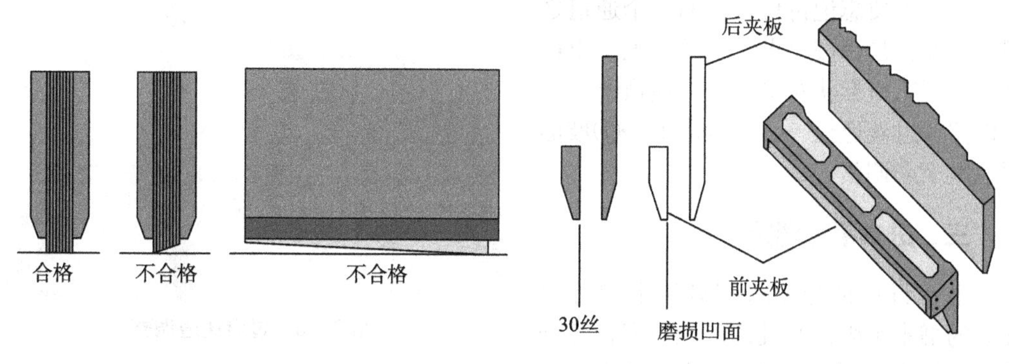

图 8-11　书芯夹紧要求　　　　图 8-12　书夹端面

二、进本通道调整

进本通道调整分为三个部分：一是过渡通道；二是平行通道；三是坡形通道。任何通道的大小调整都是根据书芯厚薄程度、纸张质量的松紧程度和纸张的平服情况等，来调整通道的宽狭程度和通道两侧挡板的紧松程度。

1. 坡形通道

坡形通道（图 8-13）大小是根据书芯厚度 6mm 来调整的，调整时松开锁紧把手，旋转手盘轮，直至位置数显器的数值为 6mm，锁紧把手。调整完以后，检查坡形通道的外侧板是否小于书夹活动板 3 ～ 5mm，达到要求即可。

2. 平行通道

平行通道（图 8-14）宽度调整时，先松开锁紧把手，然后用四方孔专用把手旋动方头调节杆，使位置显示器上的读数为 6mm（与书芯厚度相等），然后锁紧把手。

图 8-13　坡形通道调整

图 8-14　平行通道调整

3. 过渡通道

过渡通道（图 8-15）的调整是把内侧和外侧两边的活动把手全部松开，先把过渡通道的开口调整到大于过渡轮的出口，锁紧开口通道处把手；再把过渡通道的出口调整到小于平行通道的入口，锁紧出口通道把手。

最后不要忘记再检查一遍三个通道之间交接处，是否按要求做到进口大、出口小，呈喇叭口形状对接。进本通道调整也可以按③过渡通道→②平行通道→①坡形通道顺序来调整。

图 8-15 过渡通道调整

三、进本平台调整

书本订口部分要求胶订机上包好封面后的书本平服，并且订口处与书背部分的棱角平直，而上下互相垂直。这在书芯进入胶订机的书夹时，在工艺上就要求书夹对书芯有适当的压力，同时夹住书芯而订口处露出的部位多少要适当，使书芯经过铣背、开槽、刷胶、包封和释放后，书本基本平服而订口处平面不高出切口部分。进本平台的调整分为四个部分：一是导向板侧规调整；二是进本平台前侧规调整；三是进本平台后侧规调整；四是进本平台高度调整。

1. 导向板侧规调整

导向板侧规（图 8-16 左）是一个带倾斜的向上通道，调整时松开导向板侧规底部的两个锁紧把手，移动侧规，使侧规进口端要大于书夹活动板 2 ～ 3mm；侧规出口端要小于书夹活动板 3 ～ 5mm，这样侧规通道是呈喇叭口形状，然后锁紧把手即可。

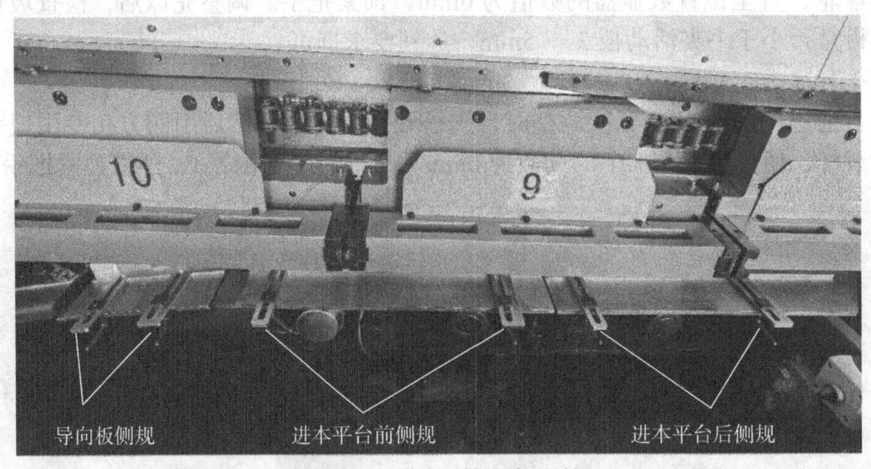

图 8-16 进本平台侧规调整

2. 进本平台前侧规调整

松开进本平台前侧规（图 8-16 中）底部的两个锁紧把手，移动侧规，使侧规两端均大于书夹活动板 1 ～ 2mm，然后锁紧把手即可。

3. 进本平台后侧规调整

松开进本平台后侧规（图 8-16 右）底部的两个锁紧把手，移动侧规，使侧规进口端大于书夹活动板 1 ～ 2mm；侧规出口端大于书芯 1 ～ 2mm，这样侧规通道呈喇叭口形状（此位置也是书夹收口夹紧书芯的位置，侧规前大后小符合夹子运动轨迹），然后锁紧把手即可。

4. 进本平台高度调整

进本平台的高低位置（图 8-17 左）直接决定了书芯铣切量的多少。因此书芯在生产时，铣背量的多少是通过进本平台高低调整来实现的。胶订主机书芯订口处露出的部分一般为 10mm，这个距离如果过大，那么由于订口露出部分缺少一定的张紧压力，会造成纸张间松弛，胶液渗透的深度就会加大，书脊处的厚度就会增加，会造成订口处的厚度高于切口处的厚度，书背就会变大，书本就会不平服，会给包封面和三面裁切带来相当的困难。反之，这个距离如果过小，会影响胶液对书页的渗透深度，会直接影响到黏合强度。因此，订口处露出的部位以 10mm 左右最为适宜，即铣背刀水平面到书夹子下缘的垂直距离为 10mm，这个基准面确定后，拉槽、打磨、上底胶、上侧胶、上纱卡、上封面、托打定型的调定，全部要围绕这 10mm 的基准面来展开，即胶订机后道工序都要适应 10mm 基准面的要求。

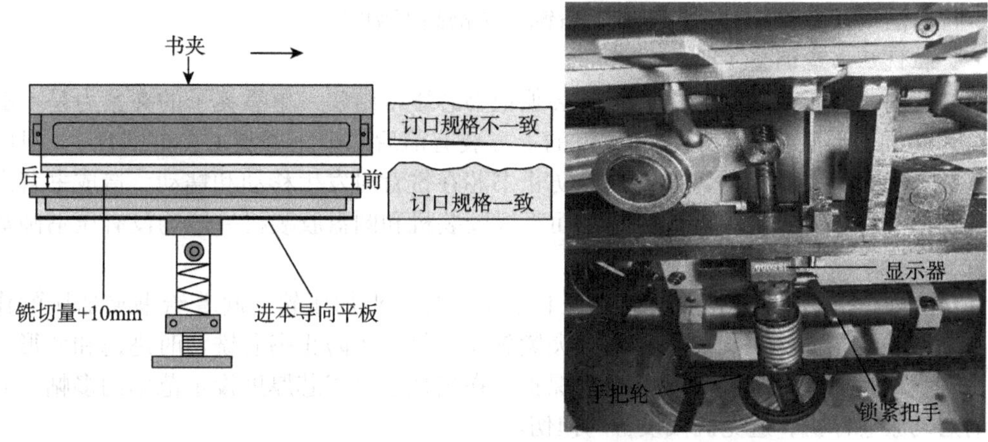

图 8-17　铣背进本平台调整

①进本导向平板（到书夹子下缘的距离）的高低决定了书芯铣切量的多少（图 8-17 左）。订口露出部分 = 铣切量 +10mm。如果订口露出部分为 13mm，那么铣切量就是 3mm。还要注意书芯上下缩帖的允许误差要≤ 1mm，以防误差过大，铣不掉环筒。

②订口头脚露出部分的尺寸应该完全一样（进本平台前、后两头到书夹子的距离应该一致）。如果这部分的规格不一致，虽然经过铣背后书脊还是平的，但包好封面的书本，头脚与书背部分就不会成直角，即书本不成为矩形，成为梯形。因此，订口处头脚露出的宽度必须一致，也就是导向平板（进本平台）左右前后调整与书夹下边缘既相互平行又相互垂直，使书本的头脚与书背相垂直，订口与切口相平行。

调整时，松开铣背位置数显器上的锁紧把手（图 8-17 右），根据装订工艺要求的铣切量（书芯是 4 折页 70 克的胶版纸，所以铣切量应选 2.5mm 左右），旋转底部手把轮来调整位置数显器的尺寸到要求的数值（2.5mm），锁紧把手即可。一般书芯的铣切量控制在 1.5 ～ 3mm 范围内。

四、书芯加工站调整

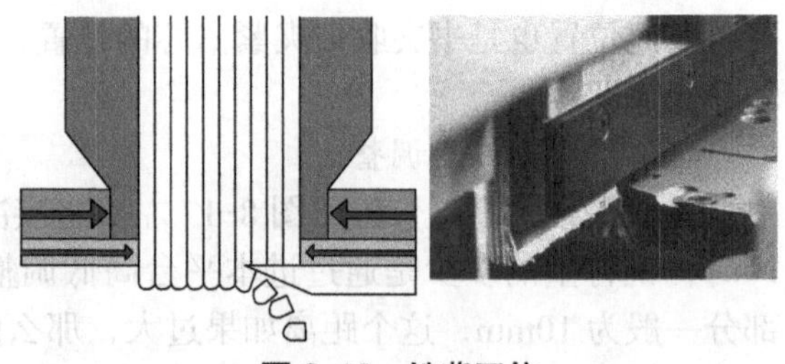

图 8-18　铣背工位

书芯加工站的铣背（图 8-18）是区别书刊订联工艺方式的重要标志，书芯加工站是决定无线胶订本的书页是否牢固的重要环节。因此，在工艺上要求铣背必须将书背订口部分凡是有环筒的书页，全部铣成单页（将书帖的折缝削去一层，成单张页），并且书本的背脊上从头到脚要铣切得直而平。拉毛盘的作用使纸张边沿的纤维松散，并拉出纸张的纤维，使胶液沿纤维渗入到纸张表面，互相黏结。开槽应使书本背脊上经过铣切的书页都拉有一定深度的凹槽，增加书背上胶的胶液渗透深度（增加粘接面积），加强页和页之间的黏合牢度，并且拉下来的纸毛屑要全部由毛刷清除干净，因为书背表面上聚集着纸毛和空气，妨碍胶液和纸张接触。

书芯加工站（图 8-19）调整分为三个部分：一是粗铣压书盘调整；二是粗铣、精铣、拉槽活动盖板调整；三是粗铣、精铣、拉槽高度调整。

1. 粗铣压书盘调整（图 8-20）

铣背时书芯承受相当大的压力，必须把书芯压得结实，单靠夹子的夹紧力是不够的，为此椭圆形胶装包本机铣背工位的上方装有前后二个压书盘（夹书圆盘），目的在于夹紧凸出夹书器外的订口部分，防止书芯在铣背时发生移动和蠕动，造成书背发披、变形、不平整、被拉下等弊病，而直线胶装机和圆盘胶装机一般均没有压书圆盘装置。

压书盘由上压轮和下压轮组成，上压轮就是书夹加压轮，起着给书夹加压的作用；下压轮是给露出书夹的书芯部分夹紧施压，是为了防止书芯铣切时逃逸和变形。压书圆盘的另一个重要作用就是过载保护，在出现超过书芯厚度设定范围的多帖、双本时启动紧急停机，避免机械设备的损伤。

图 8-19　书芯加工站

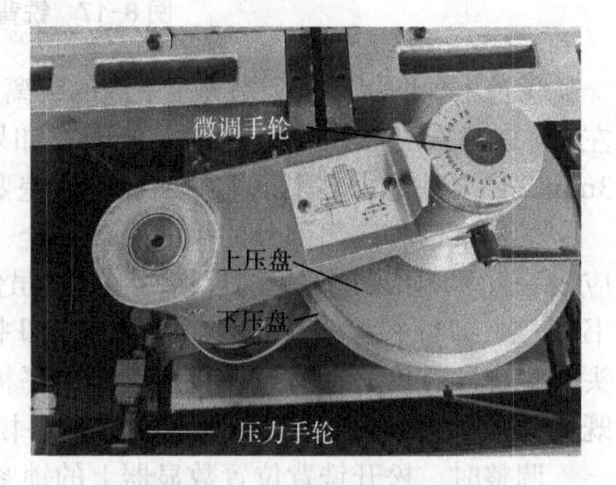

图 8-20　粗铣压书盘调整

调整压书盘开口大小时，只需松开压力手轮数显器上的锁紧把手，转动压力手轮使数显器上数值比书芯厚度小 1 ～ 2mm，由于书芯厚度为 6mm，所以调整到 5mm 即可。

在实际生产过程中有可能还需要对压书盘进行微调。在没有书的情况下上压轮和书夹是一起旋转的，如果下压轮没有旋转，那么就需要调整下压轮的夹紧量，调整时松开偏心（微调）手轮上锁紧把手，旋转偏心手轮到需要位置即可。偏心手轮上有正值（+）和负值（-），负值方向夹得更紧、正值方向夹得松，一般调整到比书芯小1mm，即向负值方向调1mm，锁紧把手。在正常生产过程中上、下压盘都是旋转的，标准的进出摆动量应在1mm以内。

图 8-21　粗铣活动盖板调整

2. 粗铣、精铣、拉槽活动盖板调整（图 8-21）

粗铣、精铣和拉槽活动盖板结构相同，调节方法一样。粗铣活动盖板开口尺寸大小是根据书芯厚度决定的，调整时松开活动盖板上的锁紧把手，前后移动活动盖板到所需要尺寸，锁紧把手即可。同样，再调整精铣机构、拉槽机构的开口尺寸。

一般情况下粗铣机构盖板开口大小比书本厚度大 4 ～ 10mm，精铣机构和拉槽机构盖板开口尺寸比书本厚度大 0.5 ～ 1.5mm，尺寸可通过活动盖板上左边的刻度标尺确定，以确保书芯能顺利通过书芯加工站，保证书芯订口部位无挤压、无褶皱、无擦伤、无变形。

3. 粗铣、精铣、拉槽高度调整（图 8-22）

打开胶订机操作主页界面，进入触摸屏上面“调试维护”子菜单，点开右面的“伺服调整”，进入粗铣、精铣、拉槽高度调整界面。将粗铣高度设置成 10.5mm，精铣高度设置成 10mm，拉槽高度调整成 9.2mm，从而完成整个书芯加工站的调整。此步骤可以在书夹开度调整操作界面一并完成。

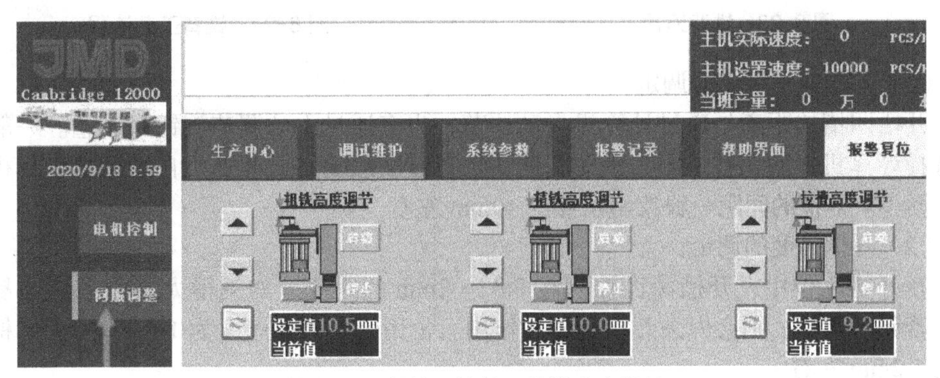

图 8-22　粗铣、精铣、拉槽高度调整

4. 铣背刀刃磨的要求

无线胶订铣背刀有两种（图 8-23）：一种是纸条式（刀片式），另一种是碎纸式（刀头式）。两种铣背刀刃形状是完全不相同的。

纸条式是一种硬质合金铣头，带有 30 片小刀，分别焊接在刀盘上或刀片用螺钉固定在刀盘上，此种铣刀的楔角比较小，只有 30°，易于切削，能分离纸张，削切的结果呈片状（纸条）脱落，但遇见稍硬又韧的纸张材料容易崩刃，适用于软纸及较薄书本，而且磨刀方便，对处理废料的后道工序，因灰尘少比较受欢迎。

碎纸式是一种经过特殊设计，带有 16 把小刀，此种铣刀的楔角是比较大的（有 56° ），当刀刃进入书帖纸张时，纸屑易产生断裂，削切的结果呈纸屑状（碎纸）脱落，此刀不怕冲击，适用于硬、韧的纸张及较厚的本册。由于刃磨面特殊，铣刀刃磨要用特殊工具。但其污染较大，纸屑不可回收，不利于环保，且会给处理废料的后道工序带来麻烦。

5. 开槽的工艺要求及调整

开槽效果的优劣直接影响产品胶粘质量。书背经过铣背工艺的铣切，书本的书页已全部形成了单页，由此，也形成了纸张纤维全部都在一个截面上，即书背单页与单页之间的纸张纤维基本上都处于同一个点上，而纤维在这一点上并没有长短之别（图 8-24）。这样也造成了书背上书页与书页之间的纸张纤维交织性能降低，影响黏合强度和书本订本的牢度。为了在工艺上弥补这缺陷，解决纸张纤维在同一个截面上的黏结强度问题，因而在书本经过铣背后和刷胶之前采用了开槽的工艺。

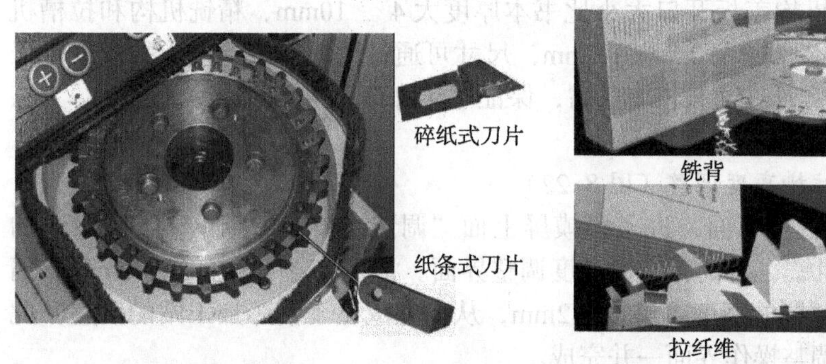

图 8-23　铣背刀片

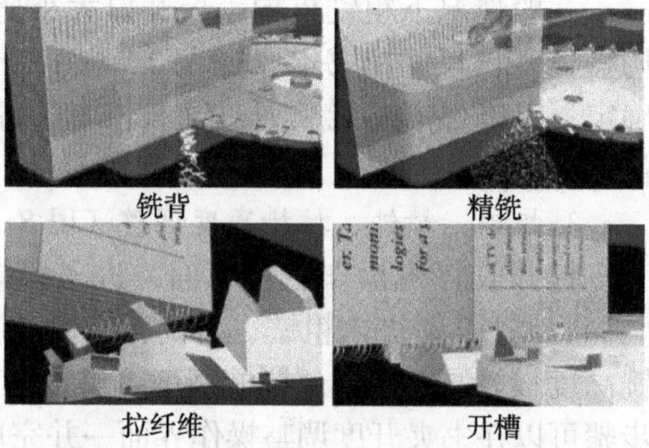

图 8-24　铣背工艺流程

（1）开槽凹槽距离的调定

开槽凹槽的距离是通过计算机自动调节，也有通过手动调节旋钮来调整。一般都是选择计算机自动调整，因为手动旋钮受机车速度影响，而计算机自动调整能与机器速度同步。开槽的间距一般控制在 3 ～ 10mm 左右。

（2）开槽深度的调定

在开槽工位中，开槽深度控制在 0.8 ～ 2mm 的距离，如调得太高则书背容易发披，若调得太低，则会失去开槽应用的作用。常用开槽刀的厚度为 1mm，因此凹槽宽度为 1.2mm 左右。

五、上胶机构调整

胶订书籍的质量好坏，主要取决于二个因素：一是热熔胶的质量（这是装订胶订书籍质量的基础）；二是对胶订工艺书背的正确处理（这一点至关重要），上述两个因素是相互关联的。书本的牢固程度，除铣背和开槽的工艺要符合要求外，书背上胶的状态是否优良是决定性的关键。不同胶订机的上胶机构虽有差异，但基本原理一样。

1. 热熔胶的选择与要求

热熔胶的选择关系到书页粘接的牢度，要根据实际情况来选择相适应的胶黏剂。

①胶黏剂的选择。除了要选择使用质量好、性价比优的热熔胶，还要了解所用热熔胶的性能和相关技术数据是否适应本机器的操作，最好根据所使用机器速度快慢、书夹子的多少、冷却传送带的长短、生产环境温度的高低来选择（或定做）热熔胶。因为无线胶订加工在生产中，使用热熔胶时有三个时间必须严格掌握和控制，即开放时间、固化时间以及冷却硬化的干燥时间。开放时间指将胶液涂在书背上的时间，固化时间是将封面与书背吻合粘接的时间，冷却硬化干燥时间，是固化后将包好封面的书籍冷却定型后待裁的时间。只有经过这三个时间，书籍才能定型而达到理想的加工效果。还要注意在冬天使用的胶水与夏天使用的胶水不一样，不能用错。铜版纸和普通纸所使用的胶水也是有区别的，更不能混用，以免造成脱胶、散页等问题。

②对热熔胶的技术性能要求。热熔胶的技术性能应该达到EVA热熔胶相关行业标准要求。要了解和掌握EVA热熔胶的各种型号和技术性能（包括技术参数）。型号不同的热熔胶其开放时间、固化时间也是不同的，要严格按照供应商所提供的温度来进行标准化操作，不要轻易改变使用温度。因为胶温在170℃时，热熔胶的拉力测试值可达（8.83±0.44）N/cm。当胶温升到180℃时，热熔胶的拉力测试值会下降为（7.33±0.33）N/cm。当胶温降到155℃时，而热熔胶的拉力测试值只有（5.22±0.25）N/cm。所以热熔胶的加热温度，不宜过高和过底。温度过高，虽然胶的流动性、润湿性、渗透性上升了，但黏结强度却会下降，易产生起泡，易甩胶，还会使胶老化、变脆，影响胶料的拉力。反之，温度过低，虽然胶的黏度上升了，胶熔不彻底，影响胶料的流动性，以及对书芯页边的润湿性和渗透性，易造成散页、掉页，同样会影响胶的拉力，甚至会发生热熔胶与书芯页边之间不黏合的现象。

我国目前所使用的大都是高温熔融热熔胶（使用温度在170℃左右），而对于低温熔融热熔胶（使用温度在±130℃）的使用就完全不一样，要严格区分。

2. 热熔胶的温度控制和调整

热熔胶在生产使用过程中，应根据机器运行速度、车间环境温度、纸张情况来控制胶温。

①一般预热筒的容量为80升左右（能加注75公斤），熔胶能力为最大60升/时；侧胶预热筒的容量为27升左右（能加注25公斤），熔胶能力为最大25升/时。生产时一定要提前2小时进行预加热熔化，要将其加热成流体。筒体温度控制在150℃左右，底胶斗和侧胶斗要提前1.5小时进行加热熔化，胶斗的温度控制在170℃左右，并要保持这些设定值的恒温。

②书芯的纸张材料与上胶温度密切相关，不同的纸张材料所使用的上胶温度也是完全不同的，这是因为纸张纤维性能的不同，最重要的是其导热性有所不同，即散热和冷却速度不同。以涂料纸（胶版纸、铜版纸）和非涂料纸（凸版纸、新闻纸、字典纸）的导热性为例，胶版纸对热熔胶的散热和冷却速度要快得多。因为涂料纸中所含的无机物比非涂料纸要高 10 倍，而无机物却具有良好导热性，所以涂料纸可以使热熔胶较快地冷却。如果书芯是铜版纸、双胶纸，由于其表面有涂胶层和印有文字、图案的油墨，就会出现散热更快、吸收性差、渗透力低的现象，那么就要用经过专门配制的高档热熔胶。

③要正确使用热熔胶，有三个时间是必须严格掌握的。一个是热熔胶的开放时间，一个是固化时间，还有一个是冷却硬化的干燥时间。

1）开放时间

开放时间就是指从热熔胶涂刷到与被粘物吻合，必须在热熔胶黏合的规定时间内完成，若超过了热熔胶黏合的规定时间，胶液表面层就会积膜，两个被黏合物就会黏合不牢。根据热熔胶的型号不同，其开放时间也会不同，一般为 5 ～ 13 秒，在此时间内从上胶涂刷到封面与书背的黏合必须完成。

2）固化时间

固化时间就是指两个被粘物在规定的时间吻合后，对书籍的黏结定型时间，一般书本完成粘接输出胶订机后就应该得到基本定型，否则书本输入传送带后必然会散架、散页，即书本输出胶订机后，其涂布的热熔胶应基本固化，一般固化时间和开放时间相等，或略慢 1 ～ 2 秒，固化时间不会超过 15 秒，也就是说，产品上胶过程基本上在 15 秒内完成，剩下的是成型后的产品上胶的温度降低快慢而已。

3）冷却硬化的干燥时间

刚涂布热熔胶的书本要经过一定时间的冷却，才能加压或翻动（翻动书页），不然就会影响热熔胶的黏着力，造成产品变形与书页脱落，这个冷却时间，称为冷却硬化的干燥时间。根据胶的型号不同，热熔胶冷却硬化的干燥时间也有长有短，一般冷却硬化的干燥时间是在 3 分钟左右。

剑桥 -12000 胶订联动机上胶机构由三个上胶机构（图 8-25，两个底胶机构，一个侧胶机构）组成，书背上胶机构调整直接影响到产品质量，起着决定性的作用。书本的订联部分，经过铣背、开槽后，要进行上胶的工艺。无线胶订书背涂胶不是单单为了黏合封面，更重要的是为了胶订后成本，使页与页之间黏合。其工作过程是，书芯在沾着胶的胶轮上通过，胶轮将胶转移给书背。胶轮上的逆旋转刮胶板可控制胶层的厚度。

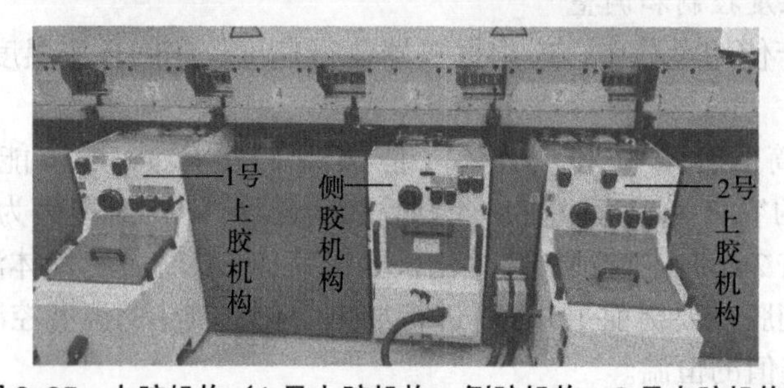

图 8-25　上胶机构（1 号上胶机构、侧胶机构、2 号上胶机构）

3. 底胶机构调整

每个上胶机构中都有两个底胶轮和一个匀胶轮（图 8-26）。第一底胶轮沾有一定厚度的胶膜，以略大于书芯的圆周线速度旋转，使胶轮表面和书背面产生差动，将胶压入书背，以保证书背沟槽内充满胶膜，在底胶轮的圆周表面上有许多环形小沟槽，能使书背纵向部分充分吃胶，使单页之间的黏合牢固、可靠。

第二底胶轮是对第一只底胶轮上胶不足的补充，控制胶膜厚度使之均匀。其后还有一个高速运转的匀胶轮（即电热刮胶辊）在工作，匀胶轮本身不带胶，运转方向相向，由于匀胶轮内装有电热丝，具有 200℃左右的高温，可烫断热熔胶的拉丝和滚平背胶，最后控制书背的胶膜厚度，对成书后的书背形状有直接影响。

底胶机构的调整分为三个步骤：一是底胶长度调整；二是底胶轮高度调整；三是胶层厚度调整。

（1）底胶长度调整

调整前先运转机器后按零位停车，用方孔摇把松开手轮上的锁紧螺钉（此螺钉是反牙，顺时针是松、逆时针是紧），根据所需涂胶长度要求，将“胶长调节手轮”（图 8-27 左下）上对应胶长刻度与“天头零位调节手轮”上的零位线对齐，按逆时针方向旋转锁紧螺钉就确定了书芯涂胶长度。涂胶长度是根据封面长度来确定，由于封面长度是 217mm，所以涂胶长度设置为 217mm。注意：调整时零位调节手轮是否松动位移，零位刻度线需与墙板上的零位标尺对齐，否则将影响书芯涂胶长度和断胶效果（易产生空胶或过多胶丝）。再用同样方法，调整 2 号底胶长度。

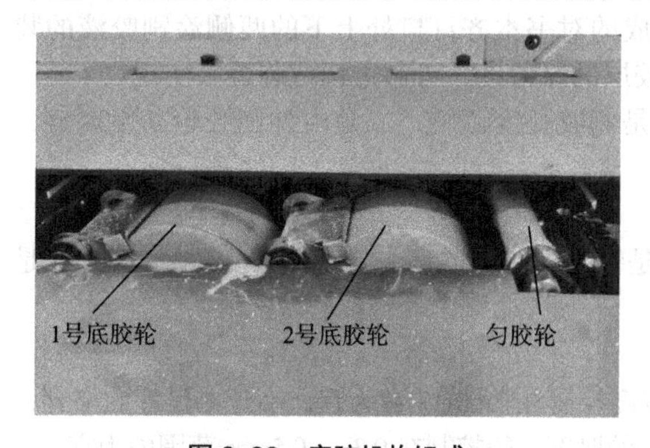

图 8-26　底胶机构组成

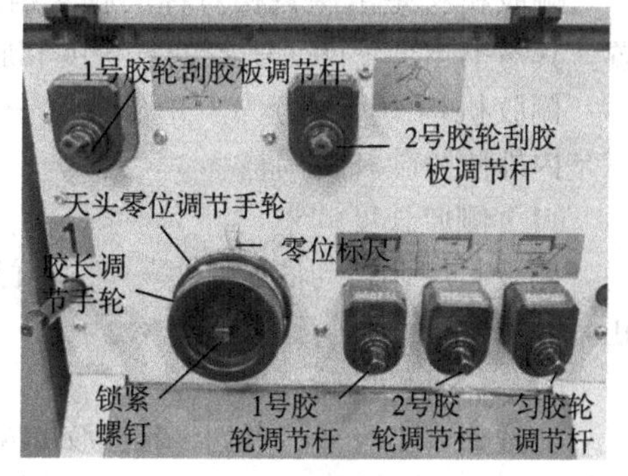

图 8-27　底胶机构调整

（2）底胶轮高度调整

底胶轮高度需要根据书芯厚度的不同，以及书芯所要求的胶层厚度来设定。

1 号上胶机构中：1 号底胶轮高度比已经铣完书背的书芯低 0.5 ～ 1mm，2 号底胶轮高度比已经铣完书背的书芯低 1 ～ 2mm，均胶轮高度比已经铣完书背的书芯低 0.5 ～ 1.5mm（匀胶轮高低应根据书芯上胶厚度情况来确定，间隙越大，上胶越厚，间隙越小上胶越薄）。

调整时用方孔摇把插入“1 号胶轮调节杆”（图 8-27 右下），由于书芯厚度为 6mm，调到 0.8 mm。用方孔摇把插入“2 号胶轮调节杆”（图 8-27 右下），调到 1.5mm。再用方孔摇把插入“匀胶轮调节杆”（图 8-27 右下），调到 0.5mm。

2 号上胶机构中：1 号底胶轮高度比已经铣完书背的书芯低 1 ～ 2mm，2 号底胶轮高度比已经铣完书背的书芯低 1.5 ～ 3.5mm，匀胶轮高度比已经铣完书背的书芯低 0.5 ～ 1.5mm。

调整时用方孔摇把插入“1 号胶轮调节杆”，调到 1.2 mm。再用方孔摇把插入“2 号胶轮调节杆”，调到 2mm。用方孔摇把插入“匀胶轮调节杆”，调到 1mm。

1 号上胶机构和 2 号上胶机构的高度调整方法完全一样，而具体调整数值是不一样的。

（3）胶层厚度调整

底胶轮胶层厚度由刮胶板来控制，刮胶板与胶轮之间间隙越大，胶轮上胶层就相应变厚；要注意底胶轮胶层厚度与底胶轮高度的对应关系，否则影响上胶效果。

1 号上胶机构调整时用方孔摇把插入“1 号胶轮刮胶板调节杆”（图 8-27 左上），调到 1.5mm（通常调节范围在 0.5 ～ 1.5mm）。再用方孔摇把插入“2 号胶轮刮胶板调节杆”（图 8-27 右上），调到 2mm（通常调节范围在 1 ～ 2.5mm）。

2 号上胶机构调整时，用方孔摇把插入“1 号胶轮刮胶板调节杆”，调到 1.5mm（通常调节范围在 1 ～ 2.5mm）。再用方孔摇把插入“2 号胶轮刮胶板调节杆”，调到 2.5mm（通常调节范围在 2 ～ 3.5mm）。

1 号上胶机构和 2 号上胶机构的胶层厚度调整方法完全一样，而具体调整数值是不一样的。

4. 侧胶机构调整

侧胶机构是由两只相对称的胶轮组成的对书本齐订口处上下的两侧涂刷胶液的装置。其对书本上下两页刷胶的宽狭度和胶层的厚薄度，可通过调节装置来实现。

侧胶机构的调整分为三个部分：一是侧胶长度调整，二是内外侧胶轮高度调整，三是内外侧胶轮开度调整。

（1）侧胶长度调整

侧胶长度调整与底胶长度一样，就是锁紧螺钉方向不一样（图 8-28 左，此螺钉是正牙，顺时针是紧、逆时针是松）。

（2）内外侧胶轮高度调整

一般大开本尺寸的书刊，其侧胶的宽度控制在 7mm 左右为宜；小开本尺寸的书刊，其侧胶的宽度控制在 5mm 左右为宜。侧胶的厚度一般控制在 0.3 ～ 0.5mm 范围内为宜。

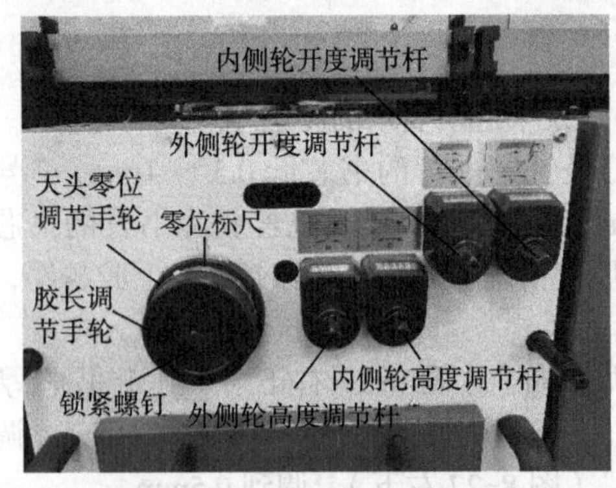

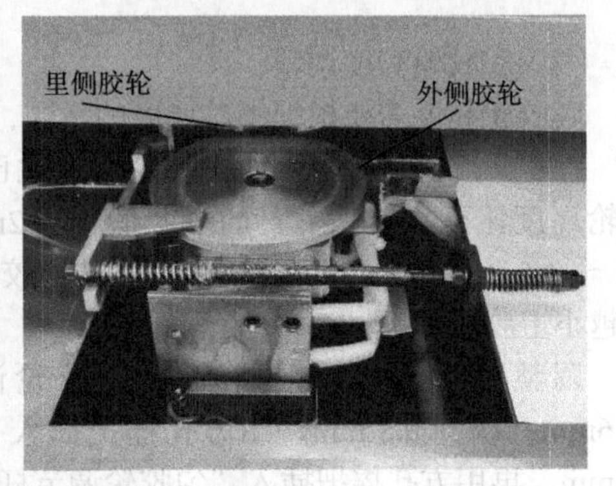

图 8-28　侧胶机构调整

内外侧胶轮高度调整时用方孔摇把插入“外侧高度调节杆”和“内侧高度调节杆”，调到 6mm 即可。

（3）内外侧胶轮开度调整

内侧胶轮外圆面超出书夹固定板板面 0.5mm，内侧胶轮调整至要求位置后，一般不需要再调整，只需调整外侧胶轮。外侧胶轮（图 8-28 右）开度是根据书芯厚度来确定，一般比书芯厚度大 1mm 左右。

调整时用方孔摇把插入“外侧轮开度调节杆”，调到 7mm 即可。

注意：两侧胶轮开度尺寸过小，会造成书芯撞击胶轮，导致零件损坏。

六、上封机构调整

上封面是胶订机上的书芯经过铣背、开槽、刷胶后的工艺加工过程，即书芯基本定型后的工艺加工过程。它的作用既使书本增加牢度，又使书本更加美观。因此，上封面工艺是否能达到工艺的要求，至关重要的。封面先要从封面堆中一张一张地输送出来，再经过压痕输送到上封面装置上去，在此过程中要求输送封面机构能平稳准确输送封面。

上封机构（图 8-29）调整前先用钢板尺测量一下封面尺寸，得知封面尺寸为 297mm × 217mm。封面的调整分为七个部分：一是侧规轨道调整，二是压痕线宽度调整，三是封面拉规调整，四是输封台调整，五是装载封面，六是封面定位规调整，七是封面背字歪斜调整。

图 8-29 上封机构

1. 侧规轨道调整

侧规轨道调整分为三个部分：一是轨道开度调整，二是斜度调整，三是背脊大小调整。

（1）轨道开度调整

调整时松开锁紧把手，转动调节手轮使数显器位置（图 8-30 左）定位在封面宽度 297mm 位置，锁紧把手即可。本例使用的是 180 克的上光铜版纸，一般调这样薄封面可以稍微紧一点（可以是 296mm），如果用厚点或覆膜的硬封面，轨道相对可以大 1mm 左右，主要是防止硬封面阻卡在轨道里，有时容易造成封面天头比书芯天头凸出来一点（对齐不稳定），这需要在调整中灵活掌握。

（2）斜度调整

一般情况下斜度是不需要调的（图 8-30 中，数显在 0 位）。此功能为调整两侧规相对于书夹固定板板面平行或倾斜，在出厂时已设定好，符合标准的封面不需要调整。

（3）背脊大小调整

调整时用方孔摇把插入“背脊大小调节杆”（图 8-30 右），调到 6mm，锁紧把手即可。

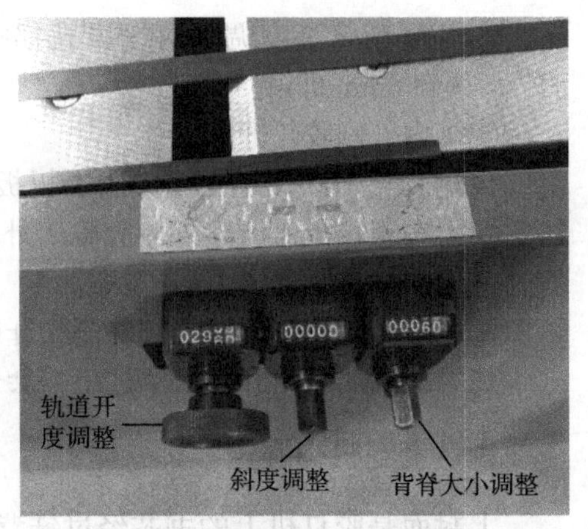

图 8-30　侧规轨道调整

2. 压痕线宽度调整

封面压痕机构装置在飞达输出和封面定位装置的中间，其作用就是沿着封面书脊上下压四条硬痕线，中间两条压痕线是书脊的等宽度定位痕线，它能使书本的书脊上下的棱角更加清晰，压痕圆刀是向下方向压线，使封面能向上折叠。中间两条线到外边两条的距离是侧胶粘接宽度，也是封面向外翻阅的折线，压痕圆刀是向上方向压线，可向下折叠。四条封面压痕线均采用正、反槽压痕，能降低厚封面倔强力，避免打开书的封面时将书芯第一页带起而出现该书页断裂，露出胶底等。同时压痕线的误差应控制在≤1mm 为宜。

（1）封面压痕的间距

封面上进行压痕，要根据书本书背的厚薄情况确定四条压痕线的间距。要求封面压下的中间两条硬痕压痕线与书本的厚薄度相一致，同时封一和封四压痕处没有明显的痕迹印。中间两条压痕线到两条边线的间距应根据侧胶的宽度来确定。压痕线宽度（压痕刀开口尺寸）就是书芯的厚度，调节时只需调整外侧压痕圆刀和里侧压痕圆刀的间距即可（图 8-31）。

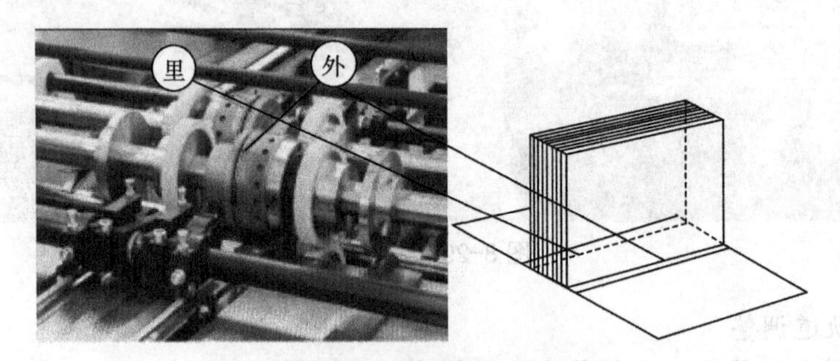

图 8-31　封面压痕机构

（2）封面压痕的深浅

压痕的深浅取决于该对上下压痕轮的压力大小，压力加大压痕深，压力减小压痕浅，压痕要清晰、线直，不能将封面压裂、压断、压皱、压歪斜。

调整时，松开锁紧把手，转动“外侧压痕线调节轮”（图 8-32），调到 6mm，锁紧把手即可。

里侧压痕刀位置在出厂时已经定位，一般不做调整，最多做一些微调。里侧压痕线与书夹固定板处于同一直线度上，如果误调会影响上封正确位置，校正要花一定时间。

3. 封面拉规调整

封面拉规为封面宽度一半（297÷2=148.5mm），调整时转动“封面拉规调节手轮”（图 8-33），调到 148.5mm 即可。

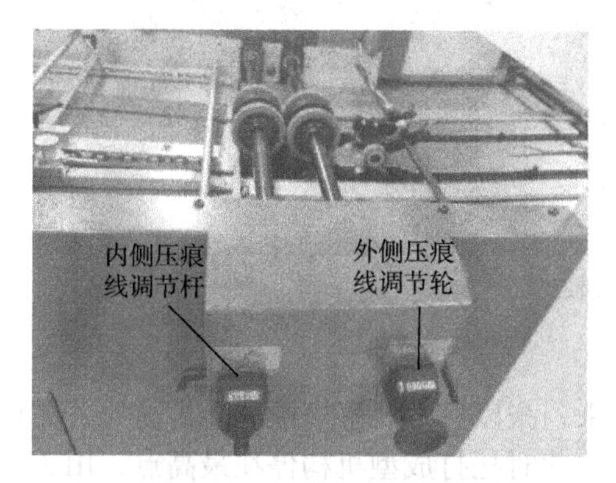

图 8-32 压痕线宽度调整

图 8-33 封面拉规调整

4. 输封台调整

输封台侧规（图 8-34）的大小也是封面的一半。调整时，将输封台上方侧规和给封侧规根据标尺（以外侧为基准）都调到 148.5mm 即可。

图 8-34 输封台调整

5. 装载封面

装载封面前先要检查封面是否符合生产要求，然后抖松后劈开封面，正确地堆放在输封平台上，封面铺设的高度基本与侧规高度平齐（图 8-35 左）。

装载好的封面应用手盘轮转动（图 8-35 右），左手按住封面、右手转动手盘轮，使封面在输送带上向前平稳运动直达前挡规，再把里侧挡规轻轻靠在封面上。不要直接把封面放入前挡规上，以免造成封面高度和衔接不齐整，正常生产时发生输出故障。

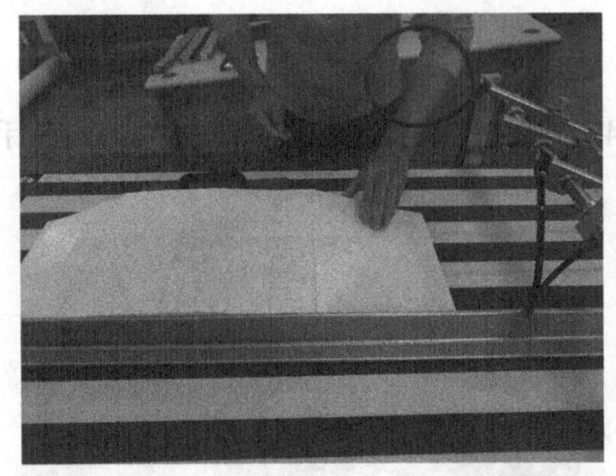

图 8-35　装载封面

6. 封面定位规调整

启动机器并点一下封面输出，让封面上来一张以后，观察当推规上封面与书夹相对应时，且书夹从转弯入平后，按零位停车，此时托打成型机构停在最高点，用 3 号内六角扳手将封面定位规上的锁紧螺钉松开，然后将封面前挡规紧靠封面成夹紧状态（中间不能有间隙，图 8-36），再拧紧螺钉即可。拿出此张封面看一下是否符合质量标准，如果有误差再微调一下。

7. 封面背字歪斜调整

封面压痕线与天头、地脚端面不成直角矩型时（即封面背字歪斜），这就需要校正封面侧规上的偏心装置，调整时松开偏心轴上面的锁紧把手（图 8-37），转动偏心调节杆，将侧规的倾斜度校正到封面背字标准位置，锁紧把手即可。

图 8-36　封面定位规调整

图 8-37　封面歪斜调整

机器全部调整完毕后，先试做一本，查看是否符合质量要求。运转机器、开启铣背工位，按生产速度设置到 10000 本 / 时，先试生产一本书，并检查此书成型效果、封面位置、胶水粘接等质量是否达标，反复调试直到满意为止。

8. 封面的工艺操作要求

胶订机对书芯的包封处理工艺，是由上封面机构来完成的。由于包封的精确度直接影响到书本的外形美观，因此上封面工艺操作要注意以下事项。

①封面上到书本上，背字要居中，版框要达到规格要求。

②封面书背上下两边要压四条印痕（压痕线），使封面包上书本后，封面与书本平服，而封面不发翘，棱角清晰，同时封面上压的四条印痕要直，中间两条痕之间相距的宽度尺寸应与书本的厚薄一致，并且压印的深浅度，应根据封面纸张的厚薄度不同而适当调整，封面包好后观察不到有明显的压痕为宜。

③封面（天头部分）与书本光头部分要对得齐，封面与书本之间不齐整误差最大不能超过 0.5mm。书本的开本越小，这个误差标准要控制越严（开本越小裁切边越小），双联本生产更应如此。

七、托打成型机构调整

托打成型机构（包本台）的作用是把封面正确地贴于书芯上，然后把封面在书芯上包拢并通过加压使书脊成型，黏合牢固。托打成型机构是利用铁制板块，将书芯夹紧定型，在夹紧时有个前进方向相对移动的动作，内外压板向内挤压及下托架同时向上使书背部分三面受压成型的过程，使封面与书背和书脊上下两侧黏结更加结实及平服。

托打成型机构是一个往复运动，其行程有两个动作：一是上托板在最上面时向前移动的速度和书芯的平移速度相同；二是侧托板也由于本身曲面槽和滚柱的作用向内挤压，使书本二侧面受压成型。

托打成型机构调整分为三个部分：一是 1 号托打成型机构调整，二是 2 号托打成型机构调整，三是落书通道开口调整。

1. 1 号托打成型机构调整

1 号托打成型机构（图 8-38）调整是根据书芯的实际厚度来调整夹紧板的压力（夹紧板开口大小）。调整前需点动机器，使托打成型机构位置处于最低点。

一般情况下两块夹紧板的开口比书芯小 0.5 ～ 1.5mm。调整时松开外夹板数显器上的锁紧把手，转动调节手轮使显示器的数值为 5mm，锁紧定位把手。

2. 2 号托打成型机构调整

2 号托打成型机构（图 8-39）调整有三个步骤：一是方圆调整，二是夹紧板开口调整，三是托打成型机构高低调整。

图 8-38　1 号托打成型机构调整

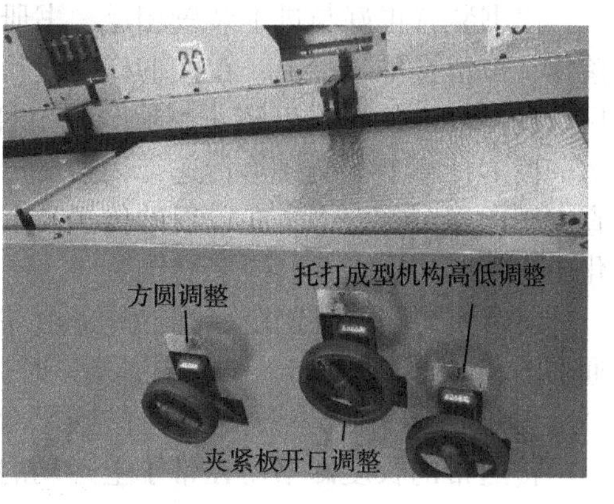

图 8-39　2 号托打成型机构调整

（1）方圆调整

调整时松开方圆数显器（图 8-39 左）上的锁紧把手，转动调节手轮就能改变书背形状的方和圆。顺时针旋转是圆、逆时针旋转是方，调整完后锁紧把手。

（2）夹紧板开口调整

一般情况下两块夹紧板的开口比书芯小 0.5 ～ 1mm，调整时松开外夹板数显器（图 8-39 中）上的锁紧把手，转动调节手轮使显示器的数值为 5.5mm，锁紧定位把手（2 号托打成型机构夹紧板与 1 号托打成型机构夹紧板的调整完全一样）。

（3）托打成型机构高低调整

托打成型机构高度调整（图 8-39 右）是根据书芯在夹书器的伸出量（一般在 10 ～ 12mm）、上胶厚度、热熔胶性质、封面情况等因素调整。如当胶水厚度过薄，为了防止小空泡产生，调高一点也是必要的。

调整托打成型机构注意事项如下。

①当托打成型机构底压板或侧压板粘上胶液后将影响书背成型的质量，必须及时使用刮胶棒（工具）刮除。

②锁线胶订产品由于书背锁线打孔及折缝等影响，会导致书背处高于书芯实际厚度，这就需要使用带倾角（-11°）的专用侧压板来完成夹紧，否则侧胶不能受压造成侧胶粘不住等弊病。

③两块夹紧板块与底托板间隙应小于 0.2mm（图 8-40），否则易出现岗线。书本定型后书背应平直，岗线≤ 1mm。

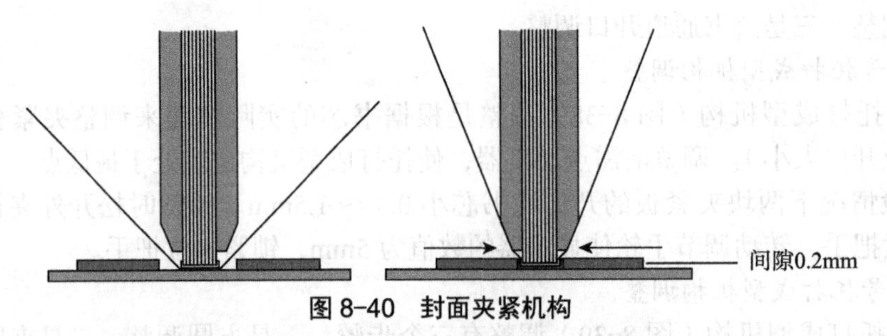

图 8-40　封面夹紧机构

3. 落书通道开口调整

出书装置正好与进本装置相反，书册完成定型后，书夹子自动打开，书本做自由落体，掉落在传送带上，在拨书杆的带动下向前移动，但拨书杆的位置要滞后于书夹后缘约 10mm 位置，以防止书册与拨书杆相碰，保证书本的顺利输出。如图 8-41 所示。拨书杆将书本交接给传送带，出书传送带是一段直立转向躺平的装置，书本也由直立转向横卧，使书本在以后的传送带上移动，始终保持躺平姿势，以确保书本在固化中不变形。

将落书通道的位置显示器（图 8-41 右）调整至书本可以顺畅通过为止，一般落书通道的开口比书芯大 5 ～ 10mm。调整时打开防护板，松开锁紧把手，用专用把手插入“落书通道开口调节杆”，把位置显示器数值调到 15mm，锁紧把手即可。

传送带的长度即书册在带子上运动的时间，一般为 3 分钟左右。可以根据书本的厚薄来调整传送带的速度，书本越厚、环境温度越高，所需干燥时间就要长，传送带速度就要放慢；反之就可以加快。如果天热要增加冷却时间，还可使书刊在传送带上 1/2 或 1/3 重叠输送。

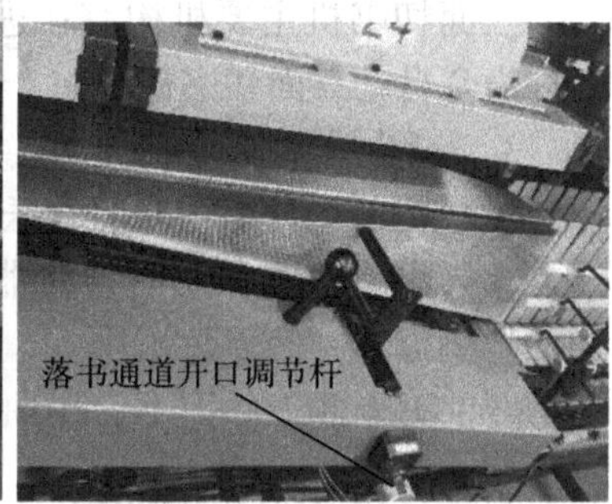

图 8-41　落书通道开口调整

八、无线胶订产品质量要求

无线胶黏订生产线的产品质量标准与要求有以下几点。

①书芯正文顺序正确，无错帖、颠倒、缺帖、多帖等差错。

②铣背深度 2mm 左右，以将最里面页张粘牢为准，无掉页、露底等现象。侧胶宽度为 3 ～ 7mm。

③包封面后，书背平整无皱褶、马蹄状，岗线小于 1mm。

④封面与正文吻合，封面无油脏、压痕、破页等，保证书籍外观质量。

第四节　三面切书机调整与要求

上了封面的书待干燥后，对毛本书要进行三面切齐，成为光本书。光本书就成为可供阅读的书了，它是胶订联动机工艺加工的最后一道工序。三面切书机对毛本书进行三面切光，切书由裁切机械来完成，裁切机械有单面切纸机和三面切书机两种。无线胶订联动机均采用三面切书机来裁切各种书籍、杂志等。三面切书机上有三把裁切钢刀（一把口子刀，二把头脚刀），它们之间的位置可按书刊开本的大小加以调整。

一、三面切书机的特点

三面切书机主要齿轮和间歇机构采用油路润滑，重要关节采用滚动和滚针轴承，前、侧刀采用快速换刀，台面采用插入式结构，无须拼装。主机和出书台有独立的变频装置，书推进输送带后，机器自动分堆，正确定位、压实、三面裁切、自动输出。辅助吹风、喷雾可进行时间调定，在不停机的情况下可微调书堆宽度的裁切尺寸，出屑口有排屑接口，便于纸屑从管道中排出。

1. 三面切书机切书的工艺流程

推书块将要切的书叠推出，输送带夹紧书堆向前传送，推书器把书推到压书板下，千斤自动压紧书叠，口子刀便向下移动裁切书籍的前口，紧跟着左右侧刀同时向下移动，按照调好的尺寸，裁切书籍的天头地脚，口子刀裁完后开始回升，侧刀裁完后与压书器自动上升复位，被裁好的书由出书机构的传送带送至输出带上。

2. 三面切书机的主要机构

三面切书机主要机构有：进本机构、裁切机构、输出机构等。操作全部自动化，故称为全自动三面切书机。

3. 三面切书机的特点

①裁切书本时书脊向前输送，先裁切口子，后裁切头脚。

②当没有书本裁切时，机器不停机，但前刀、侧刀自动在支承轴上转一个角度，切不到垫板上，使刀片耐用。

③前刀、侧刀的上下，用曲柄连续传动，没有间歇停转，机构简便。

二、三面切书机的调整

我们就以精密达 T-120 全自动三面切书机（图 8-42）为例，叙述三面切书机的调整。根据上一章节胶订联动机生产后毛本书芯规格（145mm×217mm），我们设置三面切书机技术参数为：5 本 / 沓进行裁切，成品裁切尺寸 140mm×205mm。三面切书机调整分为八个步骤：一是贮书斗调整，二是进本推书块调整，三是输送书沓压力调整，四是装裁切底座、裁切刀、千斤压板，五是裁切尺寸调整，六是千斤压力调整，七是推书毛刷调整，八是裁切生产。

1. 贮书斗调整

包好封面的书本由输送带一本一本连续输入，并经加速轮加速，把书本送入由挡板组成的书斗中。贮书斗挡板上装有两只光电探测开关。下面一只控制书斗中存书不足时，通知进本拨书块停止输入书本，同时口子刀空切，不与刀垫条接触；上面一只控制书斗中存书过多，为防止溢出，通知传送带暂停输送。一般下面一只光电探测头尽量放低一些；而上面一只放得相对高一些，使存书多放一些，只要不出现乱叠即可。

贮书斗大小是根据毛本书尺寸（145mm×217mm）来调整。调整时松开天头、地脚和后挡板上 4 个锁紧把手（图 8-43），把毛本书居中放入贮书斗中，毛本书的天头在右、地脚在左、前口靠身、书背朝前。调整左、右和后挡书板规矩，一般毛本书在贮书斗中，左、右和后挡板有 1～2mm 间隙，锁紧把手即可。

图 8-42 T-120 全自动三面切书机

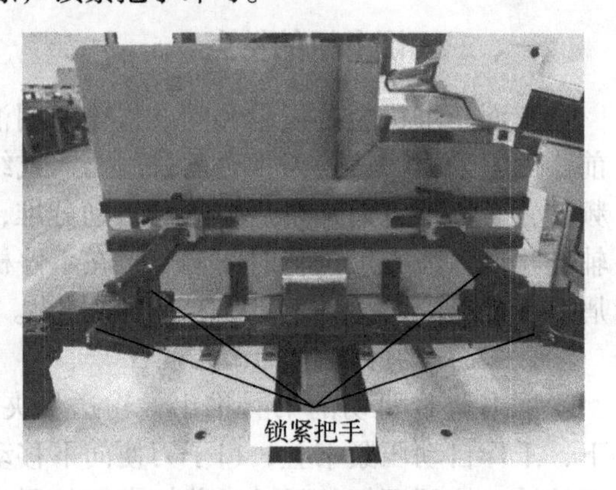

图 8-43 贮书斗调整

2. 进本推书块调整

进本推书块是由连杆带动推书滑架做往复运动的机构。

①书斗中的书本由进本推书块推出，送到上下输入皮带中间，上下皮带把书本夹紧送入裁切机构千斤下面。

②进本推书块可以根据书本的高低而选择不同高度的推书块进行调换。

③高度为被切书沓最上面一本书的 3/4 高度（或书沓压紧时 4/5 高度）为宜。

调节时推书块高度是要根据书本的厚薄来选择，一般要求要比书堆略低 3 ～ 5mm。同时推书块后退的位置必须退到离书堆 5 ～ 10mm 为宜。调整时松开星形锁紧把手，转动进本推书块高低调节手轮（图 8-44），逆时针旋转推书块升高，顺时针旋转推书块降低，直到推书块高度比书沓最上面一本书低 1.5mm，锁紧星形把手即可。

3. 输送书沓压力调整

输送书沓压力调整分成三个部分：一是压书轮压力调整，二是输送皮带压力调整，三是前挡规调整。三个压力调整大小都是根据书沓的高低来决定的。

（1）压书轮压力调整

按下显示屏操作界面“点动图标”（图 8-45，点动图标被点亮成红色），点动机器使毛本书沓向前运行到压书轮下部位置停机（图 8-46 左，此时压书轮中心到书背有 40 ～ 60mm 距离）。压力调整时，松开压书轮压力调节手轮上的锁紧把手，转动手轮就能调节压书轮压力的大小（图 8-46 右，顺时针转动手轮压力增大，逆时针转动手轮压力减小，一般要求既能压住书本又能拉动书本为宜），最后锁紧把手。调整好后，还要用手移动书沓检验一下压力大小，如果书沓能很轻易地移动，说明压书轮压力不够，容易造成书沓带不走或不能带到位；如果书沓纹丝不动，说明压书轮压力太大，容易造成书背弓皱或变形。

（2）输送皮带压力调整

输送皮带由上下两部分组成，上、下部各有两根，带动书堆向前移动。下部两根是固定不动的，上部两根安装在一个平行四边形的框架上，框架可以调节高低，用来适应被切书堆的高度，整个上部输送机构可以平行升降。

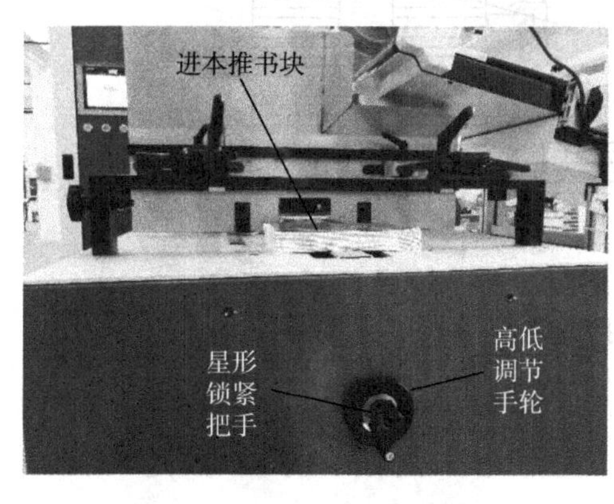

图 8-44　进本推书块调整图

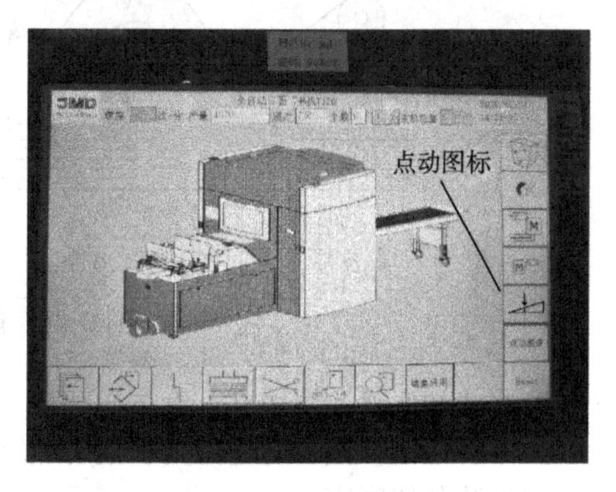

图 8-45　点动图标

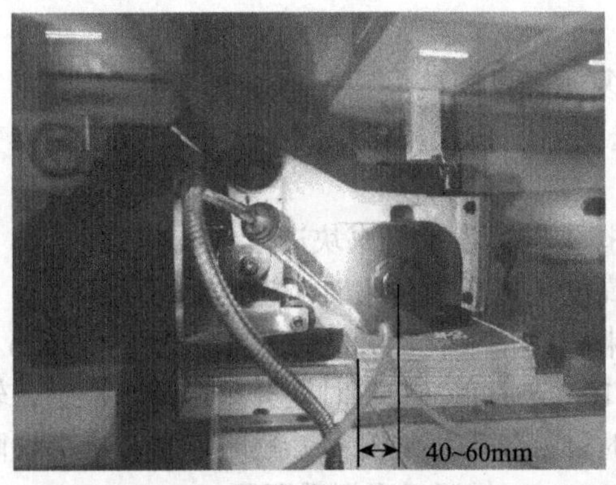

图 8-46 压书轮压力调整

点动机器使书沓停留在皮带长度的中间位置，用手移动书沓检验一下压力大小（和压书轮一样方法）。调整时，用 16 ～ 17mm 的开口扳手松开锁紧螺母（图 8-47），旋转压力调节手轮到所需压力后，锁紧螺母即可。

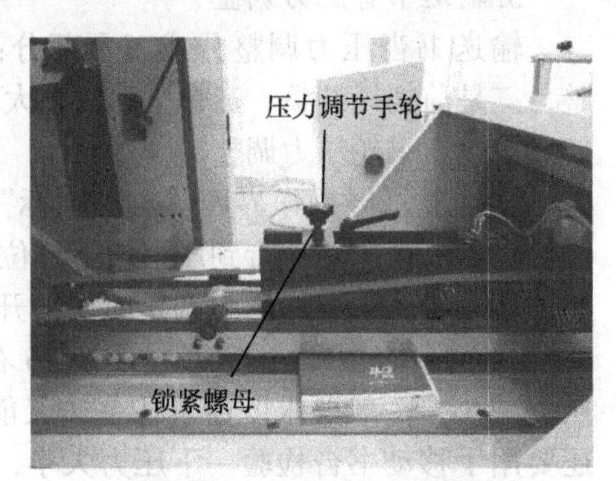

图 8-47 输送皮带压力调整

（3）前挡规调整

前挡规是装在输送皮带机构上的，应先调整好压书轮压力再调前挡规的高低。前挡规的高度应挡住第 6 本书的位置（挡住该书本高度的 3/4），而下面 5 本应顺利向前输送。调整时只需松开前挡规上锁紧把手（图 8-48），转动前挡规调节手轮就可上下移动前挡规，到所需位置后锁紧把手即可。

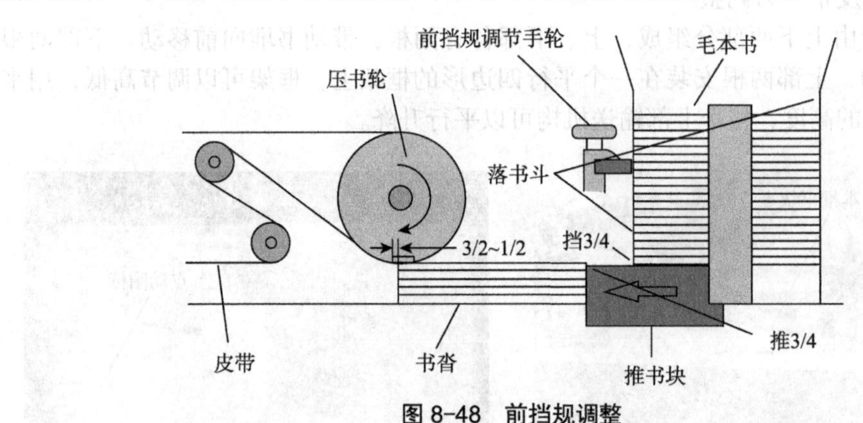

图 8-48 前挡规调整

4. 装裁切底座、裁切刀、千斤压板

三面切书机在裁切前还需安装裁切底座、千斤压板、裁切刀（图 8-49）。

（1）装裁切底座

裁切底座（图 8-50）是切书机在切书时，切刀下切与所切规格配合的底座，由底板和裁切刀条组合而成，根据不同开本规格选择不同尺寸的裁切底座。

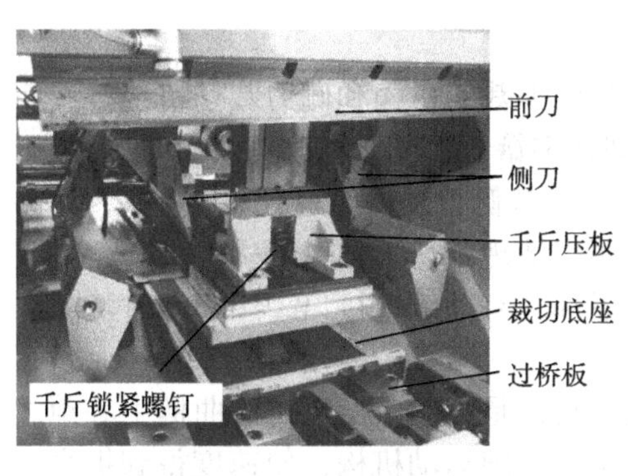

图 8-49　裁切前安装

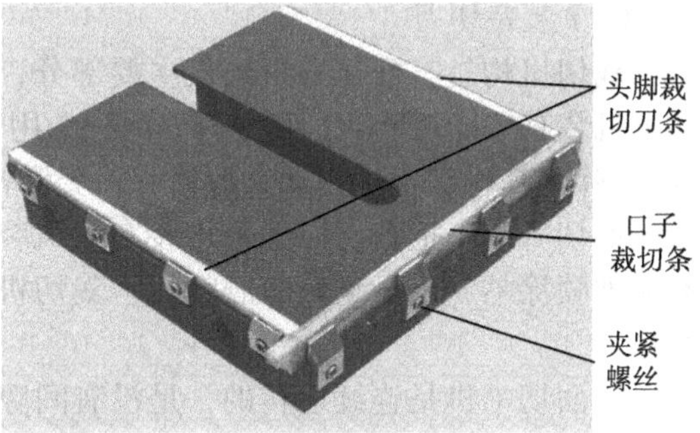

图 8-50　裁切底座

裁切刀条都要按照未切书芯的开本大小，即书册的长短尺寸来选择，刀条要预先制成，其规格尺寸可采用能用的几种，多备数条，以便换规格或损坏时用。另外，刀条可以翻转使用多次。刀条的调换十分简便，只要松开夹紧螺丝，换好后，拧紧夹紧螺丝即可。

装刀条时要注意：

①刀条与裁切台板之间应平整、光滑，刀条不应有凸出或凹进现象，如果刀条厚度不相同时，可采用调换或塞垫纸条方法，使之取得平整，以满足刀条在裁切中的要求。

②头、脚垫条与口子垫条的两处接缝必须紧密，是不允许有间隙的，以避免切书时出现连刀现象，影响裁切质量及正常生产。

安装裁切底座时需要注意，在对位时裁切底座前部抬起、后部下落，再将前部按下，裁切底座才能落位。按下显示屏操作界面上“千斤座”界面，点击右上方“裁切座锁紧气缸”键（图 8-51，此时裁切座锁紧气缸图标被熄灭，由红变灰），这样换上的裁切底座就被锁紧了。最后把过桥板挂钩松开，使过桥板恢复原来状态。

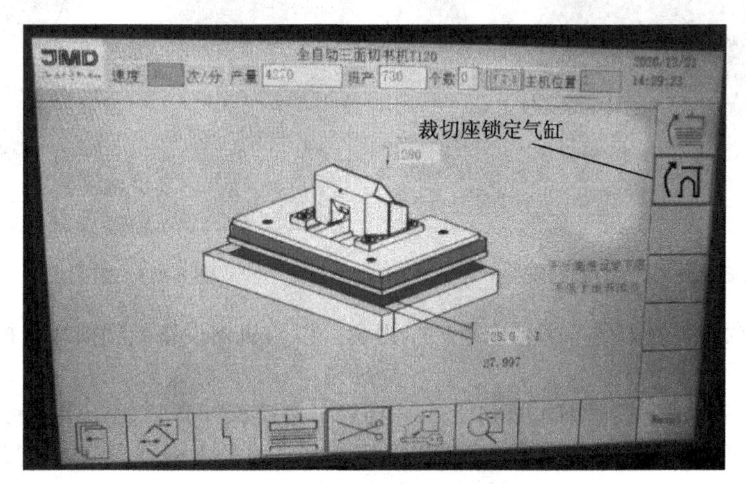

图 8-51　裁切座锁紧气缸

调整时必须注意：装裁切底座和恢复过桥板是同步进行的，不要遗漏了过桥板复位，以避免裁切故障产生。

（2）装裁切刀

裁切机构是三面切书机的最主要部分，分为前刀裁切机构和侧刀裁切机构。三面切书机装有三把切纸刀，其中侧刀两把（用于裁切书籍天头、地脚）、门刀一把（用于裁切书籍切口），通过传动大齿轮和一套槽轮机构，使侧刀及门刀先后动作一次，将书籍三面切齐。三把裁切刀架上均装有吹风装置用以清理裁切下的废纸边。头脚刀上装有硅油喷涂器，以防止热熔胶粘刀。裁切机构下部装有抽纸边接口，用以及时清除废纸边。

三面切书机是连续运转的，是没有间隙的运动，是通过曲柄机构的曲柄中心距放大，裁切只利用下降的一小段，由此节省了复杂的间隙运动机构，使速度得到提高。三面刀在无书本输入的状态下，口子刀和头脚刀都不进行裁切以保护刀片和刀条，即无空刀情况出现，以延长刀片的使用寿命，减少停机。

装裁切刀前必须注意：一是在装裁切刀前，必须把红色急停按钮按下，主要起安全保护作用，二是裁切刀必须套上防护刀壳才能安装，防止伤害事故发生，三是整个裁切刀安装过程中必须戴好手套，起到安全保护作用。

裁切刀的安装包括：装二把侧刀（头脚刀）和前刀（前口刀），先装侧刀，再装前刀。

①装侧刀。将一把侧刀沿侧刀座向前滑动，到位后用13mm开口扳手锁紧螺钉（图8-52）。再同样装另一把侧刀。

②装前刀。把前刀紧靠刀架上面的定位块，把刀略向上抬，然后向右插入，到位后用13mm开口扳手锁紧螺钉（图8-53）。

图8-52　头、脚侧刀安装

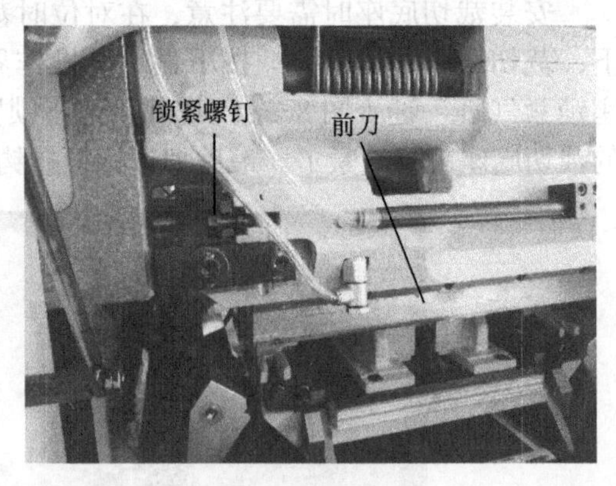

图8-53　前刀安装

必须注意：装好刀后，必须取下三个刀套，以防机器设备受到损坏、损伤。

（3）装千斤压书板

千斤压书板要先根据书本规格大小选择好，要确保千斤底座比木底板开本小，然后根据底座配制木底板（俗称压头板），是用20mm厚的木板制成，四边尺寸要比书本尺寸小2～3mm，木底板用专门螺丝固定在千斤底座上。最下层是用2mm或3mm的荷兰板裱制而成的纸板叠，高度约为10mm，三边尺寸要比书本尺寸大3～5mm，即纸板相对木底板的飘口是3～5mm。纸板层是用螺钉或胶水固定在木板层上的。压书板装上后，正常裁切前，要先试切，把书本和下面的纸板层的三面多余边一起切掉，这样压书板的规格与所切书册的开本尺寸就完全一致。更换开本尺寸后，旧的压书板可以保存，有待以后裁切相同开本的书册时再继续使用。通常随机配套有 8 开、16 开、32 开、64 开等多种规格千斤压板，裁切前可根据不同的开本尺寸调换不同规格的裁切压书板。对于小册子或书背脊相对比较高的书册，应根据书脊和切除量调节模板的角度，使书脊背对应的纸板位置，用快刀扦成楔形，保持书叠表面受压均匀，以避免书脊起皱和在切口上留下印痕。

安装 32 开千斤压书板的时候，需保持里面低外面高状态，然后向上抬到底后向前送，入位后，用 8mm 的内六角扳手拧紧千斤锁紧螺钉即可（图 8–49）。

5. 裁切尺寸调整

按下显示屏操作界面“点动图标”（图 8–45，图标被点亮成红色），点动机器到自动停机位置。按“尺寸调整键”（图 8–54 左，尺寸调整键被点亮成红色），弹出尺寸调整界面。如出现其他界面，则需按“转换键”切换到此界面。

调整时只需在显示操作界面上，分别点亮字母“B”“C”“D”“F”“H”键，就会出现数字输入框（图 8–54 左下），只需输入对应的数据（图 8–54 右，本次书本的裁切数据）。注意：每调完一个字母符号的数据尺寸必须按下回车确定键（才能储存），并且检查触摸屏上尺寸是否与所调尺寸一致，否则开机时会造成设备故障。

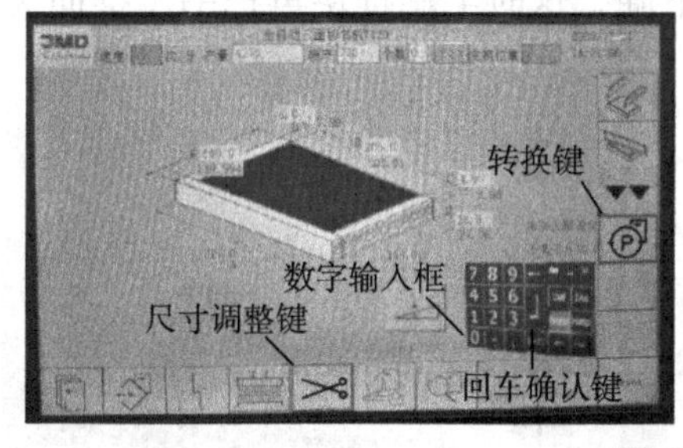

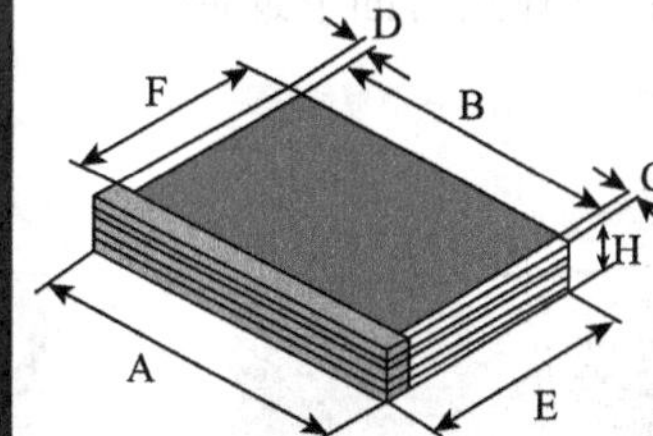

A：毛本书长度（217mm）
B：成品书长度（205mm）
C：天头被切尺寸（4mm）
D：地脚被切尺寸（8mm）
E：毛本书宽度（145mm）
F：成品书宽度（140mm）
H：书沓高度（29mm）

图 8–54　尺寸调整界面

6. 千斤压力调整

在切书过程中，为防止待切毛本书移位或松动的工位称为压书机构，俗称千斤。切书机的千斤是机械加气压传动，因为介质是气体，故能软性压缩，并使压力有增无减。千斤压力的作用是：在切刀下降裁切时，千斤压板将被切的书叠压紧，使书叠在切书时不因松散引起变形和尺寸不符合规格而造成损失或返修，当裁切完毕后，千斤压板装置上升，书叠可送出或输进，这样可以保证书叠裁切的质量规格。

调整时按下显示屏操作界面“千斤压力调整键”（图 8–55），把千斤高度设定为 27（为了保证裁切时书沓不发生位移，通常千斤高度数值比书沓高度 29mm 小 2 ～ 3mm，即 26 ～ 27mm 较为合适）。把千斤压力值设定为 270 千帕左右，千斤压力值根据纸张质量、书本厚度、封面整饰方式等因素而定，一般控制在 250 ～ 350 千帕范围内（即 2.5 ～ 3.5 公斤 / 厘米 ^{2}），对于厚、松的书芯和覆膜、UV 封面可适当加大些）。千斤压力过大书背容易压出褶皱且费刀；千斤压力过小压不住书沓，裁切中会发生书沓位移，造成裁切尺寸不准。

按“尺寸调整键”返回尺寸调整界面，再按“总确定键”（图 8-56）启动调整程序，等红字“调整中，请稍候……”消失后调整就全部完成，所有绿框里的设定尺寸（新输入裁切尺寸数据）成为当前有效裁切尺寸（绿框里的尺寸取代了原来下面一行黑字数值），从而完成了整个裁切尺寸和千斤压力调整步骤。

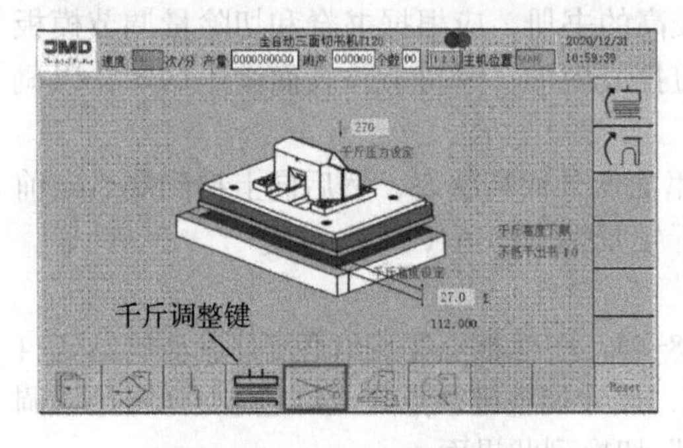

图 8-55 千斤压力调整界面

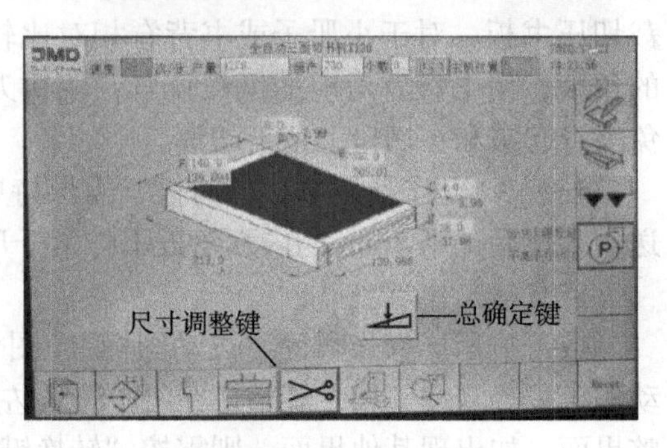

图 8-56 尺寸确认界面

7. 推书毛刷调整

书本由上下输送带送至千斤下面，由于是软性传动，每次位置略有不同。为了保证每次送至千斤位置不变，除了增加规矩机构外，还增加有毛刷推书块（图 8-57）。当被切的书本推至千斤下面时，后面的规矩已经下降，这时毛刷推块再把书本推向规矩位置，保证书本到位后下降到台面下返回。

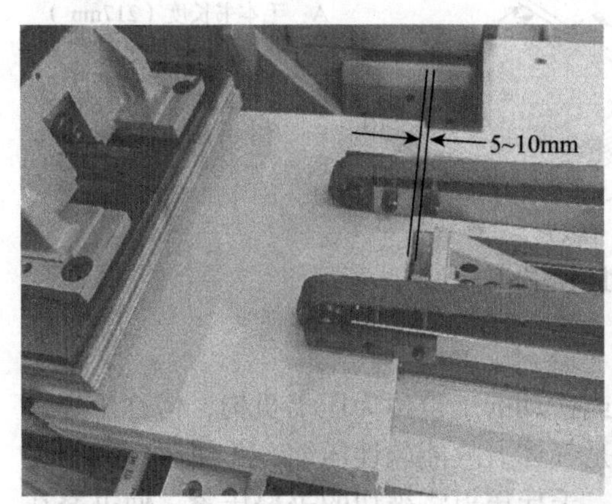

图 8-57 推书毛刷调整

毛刷推书块有两个动作。一是来回动作，即毛刷推书块做来回动作不断送入书堆；二是上下动作，推块返回时一定要下降，才能使输送带把书本先送到千斤下面。

点动机器使贮书斗里的书沓进入裁切工位，当推书毛刷架上部与输送台面平行时停机，此时推书毛刷与前口毛边的水平距离应保持 5 ～ 10mm（图 8-57 左，此距离过近，会造成毛刷碰撞前口毛边；此距离过远，会出现书本推不到位而造成停机），书沓越高、此距离应越大（较高书沓可以调整到 10 ～ 15mm 范围内）。调整时打开左侧小门，向后拉手轮（图 8-57 右），顺时针转动书长手轮，书本向后移动；逆时针转动书长手轮，书本向前移动，调整到位后推进书长手轮锁定即可。

注意：推书毛刷将书沓推入千斤压书板下面时（推书毛刷处于最前、最高位时），毛刷与前口毛边要有一定的压力（图 8-58，使书背紧靠前规，以保证前口裁切尺寸精度），此压力大小是根据书本毛边长短和书本质量而确定的。

8. 裁切生产

裁切生产包括贮书斗二次调整、压力测试、检查尺寸、裁切生产四个步骤。

（1）贮书斗二次调整

点动机器使书沓进入千斤压板下，当两侧规快要靠上书沓时停机，观察两侧规与书沓两边间隙尺寸是否一致（图 8-58）。如果不一致，则需调整贮书斗的左右位置（贮书斗与千斤座应在一条输送线上），调整时松开天头、地脚侧规锁紧把手（图 8-59），参考挡规上标尺同方向移动二个挡规到所需位置，锁紧把手即可。再次点动机器，验证从贮书斗输出的书沓是否调整到位。

图 8-58　侧规间隙、毛刷推力

图 8-59　贮书斗二次调整

（2）压力测试

点动机器使前刀开始裁切书本，当前刀刚裁切完书沓时停机，此时前刀处在最低点位置。查看显示屏操作界面右上方，红灯和绿灯检测亮不亮，红灯亮表示千斤压板压力过大；蓝灯亮表示千斤压力板压力过轻，两灯都不亮说明压力正好（图 8-60，蓝灯亮提醒“千斤压力过重”，需要重新校正千斤压力大小）。

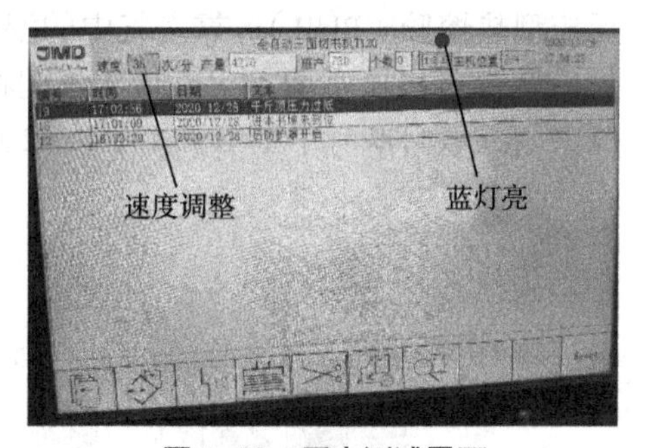

图 8-60　压力测试界面

（3）检查尺寸

点动机器使裁切后的书沓输出，用钢板尺测量书本的尺寸是否达到规定要求。胶订联动机成品裁切一共有三个检查点：一是成品长度为 205mm，二是成品宽度为 140mm，三是对角线尺寸相同。三个尺寸检查点允许误差 ± 0.5 mm。最后连续点动裁切书沓一次，检查书沓从输入到输出整个裁切动作的连贯性及成品质量标准。

（4）裁切生产

试切完成后，将显示屏操作界面按“点动图标”转换成回车（红色点动图标变淡灰），关闭防护罩，按回车就联机生产了。根据胶订联动机生产速度匹配要求，需调整三面切书机连续裁切速度（如35刀/分）。调整时只需在任何操作界面下，按左上角“速度”边上的绿框（图8-60），输入“35”次/分即可，三面切书机调整完成可以正常生产了。

三、三面切书机裁切质量要求

①裁切时要做到：无颠倒、无翻身、无夹错、无污损、无破损、无刀花、无歪斜、无上下刀、无连刀和折角。

②裁切的误差应做到：裁切书刊尺寸≤1mm；裁切精装尺寸≤0.5mm。

第五节　书刊PUR热熔胶的使用

PUR热熔胶不含水和溶剂，是固含量100%的湿固化反应型聚氨酯胶，加热融化后成流体，使用方便，被粘材料黏结后，借助于空气中存在的湿度和被粘物表面附着的湿气与之反应，生成具有高内聚力的高分子聚合物，使粘接强度、耐高温性、耐低温性能等显著提高。同时，PUR是一种高性能环保型胶黏剂。PUR与常用热熔胶（EVA热熔胶、PVA乳胶等）相比，具有高强度的黏合性，这一点也是PUR成为标准的书刊热熔胶的主要原因。

一、PUR热熔胶特点

在无线胶订中，普遍使用的是EVA系热熔胶，其具有黏合快、价格低、易操作（具有可逆性）、易保管等优点（图8-61）。但由于EVA系热熔胶受溶剂、温、高温等条件的影响，存在耐久性差、涂抹量大、不易开合、黏合强度不高、适应的材料较少、装订适性不好等缺点。针对EVA存在的不足，开发出了湿气反应固化型的聚氨酯反应型热熔胶（PUR），靠空气中的湿气促进硬化，有效地改善了EVA系热熔胶的不足。最新的PUR胶黏剂可适应于不同种类的纸张厚度，并且还可应用其他材料黏合。PUR无线胶订既有小型单机（图8-62），又有大型联动机。

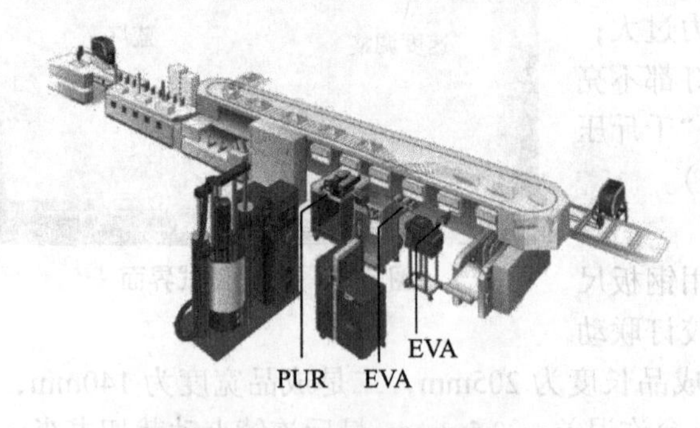

图8-61　PUE热熔胶解决方案

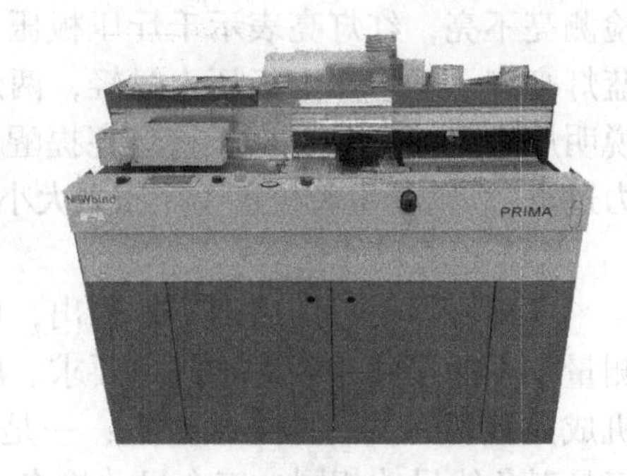

图8-62　PUR直线式胶装机

1.超强的胶黏性

PUR对于不同的纸张和材料具有优异的粘接强度，尤其适合难粘接的纸张，涂布干燥后的 PUR 的薄膜在高温和低温下具有良好的柔韧性。

2. 固化时间较长

由于 PUR 热熔胶的固化时间较长，所以联线生产速度不能太快，一般控制在 5000 本 / 时左右。根据外部条件的不同 PUR 的固化时间也随之变化，一般 6 个小时后就能达到 50% ～ 80% 粘接强度，根据空气的湿度、纸张的含水量、胶层的厚度，材料的渗透粘接，PUR 胶水在 48 小时后就完全达到最终的粘接强度（图 8-63）。

3. 书脊平整度

PUR 涂胶厚度在 0.3 ～ 0.6mm 范围内，比 EVA 热溶胶涂层薄了许多，也使包封台上很少有黏合剂被挤压渗出，两侧的夹板将封面牢固地包在书芯上，形成挺括的书脊。同时 PUR 胶层在干燥过程中具有一定的延展性和柔软性。由于 PUR 热熔胶工作温度低（120℃左右），因此在胶水涂布过程中书脊处纸张的水分不会丢失，从而使纸张纤维能够复原，这些性能使 PUR 装订的书刊可以无须手压即可很好地平摊开来，提高了读者的阅读舒适感（图 8-64）。

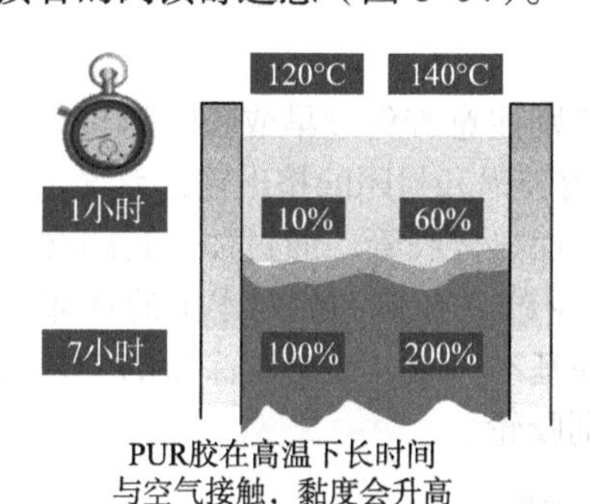

图 8-63　PUR 使用温度

图 8-64　PUR 打开性

4. 抗寒性和抗热性

由于世界各地气候条件差异很大，因此装订书刊需要对高热夏季和寒冷冬季的环境有很好的适应性。夏季放在车中或冬季置于寒冷地带的书籍或地图，要求有抗热及耐寒性。PUR 装订书籍基本不受温度的影响，在环境 100℃或零下 40℃状况下，依然能保持完好无损。由于 PUR 热熔胶一旦凝固，就不能再次熔化，因此并不会出现 EVA 热熔胶经常出现的散页、脱落、脆硬等现象，这些特性对于在不同温度环境下存放的书刊非常重要。

5. 切口光滑

PUR 热熔胶的涂胶厚度只有 EVA 热熔胶涂胶厚度的一半，没有较厚的材料堆积在切纸刀处，裁切时就不会出现参差不齐的现象，裁切时切口光滑无梯形，书封边缘也很光滑。同时在装书封皮的时候不会有多余的胶挤出来，使书脊保持清洁、挺括。

6. 耐溶性

PUR 是一种既耐溶剂又耐油脂的装订材料，固化的 PUR 材料可以渗入印刷所用的油和溶剂中。而传统的胶装材料，部分化学药品会使热熔胶薄膜慢慢变软，甚至溶解，从而大大降低了胶装的效果。

7. 节省锁线成本

许多锁线 EVA 胶订书本的成本已经完全超过了 PUR 无线胶订的成本（表 8-1），而且 PUR 取代锁线后可以大大缩短出书周期，获得较高的生产效率。

表 8-1　PUR 热熔胶与 EVA 热熔胶成本分析

	PUR	EVA
涂胶长度/mm	300	300
涂胶宽度/mm	20	20
涂胶厚度/mm	0.4	1
涂胶量/（克/本）	2.4	6

PUR 热熔胶的价格是 EVA 热熔胶的 4 倍左右，由于 PUR 涂胶厚度只有 EVA 三分之一左右，因此 PUR 单本胶的价格约是 EVA 的 2 倍。

二、PUR 热熔胶正确使用

由于 PUR 胶的特殊性（表 8-2），使用时要特别注意避免过早或长时间与空气接触而交联、固化，所以对于 PUR 胶而言，密封的预熔胶锅和封闭的挤出输送系统是必要的设备，PUR 胶挤出系统是将预熔胶锅 PUR 胶泵入加热橡胶管，通过加热封闭橡胶管把 PUR 注入上胶锅或喷嘴，然后通过上胶轮或喷嘴将 PUR 胶涂布到每本书的背部。

PUR 热熔胶的使用和 EVA 热熔胶的使用原理基本一致，热熔胶涂布的工艺流程：预熔区→橡胶管→上胶装置（上胶锅 / 喷嘴）→刮胶轮。

表 8-2　PUR 胶的性质

黏度/（mPa.s）	2.500 ～ 4.500
涂布温度/℃	120
装订强度/（N/cm）	15以上
胶层厚度/mm	0.3 ～ 0.6
颜色	白
上胶系统	喷嘴或滚筒式涂布轮上胶
工作温度/℃	预熔区：90 ～ 110
	橡胶管：110 ～ 120
	涂布轮/喷嘴：115 ～ 125
	刮胶轮：150

PUR 遇到过度加热（140℃以上），会释放出异氰酸盐气体，对人体造成影响，如刺激眼、鼻、喉的黏膜，人吸入大量烟气时会引起头痛等症状。因此常用的作业温度不能超过 130℃。从安全方面考虑，对胶的加热最好设置温度控制装置和局部排气装置，促进气体的扩散。遇到较厚书册的装订时，为了防止书脊变形和避免胶黏剂黏附到裁刀刃上，需要配置足够长的传送带。

1. 桶装熔胶机

PUR 预熔区系统由预熔胶装置、箱体、密封胶缸装置、内置活塞泵、加热装置、PUR 原料桶等组成（图 8-65），预熔区的 PUR 是在完全密封的状态下熔化。

桶装 PUR 预熔胶机都采用压盘式工作原理，即通过压板向下运动，熔融的 PUR 胶水受压从出口通道（接橡胶管）挤出。密封圈的作用一是防止 PUR 与空气接触，二是保持桶内的输送压力。

压盘带有电加热装置，能使桶装 PUR 接触压盘后达到预热温度熔化。该系统加热特点：仅对桶内最上层即将挤出的 PUR 加热，而桶底基本是不热的。图 8-66 中深色区域 PUR 的温度约为 110℃，次深色区域的 PUR 的温度约为 85℃，白色区域的 PUR 的上部温度约为 50℃，底部的为环境温度。

图 8-65　PUR 桶装熔胶机

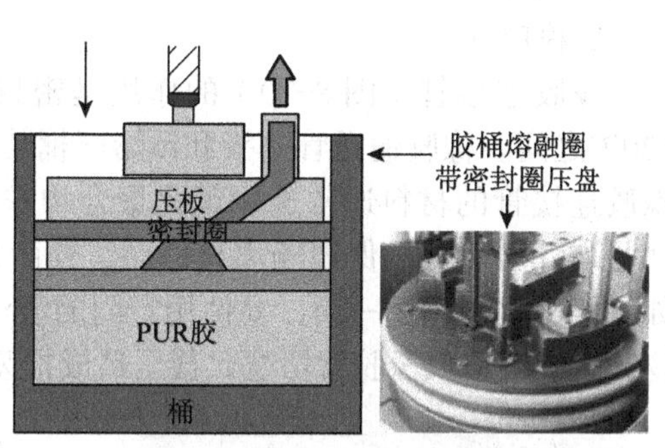

图 8-66　胶桶熔融示意图

PUR 换桶操作步骤（图 8-67、图 8-68）是：①开启桶盖；②剪开锡塑袋（锡塑袋一般向桶口外翻出，可以留在桶内）；③放入预置位；④压盘向下进入密封和加热状态。

图 8-67　换桶操作示意图一

图 8-68　换桶操作示意图二

使用完的空胶桶只要插入一根压缩空气管，上升密封压盘装置，空桶就会自然和压盘分离。若操作不当（如：压板下降过度，胶水受压过大会在密封圈处溢出，在内桶形成 PUR 环胶带，牢牢地黏结在内桶壁上），空桶和压板就不能分离。但不用担忧，生产商早就考虑到了这一点，所以桶壁材料均采用薄铁板，既保证胶桶受撞不变形，又便于用户分剪，因此只要用电工电线剪刀或老虎钳就能轻易将桶身“大卸八块”。当然每次换桶时都要对压板、压盘、密封圈等物件进行清洗，要保持这些部件的清洁。

当今各行各业的环保呼声都比较高，印刷行业也不例外，无论选用哪种新的工艺和材料，都不能忽视环保问题。尽管在使用 PUR 热熔胶的时候需要分外地小心，但由于 PUR 遇到高热（一般 140℃以上），会释放出异氰酸盐气体，对人体的健康有一定的影响，人们接触这种气体时，会刺激眼、鼻、喉的黏膜，当吸入较大量烟气时会引起头痛等症状，这是许多 PUR 热熔胶的用户面临的一个重要问题。因此，对于操作人员要有一定的防护措施，除了控制常用的作业温度不超过 130℃外，从环保安全方面考虑，对 PUR 热熔胶的加热最好设置温度控制和排废气装置，促进气体的扩散（图 8-69）。

2. 橡胶管

橡胶连接管（图 8-70）的作用是密封状态下输送 PUR 胶水，工作温度在 110 ～ 120℃之间。橡胶输送管一头和预熔区桶装熔胶机连接，另一头和上胶锅或喷嘴连接。橡胶连接管的材料通常选用氟化聚合物橡胶（具有抗腐蚀、长时间不变脆特性），中间是玻纤加热线及保温隔离材料层，外面是耐高温橡胶，能满足大幅度移动不损坏。如果停机时间超过一周，要使用专门的清洁液冲洗加热橡胶软管，以便去除 PUR 残留物，否则会造成橡胶管堵塞，甚至造成报废。

图 8-69 PUR 排废气管示意图

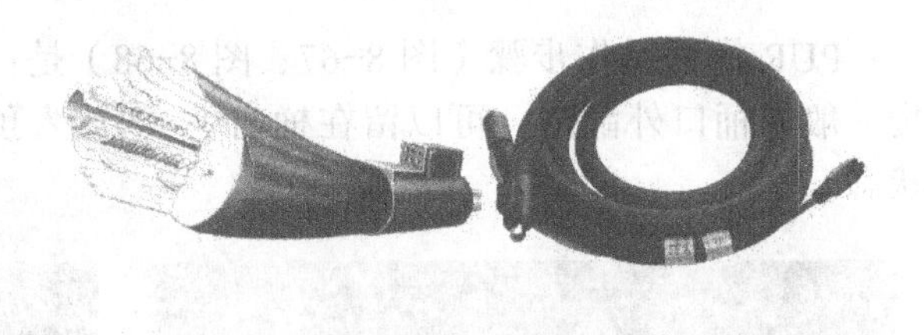

图 8-70 热熔胶专用连接管

3. 涂布装置

PUR 与 EVA 热熔胶相比，涂布量可以减少一半以上，如果加大涂布量，虽然强度有所提高，但会严重影响打开性。所以在保证一定强度的前提下，尽量减少涂布量，做到既省胶又能获得上佳的打开性和牢度。PUR 热熔胶涂布是靠喷嘴来完成的。

喷嘴（图 8-71）通过开闭阀来控制胶液流量，由于与空气隔离，可避免胶液固化而造成浪费。对于侧胶的涂布，喷嘴的优势显而易

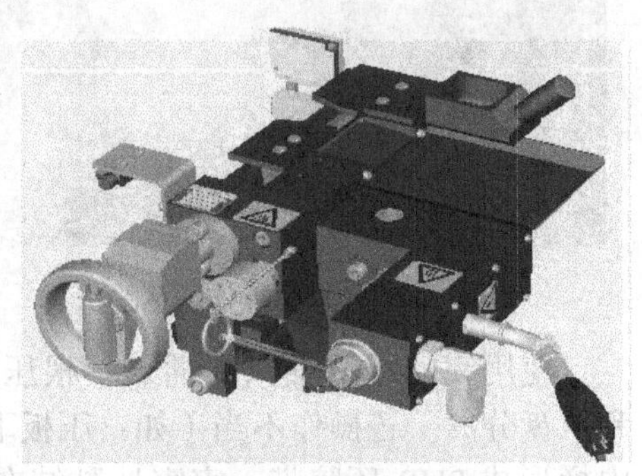

图 8-71 喷嘴上胶机构

见，不但均匀而且可以避免薄纸卷曲现象的发生（非接触式）。PUR 热熔胶要求使用的胶锅是密闭的，防止直接接触空气。喷嘴的使用和维护相对方便，喷嘴系统整个处于密封状态，仅在施胶时由书脊和喷嘴接触施胶，不用时只需要用黄油封住刮枪嘴就可以了。

4. 刮胶轮

刮胶的作用主要是控制上胶厚度，其最佳工作温度为 150℃。由于 PUR 的涂层在 0.3 ～ 0.6mm 左右，仅是一般 EVA 涂层的二分之一或三分之一，因此刮胶轮的高低调节非常重要，应根据不同的书刊厚薄来控制胶层厚度。

在 PUR 热熔胶胶箱中，由于在使用过一段时间后会被厚厚的胶黏剂所覆盖，只有清洗后才能去除掉，因此要注意及时清洗。作业结束时容易清扫的涂布装置，刷胶结束之后必须把 PUR 剩余物清除干净，清除黏附的余胶。此外还需要减少胶黏剂的温度压力，操作温度必须处于优化状态下。

三、PUR 热熔胶使用要求

鉴于 PUR 热熔胶装订是一种新的技术方法，在使用中难免会出现一些问题，因此，要注意掌握热熔胶的特性和使用技术，才能保证书刊胶订质量。

1.PUR 保质期和储存条件

通常在阴凉干燥储存条件下，PUR 产品在完好的原始包装中可储存 1 年不变质，但开启使用后在封闭状态下 PUR 大约可以保存 3 个月。在包装已经开启后，应该马上使用并尽快用完。应根据不同的设备选择相匹配的 PUR，因此，选择钢桶灌装的 PUR（如 20 公斤 / 钢桶），质量相对优于散装颗粒（图 8-72）。

图 8-72　PUR 桶装、袋装

2.PUR 使用的注意事项

掌握设备性能、材料的特性和使用技巧，才能发挥 PUR 良好的优势。注意事项如下。

①使用 PUR 必须采取一些预防措施，以防止 PUR 交联不充分，导致胶层脱落。为了满足 PUR 胶装的需要，已经有专门用于 PUR 胶装的敞开式胶锅和闭合压力喷嘴系统。利用轮子涂布的 PUR 装订设备也需要不受空气湿度影响的密封预熔装置、作业结束时容易清扫的涂布装置，刷胶结束后必须把 PUR 剩余物清除干净，涂布辊要做到容易装卸并且把黏附的胶除去。

②如果连线作业在遇到较厚书册的装订时，为了防止书脊变形和避免胶黏剂黏附到裁刀刃上，需要配置保证干燥时间的传送带。在设备选购时就必须充分加以考虑，一般 PUR 从涂布完成到三面裁切必须有 3.5 分钟以上的固化时间做保证。另外三面刀在裁切 PUR 产品时，也要开启头脚刀口喷硅油装置（必须配置），以防黏刀。

③ PUR 热熔胶的预熔需要特殊的设备。封闭挤出系统由预熔装置、箱体和连接管组成，为了保证持续及足够的胶水流出，对于非常厚的书籍，熔化板和橡胶管的温度应该升高 10℃。当机器长时间停止时，预熔及应用温度应该降到最小值，在较高温度

中过度的暴露会导致黏度的升高。

④使用 PUR 热熔胶时，书背开槽间距和深度与使用 EVA 基本相仿。PUR 除了保持传统锯齿外还增加了一道微刻锯齿装置（图 8-73），用来进一步增加单页纸张之间的夹持牢固度。微刻锯齿间隙在 1mm 左右、深度在 0.1 ～ 0.2mm 左右。锯齿过深会增加多余的胶黏剂量、降低打开度，锯齿过浅影响装订强度，所以涂布量、锯齿深度与牢度、打开度之间有一个平衡点，操作时要寻求最佳形状。

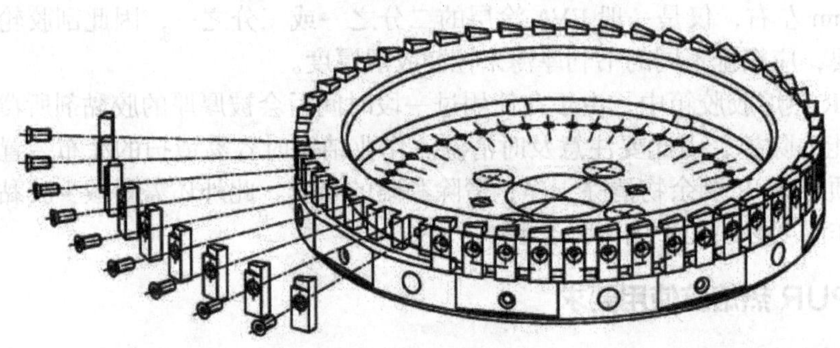

图 8-73　PUR 微刻机构

第六节　书刊装订强度测试仪的使用

书刊装订强度测试仪（图 8-74）用于对胶订产品进行拉力强度检测，并即时打印出数据值。改变了以往产品质量检验依靠目测和手工撕拉的主管评分方式，用科学的、量化的方式进行客观数字化检测，避免了人为因素造成的评分误差和误判。书刊装订强度测试仪是一台多参数、自动采集测量数据的书刊黏结强度测试仪，其借助 ARM 处理器进行数据运算和处理，确保了采样的实时性和高精度，采用了 5 寸高分辨率 TFT 彩色触摸屏，具有操作简便、大容量统计数据、存储、即时打印和瞬间过载停机等功能（图 8-75）。书刊装订强度测试仪的正确、合理使用直接影响到检测数据的准确度和精度。

图 8-74　书刊装订强度测试仪

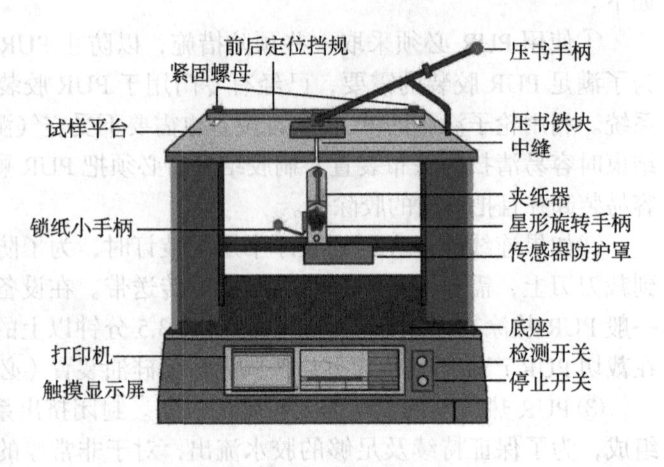

图 8-75　测试仪组成

一、安装和使用注意事项

①书刊装订强度测试仪是高灵敏度检测设备，必须远离有强磁场干扰的场地。

②书刊装订强度测试仪要安放在牢固、平稳、无震动的场地或桌面上（仪器重 40 公斤），环境温度、湿度、防潮、防尘条件应符合规定要求。

③为了保证书刊装订强度测试仪的检测精度，首先必须保证书刊装订强度测试仪的水平位置和垂直位置，通常将气泡水平仪（灵敏度< 0.5mm/m）放在底座中央，如有倾斜则需采用底座下部四角垫纸的方法来校正横向、纵向的水平位置。

④每天开始测试前，需要热机 10 分钟。

⑤电源关闭或重启，再次打开的时间间隔必须超过 5 秒。

⑥操作人员要熟悉测试仪的使用说明，做好防锈、防霉的措施，定期进行维护保养。

二、触摸屏操作界面设置

开机后书刊装订强度测试仪进入操作主界面（图 8-76）。

曲线键：显示当前测试结果的曲线图。统计键：显示测试统计结果，再按存储键可存储统计结果。打印键：打印当前测试数据。调零键：显示值清零，此时夹纸器中应无任何页张。删除键：单击删除本次测试数据，双击删除测试所有数据。<键：单击查看前一次测试数据，双击查看前 5 次数据；>键：单击查看后一次测试数据，双击查看后 5 次数据。↓键：夹纸器向下运动。↑键：夹纸器向上运动。

打开主菜单键进入主菜单界面（图 8-77）。

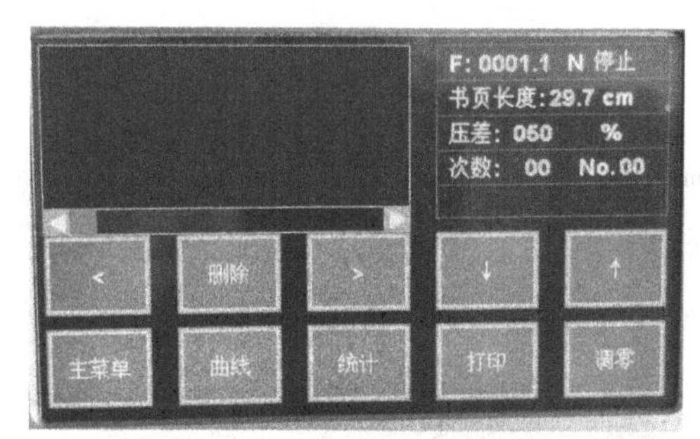

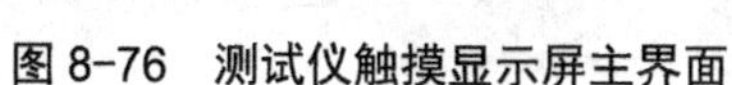
图 8-76　测试仪触摸显示屏主界面

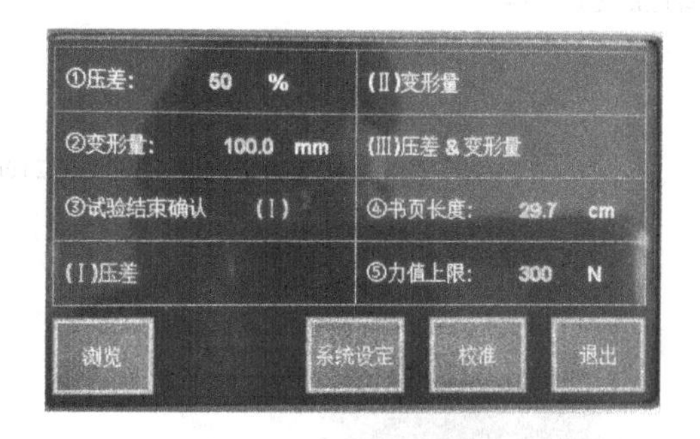

图 8-77　主菜单界面

①压差键：设定测试结束方式，以测试过程中当前拉力值和最大拉力值比值的百分数表示，当拉力值达到设定的压差比率时判定试验结束，通常设 50% ～ 70%，不影响显示数值准确度。②变形量键：设定测试结束方式，以测试过程中当前夹头位置和试验的初始位置大于设定值时则测试结束。③试验结束确认键：选择（Ⅰ）就是设定“①压差”方式，通常选择此项；选择（Ⅱ）就是设定“②变形量”方式；选择（Ⅲ）就是设定“①压差和②变形量”方式，即其中哪一项先到达设定值时，测试结束。④书页长度键：输入测试的书本长度。⑤力值上限键：测试过程中当拉力值达到设定值时，即表示测试合格，试样本页张可以不被拉断，夹纸器自动返回初始状态。浏览键：查看存储的以往统计数据。

打开系统设定键进入子菜单界面（图 8-78）。

①测试速度键：夹纸器向下运动的最大测试速度为 200mm/min，一般选用 50mm/min 即可。②返程速度键：测试完成后夹纸器向上复位的最大返程速度为 200mm/min。③厂家保留键：功能预留，为以后扩展功能使用。④日期、时间键：设置当前日期和时间，按确认后保存。⑤单位键：根据需要选择 N（牛顿）、kg（公斤）、lb（磅）。⑥语言键：根据需要选择中文或英文。⑦厂家设置键：工厂出厂设置，用户不需要设置。⑧清空历史数据键：当用户不需要历史数据时，按此项并输入密码“1234”，即可清除历史数据。

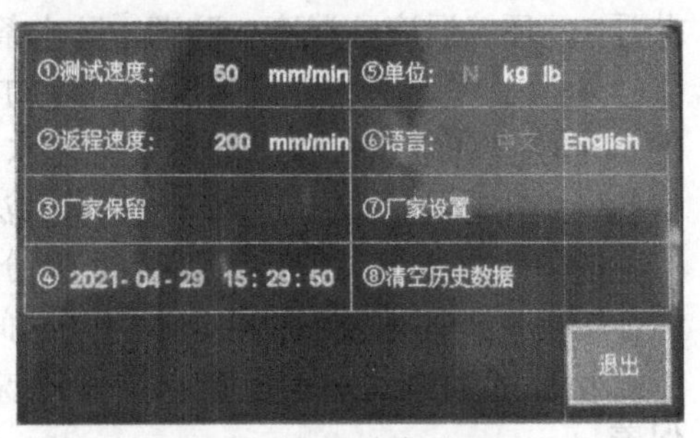

图 8-78 系统设定界面

三、书刊黏结强度检测方法

根据国标（GB）胶粘订书刊黏结强度检验方法，在 23℃ ±3℃的环境下，将所测试胶粘订书刊中间书帖的中心页，通过一平板中间的细条缝，此时该书页两侧其他书页应以该细条缝为中心线，平铺于平板之上，为使其平铺可以使用重物静压其上。之后用夹具将书页固定住，以使书页可以均匀承受缓慢增加的静态模拟拉力。一般情况下，夹书器的位移速度不应大于 5mm/s（即位移速度 ＜ 300mm/min）。当书页所受外力 F 与书页长 L 的比值大于 4.5N/cm，书页未从书背处脱落即可判断该胶订书刊的黏结强度合格。

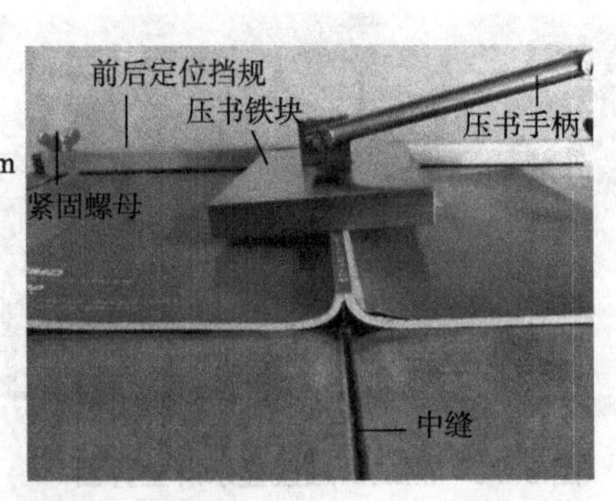

图 8-79 试样平台书刊页张定位

1. 试样平台上书刊中心页定位

我们就拿前面三面刀裁切下来的胶装本来进行检测叙述。胶装书本的书芯共有 64 页 128P（图 8-79），因此书芯中心页是第 32 页（即正反版面 63 页码和 64 页码），也就是被测中心页。如果不检测中心页而是选择检测两边的书页，则拉力测试值要小很多，就可能达不到国家标准规定数值（4.5N/cm）。

打开被测胶装书本翻到中心页，抬起压书手柄，将中心页沿试样平台中缝向下插入，放下压书手柄使压书铁块静压在书背上，此时书背应平行于试样平台，无倾斜角。

2. 中心页在夹书器中的纵向定位

夹书器夹持书页长度范围：100 ～ 310mm。伸出试样平台的中心页，其长度方向应处于夹书器长度方向的中心位置，夹书器两端未夹书页的距离 X 要相等，本次书本测试 $X=$（310-210）÷2=50mm（图 8-80）。确保被测页张在夹书器纵向中间位置是为了防止页张被拉伸时形成单边受力，从而影响检测数据的准确性。如果两边 X 距离不等，只需松开试样平台上的前后定位挡规上紧固螺母，移动定位挡规到正确位置后将书本紧贴挡规，锁紧紧固螺母即可。

3. 中心页在夹书器中的上下定位

伸出试样平台的中心页必须穿过夹书器的中缝，而且书页应露出夹书器下端 10mm。向左旋转锁纸小手柄，按顺时针方向旋转夹书器星形手柄（图 8-81），使夹书器中缝向上对准中心页垂直位置，按测试仪触摸屏上的↑键，夹书器缓慢上升，使中心页进入夹书器的中缝，当中心页伸出夹书器下端 10mm 时，按停止开关，夹书器停止上升。如果伸出量过多或过少，可以通过↑键和↓键来校正中心页伸出的 10mm 距离。在测试过程中，当夹书器到达上下极限位置时会自动停止运动，此时按↑键和↓键可以离开极限位置。

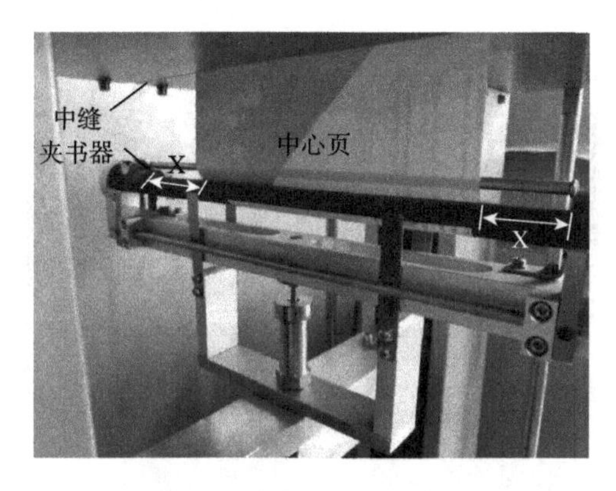

图 8-80　中心页纵向定位

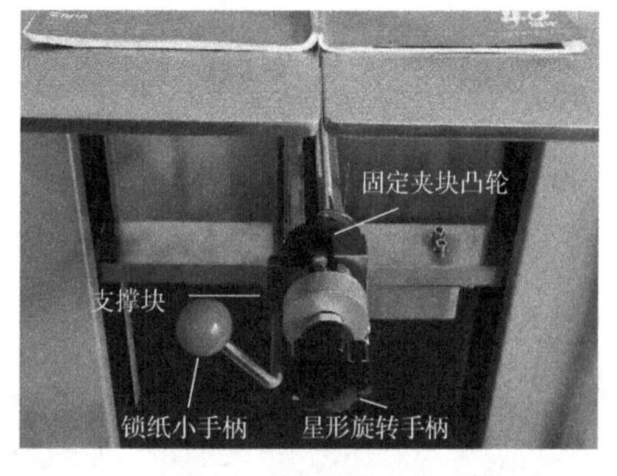

图 8-81　中心页上下定位

夹书器配备了缠绕自锁紧夹具，试样装夹方便牢固，配有万向节，能使书页各部分受力均匀，避免将书页撕裂而不是拉断。旋转星形手柄 3/4 圈，直到固定夹块凸轮平面旋转到支撑块平面上（能听到咔嚓声），此时中心页夹紧定位完成。如果星形手柄转动还达不到支撑位（中心页已被拉紧），则需按↑键来调节距离，直到完成中心页上下定位。

4. 中心页测试

测试前先要根据需要进行一系列参数设置（图 8-82），其中最重要的参数是书页长度设置为 21.0cm（本次检测成品书的长度为 210mm）。另外，参数设定好后，关机不会丢失，下次开机参数数据保持不变。

一切准备就绪后，按下检测开关（图 8-75）进入测量试验，夹书器会缓慢向下拉伸，拉伸长度（横坐标显示）和受力大小（纵坐标显示）会在触摸屏上显示对应测试过程曲线图（图 8-83）。

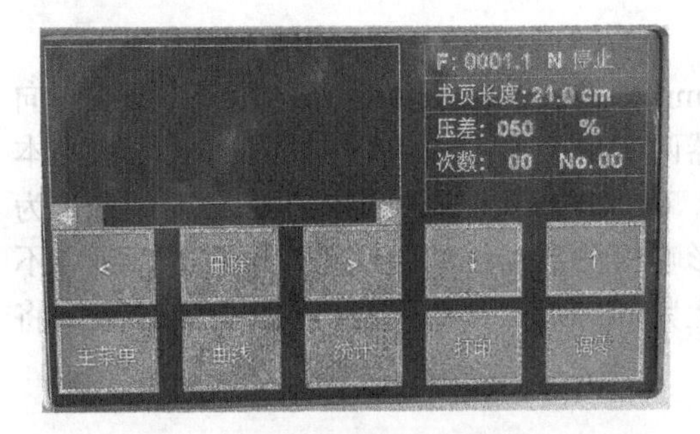

图 8-82 参数设置

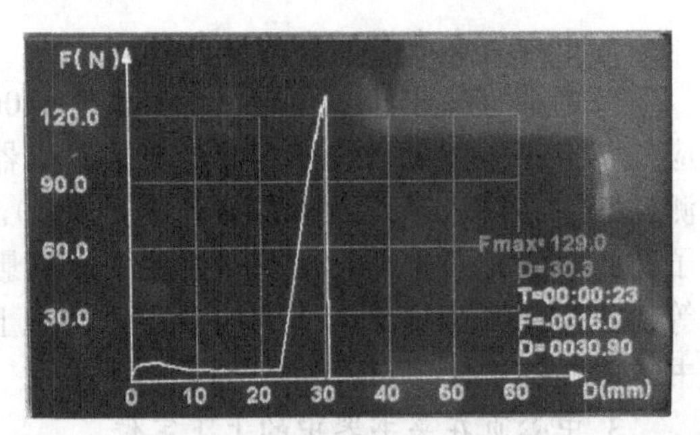

图 8-83 测试过程曲线图

当中心页被拉断时（图 8-84），夹书器停止检测，测试过程曲线图显示最大力值（图 8-85，F_{max}=129.0），检测数据经 ARM 处理器运算，触摸屏上显示本次检测相关数据（图 8-85），本次测试过程完成。按打印键（图 8-86），热敏打印机打印本次测试数据单，最后将测试数据单粘贴在被测书本上，作为此项质量检测依据。从本样品的书刊黏结强度测试数据 6.14N/cm（国家标准＞ 4.5N/cm）判断，该书本符合产品质量要求。

图 8-84 中心页被拉断

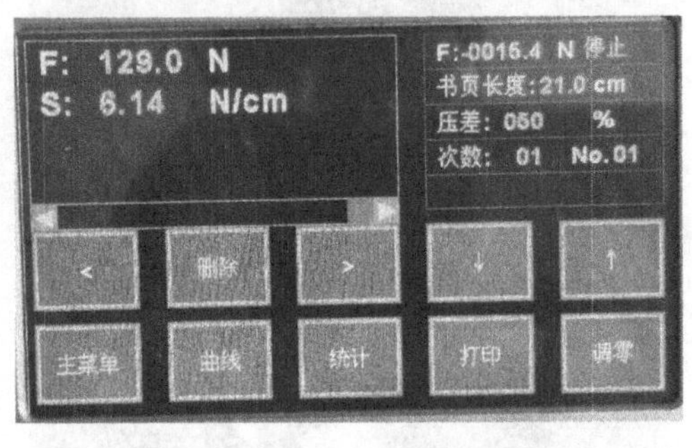

图 8-85 显示检测数据

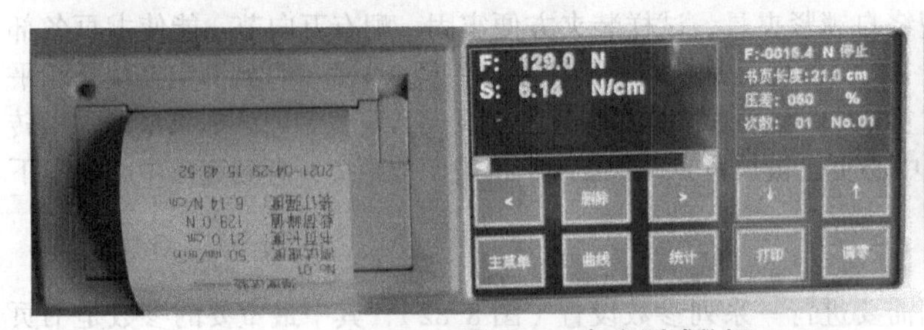

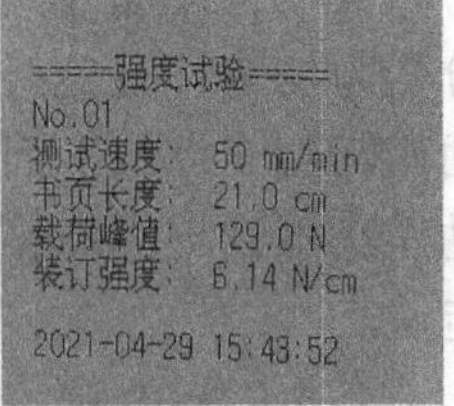

打印出测试数据

图 8-86 打印测试数据

逆时针拉住锁纸小手柄不动，再逆时针转动夹书器星形手柄，当夹书器开口向上（即夹口张开最大时）停止转动，取下被测书页，等待下一次测试。一组试样（最多可达 20 个）测试完成后，可按＜或＞键查看已经测试的数据。

四、使用注意事项

①胶装机生产下的产品不能马上进行拉力强度测试，一般需放置 1 小时（极限时间 0.5 小时）方可进行检测，此时的胶粘订书本黏结强度才能达到最大值，否则测试数据是失真的。

②检测过程中，不能触碰测量中心页、夹书器及相关运动部件，以防测量数值出现偏差及损坏测量元件，要待夹书器处于静态后才能进行相关操作。

③开机后，如压板没有受力时就有力值显示，说明零点不对，需要按调零键进行初始化，使力值显示归零。

④长时间不使用测试仪时，应给仪器罩上防尘罩。如双滚珠丝杠属于精密拉伸机构，进入灰尘会直接影响到检测精度。

第七节 书刊包装

中华人民共和国新闻出版行业相关标准对于书刊包装要求做到：按客户要求的每包数量进行打包，用专用包装材料包紧、包实，每包应加上标识。由于各地的情况不同，不同的出版社、仓储、物流对书刊包装要求也存在一定的差异，印刷企业的书刊包装一般根据出版社和新华书店的进栈规定来执行。

一、书刊包装要求

书刊包装主要使用纸张包装，对于一些有特殊要求的书籍也使用书套包装和装箱包装。

1. 包装材料

纸张包装。按照图书包装要求，将书摞放到包装纸上，使用手工或机械的方法，把书册和纸张压紧，用标识黏合剂将包书口两端封闭。也有用绳子十字交叉将书籍捆扎在一起，形成包件。一般精装书用 80 g/m^2 以上牛皮纸包装；平装书用 70 g/m^2 以上牛皮纸包装。如用其他纸包装，纸质须坚韧不脆、不破裂。

2. 包装方法

常见的机械包装形式是包装纸搭口在包装件两边书口处，使用手工包装时，也有包装纸搭口在上面的形式。书刊产品包装好后，在包件的两端贴上出厂封签（图 8-87）。封签上应写明以下内容：书名、数量、定价、版别、日期及送书单位。

根据用户的要求，运往外埠的书籍可用纸箱，防水牛皮纸（内放小包），或其他包装形式，外用包装带打包等。

3. 包装规格

①包件高度：8 ～ 32 开书刊外包装高度应控制在 200 ～ 220mm，40 ～ 64 开必须双摞包装。最高不得超过 230mm。

②成套图书一个定价的要配套包装；分本定价的要单独包装。

③包装纸搭口要在包件的两边书口处，包紧粘牢。

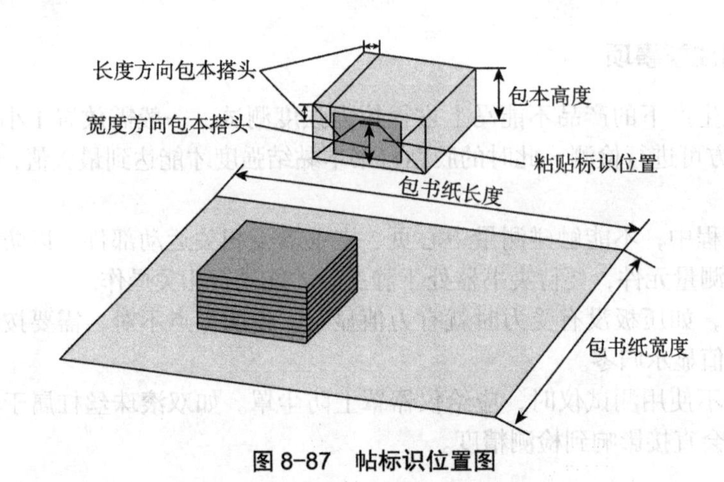

图 8-87　帖标识位置图

根据开本的大小、包本的高度，可以计算出包装纸的大小。

包装纸长度 =2× 书本宽度 +2× 书本高度 +2 个长度方向包本搭头

包装纸宽度 = 书本长度 +2 个宽度方向包本搭头

例：A4（210×297）开本书刊、包本高度为 210mm、长度方向两个包本搭头为 20mm、宽度方向包本搭头为 152mm

包装纸长度 =2×210+2×210+2×20=880mm

包装纸宽度 =297+2×152=601mm

④包装数量：按客户要求的每包数量打包，用专用包装材料包紧、包实，同时不损伤印刷品。同一版本不同版次的图书以 1 版 1 次的包本为准；一种书籍用纸的厚度有差异时，包装以厚本书为标准。

⑤每包内每刀交叉数规定如表 8-3 所列。

表 8-3　每包内每刀交叉数

装帧	每包数量/本	包内每刀交叉数/本
平装	2 ～ 10	2、4
	11 ～ 30	5、10
	30 ～ 100	10、20
	100 ～ 200	20、30、50
	200以上	40、50
精装	不分薄厚	1（必须对口）

4. 栈板堆放要求

书刊包的堆码方法取决于书刊本身的开本大小、形状、重量等性能，又要充分利用托盘的储藏空间，并确保堆垛的稳固性，因此堆码要求稳固性强，不超高、超宽、超重，为防止书包的相互错动、每二阵要垫废纸，每只托盘要用拉伸膜围紧，防止书刊错位、损坏。为了适用物流、仓储货架堆放要求，图书（储存时托盘要叠加堆放）一律使用双面栈板，期刊（发行时效性强、一般无须仓储）可以使用单面栈板。

向栈板上堆码摆放时要注意轻拿轻放，严禁扔、砸、踏，确保书刊完好无损。包装不合格所引起的印刷品受损，责任应由生产厂承担。

双面栈板的标准尺寸为 1100mm × 800mm，堆码时严禁超出栈板尺寸，根据堆码长度、宽度、高度，堆码稳定性和效果等特点，常用不同开本堆码数量如表 8-4 所示：

表 8-4　常用不同开本堆码数量

开本	每层数量	层数	开本	每层数量	层数
32开	33	5	16开	17	5
大32开	27	5	8开	8	5

二、标识制作

书刊包装的封签（俗称帖头子）就是物品的标识，一般封签上应写明以下内容：书名、书号、版次、数量、定价、社名、送书单位等。字迹要求清楚、不得涂改，书名写全称，数量、定价用阿拉伯数字。根据规定标识的尺寸长 =140mm，宽 =100mm，如图 8-88 所示。

书名	大学英语 （修订本）精读（3）	
书号	978-81046-276-1/H. 487	
版次	2版54次	
数量	每包	15本
定价	每本	17.20元
社名	上海外语教育出版社	
上海商务印刷股份公司 3/2008		

140mm

100mm

图 8-88　帖标规格

三、包本和码垛

1. 手工包本

手工包本适用小批量、短品种的包装（图 8-89）。一般手工包书粘标识的黏合剂均采用聚乙烯醇材料（成本低），小批量的也有用糨糊内放入一定比例的聚醋酸乙烯 PVAC 白胶使用。聚乙烯醇黏合剂可自己加工，即用聚乙烯醇粒子与水的比例为 1 : 7 溶解，采用水浴夹套加热来制作包书黏合剂。由于聚乙烯醇黏合剂在溶胶与使用时表面层会结出一层厚膜，给装订加工操作带来了很大的不便，再加上需要使用煤气或电热进行不间断加热，无论从安全、成本还是从节能环保角度考虑都是不经济的，可以从市场上直接选购 25 公斤桶装聚乙烯醇黏合剂，有不结皮、不变质、不发霉、不结冻、黏度好等优点，是手工包本帖标识的理想黏合剂。

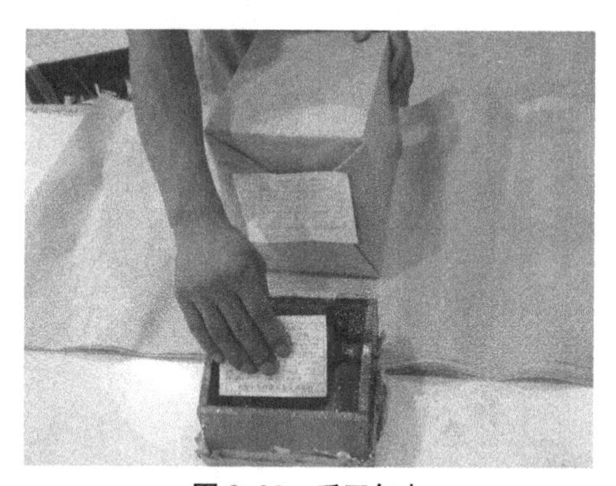

图 8-89　手工包本

使用聚乙烯醇黏合剂时要注意解决黏度和强度问题，要防止标识黏结不牢、张贴不平、张贴歪斜、皱褶、漏粘和黏合剂向外滋出弊病的产生。为了在刷浆时有效控制好黏合剂的厚薄，我们可以做一个简易上胶装置，就能使标识纸均匀涂上胶水。

2. 全自动打包码板机

精密达全自动打包码板机集成了自动堆积、垫板、打捆、包本、贴标、码板等功能

（图 8-90），能胜任小册子、胶装本、骑马订、精装本等书刊外包装的高速连线大批量码板，能进行单摞包装和双摞两列平行包装，降低了人工成本的同时也加快了出书周期，提升了生产效率。全自动打包码板机能实现在线监测和远程监控，智能化数据接口可接入 MES 系统（客户的生产制造执行系统）。如果在包本后增加喷码设备，就可进行客户信息的喷码打印，便于快递直邮。

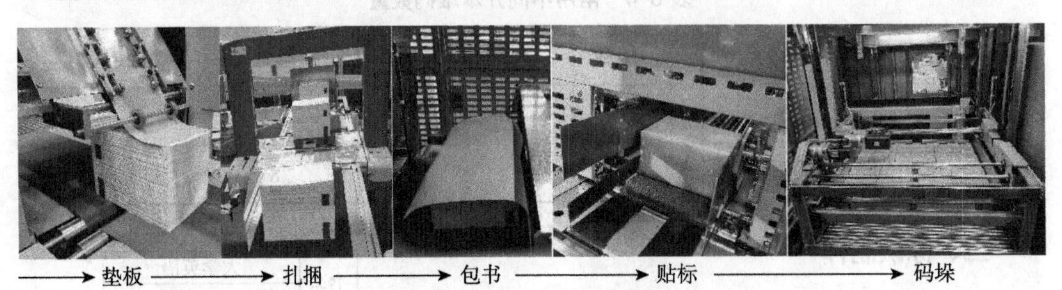

图 8-90　全自动打包码板机

第九章

精装

精装是书籍装订中工序最多、工艺最复杂、生产速度较慢、效率较低的装帧方法。只有高档书籍，如各种工具书、辞典、大型画册、文献、文学名著、招投标书等具有较高使用价值、艺术价值及长期保存价值的书籍才采用精装方法。精装书籍的装帧比平装书的精致美观；精装书的加工工艺与平装书的主要区别，是书芯和封面都要经过精致的造型，具有装帧美观、用料考究、护封紧固，装订结实，有利于长期保存等特点。

第一节　掌握精装造型分类

精装书造型种类多、工艺流程长，因此，其加工过程比较复杂。精装书的装帧是通过设计而决定精装书的造型和使用的装帧方法。精装书造型加工是指在加工中根据出版者需要所进行的各种形式的加工，主要分书芯造型、书封造型、套合造型三大类。

一、精装书造型形式

书芯造型是指经过折页、配页、订书、切成光本以后的造型装帧的加工。一般指对半成品光本书的变形装帧加工，通常有以下几种。

1. 方背和圆背

①方背，又称方脊。方背书芯的书背平直（图 9-1 左），与书芯上下环衬互成直角。考虑书芯折叠及订线等因素，书背部分厚度一般高于书芯厚度，印张越多越明显，因此，方背造型的精装一般适用于厚度 20mm 以内的书籍。

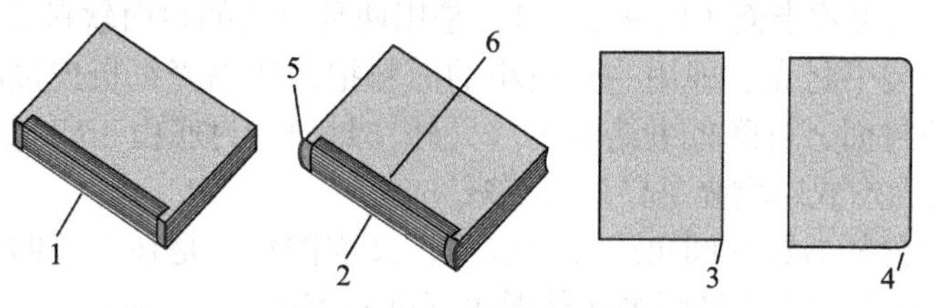

1—方背；2—圆背；3—方角；4—圆角；5—堵头布；6—书背布

图 9-1　书芯造型

方背造型工艺的书芯，在书芯三面切光后无须扒圆、起脊，但需要在书背上贴上纱布、堵头布和书背纸。

②圆背，又称圆脊。书芯经扒圆加工，背脊呈弧形，书芯厚度为直径，圆弧对呈130°（图9-1中）。圆背可分为圆背无脊（只扒圆不起脊）和圆背有脊两种。

2. 方角和圆角

方角和圆角的书芯造型，是精装书籍的常见工艺。

①方角。精装书芯的天头边线和地脚边线分别与口子边线相交成90° 的直角（图9-1右3），也是书芯按规格三面切净后的自然角。

②圆角。圆角书芯是将精装书芯的天头、地脚、口子三面切光后，在天头边线和地脚边线与口子相交的角，采用机械圆刀切成圆弧形的圆角（图9-1右4）。

3. 堵头布

堵头布又称绳头布和花头布。堵头布贴在书芯背脊的天头和地脚的两端，将书帖痕迹盖住，起到装饰作用，又能使书帖与书帖紧密相连，增强书芯的装订牢度。堵头布白色较多，其宽度在10～15mm之间，长度则按书芯后背的宽度或弧度来确定，当书封与书芯套合后，堵头布隆起部分露出书籍头脚的边缘，增强了书籍的美观性。

堵头布是带状的丝织品，一边有隆起，其余是堵头布脚，书芯经扒圆后，在其背脊的头脚两端齐书起脊的中间，贴上堵头布，隆起一侧露出书芯背的头脚位置即可。

4. 软衬和硬衬

精装书籍书芯上面和底面，均粘有二张衬页又称环衬，一般环衬用100克胶版纸或书写纸，称为软衬，一般用于黏合套（书芯与书封配套黏合）；如用组合活络套（塑料封面套或贴塑纸环合包套）就应在上环衬和下环衬页上用300克白卡纸黏合成硬衬纸，故称硬衬。

5. 筒子纸

指在厚度大的书籍书背上另粘一层筒形纸，筒子纸一面粘在书背纸上，另一面粘在中径纸板上，以增加厚书强度，使之不扭曲变形。

二、封面造型形式

精装书封面（书壳）分为封面、封底和中径三个部分，由于封面装帧用料和造型不同，因此书封壳的名称和加工方法也各有区别。

①整面。整面（图9-2左）是指在书封壳制作中，采用一张织品、皮革、人造革、纸基涂塑、丝绸等材料，将两块书壳纸板及中径纸板联结后制成在一起的精装书封壳，即用整块料作表面料制成的封面。

②接面。接面也称半面（图9-2右），是用两种以上的封面软料拼接起来、将纸板组合糊制成的精装书封壳。即用一张较小的面料把两块书壳纸板连接起来，采用这种装帧设计制作的封面，可降低书籍成本。另外，封面、封底由于印刷图文和装帧的需要，也会采用接面形式以增强书籍外形美观。

③包角。对精装书封的圆角或方角包角，又称镶角。是在书壳四角镶上与封面不同的其他材料，镶角封面能增强书籍外形美观度和牢度。

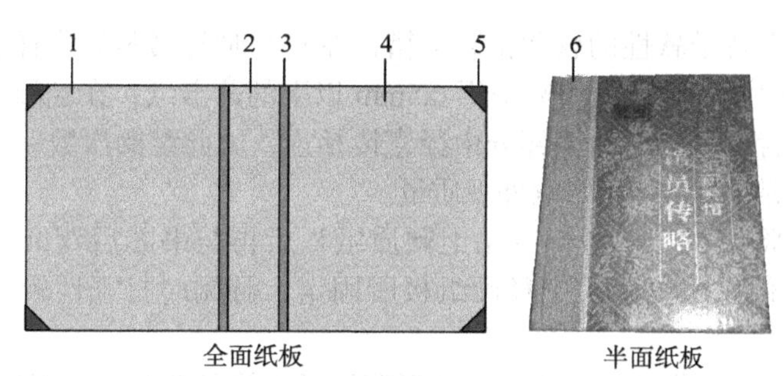

全面纸板　　　　半面纸板

1—封面；2—中径；3—中缝；4—封底；5—包角；6—中腰布

图 9-2　书封壳造型

④活络套和黏合套。活络套和黏合套是指书芯与书壳配套的工艺形式。活络套是用塑料封套与书芯套合的工艺，两者可随时分拆。活络套的组合书芯必须用硬衬页，活络套封面的里层（即封二、封三）各有两个双层袋状型的插袋。黏合套是将封面里层与内芯上下环衬用胶黏剂黏合，成为固定的死套。

⑤烫料与压印。烫料与压印是指在精装封面（书壳）烫印图文。烫料是指封面用电化铝、粉箔烫印图文。压印是指不用烫印材料，由压印版（图文烫印版）加热受压后直接在封面（书壳）上压印图文的装帧方法，即由凹凸体组成的图文装帧形式。

三、套合造型形式

套合造型是精装书籍的最后一道加工工序，即书芯和书封加工完成后进行的吻合加工形式。套合造型的精致与否直接关系到一本书外观质量的高低。除进行活套和黏合套之外，精装书籍还有以下各形式的加工造型。

1. 方背套合造型

①方背平脊。方背平脊是封面与书芯吻合粘衬后，不用压书槽，书芯不用扒圆，书封面纸用 1mm 的薄形纸板，中径纸板也相应较薄，粘衬后就进行压实，使书封面、封底与书背各呈 90° 角。

②方背方脊。方背方脊的书芯造型与方背平脊相同。但封面中径纸与封面、封底纸板根据装帧设计要求用稍厚纸板，封面与书芯吻合后再经压槽（压书槽）成型，中径纸板的上下面连线形成书脊，即为方背方脊的套合造型工艺。

2. 圆背套合造型

圆背书籍套合时造型有两种：一是圆背真脊，即经过起脊造型后套合的书籍形式；二是圆背假脊，指不起脊而利用书背圆势与纸板厚度间隔缝，形成的假书脊。

圆背的黏合造型有三种：一是软背，二是硬背，三是活腔背（图 9-3）。

（a）软背　　（b）硬背　　（c）活腔背

图 9-3　套合造型

①软背。即书背带软性的软背精装书籍，在套合时与书芯的背脊纸直接粘连，不受圆背和方背的限制，中径纸一般采用0.5mm以下的薄卡纸，在翻阅时可以任意打开铺平，但由于书背部分与书封壳部分中径直接粘连，因此翻阅次数一多，书背上的字迹（烫印、丝印等）容易掉落影响外观质量。

②硬背。即将书封壳中径部分粘上硬质纸板后再与书芯后背纸直接粘连，这样书背不易变形，但由于书背被中径硬纸板所固定，翻阅时打开性较差（铺不平，摊不开）。

③活腔背。在书芯做背后，再贴上环形背脊纸（筒子纸），背脊纸的内侧与书背粘连，书封面套合成型后在翻阅时，环形背脊纸外侧随书封腰向外弹出，环形背脊纸形成空腔，故称活腔背。活腔背可增强内芯书帖的牢度，有助书背外形美观。

第二节　书芯加工

精装书芯加工是指折页、配页、订联、裁切后的加工。一般情况先加工书芯，再加工书封，最后进行套合完成精装书籍的全部制作过程。书芯加工质量的好坏，对外形效果有直接影响，为了确保精装书的质量，一般先制作一本样书作为标准，加工时再按工艺要求和样书来生产。

一、书芯加工及要求

书芯加工过程主要有压平、第一次刷胶、裁切、扒圆、起脊、第二次刷胶、粘书签带、堵头布与书背纸。

1. 压平

压平就是对锁线成册的书芯进行压平、压实的过程。锁线后的书芯，由于线条浮穿在订缝，锁得松紧不一致，纸张之间的空气未排除掉，书册暄松不平，特别是书背部分高凸出书平面。为了便于下工序的加工造型，书册订锁后都要对书背部分压平，使书芯结实平服。精装压平操作要求如下。

(a) 订锁后的书芯　(b) 压平加工后的精装书芯

图 9-4　书芯压平定型

①根据纸张性能、松暄情况及书芯定型厚度（一本或数本）要求，调整好压力，试压检查无误后进行正常压平。

②书芯要碰撞整齐，不能有缩帖不齐、歪斜倾倒现象；压平时要放平、放正，压书次数前后一致，使书芯坚实程度保持一致。

③压平后的书芯，各本之间的厚度要一致，并要错叠后平放在纸台上，每层数量一致四角不溢出，每码齐一层，压垫一层板（最上层也要垫板），以保持书芯厚度一致而不变形。

④精装书芯在压平时，压力要得当，不可过大或过小。压力过大书背扒圆困难和圆势不够；压力过小不能起到压平作用，且扒圆起脊后书背圆势增大，从而影响到套合。

2. 第一次刷胶

压平后的书芯要进行涂胶，其作用是使书芯初步定型，为下工序扒圆、起脊加工做准备。因此，所用的胶料要求稀薄（黏度低的只起定型作用），只在书背表面涂抹一薄层或间隔地刷上几条狭长胶水即可。

第一次涂胶操作时要求：所用胶水稀薄，过稠的胶水黏性强影响扒圆弧度的准确性，不易造型。涂胶时要薄而均匀一致，特别是书芯的两端必须刷匀，不得有漏刷的书帖。漏刷的书帖经扒圆起脊后会散开，书背也会龇裂，影响书籍外观质量。

3. 裁切

精装书芯经过刷胶、烘开后，进入三面裁切。裁切方法除不用破口划刀外，其他与一般书刊成品裁切相同。如果用精装书生产线加工，裁切则是一本一本进行，但裁切规格要求准确，套壳后的三面飘口须保持一致。

4. 扒圆

将切成光本书芯的成品由书芯平背造型变形为圆形书背造型的工艺操作称为扒圆。扒圆有手工和机械操作两种（机械操作见精装生产线中扒圆起脊部分）。

手工扒圆操作方法：先平整书背，然后开始扒圆操作，用双手拿起书芯口子部分，大拇指在书芯厚度的一半至三分之二处伸进书芯的书口，其余四指压在书芯上面掐住，然后用大拇指抵住书口，与四指配合将上半本书略向上掀起并即向靠身拗动，将书页拉出一个适当的圆势，并将书放正，左手压住书芯表面，使拉出的圆势不予走动，右手用竹刮向书背部分来回刮，进一步将圆势定型，再将书芯翻身，用同样方法拿起书芯厚的一半，再用第一步方法扒圆。

书芯扒圆后，书背和口子平稳地交叉（错开）叠起，并在最上面的一本书芯压住或在书芯头脚环包一周狭长牛皮纸条，防止圆势走动变形。在堆叠书芯时，要严格防止书芯变形，如发现圆势走动，应及时纠偏。圆势大小要适宜（一般圆势角度在130°左右），并保持均匀一致。

5. 起脊

将经过扒圆的书芯，在书背部分砸挤出一条凸起而形成沟槽的工艺，手工起脊又称敲脊或砸脊。手工和机器都能进行起脊操作，手工起脊所用工具有楔形夹板、敲书架及木榔头，操作时可以分为两步。

（1）夹紧定位。将扒圆后的书芯后背朝上平整地放在敲书架的夹板内（图 9-5），旋转扳手轻轻地将书芯夹住，然后，将书背边线同夹板边线相平行。按起脊大小程度（即书背高出书面的部分）使书背部分露在夹板外面（书背露出部分约 3mm），比封面纸板的厚度略大些，因为书背的高度应相当于封面、胶层、硬纸板三个厚度的组合（即书背 = 封面 + 胶层 + 硬纸板），按规定选好位置后再转动扳手将书芯夹紧定位，进行敲脊操作。

（2）敲脊。敲脊时，一手操作木榔头（另一手可稳定敲书架或书芯露出部分），先从书背的中间敲起，用力要得当，先轻后重，软硬劲兼用。书背受力后偏向二边，敲时不可垂直用力正面敲击（特别是书边的两边），要单边着力，迫使后背书帖向两边弯曲，敲到所需程度即可。起脊后的书芯，从敲书架上夹板取出后应放在垫书板上（图 9-6），并将凸出的书背露在垫板的外面，书芯错口堆放。

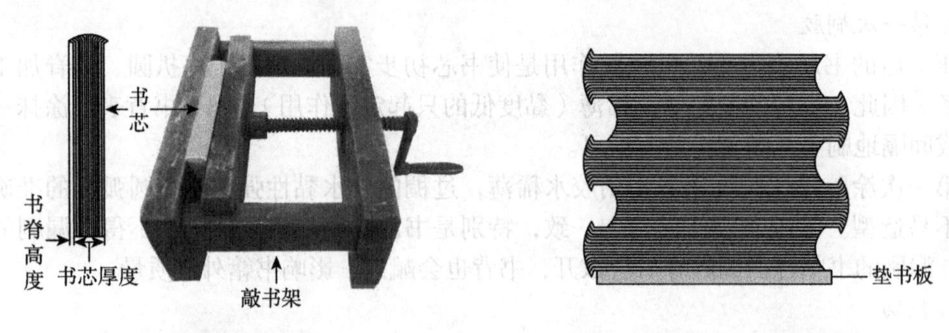

图 9-5　敲书架　　　图 9-6　书芯堆放

敲脊时的要求如下。

①书芯夹紧定型时要平整，四角垂直不歪斜，书背露出部分上下要平行一致。

②敲时用力要得当，不可敲裂或敲皱，敲完的书背结实、挺直并保持正确的圆势。

③起脊的高度一致，一般为 3 ～ 4mm，书背的凸出部分与书面之间的夹角为 130° 左右（即脊与面的坡角）。

④起脊后的书芯要交叉错口堆放整齐，每摞底下要垫板，以防止书背变形。

6. 第二次刷胶

精装书芯加工的第二次刷胶，是指将起脊后的书芯后背两端涂上一层胶黏剂，为粘贴堵头布或书签丝带所用，因此，只刷背胶的上下两端，涂胶的宽度比堵头布稍宽（机器第二次涂胶则是先粘纱布后粘堵头布）即可。涂刷胶水时，要从书芯中间向两端（向外刷）推刷，不可来回刷动，以避免胶水刮刷在上下切口上造成书页粘连或撕页等。

操作时要求：刷子蘸胶水不宜过多，防止胶水溢到切口上；刷胶要均匀（用稠胶），胶层薄而不花，厚而不堆积。胶花会降低黏着力，胶水堆积则使堵头布容易移位或胶水溢出后脏页及撕页。

7. 粘书签带和粘堵头布

涂完第二次胶水后立即进行粘书签带和粘堵头布（图 9-7）操作。书签带一般为丝制，所取长以所粘书册对角线的长度为标准，粘进书背天头上端约 10mm，夹在书页的中间，下面露出书芯的长度为 10 ～ 20mm。

书签带粘好后应立即将堵头布粘贴在书背两端。堵头布的宽度是预先加工好的固定尺寸，一般宽约 10 ～ 15mm，长度则按书芯脊背的圆势大小（弧长）剪裁好。粘堵头布的方法分手工和机器两种，手工粘堵头布时，一头压住一摞书芯，一手拿起堵头布，用大拇指捏住堵头布的线棱粘在书背的上下两端，粘后的堵头布，线棱要露在书芯外面，以起到挡住各书帖折痕并使之外观漂亮及牢固书背两端的作用。

操作时的要求如下。

①堵头布粘贴位置要正确，不歪斜，线棱正确地露在书芯上下端切口外面（其棱边应与书芯上下切口面平行），粘紧不弯曲、不皱褶。

②堵头布的长度与书背的弧长一致（允许误差 ± 1mm）。

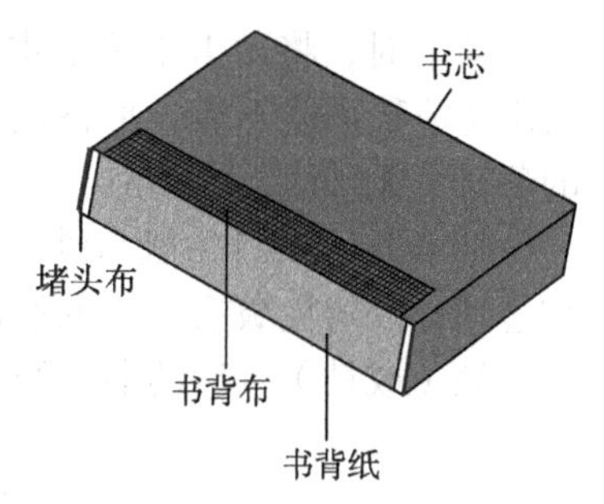

图 9-7　粘堵头布、纱布、书背纸

书芯粘完堵头布后即可涂第三次胶液，用于粘贴纱布和书背纸。第三次涂胶方法与要求和堵头布涂胶基本相同，只是着胶面不得超过堵头布，即齐堵头布涂胶，以避免影响堵头布的作用及书籍外观质量。

8. 粘书背布与书背纸

书背布（图 9-7）的长度应比书芯的长要短 15 ～ 20mm，宽比书背弧长（或厚度）大 40mm 左右。操作时，将预先裁切好的纱布粘贴在涂完胶水的书背上，纱布的宽窄与长短要居中，平整地粘在书芯后背上，不得歪斜或皱褶不平。粘完纱布后其渗透的胶水可立即粘上书背纸。

书背纸（图 9-7）的长度一般比书芯的长度要短 4mm（以稍压住堵头布边沿为标准），宽与书背弧长相同，也有将纱布与书背纸裱糊在一起同时使用的。操作时与粘贴纱布相同，要平整居中，无皱褶地粘在书芯的后背上，粘正确后要将其刮平，与书背、纱布牢固粘紧。

二、精装书芯硬衬加工及要求

精装书芯的硬衬（图 9-8），指活络套装帧中，所粘裱在上下环衬上的一单张硬质卡纸（卡纸厚度为 0.5mm，一般用灰卡纸较多）。硬衬的粘贴有两种方法，一种是将卡纸裱糊在上下环衬上，另一种是同粘衬纸一样粘连在订口上。硬衬裱（或粘）在环衬上面待干燥后塞在塑料封面的套层内（即书兜里），成为可以自由装卸的活套精装书刊。

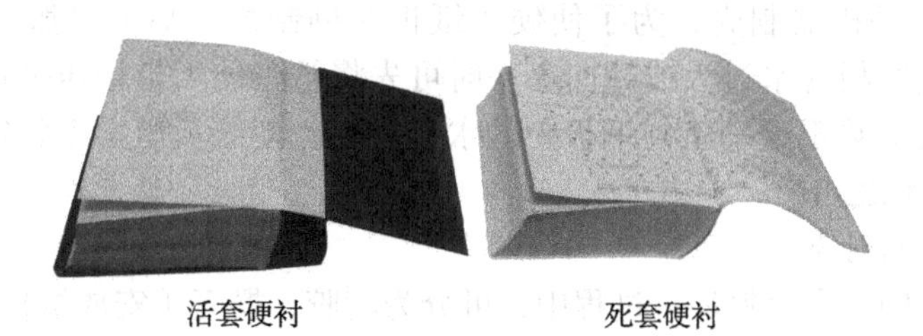

图 9-8　硬衬

活套硬衬的书芯加工与常见的死套书芯加工过程基本相同。只是书芯在压平后在裁切前要加一道裱卡（或粘卡）。为了牢固书芯衬，避免几次翻阅后出现书背处环衬损裂，纱布与书背纸的宽应比书芯厚度（或弧度）大 40mm，而长度则要比书芯短 5 ～ 10mm。

裱卡时，将硬卡纸按毛本书芯尺寸裁切好，在卡纸粗糙的一面均匀地刷上一层稀胶水（或稀面浆）后，平整地粘贴在离书背 2mm 处。粘接要整齐，并压平压实，裱后的环衬页无皱褶、不起泡。

粘卡时，粘口一般与纱布书背纸外露宽度相同（即 15 ～ 20mm）。粘卡的胶水不宜过稠，以避免皱褶多，也不宜过稀，以避免黏结不牢。

裱（或粘）卡后的书芯经压平干燥后，即可进行三面裁切制成光本书芯。

第三节　书封加工

在精装书封壳的制作中，除塑料压制的活套书封以外，常见精装书封壳（即死套）是由硬纸板、面料、中径纸板等经加工组合而成。

书封壳的表层面料是由各种织品、塑料、纸张、皮革、PVC 涂布纸等材料制成。制作时，可以整幅面糊制成书封壳（称整面），也可用两种以上材料拼接制成（即接面）。书封造型有圆角、方角、镶角等。

里层纸板一般用硬质材料，厚度按设计要求，一般用 1 ～ 3mm 各类纸板。圆背书籍的中径纸可用薄纸板（厚度为 0.7mm）或 $250g/m^2$ 灰白卡纸。方背书籍的中径纸可用纸板或卡纸。

通过表层封面、里层纸板、中径纸（或纸板）的牢固粘接，组成前、后封和有脊背的精装书封壳。书封壳制成后，封里的中径纸和两个中缝宽称中径（图 9-9）。书壳的制作加工可以手工制壳，也可以机器全自动制壳。

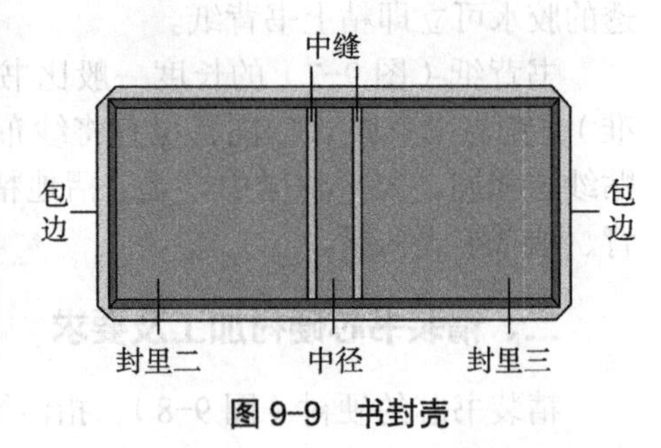

图 9-9　书封壳

一、手工制书壳调整及要求

将裁切好的封面、纸板、中径纸等书壳材料，按一定的规格搭配、衔接粘连在一起成为书封壳的工艺操作叫制壳。

无论手工还是机器制壳，为了使硬质纸板在糊制加工后能平服，套合后不易翘起，一般情况当纸板含水过大或翘曲不平时可先将整张硬纸板用压平机进行压平。压平时通过压平机的热辊滚动将硬纸板中的水分排除，使纸板压实平整定型，热辊温度一般在 65 ～ 70℃之间。

1. 整面手工制封壳

手工制壳在糊制全面料加工过程中，可分为刷胶、摆壳（安放纸板）、摆中径（放入中径纸板或中径卡纸）、包边（包括塞角）、压平晾干等工序。

（1）刷胶

指封面里层的上胶，着胶面在软质封面料的反面，为黏合纸板所用。操作前要做好准备，即溶化和调制适合封面料的胶黏剂，将胶水盒放在工作台的适当位置（一般在右侧顺手处），着胶的封面料放在操作者的前方工作台板上，选用与封面材料幅面相应规格的毛刷（毛刷过大溢胶、毛刷过小费工），尽量使刷胶操作方便顺手。

刷胶时，右手握毛刷蘸胶水直接涂布在封面料反面的中间部分（图 9-10），然后分别向四周均匀涂刷，左手同时按压住着胶的封面料，以避免移动。

（2）组壳

指将硬纸板和中径纸板摆放在着胶后的面料上，并在规定的位置上包壳。

手工组壳操作不仅关系到书壳的造型，还决定书封壳的规格及书刊的外观质量。因此，组壳前要预先做好中径规矩板（即中径宽度尺寸的样板）。中径规矩的宽度是根据书芯的厚度或书背的弧长计算和测量出来的。

组壳操作顺序：将涂好胶水的面料放在工作台板上，根据四周的包边尺寸，固定好第一块硬纸板的位置（一般先摆放左面的一块纸板），并用目测方法使纸板三面的包边基本一致（图 9-11），再将纸板放平、压实定位。将中径规矩板平整地紧靠书壳纸板的脊背位置后，再放另一块纸板。第二块纸板要与第一块板平齐，纸板要紧靠中径规矩板，按第一块纸板方法，将纸板固定，并压实在面料的另一边。前后硬纸板固定好后，取出中径规矩，取时要按住两边的纸板，以防止纸板走动。取出中径规矩板后再放上中径条或中径纸条，其所放位置在两个书壳纸板距离的中间部分（使两个中缝相同），上下与两块纸板平齐。摆平压实固定后，检查前、后两块纸板的上下边是否平齐，四面是否歪斜，四边的包边宽度是否一致，无误后方可包壳。

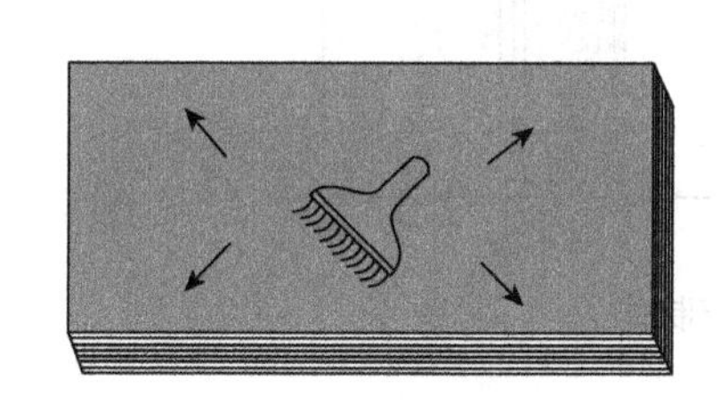

图 9-10 手工刷胶

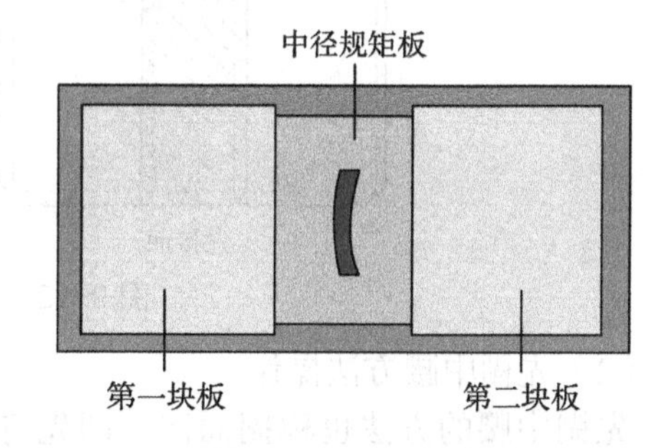

图 9-11 手工摆壳

组壳可选用不同的规矩架进行各板的组合，使用规矩架可以保证组合规格精准且省力。

（3）包壳

包壳是将软质封面经摆壳后包住硬质纸板的操作。它包括包四边和塞角两个内容。操作顺序是：先包上、下两边（即天头、地脚两边），再塞角后包前口两边。包壳时可用较厚的纸张垫在书壳下兜着包。

操作时的要求如下。

①组合后的书壳四条边要紧紧黏合牢固，不能有松、泡、皱、折等现象。

②书封壳的表面与四角要平服压实，塞角时要整齐均匀，圆角不出尖棱，每个圆角折数不少于 5 个，方角有棱角且四角垂直。

③包角书封壳，角料无双层或露粘角等。

④包完的书封壳，要面对面地堆放，以避免胶黏剂弄脏书封壳的表面。

（4）压平

其作用是使包壳后封面与纸板黏合更加贴实，确保书壳牢固和外观平整。

书壳压平，可根据书壳胶粘材料干燥的快慢与温度高低、环境湿度的变化进行。如果书壳过于干燥，出现翘角、隆起不平，可用压平机逐个进行压平，但要注意堆放时要撞整齐，也可用中径垫纸板等方法配合进行压平。

2. 半面手工制封壳

手工制壳糊半面料（即布腰纸面、中腰纸面）加工过程可分刷胶、摆壳、摆中径、包布腰、二次刷胶、糊面、包壳（包括包边塞角）、压平晾干等工序。半面制壳在加工时比全面操作工序多，因为半面书壳是由一块中腰布、两块纸板拼凑组合而成的，操作与全面制壳基本相同，方法分先接面和先糊中腰两种。

（1）先接封面方法操作

先接封面的方法也称蒙面法，即将中腰布（或皮革等）与两块纸板先粘接起来成为一整幅封面，再将粘好的整幅封面刷胶后按一定规格蒙糊在纸板上，包边后成半面书封壳。先接封面时，根据书壳规格先调整接面架的规格，将两块纸板放入接面架的规矩内，再把拼凑好接有中腰的封面粘在纸板上，使封面与纸板粘平、贴牢，最后取出粘好的书壳翻身后包边、塞角、压平成书封壳（图 9-12）。

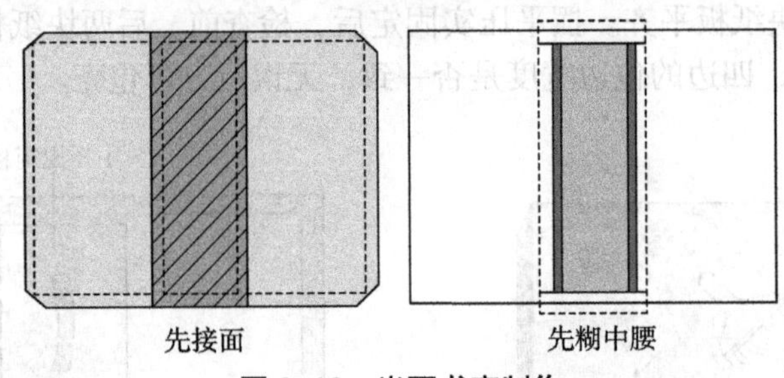

图 9-12　半面书壳制作

（2）先糊中腰方法操作

先糊中腰的方法也称糊面法，即先将中腰布刷胶，再把两块纸板和中径板，按一定规格（中径宽）糊制好，并包上中腰的上下边，使中腰布与两块纸板固定成型。然后再将切好前口两角的封面纸（或布）刷胶后粘糊在前封纸板和后封纸板上包边后成书封壳（图 9-12）。

操作时的要求如下。

①糊中腰时中径规矩要居中摆放、不歪斜，纸板压边要均匀一致。

②糊面时胶黏剂要刷得适量，接粘口边无溢胶现象。

③糊面时用目测定位，要求基本准确，封面纸边压中腰布沿边宽约 3 ～ 5mm，并不得歪斜，两面纸边上下留一致，不得一面宽一面窄。

④所粘贴的封面纸与纸板要平服、无起泡、皱褶等，四边角兜紧包平实。

手工制出的书封壳，由于操作时手法不稳定有各种操作习惯的不同，因此标准性较差，往往因手动松紧的差别会使书壳制出的规格不准。因此，手工糊制的书封壳不适于机器进行套合加工。

二、机器制书壳调整及要求

代替手工将封面料与纸板、中径纸板，根据书芯尺寸规格相互粘连成书封壳的机器，称为制书壳机或糊封机。制书壳机一般均是单机独自操作，在操作时可以包全面、半面和方角、圆角等不同造型的书封壳。制书壳机的操作过程主要由封面输送、刷胶、送纸板和送中径板、包边塞角、压实输出、整理检查来完成。

制壳机按自动化程度可分为半自动制壳机［图 9-13（a）］和全自动制壳机［图 9-13（b）］，其结构和原理基本一致，后一种组合了纸板开槽功能，并能实现一键启动生产。

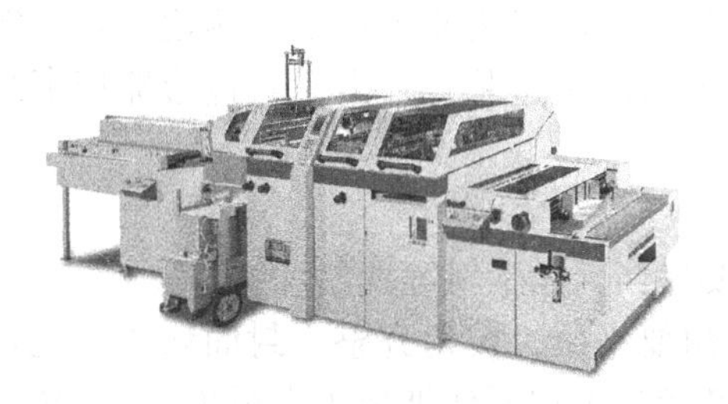
(a) 半自动制壳机

(b) 全自动制壳机

图 9-13 制壳机

1. 操作前准备

操作半自动制书壳机前，除去机器的正常准备外，还要做好操作前的准备工作，主要分以下几部分。

①在操作面板上选择好工作方式，设置作业计数器，设置输出堆叠高度，输入书壳高度，设置折入宽度、高度、天头和地脚部包入量。

②根据所加工的书册按其书壳幅面尺寸调定好纸板递送架的规格尺寸，包括书壳高度、书壳宽度、纸板厚度。

③根据书册规格调好书壳高度、书壳宽度、传送轨高度及纸板推杆。

④根据中径规格调好中径纸卷宽度、供给器、导向规矩等。

⑤根据书壳高度、宽度、厚度尺寸，调好天头、地脚和口子的包入量。

⑥检查胶液溶化情况，掌握好胶液的稠稀程度。

2. 输送封面刷胶

准备工作做好，点动机器，先观察一张封面的输送及刷胶情况。封面在贮页台上被吸嘴吸下，进入传送装置被送到上胶滚筒位置，滚筒上的圆柱形夹具咬住封面后旋转，使封面的反面（封里）通过胶辊后涂上胶层，然后夹具松开，拉纸器将封面拉到与纸板接触的规定位置，完成输送封面与刷胶工作过程。

操作时要求：封面要整齐，输送要平稳。封面输送滚筒与刷胶辊的接触要合适，一般输送滚筒与刷胶辊的间隙应比封面厚度多 0.3mm。刷胶要均匀，不可刷花也不可过厚，过厚易溢胶。

3. 输送纸板与中径板

在输送封面的同时，纸板推送器又将两边的纸板从纸板架内递送一张并送到预定位置，再由吸盘经旋转动作把两块纸板和中径纸板吸起旋转 180° 后，平稳地压在工作台上封面的表面（中径纸板则按规定位置放在两块纸板的中间），完成输送纸板与中径纸板的过程。

操作时要求：纸板高度要合适，不可过高，过高压力太大，纸板走不动，机器受力不适，输送不平稳。中径纸板与两块纸板的距离要合适，处在中径的中间（二中缝宽度要一致，一般为4～15mm）。机器糊制封面中径纸宽度最小（最窄）为6mm、最大（最宽）为90mm。

4. 摆壳吻合与包边粘接

当封面与纸板（包括中径纸板）接触后，按规定位置吸盘和工作台紧紧压在一起并下降至前后（即书封的上下边）方向的包边位置，由包边器先把上下两边包好。然后工作台与吸盘继续进行第二次下降，至左右方向的包边装置，由左右包边器把书封左右两边包好完成包边的工作。

操作时的要求如下。

①摆壳位置和中径距离要标准，中缝距离要妥当，无歪斜等现象。

②封面的包边要平整不空边、无皱褶，四角要平服，棱角齐整。封面切角对包角（塞角）有直接影响。要求切角要合适，封面切角过大包不住纸板（露板角），切角小易堆积胶液或造成空皱不平等现象。切角面与切板角间距就是纸板厚 +3mm。

③压平时的压力要合适，以能将书封壳压平、压实为佳。压平后的书封面平整不起泡、无皱褶，四角平整，封面与纸板粘牢后不变形。

5. 整理检查

压平粘牢后的书封壳要进行检查、整理，将歪斜、皱褶不平、溢出胶黏剂等不合格品进行清理，并将合格品撞齐堆放好（一般情况应面对面地摞好放齐），使其自然干燥（但不可曝晒或烘干以避免书壳变形、套合后翘曲等）后进行烫印或套合。

糊制书封壳时，书封壳的展开幅面最小为 100mm × 154mm，最大为 405mm × 670mm，速度为 60 个 / 分，操作时可根据规定范围使用。

在糊制书封壳时如遇有包书角时，要根据书刊幅面大小和出版者要求来确定包书角的规格大小，一般情况书籍幅面越大包角尺寸越大，反之则应小些。16 开的包角在 30mm × 30mm 左右，32 开的包角在 20mm × 20mm 左右。包角时要平整、均匀一致，塞方角的棱角要分明，塞圆角的皱褶要均匀平服，角要圆滑无棱。

全自动制书壳机调整简便、快速，可实现自动数据导入一键启动，无须人员干预。

三、书封壳烫印加工调整及要求

精装书封面（即书封壳）的烫印加工，是精装书封装饰加工的重要部分，直接影响精装书的外观质量。烫印是根据书封壳的面部和背部用热压方法烫上各种颜色材料的文字、图案等，或不用烫料直接烫压出凸凹不平的字迹图案等。即通过温度、时间、压力将所需要的文字、图案等烫印在书封壳表面的整饰加工。

精装烫印工艺是根据封面设计者按书刊的品级（价值）、出版者要求及书刊内容来确定加工方案的。操作时按加工方案进行各式各样的烫印作业。一般精装书刊封面烫印的方式是比较简单的，书封壳上只烫印 LOGO、书名、出版者（或作者）等文字和简单图案。

1. 烫印加工形式

烫印加工形式多种多样，可根据要求分别烫印在不同的加工物上。

①单一烫料。指在书封壳表面用一种烫料且烫一次就完成的烫印形式。这种烫印形式是在有料烫印加工中最简单的一种。常用的电化铝由五层组成、粉箔由四层组成。

②无烫料形式。指仅利用烫版凹凸不平的图文，不使用任何烫印材料，直接在封面上烫压图文痕迹的形式。这种无料烫印形式也被称为压火印或压凹凸。

③混合烫印形式。指在一个书封壳上既用有料烫印，又用无料烫印的混合烫印形式，这种混合烫印形式集成了烫印和压凹凸，操作有一定技术难度。

④多种烫料烫印形式。指一个书封壳表面烫印两种以上不同的烫印材料的加工形式。如在同一书封表面既烫电化铝箔，又烫色箔或多种不同颜色的铝箔或色箔。由于烫印材料种类的不同，烫印时所需温度、压力、时间也不同，有时一种烫料或一种颜色只要烫印一次，而有的可能要经过十几次的烫印才能完成。

⑤套烫。指在同一烫迹上再进行装饰的烫印形式。如突出字迹的主体感或突出图文的艺术性，在文字的边缘再进行烫印的加工。这种加工形式如同彩色印版的套印，要求对位准确、无误差，才能达到套烫的理想效果。如先烫印黑色箔，再在黑色箔层上烫金等。

2. 烫印操作过程及要求

烫印操作无论选择哪种烫印形式和方法，或采用哪种烫印机，其烫印工作过程和要求基本相同，主要有以下几部分。

（1）烫印前的准备工作

烫印前的准备工作是根据烫印要求和封面料的性质，做好烫料的选择和辅助料的准备。

①烫料准备。根据装帧设计要求，选用相匹配的电化铝或粉箔（即色箔）型号、颜色。特殊烫印物还可能要选用赤金箔、银箔等。

电化铝在使用前，要根据所烫印面积、字迹图案的尺寸规格，将大卷的电化铝分切成所需宽度的小卷电化铝。色箔与电化铝的包装相同，也是采用卷筒状使用方法。

各种烫料在切割时要精算烫印卷筒宽度，做到既要留有余地又不浪费材料。

②粘料准备。有些封面料如聚乙烯醇、纸基涂料、人造革、丝绒、丝绸等，如直接用烫料黏附效果不佳，一般应分别在被烫印的封面烫压范围内先涂上或放上粘料粉（即用虫胶片、松香、滑石粉等配制的烫金粉）、粘料液（即酒精配制的虫胶液或称洋干漆，配料比例为，一斤酒精配 3 两左右虫胶片）或虫胶片（即用虫胶、酒精、松香等配制的片状虫胶）等，作为中间粘接料，以弥补烫印材料底胶黏附性能的不足，使烫料与封面能牢固黏合。

③制版。烫印的制版，指所烫印字迹和图案的烫印版制作。常用烫版材料有铜版和锌版，其中使用铜版较多，因为铜版传热性强、耐热性好，烫印效果比其他版材好。

（2）上版操作

上版是将制作好的铜版［图 9-14（a）］固定在上平板［图 9-14（b）］上，并将下平板上的规矩板［图 9-14（c）］调整到烫印正确位置的操作过程。

上版前首先要检查与核对原稿，并检查版面的光洁度、平整度是否符合要求。根据生产施工单核对书名、册卷有无差错、烫印方式有无问题等，如发现印版字迹、图文边缘有不光滑毛口，局部凹陷深度不够，有高出平面部分都需要及时修复，检查无误后方可上版。第一步是上版（固定烫金版），有的机器是网格蜂窝版，有的要用3M耐高温双面胶粘贴，无论机器何种固版形式都要先计算出装版位置，然后在上平版上进行烫印版定位。第二步是调整下平板上规矩位置，是对书封壳烫印位置的定位，这是个需反复试烫校正位置的过程。

(a) 烫印版

(b) 上平板

(c) 下平板规矩定位

图 9-14　上版

烫印版的操作要求如下。

①将检查后的烫印版粘贴或固定在机器的上平板（上压板）上。

②根据烫印面积、烫印地位间距尺寸在下平板（规矩板）上，粘贴一张垫板纸，面积与烫印版相同，并用复写纸碰压得出印样。以后可以根据烫印轻重，局部调整烫印压力（补压）。

③下平板上的规矩板厚度要低于所烫书封壳厚度的 0.3mm 以上。

④调整好烫版电加热所需温度。

⑤试烫时，重点检查烫印图文的质量是否符合要求。

⑥烫样定位时，上平板（烫版）及下平板（规矩板）上好后，需对烫印温度、压力、时间进行预置，并用废书封壳先烫一个样子，检查与原样的规格、地位是否一致，质量是否达到要求。如深度是否合适，烫面有无深浅不均等现象。当发现所烫样张有某一项不合格时，要先分析是上压版还是下底板的问题，然后进行针对性调整。

调整完毕后，烫样数个，查看符合标准后，才可进行正常烫印生产。

（3）上料

上料是指将所烫印的各种材料放在应烫印位置的操作。

机器上料只限于电化铝和色箔在半自动或全自动烫印机上使用，均是卷筒式包装。使用时，可根据烫印面积，先裁切成适当宽度规格的小型卷筒料，放在自动给料烫印机的贮料架上。烫料将由输料轨道引送到烫印处，然后再调定好走步距离，使烫印机每烫一个书封壳，烫料都能准确地送到预定位置，使之工作正常。

（4）烫印

烫印是指上料后将书封壳进入下平板上（规矩版内），经一定时间的压力和适当的温度后压烫成字迹图案的操作。半自动烫印机［图 9-15（a）］，操作时只移动下平板，即将下面规矩板抽出，放上书封壳后再推入到位进行的烫印操作。而全自动烫金机［图 9-15（b）］烫料和书封壳均自动进料→烫印→输出，无须人工干预。

烫印的操作要求如下。

①根据所烫书封壳的要求，调整温度，掌握好烫压时间及压力。

②温度的高低要与压烫的时间长短相关联，即根据烫料和书封壳的面料性能，来调整好烫印温度、压力和时间，这三者既相互独立，又相互影响。

③书壳烫印定位时要紧靠挡板规矩，不歪斜、平整正确，多色套烫版的规矩应一致。

④套烫要准确，不可有漏烫、重影、露底、发花、糊版和断笔等现象发生，压凹凸要清晰有神。

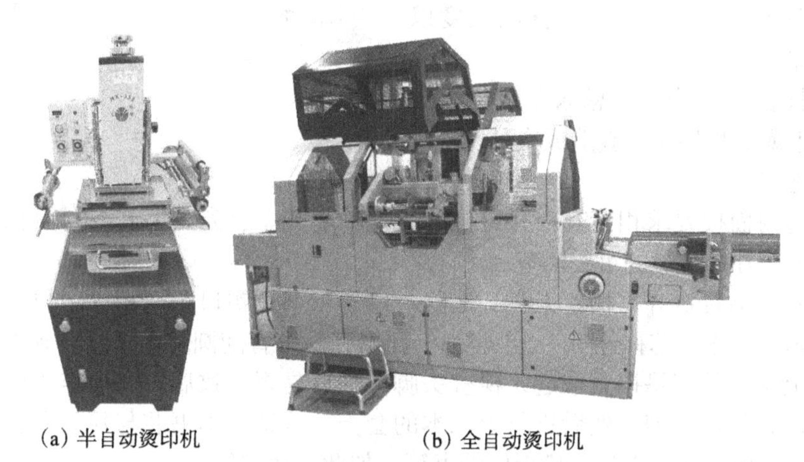

（a）半自动烫印机　（b）全自动烫印机

图 9-15　书封壳烫印机

3. 烫印质量标准及要求

①烫印后的书封字迹要图案清晰，不糊版、不花版、烫箔牢固、光泽度好。

②烫压要清晰、印痕一致；凹版烫印底板粘垫适当，保证凸出部分牢固无变形。

③烫印后书背字居中，偏移允许误差 1/10，歪斜允许误差 1/10（均以书背中心线为准）。

④烫后的书封壳表面无脏迹，保证书封壳外观的整洁。

第四节　套合加工

套合加工，指书芯、书封制作后进行最后吻合的加工，套合加工是精装书制作的最后一道工序。套合形式分方背中的假脊、方脊、平脊；圆背中的真脊与假脊。黏合时又分硬背、软背和活腔几种，其中常用的套合形式主要是活腔背中的方背假脊和圆背中的真、假脊。

一、黏合书封工艺操作及要求

黏合书封的套合操作手工和机械都能作业，实际上机械也是完全模仿手工操作的，因此原理是相通的，本节讲述手工套合的操作过程。手工上书封面（套壳）一般分为书封壳书槽部位刷胶、套合、书槽热压、环衬刷胶（扫衬）、压平、压槽成型等工序。

1. 涂中缝胶黏剂

将书封面（书壳）展开反放，用刷子将胶黏剂均匀涂刷在二条狭长的书槽处（图 9-16），为书芯与封面按要求套合做好准备，封面书槽涂刷的胶液主要是将书面书槽与书芯背脊处的纱布及书页表层黏结，达到书芯与封面的套合定位作用。

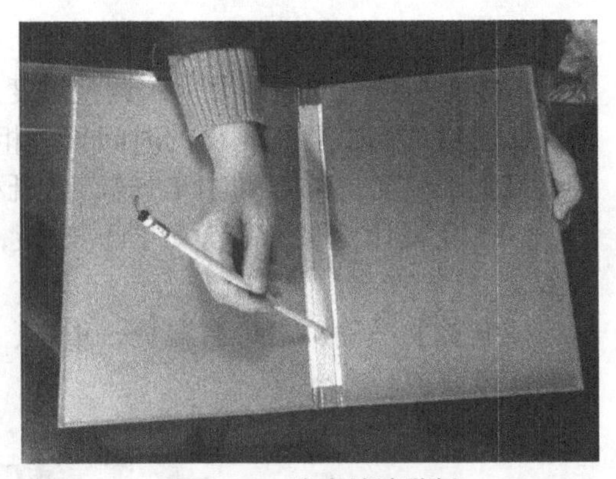

图 9-16　涂中缝胶黏剂

操作时的要求如下。

①胶黏剂要涂抹均匀，涂抹的长度以压住包边即可。

②涂抹位置准确，切忌涂布出位或溢出，避免干燥后将环衬扎破造成次品。

2. 套壳

书芯与封面按要求相互套合并定位的工艺称套壳。套壳是书芯与封面正确定位，保证精装书籍外形质量的重要环节。

操作时将书背对齐书槽、天头、地脚、口子与书壳飘口距离相等定位。然后，一手按住书芯（防止书芯移位），一手将另一面书壳从书背随圆势向上复合到书芯上面，并将复合上封面的书籍捏紧取起，检查头脚、飘口是否一致后放入加热压槽板内，将书槽受压进行初步定型。然后进行第二本的套壳，待第二本书芯与封面套合好后，加入热压槽时，取出前一本热压槽板内的书籍，如此交替进行。

操作时的要求如下。

①套合前检查书芯与书封是否顺序一致、正确。

②套合的规矩以飘口为准，套合后三边飘口一致不歪斜。

③飘口宽度标准为 32 开及以下（3 ± 0.5）mm；16 开（3.5 ± 0.5）mm；8 开及以上（4 ± 0.5）mm。

④套合后的书册应立即定型，以免错动变形。

3. 压槽定型

套合后的精装书，应立即进行压槽定型，压槽方法有两种：一是用铜（铜、铁等硬质材料制成）线板；二是用压槽机。常用压槽定型都选用热压槽机，其最大优点是速度快，在胶黏剂没有完全干燥之前就热压定型效果最好。

操作时的要求如下。

①压槽时间正确，即胶黏剂没完全干燥时。

②书槽与压槽板线凸出位置要对准不歪斜，书本要平，防止压偏。

③压槽后的书册槽线平直无皱褶、无破裂，粘接牢固，压痕清晰平整一致。

4. 扫衬

扫衬是将压槽后的书册在封二、封三与书芯上下环衬的胶黏过程，使书封壳与书芯粘接。操作时用软性毛刷蘸适量的胶水从衬页的中间向三边均匀地涂刷（图 9-17）。

操作时的要求如下。

①扫衬胶黏剂应根据封面材料质地选择，胶水黏度以将环衬与纸板能黏结即可。

②胶黏剂用量应少而均，涂时不溢、不花。

③扫衬前要在衬二和衬三中间加一张覆膜垫纸，膜朝下（靠书芯）纸朝上（靠封面），以备吸潮，不使环衬或书芯出现皱褶，加垫纸时书封壳不易掀得过大，以免环衬出皱褶。

5. 压平

压平指扫衬后的书册进行压实定型的加工，即将扫衬后的书册整齐错口堆放，送入压平机压平定型。

操作时的要求如下。

①压平时间应正是扫衬刚刚完毕，不可时间过长，以免环衬不平出现皱褶。

②压平时书册不易堆积过高，一般高度在 250 ～ 300mm 即可。

6. 压槽成型

压平后的书籍用铜线板，即硬质木板四个边沿钉有 1.5 ～ 2.5mm 宽度的铜条（图 9-18），将书槽压实。书封面与书芯被铜线板受压定型的过程，称为压槽成型。压槽成型能使书槽与书背牢固黏结。一般压槽成型的时间在 12 小时以上，使粘衬的胶液自然干燥，达到定型紧固、外形美观的效果。

图 9-17　扫衬

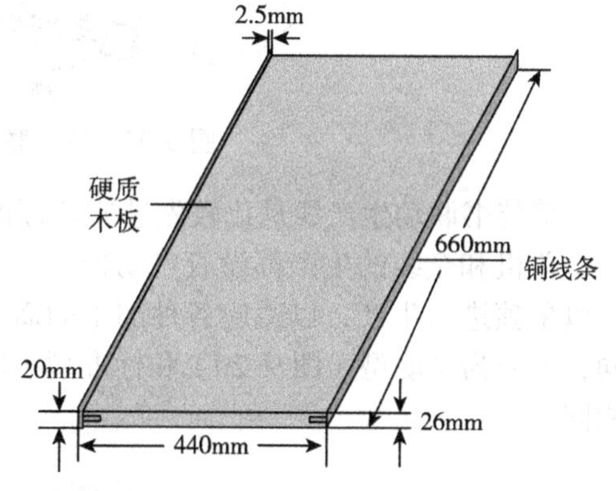

图 9-18　铜线板

操作时的要求如下。

①在压槽操作时，书背朝外，上下书槽与两块铜线板对准，放书平直。

②放铜线板时，也要对准书本的书槽位置，防止书本走动或铜线与书槽偏位。

③每沓压铜线板到达一定高度后在最上面一块铜线板上放上重物，并保持原位，不能有过多移位动作，防止书本在移位中错动变形。

④经过压槽成型 12 小时后，方可取出书本（称为开铜线）。

二、套合书封工艺操作及要求

套合装的封面与书芯套合操作比较简单，封面一般是塑料压制成型，在上封时，只要把书芯上下环衬上裱有的硬质卡纸分别插入书封内的套层里（即封二、封三的书兜里）即可。

在套合时，硬质卡要与套层插到底，书芯与封面无翻身颠倒，封面套层不撕裂，书芯上下硬卡无折裂起皱。

经成品检查后的书册，再经过贴标识和包装加工，就完成了精装书加工的全过程。

第五节　精装联动线

精装联动生产线是用机械动作将订锁后需要加工成精装书籍的半成品书芯，通过多机组连接进行自动化生产加工精装书的机器。

精装联动生产线的工艺流程是：书芯压平、背部刷胶干燥、切书、扒圆起脊、粘堵头布、纱布、粘贴书背纸、封面套合、压槽成型等诸多个工序连接起来进行加工的一条精装联动生产线（图 9-19）。

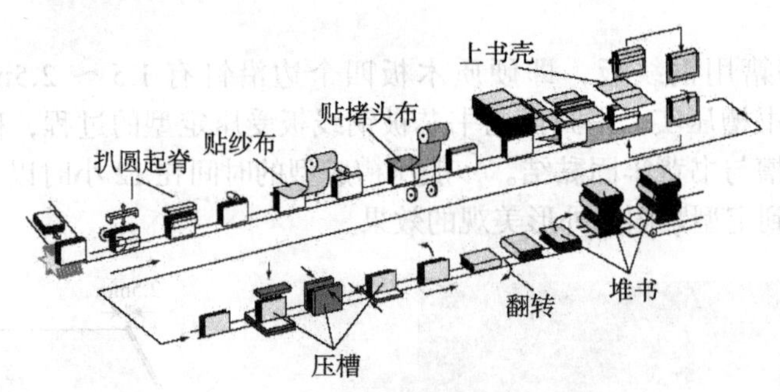

图 9-19　精装联动生产线工艺流程

精装书联动生产线是比较先进的装订机器，全部生产线由 6 ～ 11 个机组所组成，每个单机和全线的生产都设有自动控制，配合联动生产线自动生产，同时有的单机还可以单独进行生产，以适应各种加工的需要。精装联动生产线根据其速度、功能的不同，可分为紧凑型（图 9-20）和标准型（图 9-21）两种，但工艺原理、操作过程基本相同。

图 9-20　柯尔布斯 BF511 紧凑型精装联动线

图 9-21　浩信 680 高速精装联动线

一、书芯加工

书芯加工主要是指压平、刷胶、烘干、定型、压脊（二次压平）、切书扒圆、起脊、三粘等工序。

1. 压平

压平的作用是将输送来的半成品书芯压平、压实到书芯厚度基本一致，使后面造型加工能够顺利进行。压平前应依书芯实际厚度调好压平机的压力，不得过紧或过松。书芯压平后要整齐，不歪斜、无卷帖、无缩帖等，压平后的书芯厚度也要基本一致。

2. 刷胶、烘干、定型

书芯刷胶、烘干、定型的作用是使书芯达到初步正确定型，防止下工序加工时书帖之间脱散、相互错动而影响书芯造型加工效果。

图 9-22 浩信 HX6000 刷胶烘干机是具有压平、铣背、上冷胶（或 PUR 胶）、上花纹纸、烘干、定型等功能的集成过胶机。

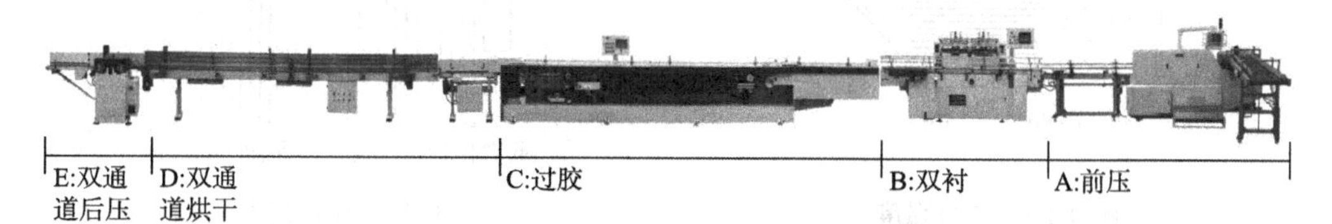

图 9-22　浩信 HX6000 刷胶烘干机

3. 压脊

压脊（第二次压平）的作用是使上胶后的书背宽度（或厚度）一致、平整定型，以供裁切（或堆积后裁切）和其他的造型加工。因为书背进胶后要膨胀变宽，如不进行压脊，则达不到预期的平整效果。

4. 切书

精装联动生产线所使用的三面切书机，与一般三面切书机基本相同，为了能自动切书并与其他单机匹配，在输入书芯部分采用了自动贮本形式，即由自动进本器将书芯自动送入夹书器下进行切书。切完书册后，再由推本器将书芯逐本推出，经传送后进入下工序加工。

5. 扒圆、起脊

上工序把过胶干燥程度达到 90% 左右的书芯输入扒圆、起脊机。扒圆是将书芯在书背上进行变形加工，将平齐的书背加工成有一定弧度的圆背。扒圆、起脊机的加工，其操作分为两步，但机器的结构是连在一起的，均是先扒圆后起脊。

扒圆时由一组（一对）圆辊，将书芯压紧后做相对旋转动作（图 9-23），将书背扒成适当规格圆势，加工成圆背书芯。扒圆的圆势根据我国精装扒圆加工使用的圆势所对的角度 α 应在 90° ～ 130° 较适宜（图 9-24），不可过大或过小。书背圆势过大或过小都会影响加工质量或造成不必要的返工浪费。

起脊是在书芯正反两面接近书背与环衬连线的边缘处压出一条凸痕，使书背略向外鼓起的工序。起脊是将扒完圆的书芯由起脊楔型板（图 9-25）在距离书背边一定位置时将书芯夹紧，由起脊槽板将压紧好的书芯沿书背部分压住后做往复摆动，使书背沿书背两边变形（图 9-26），并依楔块板的外形压挤，使书芯的背槽明显出现凸出的棱线为止。

图 9-23　扒圆

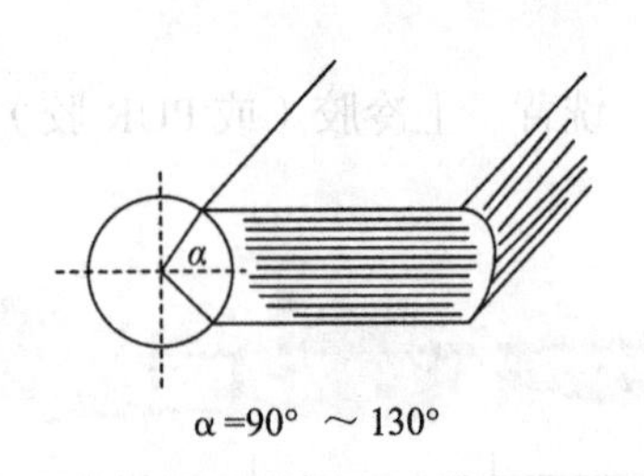

图 9-24　圆势弧度

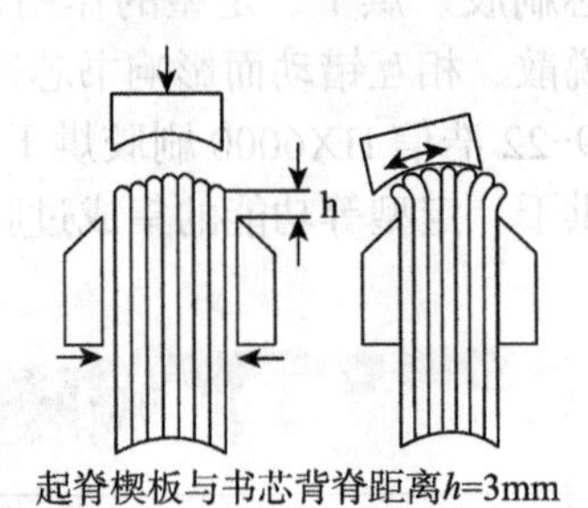

9-25　起脊楔板

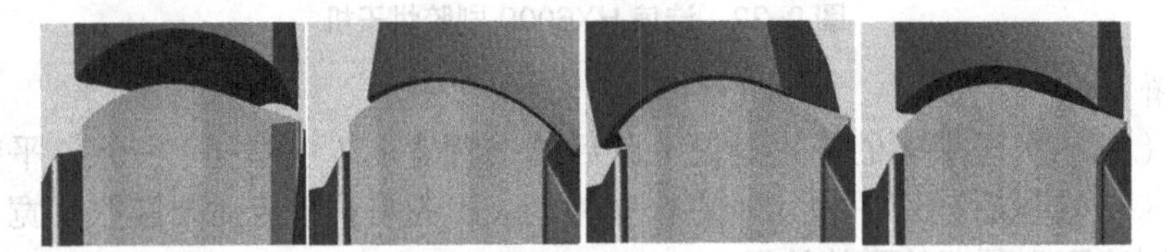

图 9-26　起脊

起脊槽板的规格有多种，均依书芯厚度（由曲率大小）而制作，加工时可以根据书芯厚度（或所要求的弧度大小）选择其中的一种。

6. 三粘

三粘就是贴背，是指将书芯背部粘堵头布、粘纱布、粘书背纸的工序。

书芯经刷胶后，进入粘贴书背纱布操作，即在书背上粘贴一块比书芯的长少 20mm，比书背宽（或比书背圆势宽）40mm 的书背纱布。其作用是：牢固精装书背与书封壳的粘连。机器粘纱布是利用粘纱布装置，按其尺寸规格自动地切断后粘在书背上（见图 9-27）。

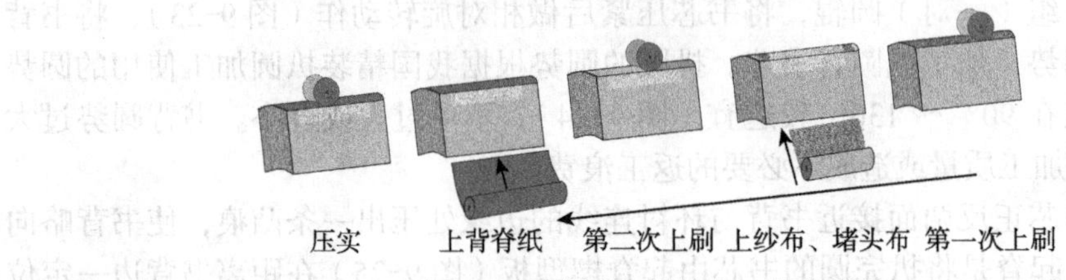

图 9-27　刷胶、粘纱布、粘书背纸

书芯粘完纱布后被再一次刷胶，着胶后进行粘贴书背纸的加工（图 9-27）。

二、套合成型加工

套合加工就是在精装书芯加工完后，在书芯两衬纸表面涂上胶液，然后套上预先制作好的书壳，再施加一定的压力后书壳便粘在书芯上。

机器套合工艺是先扫衬后套合，即书芯进入套合工位后，先由分本器将书芯中间分开送入套壳传送板内（图 9-28）。传送板的上升，使书芯经过两个相对旋转的刷胶辊给予的一定压力，使胶液传送后刷粘在书芯前后环衬上。套合传送板的不断传送，使到位的书封壳准确地套在书芯上，经套合好的书册被夹辊和夹板合拢平实后送入压槽装置。

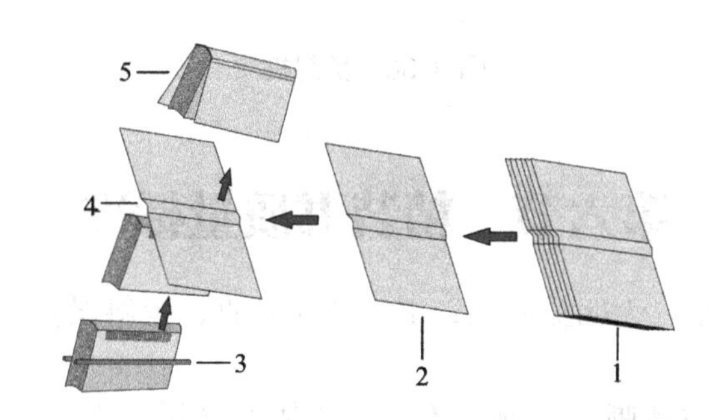

1—书封壳；2—送书壳；3—扫衬；4—套合成册；5—成品书

图 9-28 扫衬套合

压槽是在精装书籍套合后，在其面与背接触部分的连线沟槽内（图 9-29）利用机器的压槽器将沟槽压住压深（3mm 左右）。压槽的作用是牢固书封与书芯的连接，增加精装书的美观度，便于翻阅。

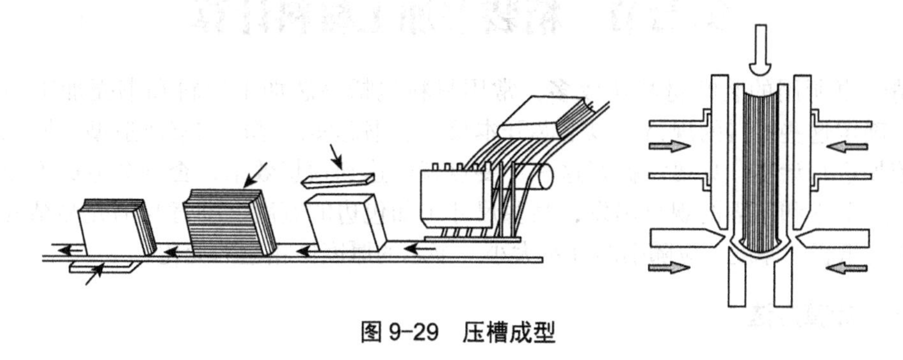

图 9-29 压槽成型

三、上护封

护封是指套在书籍封面外面的包封纸。为了使护封紧密地护在书的外面，采用前后勒口的办法，使宽出书面的部分折向封皮内。在勒口处还可以印上作者简介、内容提要和本套丛书名等。护封的作用有两个：一是保护书籍不易受损；二是装饰书籍，提高档次。护封机如图 9-30 所示。

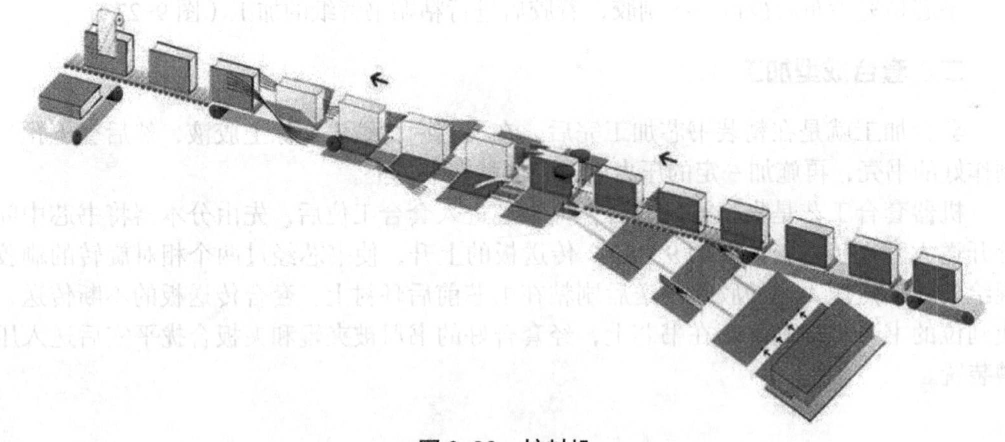

图 9-30 护封机

第六节 精装书质量标准

①书壳表面应平整、无明显翘曲，书的四角垂直，歪斜误差＜1.5mm。飘口、圆背、圆势符合规定。

②烫印字迹、图案清晰，不糊、不花，牢固有光泽。书背字烫印歪斜误差符合国标。

③书槽整齐牢固，深、宽度为 3.0mm ± 1.0mm。

④环衬和书芯前后无明显皱褶。

⑤全套书的书背字上下误差＜2.5mm。

第七节 精装书加工材料计算

精装书所用的装帧材料比较多，常用材料包括书芯加工用料和书壳加工用料两部分。确定这些材料的规格应以书芯开本尺寸、书芯实际厚度和书籍造型不同三个条件为依据进行计算，只要掌握好这三个要点就能达到预想效果，否则会造成不必要的损失。从美学和牢固的观点出发，某些尺寸（如包边的宽度、书背与书壳黏结处的宽度、书壳纸板的厚度）应随书芯开本大小及书芯的厚度做相应的变化。

一、计算方法

精装书芯造型常见的有圆背（无脊或有脊）、方背（方脊、平脊、假脊）。在确定用料规格时，同样的开本尺寸和厚度，一种是圆背，另一种是方背，或者一本是圆背无脊，另一本是圆背有脊等，因此材料规格也会产生相应的变化。

由于精装书芯和书封壳需要分别加工后才能进行套合成册，而且由于书芯纸质不同，因此一般均是先将书芯加工出来（半成品），再用书芯的规格计算出书封的各规格，以提高材料计算的准确性。计算方法一般有以下两种。

1. 测量法

测量法是实际生产中常用的一种方法。即将书芯裁切、扒圆起脊后做出一本成品样本，用纸条按扒圆起脊后的书芯后背圆势，沿书背两边直接量取其弧长的实际尺寸。如果所加工的书册是方背，则可按书芯半成品（即切完的）的实际厚度量取即可。

由于书刊加工受到书芯所用的纸张薄厚、订联的松紧、成册后所受压力等因素影响，会造成测量厚度和批量生产出的书背尺寸有所差异，但大致相符合，因此样书还须送有关技术质量部门核实，如有出入就须及时修正。在决定弧长所用材料尺寸时，应把各种可变因素纳入考虑范围，以避免事故的发生，确保材料的准确及用料的节约。待各方面合格无误后，才能按其规格大批开料加工和成批进行书芯和书封壳的生产加工。

2. 计算法

计算法是根据书芯厚度计算书背弧长而得出用料规格的方法。

根据精装书刊造型习惯及生产中实际情况，精装书刊扒圆（或扒圆起脊）的圆势在书背的圆弧所对的角 90° ～ 130° 之间，那么它所对的圆弧就是扒圆无脊书芯的实际圆弧长。同样如以书芯厚度加上书背高（即书芯厚度加两块封面纸板）为直径，其所对的角度仍不变，则所对的圆弧就是书芯经起脊后的实际弧长。一般书芯越厚曲率越小，书芯越薄曲率则越大；开本越大曲率越小，开本越小曲率则越大。

计算法要比测量法方便、科学、精准，适应自动化、机械化生产，也是精装书籍生产走向数据化、数字化的一个标志。其计算公式（图 9-31）如下：

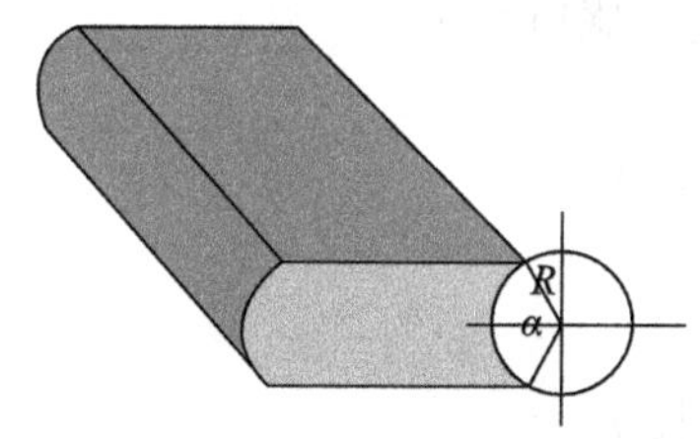

因为360°的圆心角所对的弧长就是圆周长$C=2\pi R$

所以1°的圆心角所对的弧长是$\frac{C=2\pi R}{360°}$，即$\frac{\pi R}{180°}$

于是可得半径为R的圆中，α的圆心角所对的弧长

计算公式=$\frac{\alpha\pi R}{180°}$

图 9-31　弧长计算公式

在计算书芯厚度时，不可以一本为标准，应取数本经过压平后书芯的自然厚度，即不可将书芯捏紧，也不可翘起而弄得过松，应将多本书芯平放，量取中间适当的一本或将几本书芯厚度加起求总平均值进行厚度的计算。

二、精装书常用材料的各种规格

精装书常用材料规格分书背和书封壳用料两种。书背用料规格有堵头布、书背纱布、书背纸、书签丝带（画册、特装用料例外）四种。书封壳用料规格有硬质纸板、封面软料、中径纸（中径板）、中腰料、包角料五种。在加工中使用的材料规格尺寸，根据精装加工单位（车间）及出版社习惯来确定书背材料和书封壳材料的用料规格。

1. 书背材料

（1）堵头布规格

长：书背弧长（圆背）或书芯厚度（即方背的宽）。

宽：由加工厂固定尺寸，一般为 10 ～ 15mm。

（2）书背纱布规格

长：比书芯长少 20mm（两端均分）。

宽：比书背弧长或书芯厚度多 40mm（两端均分）。

（3）书背纸规格

长：比书芯长少 4（或 3）mm（两端均分）。

宽：书背弧长或书芯厚度（也可与纱布同宽）。

（4）丝带书签规格

长：所加工书芯开本尺寸的对角线 +20。

（5）筒子纸规格

长：书芯长 4 ～ 6mm。

宽：书背宽或弧长 ×2mm+5mm 粘口。

2. 书封壳材料

书封壳通常由三层材料（也有多层的）组成。外层封皮由涂料纸、亚麻、涂布、丝绸、棉纺等材料制成。里层为衬纸，印有实地色、图案或为白衬纸。衬纸与书芯一起订装，将书芯与书封壳连为一体。在封皮与衬纸之间是一层厚度为 1.5 ～ 3.5mm 的纸板，它由三块纸板拼成。精装书的订联关键就在于书壳的制作，而组成书壳的各部分材料尺寸合适与否直接影响到整书的质量。

（1）硬质纸板规格

长：书芯长 + 上、下两个飘口宽。

宽：书芯宽减 3 ～ 4mm（即书芯宽 - 沟槽宽 + 飘口宽）。

（2）中径规格

长：书芯长 + 上下两个飘口宽（即与纸板同长）。

宽：中径纸板宽 +2 个中缝宽

①中径纸板规格

长：书芯长 + 上下两个飘口宽（即与纸板同长）。

宽：书背弧长（圆背）或书背宽（方背假脊 + 两个纸板厚和 1mm 胶层）。

②中缝规格

长：书芯长 + 上下两个飘口宽（即与纸板同长）。

宽：8mm（圆背）或 10mm（方背）。

中缝尺寸过大，则使书槽不明显、壳面不紧凑、飘口尺寸增加；尺寸过小，压书槽的封面料易爆裂。当封面纸板厚度≤ 2.5mm 时，方背书中缝尺寸应减小到 9.5mm。

（3）封面规格

①整面规格

长：书芯长 + 两个飘口宽 + 两个包边宽。

宽：两个硬纸板宽 + 中径宽和两个包边宽。

②接面规格

中腰长：书芯长 + 两个飘口宽和两个包宽。

中腰宽：中径宽 + 两个飘口宽（每联接边为 10 ～ 20mm）。

表面纸长：书芯长 + 两个飘口宽和两个包边宽。

表面纸宽：纸板宽减去联接边（10mm）+ 一个包边宽（15mm）和一个粘接边（3mm）宽。

③封里纸规格

封里纸长：纸板长减去两个包边宽 + 两上纸板厚。

封里纸宽：纸板宽减去一个包边宽 + 一个纸板厚。

其中，中径宽：书背弧长或书背宽 + 两个纸板厚和 1mm 胶层。

中缝宽：圆背书槽宽（8mm）+ 一个纸板厚；方背假脊书槽宽（10mm）+ 两个纸板厚。

包边宽：纸板厚度在 3mm 以下均为 15mm 宽；纸板厚度在 3mm 以上均为 17mm 宽。

飘口宽：32 开本及以下（3 ± 0.5）mm；16 开本（4 ± 0.5）mm；8 开及以上（4.5 ± 0.5）mm。

三、计算精装书用料规格

例 1：A4 开本的书，其厚度为 60mm，做一本方背假脊，纸板厚度为 3mm，求纸板的长和宽、中径纸板的长和宽、整面的长和宽。

（1）书背各材料规格

堵头布长 = 书芯厚度（即书背宽）60mm；

书背纱布长 = 书芯长 −20mm=297−20=277mm；

书背纱布宽 = 书背长 +40mm=60+40=100mm；

书背纸长 = 书芯长 −4=297−4=293mm；

书背纸宽 = 书芯厚度（即书背宽）60mm；

（2）书封壳各材料规格

纸板长 = 书芯长 +（2 × 4）两个飘口宽 =297+8=305mm；

纸板宽 = 书芯宽 −4=210−4=206mm；

中径纸板长 = 书芯长 + 两个飘口宽 =305mm；

中径纸板宽 = 书芯厚 + 两个纸板厚 +1mm 胶层

中缝宽：书槽宽 + 两个纸板厚 =10mm+（2 × 3mm）=16mm；

中径宽 =（中径纸板宽 + 两个中缝宽）=60+（2 × 16）=92mm；

整面长 = 纸板长 + 两个包边宽 + 纸板厚度 × 2=305+15 × 2+3 × 2=341mm；

整面宽 = 两个纸板宽 + 中径宽 + 两边包边宽 + 二块纸板厚度

= 206 × 2+92+30+（2 × 3）=540mm；

例 2：A4 开本的书，其厚度为 60mm，做一本圆背（130°），有脊整面精装书，纸板厚度为 3mm，求纸板的长和宽、中径纸板的长和宽、整面的长和宽。

解：A4 开本的尺寸为 210mm × 297mm；

R=（书芯厚度 +2 块纸板厚度）÷ 2=[60+（2 × 3）] ÷ 2=33；

弧长 =（$\alpha \pi R$）÷ 180°　=（130 × 3.1415 × 33）÷ 180 ≈ 75mm

（1）书背各材料规格

堵头布长 = 75mm

书背纱布长＝书芯长 -20mm=297-20=277mm；

书背纱布宽＝书背弧长 +40mm=75+40=115mm；

书背纸长＝书芯长 -4=297-4=293mm；

书背纸宽＝弧长 75mm；

（2）书封壳各材料规格

纸板长＝书芯长＋两个飘口宽 =297+8=305mm；

纸板宽＝书芯宽 -4=210-4=206mm；

中径纸板长＝书芯长＋两个飘口宽 =305mm；

中径纸板宽＝弧长 =75mm；

中缝宽：书槽宽＋一个纸板厚 =8mm+3mm=11mm

中径宽 =（中径纸板宽＋两个中缝）=75+（2×11）+1=97mm；

整面长＝纸板长＋两个包边宽＋纸板厚度 ×2=305+15×2+（2×3）=341mm；

整面宽＝两个纸板宽＋中径宽＋两边包边宽＋二块纸板厚度

=（206×2）+97+（15×2）+（2×3）=545mm；

以上只是对普通精装书用料的计算分析，实际生产中还要根据作者及出版商的设计要求不同，书壳形状各异，其各部分尺寸也是有所不同，还要根据具体要求计算用料尺寸。

四、精装书用料方法与加放计算

通过计算获得每本精装书的用料规格后，在用料总数上还要考虑原料质量、工艺要求、分切方式等诸多因素。每本精装书材料用量的计算，直接关系到精装书的成本和质量，在用料上必须进行误差分析，并制订裁切方法。

1. 误差分析

在计算出每本精装书用料规格后，从理论上讲，乘总本数就能得到总用料量，但理论算法与生产实际存在一定误差，原因在于理论算法是以 100% 的材料利用率为条件的，而实际生产中，材料的利用率不可能达到 100%。

①装订原料，如纸张、纸板、面料等，在使用之前首先要将大张纸四面切齐。实际计算时以裁切后的数据为准，其尺寸肯定小于理论值。

②按生产工艺的要求，原料有一定的加工损失。如堵头布使用前要过浆，以加强挺度便于加工，但过浆后长度缩短，且缩水率约在 20%。

③在对各种材料进行裁切或分割时，因为受分割工具和分割方式的限制，多数情况只能进行直线分割，因而分切后的数值一般会小于理论值。

④为保证质量，可能会降低材料利用率。如精装书的环衬，其丝缕方向应与书背方向平行，为满足这一要求，就会降低纸张的利用率。

⑤为追求美观或满足客户的特定需要，也有可能浪费材料。如某种图案有方向性，按照客户要求进行裁切，也会造成纸张浪费。

2. 精装辅助材料的裁切方法

（1）环衬裁切

假如原纸有显著的丝缕方向，则应保证开切后的环衬丝缕方向与书背方向平行，如 A4 精装书的环衬，在 787mm×1092mm 的纸张上，一个方向可开切出 8 个，而另一个方向只能开切出 6 个，可以看出如果纸张丝缕方向发生变化，出料率相差很大。当然，也可换用其他尺寸的原纸，以提高纸张的利用率。

（2）面料裁切

首先要根据计算法计算出 1 本书所用面料的尺寸。

如果 1 本精装书面料规格尺寸为 296mm×459mm，假设客户提供的面料幅宽 1000mm，每卷长 100m，则最佳裁切方法是，先将卷料断切为 1000mm×900mm 的平张，一张就可开出 6 本，每卷则可以出 $6\times100/0.9\approx667$（本）。

必须指出，理论值与实际开切还是存在一定差距，还需根据具体情况进行分析后开切。

①如所用面料利用率低，可考虑更换其他规格的面料。

②整卷面料中如有部分材料有皱褶，应将这部分尺寸从总尺寸中减去。

③整卷面料中如有接头，应按实际情况减少所出本数。

④面料如有厚薄不一，涂布不匀，露底发花等问题，应核减尺寸或换料。

⑤如面料烫印难或质量不保，应协商换料，或增加烫印次数及烫印箔尺寸等。

（3）堵头布裁切

$$堵头布=计算长度\times缩水率（补偿）$$

精装书材料的实际用量，还应根据加工工序的多少及产量，给予一定的加放量，以满足加工损耗的需要。最低限度也要实报实销，或以废换新。

第十章 数字印后装订

数字印后加工是构建数字印刷的关键组成部分。数字印刷通过数字印后来提升生产灵活性，提高产品附加值，完成一站式印刷服务。数字印后装订方式和设备繁多，与传统印后装订既有区别又有联系。数字印后设备具有小型化、多功能、转换快速、占地节省、方便灵活等特点，适应小批量、短品种、个性化等按需加工的需求。数字印后加工如今呈现多样化发展趋势，已覆盖覆膜、上光、烫金、折页、骑订、胶订、活页装、蝴蝶装、精装、模切、压痕、制盒等工序。具备快速准备、短时启动、低能耗及高利用率特点的机型已成为衡量数字印后设备水平高低的标准。数字印后加工设备的合理配置和正确调节已成为印刷企业开拓市场、承接活源、降低成本的发展方向。数字印后装订主要针对书刊短版市场及个性化印刷市场，数量从单本至数百本范围内，为出书难和个人出版提供了解决方案，弥补了印品市场的空白。

第一节 认识数字印后加工

一、数字印后产品加工分类

从数字印后加工产品（图 10-1）结构来看，数字印后主要是为客户提供图文快印、商业快印、网络印刷等个性化快印业务，数字印后加工根据产品的不同特点可分为以下几种。

1. 页数很多但需要份数不多的产品

如样本、招投标书、设计效果图、画册、相册、纪念册、毕业论文、商务资料、同学录、校友录、通讯录、汇报材料、会议资料、档案资料、商务资料、培训讲义、家谱、菜谱及各类手册等。

2. 页数少、需要的数量较多，但还不足以达到传统印刷要求的产品

如小广告、小件产品说明书、停车证、入场券、产品宣传单页、请柬商函、贺卡、邀请函等。

3. 数字印刷也有可变数据产品

如结婚纪念画册、个人写真集、个性化产品说明书、珍宝鉴定书、授权书、个性

化台历（图 10-2）、挂历、可变报表、个性化请柬、个性化贺卡、人像证卡、宝宝成长专刊、旅行游记画册、个人作品等。

图 10-1 数字印后加工产品

图 10-2 个性化台历

4. 各种 IC 卡、个性化 PVC 卡类、证件类等产品

如邀请函、贵宾卡、会员卡、就餐卡、乘车卡等。

虽然数字印刷还延伸到陶瓷、玻璃、塑料、布料、皮革等物品的转印（图 10-3）与整饰加工，但数字印刷的主流业务依然是依托纸质品的印刷及装帧加工。

图 10-3 数字转印产品

二、数字印后装订设备分类

由于数字印后加工门类繁多，加工产品与设备的匹配十分重要。数字印后设备的配置由投入大小、场地面积、市场定位等诸多因素来决策，设备的配置适合自己业务及设备相互之间的衔接才是最重要的。和传统印后加工相比，数字印后加工更注重装帧形式和要求，如一些样本书的最终形态更强调精细质量，这样就对数字印后加工设备的精度提出了更高的要求。除了专业化数字印企外，考虑到场地、设备利用率及人力成本因素，大部分数字印刷企业都属于微小印企，因此都选择一些占地面积小、使用频率高的小型通用装订和装帧设备，并注重设备坚固耐用、工艺配套、服务保障等

使用的价值因素。数字印后装订主流设备有裁切设备、订联设备、胶订设备、折页设备、精装设备、整饰设备及辅助设备等。

第二节　切纸机

小型切纸机是数字印后装订的必备设备，切纸机的选购要从裁切幅面、裁切高度、机器负载、裁切精度等方面进行综合考虑。通常配备一台桌面手动切纸机和一台对开程控切纸机，就能满足数字印后不同纸张、材料、书刊、广告、招贴等产品的裁切。

桌面手动切纸机（图 10-4）适用于裁切较薄的单张纸及修边，它不占用太大空间，其裁切最大幅面为 380mm。面板上印有刻度标尺，方便裁切定位以及纸张展平，能确保相邻裁切边成直角 90°，提高了裁切精度。缺点是裁切厚度受一定限制。

小型对开切纸机（图 10-5）由主机、工作台、压纸机构、推纸机构和裁切机构组成。通常规格尺寸在 90 ～ 780mm 之间，要考虑不仅能裁切书芯，还要能裁切封面及纸张等。从推纸机构乃至裁切机构驱动方式上又分为手动切纸机（纯机械结构）、电动切纸机，从尺寸显示方式和对推纸器移动定位上又分为数显切纸机和程控切纸机。数显切纸机和程控切纸机主要差别在于推纸机构控制上，程控切纸机的精度和效率较高，能有效减轻操作人员的劳动强度，小型数字切纸机的操作方法与单面切纸机操作基本相仿。

图 10-4　桌面手动切纸机

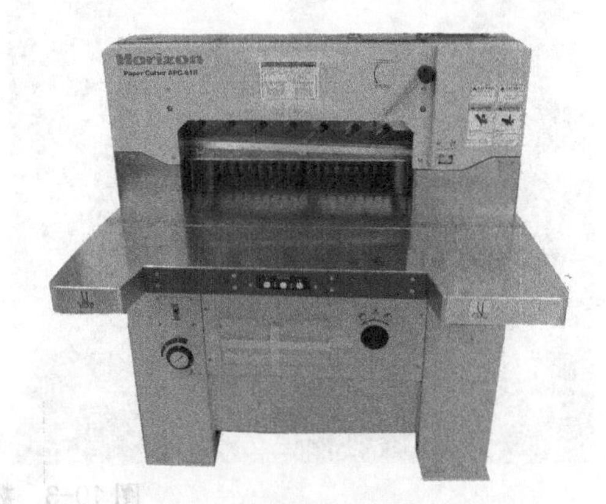

图 10-5　对开计算机程控切纸机

第三节　环型铁圈装

环型铁圈装机是一种应用非常广泛的小型装订设备，普遍应用于各行各业的办公文件、财务、标书、相册、集邮册、台历、笔记本、儿童读物等本册装订，其特点是工艺简单、装帧简捷、操作方便、平展性好、外观简洁。缺点是铁制环圈易受压变形、书芯厚度不宜超过 250mm。数字印后铁圈装类设备主要有：双线铁圈装订机、单线铁圈装订机、独立铁圈装订机等。为防止铁丝圈生锈，往往对铁丝进行喷塑处理，喷塑的颜色有多种多样。

环型铁圈装订是由铁圈把文本各个页面用环型方式组合在一起的。线圈可分为单线圈和双线圈，常用的是双线圈（单线圈很少用到），双线铁圈装订是颇受欢迎的装订方式（图 10-6）。双线铁圈装有简易手动装订机（用于少量生产），也有全自动装订机（适用于大批量生产）。除了广泛用于书刊、笔记本等产品的装订外，还常用于制作各种台历、挂历、POP 展示架等。其缺点是铁丝圈易受压变形，且书芯厚度不宜超过 25mm。

1. 环型铁圈装订机分类

环型铁圈装订机（图 10-7）的装订形式是铁圈硬胶圈，其类型有许多，根据性能、孔型、孔数、装订材料不同，又可以分为圆孔和方孔，单线圈和双线圈，手动、电动、液压；二孔、三孔、四孔等不同孔位的铁圈装订。目前在环型铁圈装订家族中，使用最多的是手动方孔双铁圈装订机。

图 10-6　环型铁圈装订本

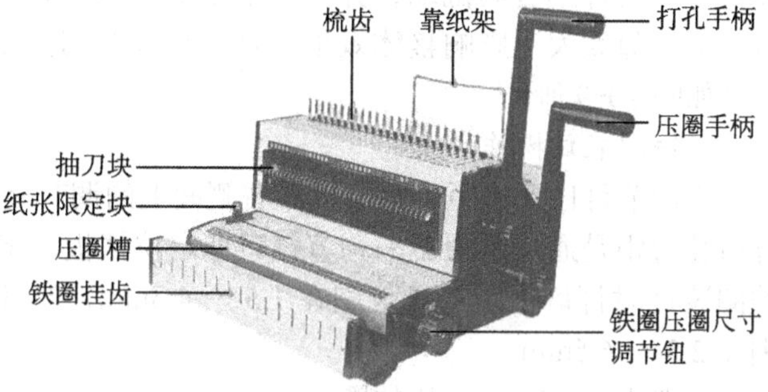

梳齿
靠纸架
打孔手柄
压圈手柄
抽刀块
纸张限定块
压圈槽
铁圈挂齿
铁圈压圈尺寸调节钮

图 10-7　环型铁圈装订机

2. 环型铁圈装订机孔数、孔径、孔距

常用手动方孔双铁圈装订机又可分为 2 : 1（21 ～ 27 孔）和 3 : 1（34 ～ 40 孔）两种，以 3 : 1 双铁圈装订机装订效果较为精致，适合装订较薄的文本；2 : 1 型则适合装订较厚的文本。

无论方型孔和圆形孔，3 : 1 孔比就是指每英寸（25.4mm）上排列三个孔；2 : 1 孔比就是指每英寸（25.4mm）上排列二个孔。

2 : 1 方孔双铁圈装订机的孔型尺寸是 4 × 5.5mm 的长方型孔，3 : 1 方孔双铁圈装订机的孔型尺寸是 4mm × 4mm 的方型孔。

2 : 1 方孔双铁圈装订机的孔与孔之间的距离是 7.5mm，3 : 1 方孔双铁圈装订机的孔型尺寸是 4.5mm。

3. 双铁圈选择

双铁圈材料的选择主要根据订口长度来选择铁圈的长度，根据文本的厚度来选择铁圈的直径。

一般单个 3 : 1 齿距方孔双铁圈的长度为 275mm，上有 34 齿，适合装订 A4 较薄的文本，实际在装订 A4 尺寸文本中用到 33 齿（见图 10-8）。

一般单个 2 : 1 齿距方孔双铁圈的长度为 275mm，上有 23 齿，适合装订 A4 较厚的文本，实际在装订 A4 尺寸文本中用到 22 齿（见图 10-8）。

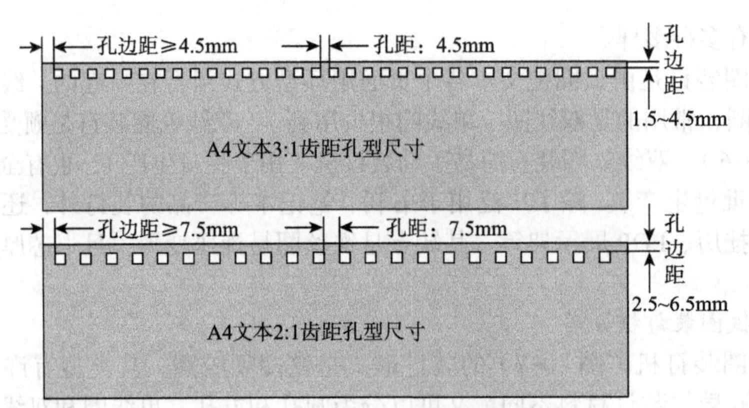

图 10-8　2：1 和 3：1 孔型尺寸图

操作中铁圈的直径 = 文本厚度 +4mm 为宜。如果铁圈过小，边位距离大，那么装订好的文件不容易翻动，并有可能褶皱；如果铁圈过大，边位距小，那么翻动文件时，页间隙太大，影响整体效果，且如果长时间翻动易出现掉页现象。双线铁圈装订产品如图 10-9 所示。

4. 铁圈装订操作方法

①调节订口孔边距（调节机器右侧面上的调节旋钮，上面标有不同孔边距尺寸）。订口孔边距是通过调距器来调节订口即定位挡板，来达到所需的尺寸。通常 3：1 齿距铁圈装订时订口边距选择范围在 1.5 ～ 4.5mm；2：1 齿距铁圈装订时订口边距选择范围在 2.5 ～ 6.5mm。

一般来讲，3：1 孔比的圈装，订口到版心的距离至少应留出 3/8 英寸（9.5mm）的空白；2：1 孔比的圈装，订口到版心的距离应保持 1/2 英寸（12.7mm）空白。在印前版面设计时一定要注意版心的周空距离，尤其是订口到文字的间距（距离过小，孔径会打在版面上），要避免装订弊病的产生。

②调节端口孔边距（调节机器打孔台左侧的挡板使其在需要的位置上，图 10-10）。端口孔边距是能过限位器来调节文本二端所需余留的孔边距，通常 3：1 齿距铁圈装订时，长度方向孔边距应≥ 4.5mm；2：1 齿距铁圈装订时，长度方向孔边距应≥ 6.5mm。

图 10-9　双线铁圈装订产品

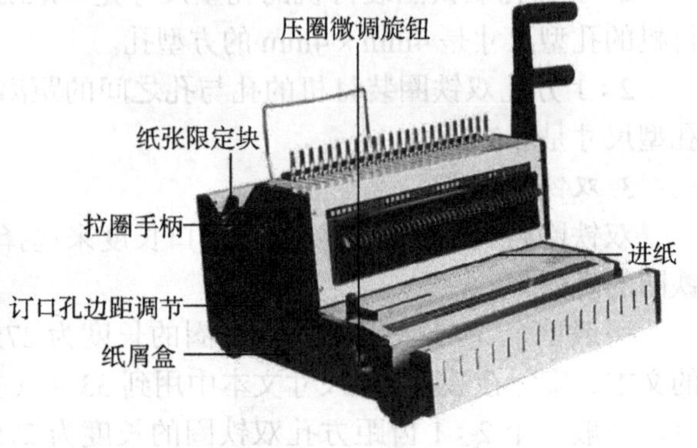

图 10-10　订口孔边距调节

订口孔边距的尺寸是依据书本的厚度来确定，若书本越厚，铁线圈直径越大，孔边距就应逐步增大；反之书本越薄，铁线圈直径越小，孔边距就应逐步减小。

③将不超过打纸量的纸张整理叠齐，推入打孔位置，并使其紧靠调距器的限位挡板为止，以订口孔边距限位挡板和左边端口边挡板为两个直角基准，将纸张位置固定好后，将手柄用力压下，完成纸张打孔过程。

④装圈、压圈。装圈时将铁圈环放在铁圈装订机的支架上，注意装订环的摆放方向（环的一端是相对尖的，打好孔的纸全部放到装订环的尖齿位上，完成铁圈穿孔；另一端是平的，用以插入装订支架上，起固定铁圈环作用）。

压圈时将已穿好圈的文本，放入铁圈装订机的压圈槽中，将手柄用力压下，即可完成铁圈环的收口操作。

第四节　环型胶圈装

环型胶圈装的装订形式是塑料胶圈夹边条，由于塑料线具有一定弹性，在受压变形后能够迅速恢复原状，加上装订线质量轻，色彩丰富，末端弯折定位，安全系数较高，特别适合于少儿读物的装订（图 10-11）。环型胶圈装订是使用成本较低的一种，简单、易拆卸，可多次重复装订使用。缺点是塑料环圈易受压变形、书芯厚度不宜超过 20mm。

胶圈装订机的类型有手动（图 10-12）和电动，胶圈装订机的孔型尺寸是 3mm × 8mm 的长方型孔；孔与孔之间的距离是 7mm。胶圈装订的长度会受到装订机孔数的限制，其装订最大幅面是 A4 尺寸的文本。胶圈文本的装订厚度也是任意的，可以不断地叠加上去。主要也是不同设备的一次性打孔厚度是不一样的，一般胶圈装订机的最大的打孔厚度在 2 ～ 3mm 左右。

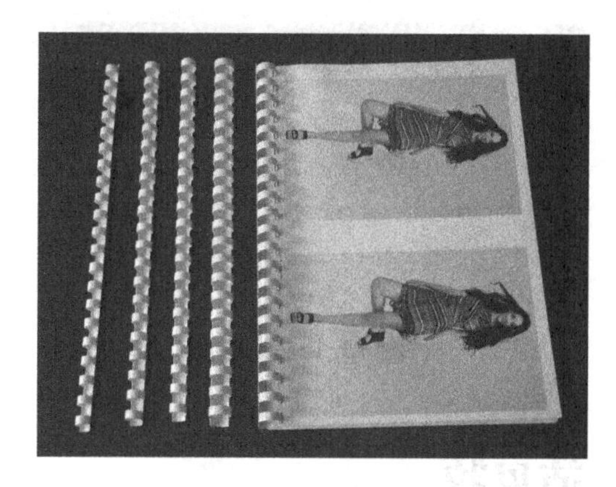

图 10-11　胶圈装订本

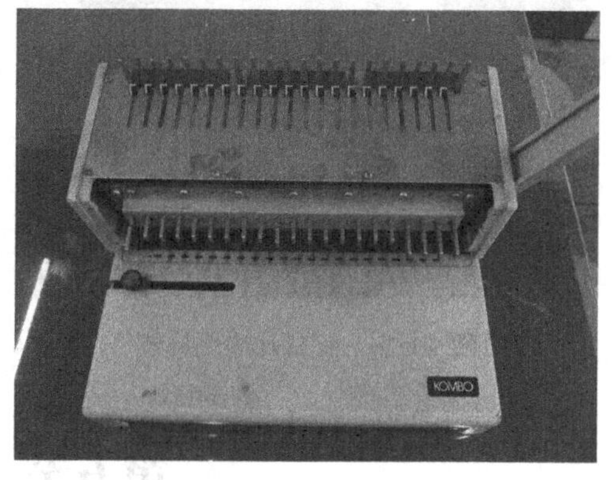

图 10-12　胶圈装订机

胶圈型号的选择是根据订口长度来选择胶圈的长度；根据文本的厚度来选择胶圈的直径。常见的胶圈颜色有黑色、白色、红、蓝，其他颜色较少。

如一般 A4 胶圈长度为 300mm，均是 21 齿，不同的文本厚度要选择不同直径的胶圈（图 10-13）。在实际操作中胶圈的直径 = 文本厚度 +4mm。

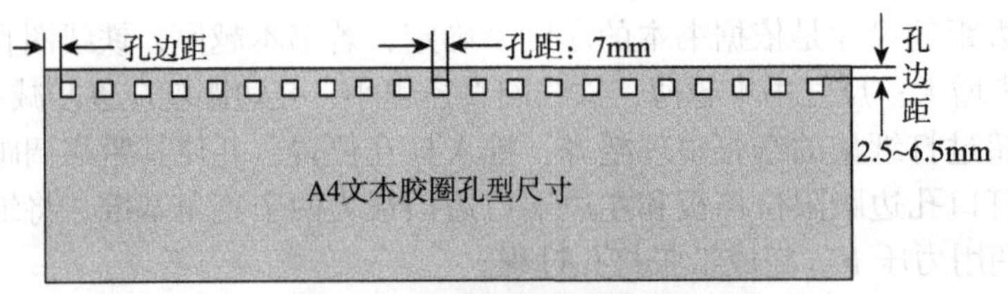

图 10-13　胶圈孔型尺寸图

胶圈装订操作方法如下。

①调节订口孔边距（调节机器后面的调节旋钮，上面标有不同孔边距尺寸）。订口孔边距是通过调距器来调节订口即定位挡板，来达到所需的尺寸。通常胶圈装订时订口边距选择范围在 2.5 ～ 6.5mm。

②端口孔边距（调节机器打孔台左侧的挡板使其在需要的位置上，机器上有相应的位置校正指示图，能指示打孔时的相应位置，图 10-14）。端口孔边距是通过限位器来调节文本二端所需余留的孔边距，通常长度方向孔边距应≤ 7mm。

③将不超过打孔纸量的纸张整理叠齐，推入打孔位置，并使其紧靠调距器的限位挡板为止，以订口孔边距限位挡板和左边端口边挡板为二个直角基准，将纸张位置固定好后，将手柄用力压下，完成纸张打孔过程。

④装圈。装圈时将胶圈环放在胶圈装订机上面的支架上，注意装订环的摆放方向（应开口向上，插入装订支架，起固定胶圈环作用）。将打孔手柄往后推，胶圈在手柄装置的带动下会打开至合适位置，再将打好孔的装订文本套在胶圈上，再将手柄返回初始位置，胶圈会自动卷曲回初始环型，取出装订文本完成操作（图 10-15）。

图 10-14　订口孔边距调节

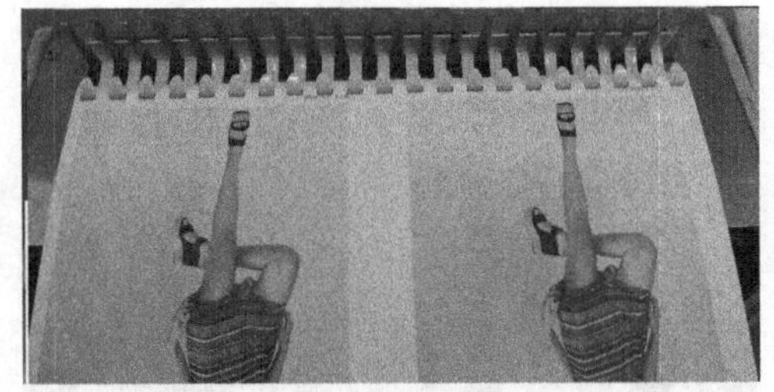

图 10-15　装圈

第五节　活页装

活页装是将单张纸书页切成单张后先按顺序排序，用叠配页方式成册，然后在书背边用打孔机打排孔，再放在特别设计的机器上，采用铁丝或塑料圈，铁丝环或塑料环，铁板或塑料夹等形式将书页订联成册的方式。活页装的页张可以自由开合，随时增减或更换页张，活页订是最简单的书籍装订方式之一，很适合经常要更新内容的印刷产品。优点是页面增减十分方便，翻开后平展性好；缺点是订口处所占用的页边距较大。

活页夹装是通过打孔装入文件，孔型有方孔、圆孔，孔位数在 2 ～ 30 孔之间。夹紧方式有快捞夹、夹板夹、强力夹、弹簧夹、蛇夹、孔夹、圈夹、D 形夹、O 形夹、S 形夹、Q 形夹、蝴蝶夹、塑料抽杆条等。活页夹具有使用方便、不易变形、适应性强（适应不同厚度、纸张可随意拆卸、更换、任意组合，方便整理）等优点，同时又有较大的成本优势。活页夹装以圈形为主，多为金属制品，拆卸纸张时只需轻轻将活页夹打开即可。

一、活页简装

最简单的活页夹简装操作，只需用手动打孔机（图 10-16）打二孔、装活页夹架即可。活页装订夹的材料有金属装订夹和塑料装订夹。

①操作前先调整好打孔边距，订口孔边距是固定的（孔中心到订口边距为 10mm），端口孔边距是通过侧规（天头孔距定位侧规）来定位的，孔距是 80mm（图 10-17）。

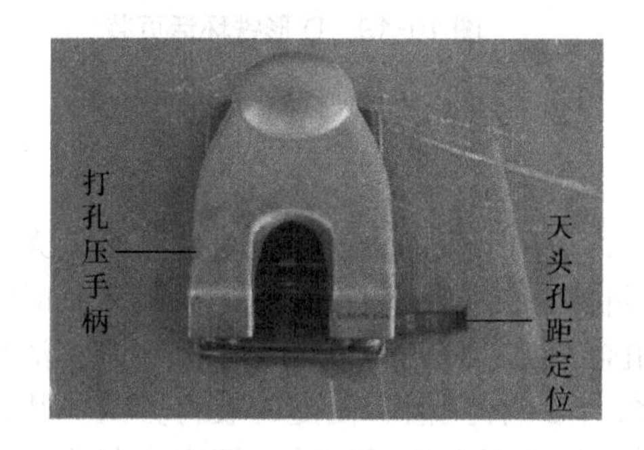

图 10-16　手动打孔机

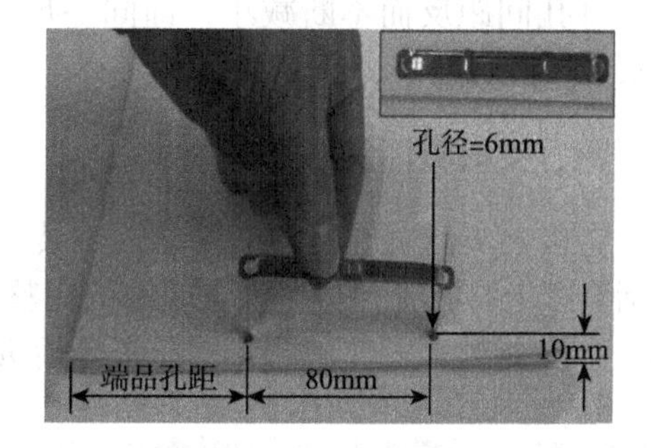

图 10-17　活页简装

②操作时将不超过 2mm 厚度（超过 2mm 厚度时，可以分批打孔后叠加）的纸张放入手动打孔机中，用力按下打孔压手柄，即完成打孔操作。将活页架从散页的下部二圆孔中穿上，上面放上盖压板，收口后即完成操作。

二、螺柱式活页装

螺柱式活页装（图 10-18）是将页面按规格大小进行裁切，并在装订边上冲出大小适中的装订孔（孔数和孔距根据书页幅面大小可以任选），然后在装订孔上拧上螺柱，将页面固定。螺柱式活页装能够适应较厚重的书籍，缺点是增加或取出页张时，工序比较复杂，必须全部拆开重装。

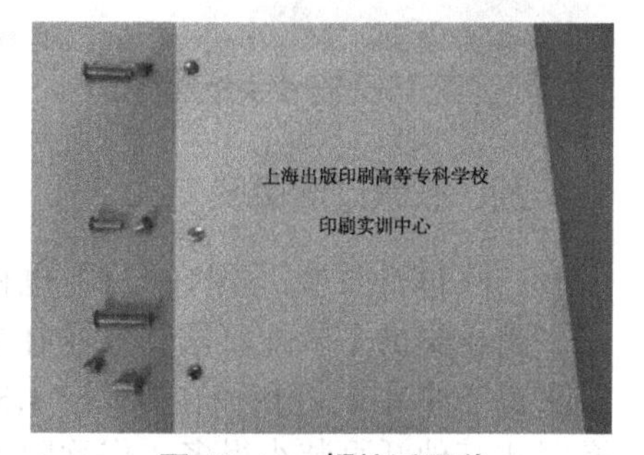

图 10-18　螺柱活页装

螺柱式活页装先要对纸张进行打孔操作。操作时在纸张的一侧打上圆孔，孔的数量和孔距需要根据页张的幅面尺寸大小来进行相应匹配（一般 A4 纸上打 3 ～ 4 个孔较为适宜），孔径是根据页张的厚薄来确定，纸张越厚，孔径越大，螺柱直径就越粗。螺柱一般由铜或不锈钢制成，其螺柱直径在 2 ～ 5mm 范围内，两头盖帽的直径要比螺柱体直径大 3mm。

三、多孔活页装

活页夹装按孔数可以分为 2 孔、3 孔、4 孔……30 孔等，材料有铁环夹、塑料环夹等，但使用最多的是铁环夹。常用的多孔铁环形状有圆形环、直 D 形环和斜 D 形环三种，其中 D 形环是使用最广的活页装订方式。

多孔铁圈环装多采用铆接方法，将铁环架固定在书壳上。圆形环固定在书背上，但书背外部会有铆钉外露，有损外观，因此通常采用暗式铆钉。D 形环是通过铆钉固定在封底上，铆钉穿透封底（图 10-19）。二孔铁圈环装的孔间距是 8mm，三孔环装的孔间距是 11mm。但是 4 孔以上的 A4 尺寸的环型铁圈装订孔间距反而不断减小，即同一尺寸的活页装，孔数越多、间距越小。

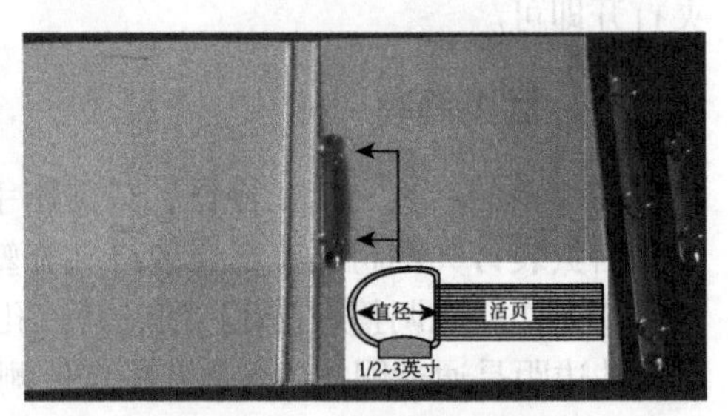

图 10-19　D 形铁环活页装

四、夹板夹活页装

夹板夹类活页装是最简单的活页装订方法，采用书夹的方法来组合活页纸，无须在活页纸上打孔，保持了页张幅面的完整性（许多公文是不能打孔的）。适用于临时资料、会议资料、报告、批文、样张等活页的组合存放，同时可以随时增删、调整活页顺序，是一种灵活、便捷的装订方式。装订时只需将夹板夹架子用铆钉固定在封底上，铆钉穿透封底即可。

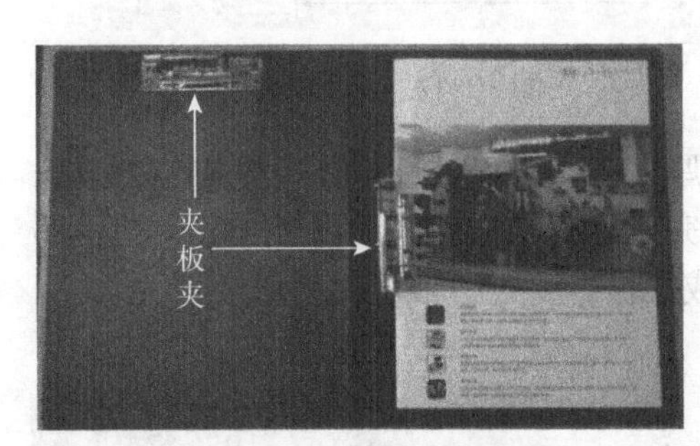

图 10-20　平夹板活页装

夹板夹的活页装订方式类似于多孔活页装订方式，只不过活页的订联组合形式发生了一些变化，即针对活页的使用功能不同，前者采用多孔环、后者采用夹具形式；前者可以翻阅、后者不能翻阅。但夹板夹架子即可固定在封二上，也可以固定在封三上（图 10-20）。

五、三眼订活页装

三眼订活页装（图 10-21）也称敲眼穿订法，是最早的平装线订法，它是在靠近书脊的位置打三个小眼，孔径在 0.6 ～ 1.5mm（由于孔径比其他活页装小得多，俗称眼）。

三眼订操作时先将散页或配页后的书芯，经撞齐后在靠近书脊 6 ～ 10mm（根据开本大小来确定订口孔边距）的订口处，打穿三个小

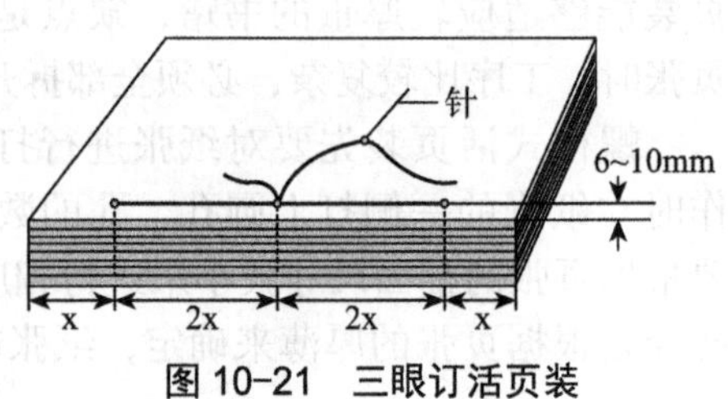

图 10-21　三眼订活页装

孔（中间孔在长度中心位置，二个边孔离天头、地脚 1/6 长度位置），用手工将双股棉线或丝线穿入眼内把书芯订联起来，打结牢固后成为一本书册的联结方法称为三眼线订，订书方法比较简单和实用。三眼订法经常用于订联较厚的书芯及加工合订本，而且多数是以精装本的形式呈现。

第六节 维乐装订

维乐装订是一种采用维乐钉条，通过电加热铆合形式的装订机，适用于图纸、文本、保单、票据等少量页张的装订。维乐装订机由打孔和订联二部分结合而成（前面是打孔装置，后面是订联装置），打孔有手动也有电动，但装订部位热压条均采用电加热铆合，均自动完成。

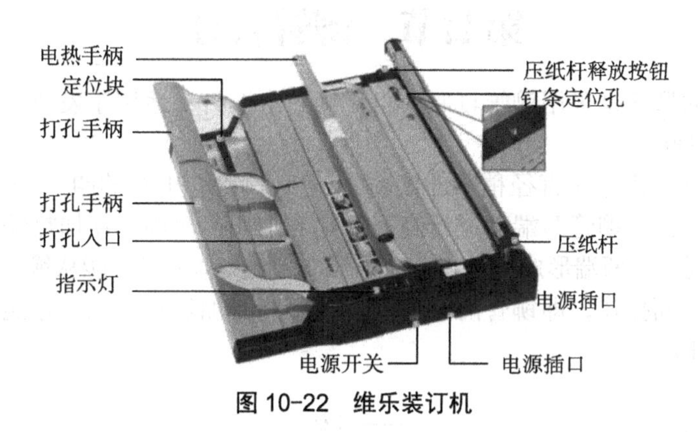

图 10-22 维乐装订机

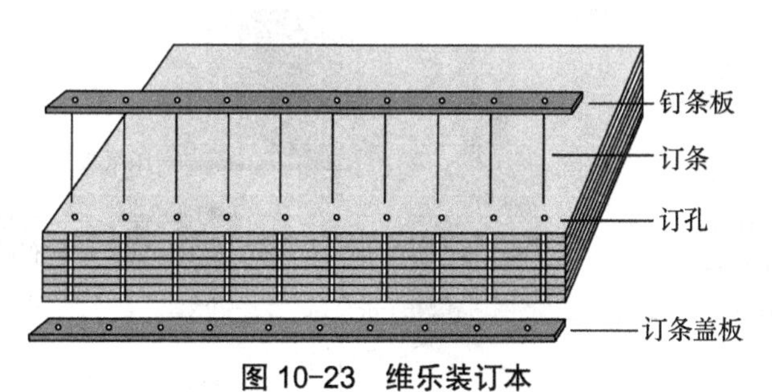

图 10-23 维乐装订本

一、维乐装订机的技术数据

维乐文本的装订厚度是任意的，可以不断地叠加上去，最大装订厚度 50mm，每次最大的打孔厚度在 2mm 左右。维乐压条装订机最多可打 11 孔，常用的 A4 纸上是打 10 孔，配以 10 孔的维乐钉条。维乐订条的订条长度规格有 1 英寸（24.5mm）和 2 英寸（49mm），根据文本厚度可以选择不同长度的装订杆。

二、维乐装订机的操作方法

①打孔（与其他打孔机操作完全一致）。先将打孔定位块置于装订纸规格的刻度线

处（定位块左端与刻线对齐），并锁紧定位螺钉。将纸张整理叠齐，推入打孔器底座台面上，并使其紧靠左边定位挡板，将纸张向前推到不动为止，将手柄用力压下，即完成页张打孔过程。

②将热铆手柄置于上方（初始位置），维乐钉条从正面插入打好的孔内，翻转文本在反面装上维乐盖板。将穿好钉条的文本正面朝上，放在订条架上（注意订条上的孔与订条架上的小轴对正），然后压下压纸杆，将文件压紧（注意两手放在压纸杆两端要用力均衡，否则装订后的文本两端松紧不一致）。放下热铆手柄机器将自动进行热铆合，数秒之后，当听到"嘀"的声音后（同时黄色指示灯亮），表示工作完成（此过程是加热融紧维乐条结合处），两手同时按下左右压纸杆释放钮，压纸杆被弹起，手柄同时恢复初始位置，取出文本完成装订。

第七节 铆管装订

铆管装订的形式是采用铆管订联，也称为财务装订，适用于发票、收据、资料、凭证等本册的订联。

铆管订联是用比穿孔直径稍小的塑料管（PC 铆管，也有的叫 PC 柳管），穿过需要铆合的文本，并对铆管两端面进行高温加热和加压，使柳管在加热铆头作用下热膨胀变形增粗，同时在两端形成铆管钉头（盖帽），使文本页张不能从铆管盖上脱出。铆管装订机需要双面操作，即铆管的上、下两端要同时加热和加压，才能完成文本书册订联（图 10-24）。

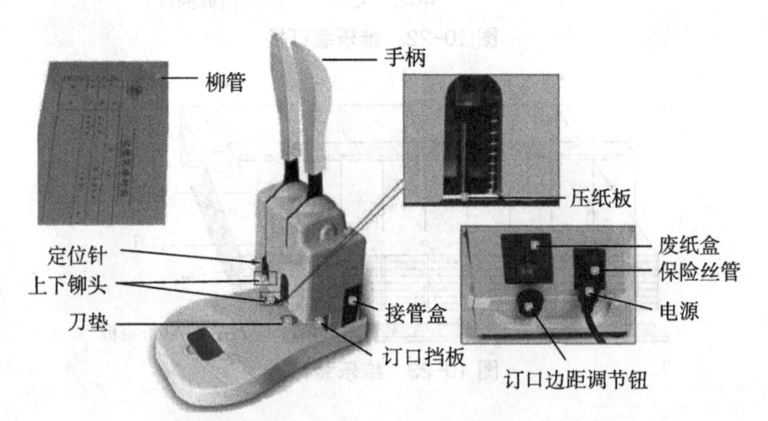

图 10-24 铆管装订机

铆管装订机是由打孔和热压铆两部分结合而成（一边是打孔，一边是热铆，左右位置没有特定的要求），机器有手动和电动两种。铆管装订的圆孔型直径 5mm（铆好后的铆管二头直径为 11mm，可以装订厚度≤ 30mm）和 7mm（铆好后的铆管二头直径为 13mm，可以装订厚度≤ 50mm）两种最为多见。一件铆管装订的时间在 10 秒左右，常见的铆管装订都是在文件的左上角用两个铆管来订联文件（图 10-25），也有少数在边上订联。

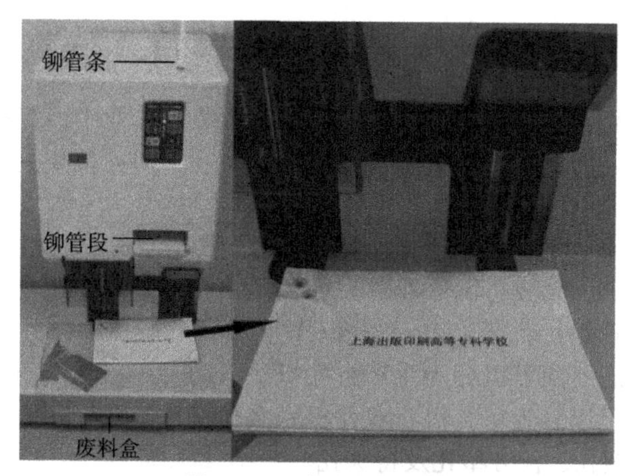

图 10-25 铆管装订文本

铆管装订操作方法如下。

①调节订口孔边距（调节机器后部的前后边距调节旋钮，上面标有不同孔边距尺寸）。订口孔边距是通过调距器来控制定位挡板的进出，以达到所需的订口打孔尺寸，通常铆管装订时订口边距选择范围在 5 ～ 25mm。

②插上电源，按下开关，机器上指示灯亮（红色表示电加热进行中、绿色表示铆头已达到加热温度），注意上、下铆头预加热时间在 5 分钟左右。

③打孔（与打孔机操作完全一致）。操作时先将纸张整理叠齐，推入打孔位置，并使其紧靠调距器的订口定位挡板为止，将纸张位置固定好后，将打孔手柄用力压下，完成页张打孔过程（图 10-26 左）。

④热铆订联。打孔时机器会根据页张厚度自动分切相应长度的铆管段，因此打孔前要把长铆管插入机身后的小圆孔内（图 10-26 右）。

图 10-26 打孔、热铆

将切下的铆管段插入打好的装订孔内（切下的铆管段长度 = 书本厚度 +8mm ，即铆管的上、下需各留 4mm ，作为热铆后的盖帽），并将页张移至左侧的热熔器下，然后将定心轴插入铆管中，将热压手柄用力压下，并停留片刻，最后松开手柄，提起定心轴（铆头恢复原位），取出文件，即完成铆管的热铆装订。

第八节　打孔设备

在圈装、活页装、铆管装、维乐装等数字印后装订作业中，打孔是一个重要工艺步骤。哪怕是夹板夹活页装，虽然活页内芯无须打孔，但夹板架是铆接在书壳上，依然需要打孔。

打孔机的方式有两种：一种是打洞，是使用母板与孔模的相互配合，在加压之后，可穿过少数纸页，完成打洞作业；另一种是钻孔，是使用锐利管筒形状的钻头，在钻孔机上从一叠纸页中穿过，完成打孔洞作业。

打孔机按性能的不同可以分为手动打孔机、电动打孔机、液压打孔机。打孔机按打孔数量的不同，可以分为单孔机、双孔机、多孔机；按孔型的不同，可以分为圆形孔、椭圆形孔、方型孔、长方型孔及特殊孔。

无论何种打孔机，其打孔原理基本相同。工作流程是：页张整理→孔径定位→压纸、打孔。装订孔形会直接影响到成品的外形和内在质量。从孔型来看，铁圈装订选用方形孔和圆形孔；塑胶圈装订选用方形孔；活页夹装订、铆管装订、维乐装订选用圆形孔。一般文本内芯越厚，孔距就越大，孔径也就越大。打孔时要注意纸张厚度、材质、长度等因素，如破裂、沾粘等都会影响洞孔质量。

一、手动单孔打孔机

常用的手动单孔打孔机（图 10-27）的孔型是圆孔，其型号有很多，不同型号打孔机一次性可打孔的纸张数量也有所不同。一般手动打孔直径范围为 3 ～ 8mm，订口孔边距的可调范围为 3 ～ 35mm，最大打孔厚度≤ 30mm，操作平台上配有纸张前规和侧规，可以根据不同刻度进行移位，方便确定孔位。

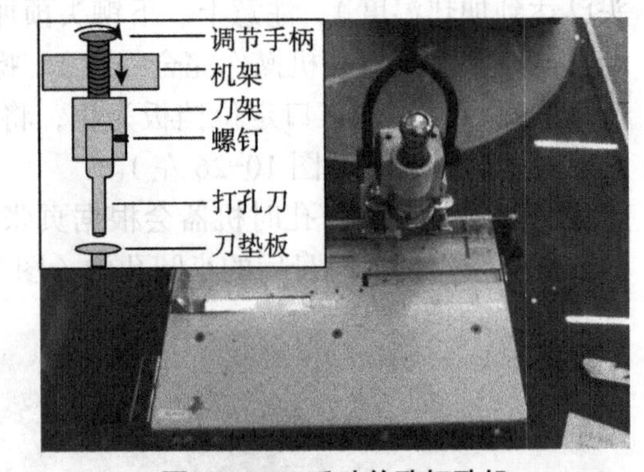

图 10-27　手动单孔打孔机

手动打孔的钻刀是采用空心钻针形式，钻刀的直径在 3 ～ 8mm 范围内，是用螺钉固定在刀架上的，可以根据需要随时调换不同孔径的钻刀。调换钻刀时只需拧松内六角固定螺钉，就可调换钻刀。打孔钻刀的高低是通过调节手柄来控制的，按顺时针方向转动手柄，打孔刀下降，反之打孔刀上升。

打孔刀垫板（刀条）是装在打孔刀下，打孔时刀头应嵌入刀条 0.5mm 左右，太浅打不断页张，太深页张边口发毛，因此发现打孔边不光洁时应及时变换刀垫板的角度（在底座上可以对刀垫板进行旋转）或调换刀垫板（当刀条深度超过 1mm 时），以保证打孔质量。

二、电动单孔打孔机

在打孔数量增多的情况下，打孔是件既麻烦又费时的工作，而电动式打孔机（图 10-28）操作方便、轻松，打孔厚度大，能节约较多时间。一般电动打孔直径范围为 3 ～ 14mm，订口孔边距的可调范围为 5 ～ 50mm，最大打孔厚度≤ 60mm（有的机型达 100mm），操作平台上配有纸张前规和侧规，可以根据不同刻度进行移位，方便定位打孔。

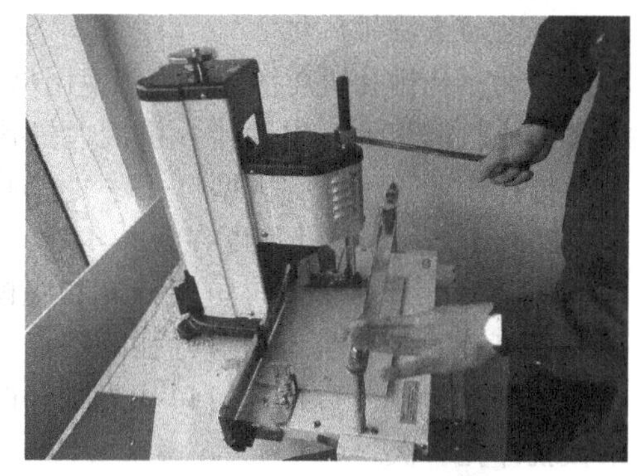
图 10-28　电动单孔打孔机

电动打孔钻刀的直径在 3 ～ 14mm 范围内，钻刀是由专用装置固定在刀架上的，调换钻刀时只需将专用工具插入刀架中，下压一下即可轻松取下钻刀，装刀时只有稍用力插入刀架即可。注意调换打孔刀后，必须重新修正打孔刀头和刀垫板的相对位置。

打孔钻刀的高低是通过调节上部手柄来控制的，按顺时针方向转动手柄，打孔刀下降，反之打孔刀上升，位置调节好后插入定位销来固定。

电动打孔机的堆纸台采用移动工作平台，上有压纸杆（防止纸堆打孔时位移），并配有孔距定位装置，还可选配孔距编程杆（适用于成排连续打孔），具有打孔精确、使用寿命长等特点。

三、电动多孔打孔机

电动多孔打孔机能一次性完成打孔作业，无须多次打孔，提高了效率和速度。常用的电动多孔打孔机有如下两种。

1. 电动多孔钻孔机

电动多孔钻孔机是使用电动马达驱动多支空心圆形钻头，可将纸堆同时钻出多孔的机器。

例：电动四孔钻孔机（图 10-29）原理与电动单孔打孔机相似，最大打孔长度达 460mm，适用 A3 以下尺寸的打孔作业，其最大的优点是打孔厚度达 60mm，钻头数量可配置 1 ～ 6 个，孔距可调范围在 19 ～ 425mm，钻孔直径 2 ～ 10mm，打孔钻针的转速有两档可调。前规和侧规的定位都是采用手轮来控制两端孔边距的尺寸，打孔钻刀的高低也可以通过手轮进行方便的调整，操作时脚踩一下控制踏板，就冲孔一次，操作简便、快速。

图 10-29　电动四孔钻孔机

2. 电动多孔排孔机

电动多孔排孔机（图 10-30）使用母板与孔模相互配合，在加压之后，可穿过少数纸页完成打洞作业。电动排孔机最大打孔长度达 650mm，适用于像月历、挂历等大幅面的打孔作业，不同的机型打孔厚度有所不同，一般在 2 ～ 4mm 之间，订口孔边距在 2 ～ 20mm 之间，打孔速度在 3 ～ 4 秒 / 次。

电动多孔打孔机通过更换刀具和底模，可以打圆孔、方孔和其他异形孔，并能随时改变打孔直径，具有适应性强的特点。操作时根据打孔位置的要求，调节好打孔机上的前规和侧规，以确定订口孔边距和两端口孔边距的打孔位置，然后脚踩一下控制踏板就冲孔一次。

在打孔操作中如发现打出的孔径边口有发毛或打不掉时，就应及时更换打孔刀或调换刀垫板，否则会导致质量弊病的产生，甚至会损坏刀具。对于钻孔型打孔刀，换下的钝刀要及时刃磨，刃磨时只要将锥形砂轮插入刀口内径壁，不断转动刃磨，直到刀口锋利（图 10-31）。

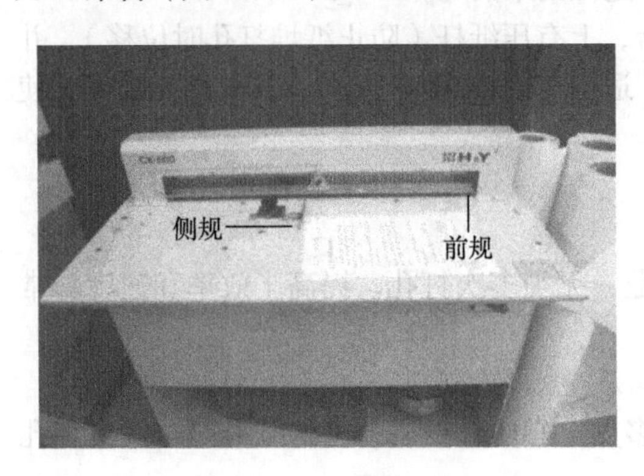

图 10-30　电动排孔机

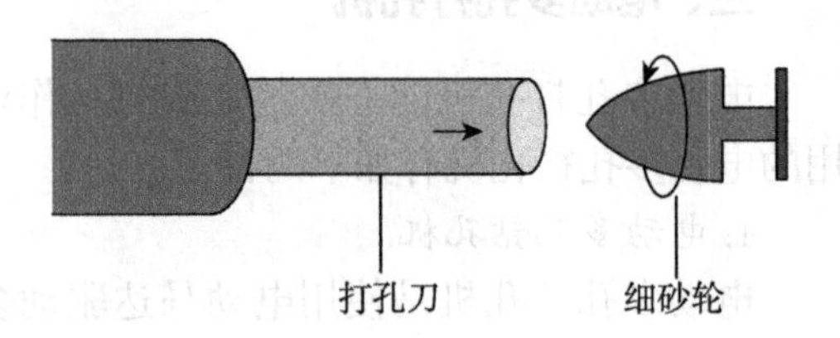

图 10-31　打孔刀刃磨

第九节　骑马订装

数字印后骑马订装的工艺流程、质量标准与传统骑马订装一致。由于其配帖采用的是套配帖方法，因此在设计时要注意印刷的开本大小是后道加工开本的 2 倍大小，如骑订开本是 A4 的开本，那么数字印刷的开本一定是 A3 幅面尺寸，通过对折后得到 A4 产品尺寸，才能进行套配和订联。

一、手动卡匣式骑马订书机

普通手动卡匣式订书机［图 10-32（a）］是最常用的骑马订书机，其订头可以进行 360° 旋转，能将书芯订穿并将订脚弯平，可进行平订和骑马订二种订联方式，一般适用于 40 页（骑订是订联一半的厚度，40 页约 2mm 厚度）以下页张的骑订。强力手动卡匣式订书机［图 10-32（b）］最多装订 80 页（4mm 厚度）的页张，但订脚所需的长度还需增加到 8mm。

手动卡匣式订书机是使用卡匣式订针，具有结构简单、操作方便、可快速换针及故障率较低优点。缺点是速度慢、装订厚度有限、需要手动敲击、门字型钉子弯脚长短不能控制、订脚弯钩固定时也不能完全折平，需手动打开书页以及订完后沿订缝折叠。

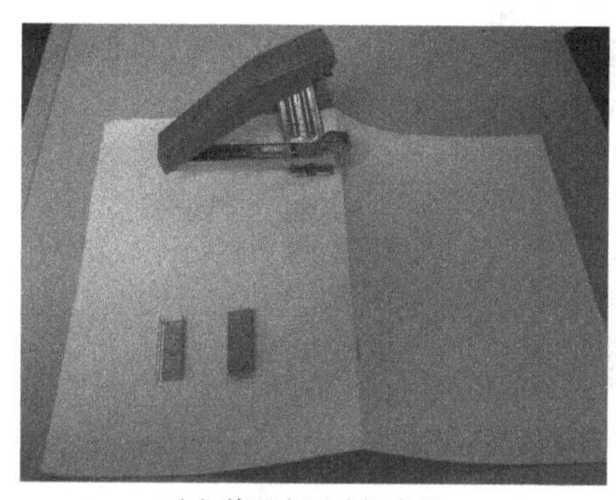

(a) 普通卡匣式订书机

(b) 强力卡匣式订书机

图 10-32　订书机

使用最多的门字型钉子是 24/6（门宽为 12mm，两订脚长度为 6mm），铁丝的形状是方型铁丝。常用的订书钉规格有 24/6、23/6、26/6、23/8 等，前面数字代表整个门字型的长度，后面的是订脚高度。不难看出订书的厚度十分有限，订脚太长就会发软，钉子订书时容易弯曲；订脚太短不能满足厚度 + 弯脚的长度需求，影响牢度。

二、气动卡匣式骑马订书机

气动卡匣式骑马订书机（图 10-33）与手动卡匣式骑马订书机原理一样，使用的订书钉也完全相同，类似于木工使用的门订枪，订书时只需脚踩一下控制踏板即可，节省了体力。同时页张在订联时是跨骑在订书板上，提高了速度和精度。

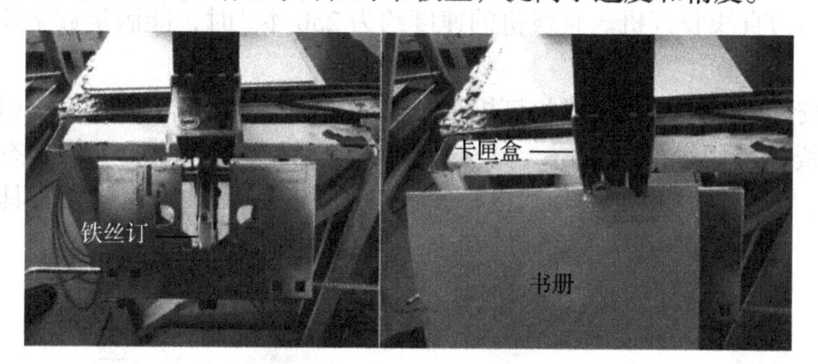

图 10-33　气动卡匣式订书机

三、半自动骑马订书机

半自动电动骑马订书机（图 10-34）分为单头订、双头订、三头订、四头双联订，操作时手工将套配好的书芯搭在输送集帖链上，脚踩离合踏板就可完成自动订联，订书时以机头部分为主要操作部位。虽然订书机头的种类有很多，外形也不一样，但大多数进口和国产的订书机头结构原理和技术性能基本相似。有的还连接三面切书机，直接输出成品。

图 10-34　半自动骑马订书机

第十节　胶装

数字印后胶装产品主要为客户提供样本、招投标书、产品说明书、商务资料、学术著作、培训教材、会议资料、宣传手册、菜谱等图文快印服务，其产品主要针对书刊短版市场及个性化印刷市场，数量从一本至数百本范围内的小批量活源。

一、直线机

数字印后装订使用最多的是直线胶订机，它是一种外形呈长方形的胶订机，由于采用单书夹装置所以也称为直线型单头胶订机，由循环转动链条上的链板和往复夹书器带动书芯在各工位上完成上封、上胶、包封、定型、出书等动作，其主要机构按直线排列，故称为直线胶订机。直线机的速度约为 250 本 / 时，能满足数字印后的小批量生产。

直线型胶订机已从微型台式胶订机（图 10-35）发展到全自动胶订机（图 10-36），自动调版直线机采用触摸显示屏，具有数据输入、计数、故障及工作状态显示，可以对夹本压力、加工尺寸和定型时间进行无级自动调节，无须人工干预，具有快速自动换版等优点。

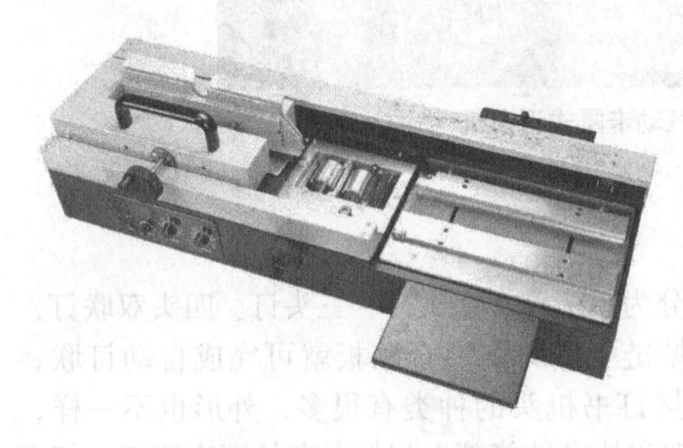

图 10-35　微型台式直线胶订机

图 10-36　全自动直线胶订机

二、圆盘机

圆盘胶订机（图 10-37）是一种整台机器外形呈圆形状的胶订机，是由一个大圆盘匀速旋转动作进行胶订的设备，在旋转过程中完成进本、夹紧、上胶、上封面、成型、出书等胶订步骤。数字印后胶订选用的圆盘胶订机的书夹数在 3 ～ 5 个最为常见，书本在机器中运行的轨迹是圆弧形行程，最高速为 1500 本 / 时，全自动快速调版，只需一人操作即可。对于批量活源只要增加辅助人手，就可满足小批量生产需要。

图 10-37　半自动圆盘胶订机

三、椭圆机

椭圆形胶订机（图 10-38）就是外形呈椭圆形状的胶订机，与前二种胶订机相比，椭圆形胶订包本机的特点非常突出，它融合了直线胶订包本机和圆盘胶订包本机的优点，数字印后胶订加工通常选用 4 个或 5 个书夹的小型椭圆胶订机最为常见，其最高速度为 1800 本 / 时，胶订加工尺寸达 450mm × 295mm（能胶订 32 开双联本）。

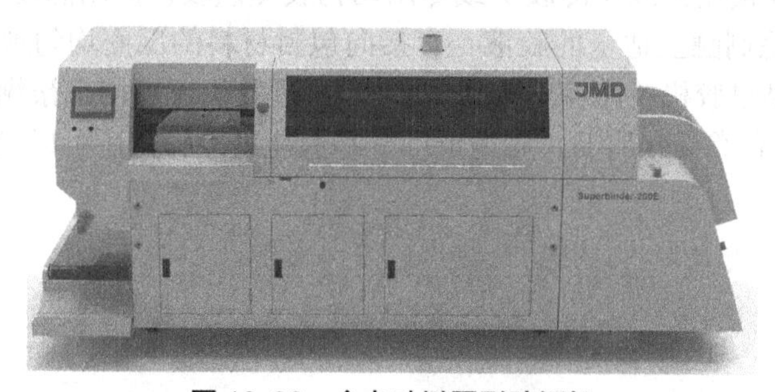

图 10-38　全自动椭圆形胶订机

第十一节　普通精装

数字印后的精装本同样要进行书芯和书壳加工。与传统书刊装订不同的是，数字印后精装书芯不会像传统精装书籍那样厚，通常控制在 3 ～ 20mm 左右，通常书芯加工不需要采用扒圆、起脊工艺，90% 以上是平脊精装本，只有 10% 是圆脊精装本。

数字印后普通平脊精装（图 10-39）由于书芯加工简便、快速及成本低的特点，已成为数字印后加工中最普通的书芯加工方式。

图 10-39　平脊精装本

1. 书芯加工

数字后道精装书芯的加工，通常采用胶订方法，也有锁线的。其工艺流程：书芯胶订→粘上、下环衬纸→三面裁切→粘堵头布→粘书背布→粘书背纸。

2. 书封面（书壳）加工

数字印后精装本大部分采用整面覆膜纸面书壳的制作方法。

数字印后精装做壳一般采用小型台式半自动做壳机或手工做壳。制壳的工艺流程：刷胶→摆纸板、中径纸板→包边（包壳）→压平（压书壳）。

（1）刷胶

刷胶就是在封面里层上胶，为粘纸板所用。

手工刷胶往往使用白胶（冷胶）或专用动物胶（热胶，使用温度 55 ～ 65℃），用规格大小适宜的毛刷蘸上适量的胶液，直接向包封材料的反面均匀地涂上胶液。机器刷胶采用台式小型过胶机（图 10-40）。这种小型过胶机还可用来裱糊，使纸张能裱糊在纸板、KD 板、布类等介质上，用途较广，不但能过冷胶，还可以过热胶（自带隔水加热装置）。

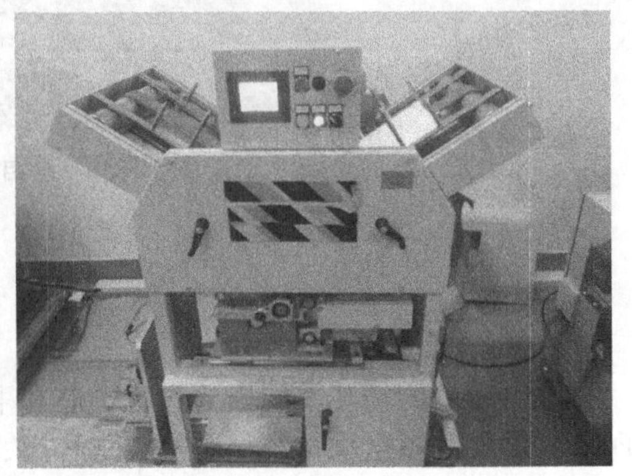

图 10-40　台式、立式过胶机

现在许多数字印刷精装工艺采用喷胶纸，这样可以省略刷胶的环节，可以直接进入摆放纸板工序，但其成本较贵，纸板定位也相对困难。

（2）摆纸板、中径纸板

摆放纸板、中径纸板是指将两块硬纸板和中径纸板摆放在涂胶后封面的一定规矩内的位置上。手工摆放时要严格按照书壳计算尺寸来定位摆放，摆放时要放平、压实定位（用力时不宜过猛，防止纸板的走动，影响到尺寸精度），同时要保持四面包边的宽狭度基本一致，这是书壳加工的关键，它决定了书封壳的规格及外观质量（图 10-41）。然后将四个直角边裁切成斜口线（图 10-42）。

图 10-41　手工摆板

图 10-42　裁包角斜口线

小型台式做壳机（图 10-43）的原理和手工摆放相似，但采用了规矩架及柔光照射式操作工作台，能对包封材料进行快速定位，同时两块纸板和中径也不是像手工操作时所采用目测 + 尺量校正方法，而是通过调整不同的规矩来对包封材料、封面纸板及中径纸板来进行尺寸的定位（规矩上有刻度，可根据书壳计算尺寸来调整）。

台式做壳机上自带切角装置能对包角斜口线进行更精确的定位裁切（图 10-44）。

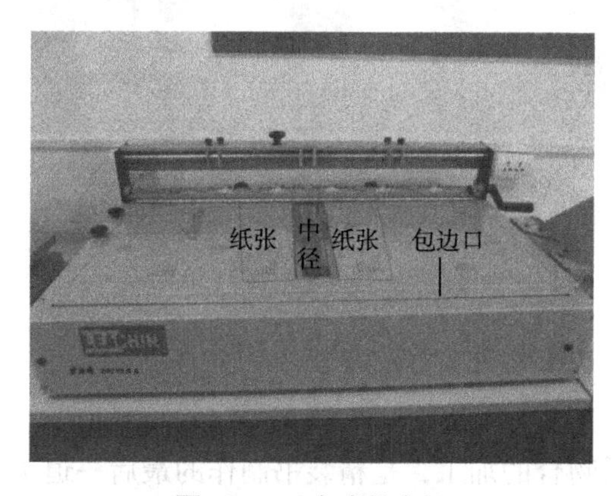

图 10-43　台式做壳机

图 10-44　台式做壳机切角

（3）包壳

包壳是将软质封面经摆壳后包住硬质纸板四边的操作过程。操作顺序是：先包上、下两边（即天头、地脚两边），经塞角后再包前口两边（图 10-45 ～图 10-47）。

手工操作时，先齐书壳天头、地脚两边把封面包边覆上，接着再包上、下口子的封面包边。在包口子边前，先要用两手的大拇指同时操作，把书壳两角上封面材料的露出部分，用指甲将其塞进（角部面料紧贴纸板），再把上、下口子的封面包边包紧（防止走动和露角、翘角、双角等），这样四面包边都能与纸板和中径黏合牢固。

图 10-45　包天头、地脚边

图 10-46　塞角

图 10-47　包上、下口子边

台式做壳机包边更方便，只要将要包的一边竖起来插入台式做壳机的靠身包边口，机器就会自动完成包边，更加简捷、方便，而且包边紧固、挺括，与手工操作相比具有标准、规范、精准、快速的特点。

（4）压平（压书壳）

压平是对书壳加压，使包壳后的封面与纸板黏合得紧密贴实，以使书壳牢固和外观平整。通常喷胶纸面料的书壳可以借用冷裱机两个胶辊的压力，对书壳进行压实操作（图 10-48），而胶水涂布面料的书壳则采用压力更大的专用手动、电动压平机来进行压实（图 10-49）。

图 10-48　胶辊压平

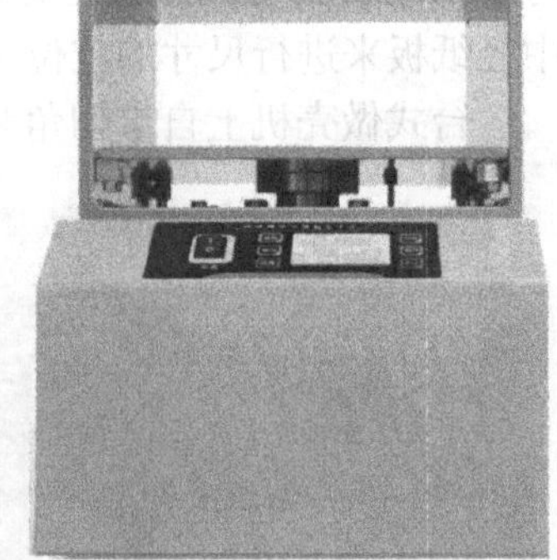

图 10-49　手动、电动压平机

3. 套合加工

套合加工指书芯、书封制作后进行最后吻合的加工，是精装书制作的最后一道工序。其主要工艺流程：书槽部位刷胶→套合→压槽定型→扫衬→压平→压槽成型。

（1）书槽部位刷胶

指在书壳里端中径纸板和书封纸板相距的两条中缝上涂抹的胶黏剂。操作时将书壳展开反放，用小刷子或毛笔将胶黏剂均匀涂刷在中缝书槽处，为书芯与书壳套合做准备，书槽涂刷胶液主要是将书面书槽与书芯书脊处的纱布及书页表层黏结，达到书封与书芯套合定位及牢固黏合作用。

（2）套合

套合操作方法：将书芯平放在书壳的封 3 面上，书脊对齐书槽、天头、地脚，口子与书壳飘口距离相等定位，然后一手按住书芯（防止书芯移位），一手将另一面书壳从书背向上复合到书芯上面（图 10–50），随即将复合上封面的书本捏紧取起，并检查头脚、飘口是否一致（图 10–51）。

图 10–50 套合

图 10–51 校正套合飘口

（3）压槽定型

压槽定型是对套合后的书槽进行加压，使封面与书背处的纱布、书芯表层粘连定位。

压槽的方法有许多，常见数字精装产品压槽方法有两种：一是用铜线板；二是用压槽机（根据粘胶剂的不同，可以分为热压和冷压）。由于数字个性化产品数量有限，一般都采用冷压的方法（如最常用的中缝涂布白胶或采用喷胶纸），压槽定型的时间 10 分钟左右即可。在批量生产时可采用中缝涂布动物胶后进行热压槽方法，具有快速定型的优点，但加热控制器的温度要调节适当，防止封面料被烫焦变色。

在压槽定型操作时书脊朝外，上下书槽与两块铜线板对准，放书平直。放铜线板时，要对准书册书槽位置，防止书本走动或铜线与书槽偏位，并在铜线板上施压（一般可以在上面压重物，如扳手、铁块等，图 10–52 左）。

图 10–52 压槽定型

（4）扫衬

扫衬是指书芯上下环衬与书封壳（封二、封三）的胶粘过程，使书壳与书芯连接的操作过程。

扫衬时，用较宽的软性毛刷蘸适量的胶水，从衬页的中间向三边均匀地涂刷，当书芯的一面环衬刷胶后，书壳要平整地合拢，将书本轻轻翻身再涂刷另一面即可。如果包封材料采用数字印刷的喷胶纸，则不用扫衬，只要先将书芯放置于书壳内，打开书壳，揭双面胶纸，左手顶住书脊，右手拇指和食指拉住书壳，其余三指顶住书芯、封面、封底两角对齐后，左手拇指和食指轻轻压下封面，右手放开，轻压一下书芯，翻过来重复上述动作即可。

（5）压平

压平是指对扫衬后的书册进行压实定型的加工，即将扫衬后的书册送入压书架或压平机进行施压定型 1 分钟左右，以防止气泡的产生。

（6）压槽成型

套合压平后的精装书册的前后封面上，各有一条宽约 3 ～ 7mm 的软质书槽，用铜线板边沿凸出的铜条对准书槽压实，此时书封面与书芯被铜线板施压成型的过程称为压槽成型。通常印后加工行业都喜欢做一个简易的压紧木架子（图 10-52 右），用于打样书操作。简易压紧木架子不但操作快速、方便，而且施压定型稳固性好，不会产生错位、扭曲等弊病，尤其对于数字锁线后精装还能承担扒圆后敲脊、做背的功能，非常实用。

数字印后精装模块化自动设备（图 10-53）的种类较多，其优点是占地小、能耗低、操作简便、质量可靠，适用于个性化、小批量的生产，目前自动化、智能化、组合式的精装小设备的使用范围越来越广。

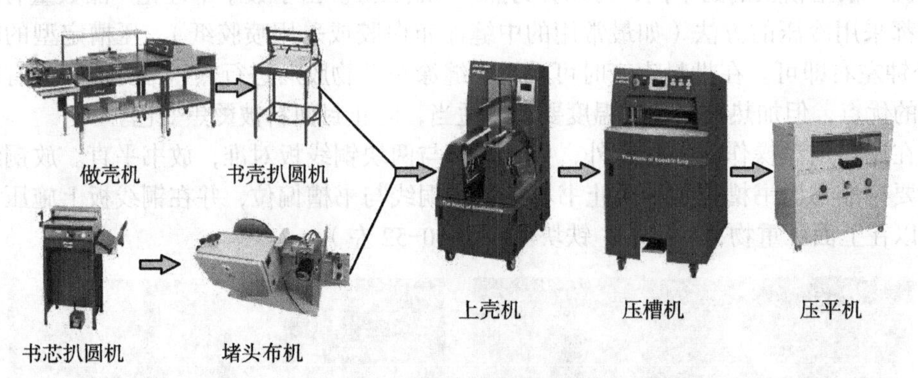

图 10-53　数字印后精装设备

第十二节　铁圈精装

铁圈精装是数字印刷常见的印后精装方式，其具有成本低、打开性好、精致美观等特点，常用于菜谱、标书、台历及商务文本类产品的装订。铁圈精装分为铁圈外精装和铁圈内精装。

一、铁圈外精装

铁圈外精装是在普通铁圈装订的基础上，在封面、封底各加衬一块包封好的硬纸板（或称为“书壳”），用以更好地保护书芯的装订方式。外部硬纸板尺寸一般略大于书芯，纸板上下左右长出书芯的部分称为“飘口”，其中左侧为“订联飘口”，右侧为“翻阅飘口”（图 10-54）。

铁圈直径 = 书芯厚 +2 × 纸板厚 +4mm。计算出铁圈直径大于等于 18.3mm 时，应选用 2∶1 孔型，小于等于 18.3mm 时，应选用 3∶1 孔型。

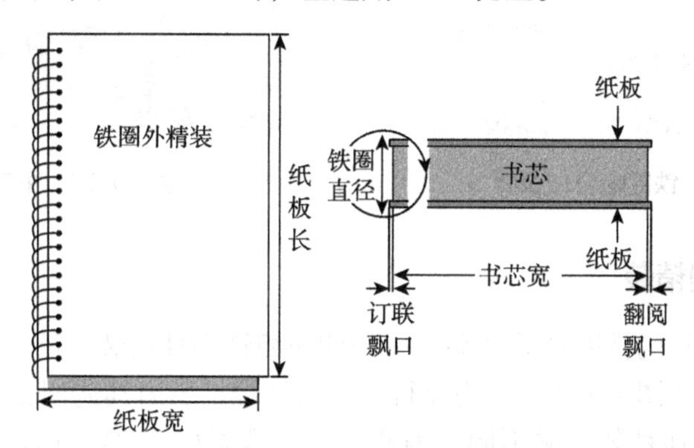

图 10-54 铁圈外精装尺寸计算

二、铁圈内精装

铁圈内精装（或称“书式铁圈精装”）是使用铁圈将书芯订联，再将书芯最后一页和书壳粘连的精装方式。书壳一般采用较厚的硬纸板从外部包裹整个书芯和铁圈，相对于铁圈外精装来说，铁圈内精装对书芯能起到更好的保护作用（图 10-55）。

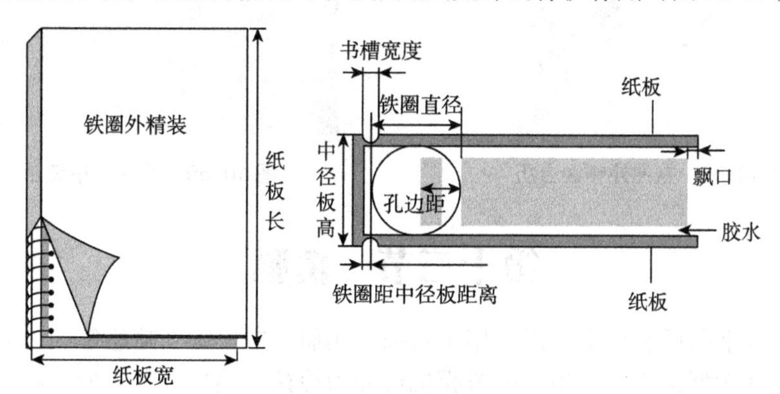

图 10-55 铁圈内精装尺寸计算

铁圈直径 = 书芯厚度 +4mm。计算出铁圈直径大于等于 18.3mm 时，应选用 2∶1 孔型，小于等于 18.3mm 时，应选用 3∶1 孔型。

铁圈内精装压圈时铁圈啮合口位置要放置于书芯倒数第二页和卡纸之间（图 10-56），以保证内页的顺利翻阅。

套合操作时需在白卡纸背面施胶或直接使用双面胶，将卡纸经定位后与书壳粘接即可。套合时，要注意上、下和翻阅飘口尺寸的一致性（图 10-57）。

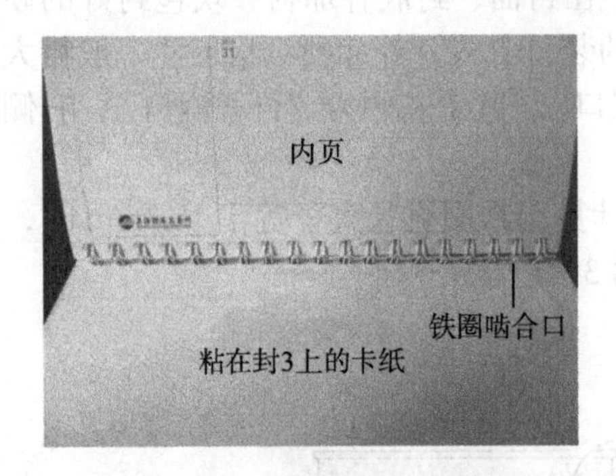

图 10-56　铁圈啮合口位置

图 10-57　书芯套合

三、台历铁圈精装

台历是一种常见的铁圈精装产品，一般四块板铁圈外精装台历（图 10-58）和六块板铁圈内精装台历（图 10-59）较为流行。台历铁圈精装因其造型相对书册略微复杂，所以在计算上与普通精装略微不同，因此将台历铁圈精装算法在此单列介绍，至于加工工艺步骤则与普通铁圈精装基本相同，本节不再赘述。

图 10-58　铁圈外精装台历

图 10-59　铁圈内精装台历

第十三节　覆膜

覆膜在数字印后装订中广泛应用于封面、相册、广告牌、喷绘等印刷品中，数字印后均采用预涂型覆膜机。预涂型覆膜机可分为冷裱、热裱两种类型，前者制造成本较高，后者则相对较低。

一、冷裱覆膜机及加工要点

冷裱覆膜机是指在常温下工作，无须加热的覆膜机器。其工作原理是通过加压轮直接将有黏性的塑料薄膜粘贴在印刷品上对印刷品进行单面覆膜，这种机型的最大优点是覆膜幅面较大（最大宽度可达 1600mm，产品最大厚度可达 30mm），适用于数字印刷后道的大尺寸印品的覆膜加工，如广告展板、工程用图及婚纱摄影等。冷裱覆膜机可分为手动（图 10-60）和自动（图 10-61）两种类型，二者工作原理完全相同，只是自动机型增加了自动揭纸和收纸装置，省去了这两个环节能避免手工操作产生的误差。

图 10-60　手动冷裱覆膜机

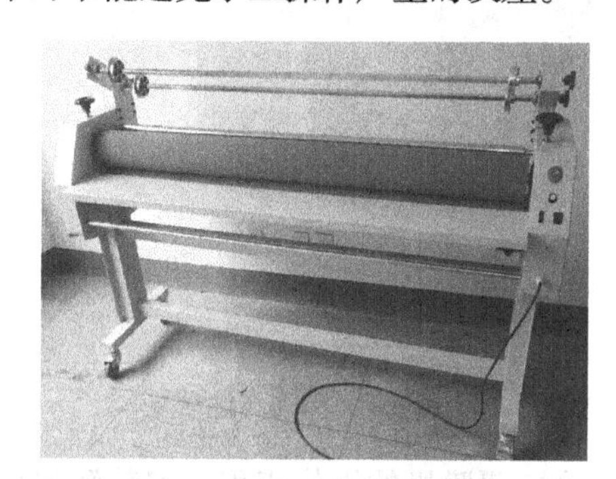
图 10-61　自动冷裱覆膜机

冷裱覆膜的工艺操作流程：压力调整（图 10-62）→揭开冷裱膜（图 10-63）→覆膜（图 10-64）三个部分。

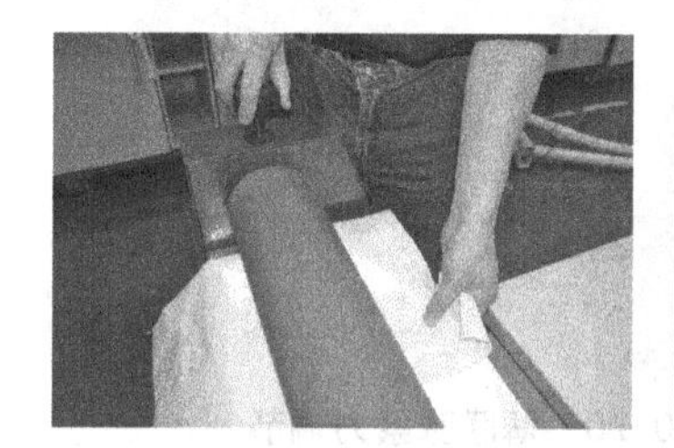
图 10-62　压力调整

图 10-63　揭开冷裱膜

图 10-64　覆膜

二、热裱覆膜机及加工要点

热裱覆膜机是指在加热状态下工作的覆膜机器。其工作原理是对已经涂好胶水（常见的胶水是 EVA）的塑料膜进行加热使热熔胶熔化产生黏性，再通过加压使塑料膜粘贴在印刷品上进行单面或双面覆膜。根据覆膜工作宽度一般可将热裱机分为小型（图 10-65）和中型（图 10-66）。

图 10-65　小型（台式）热裱覆膜机

图 10-66　中型热裱覆膜机

中型全自动热裱覆膜机是未来专业数字印刷后道覆膜设备的发展方向，其最大的特点是实现了自动飞达续纸（图 10-67）、压力调节、自动定位分切收纸（图 10-68），具有高速、精准、全自动等特点，但相对于普通设备来说价格较贵。

图 10-67　自动飞达续纸

图 10-68　自动分切收纸

热裱覆膜机的操作流程：安装塑料薄膜滚筒（图 10-69）→设定工艺参数（图 10-70）→覆膜。

图 10-69　安装滚筒

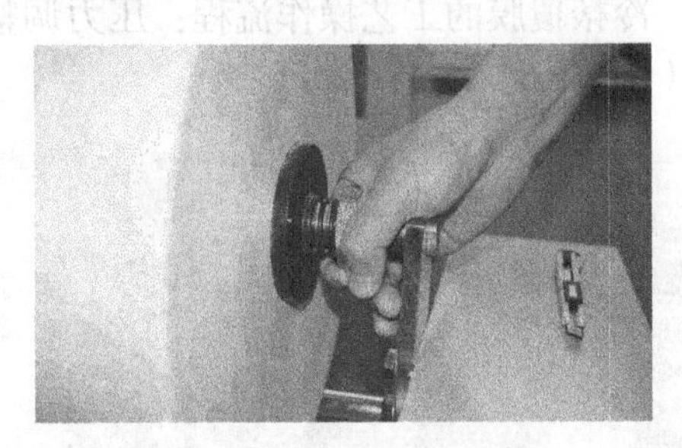
图 10-70　薄膜张紧力调节

设定工艺参数是指覆膜时的温度、压力的调整。一般温度需控制在 85 ～ 90℃之间（机器须提前预热 20 分钟），覆膜速度越快、温度要求越高，做到热熔胶的粘力合适。热压辊与衬辊之间的压力控制在 12 ～ 15MPa，测试时以纸张在热压辊下稍用力可以抽出而不会使纸张受到损伤及变形为准。压力调整时只需调节模压辊两边的单边均衡调压手轮（有的手轮上带有压力表）即可。要求热压后覆膜纸张要表面平整，无剥离、气泡等现象（图 10-71）。

覆膜时要注意手续纸的搭边（上面一张要搭在下面一张的后拖稍处，重叠约 5 ～ 10mm），不可多搭（重叠尺寸过大）或少搭（上下纸存在较大间隙），并观察覆膜效果是否符合质量标准。当加快生产速度时，要注意温度的同步提升（图 10-72）。

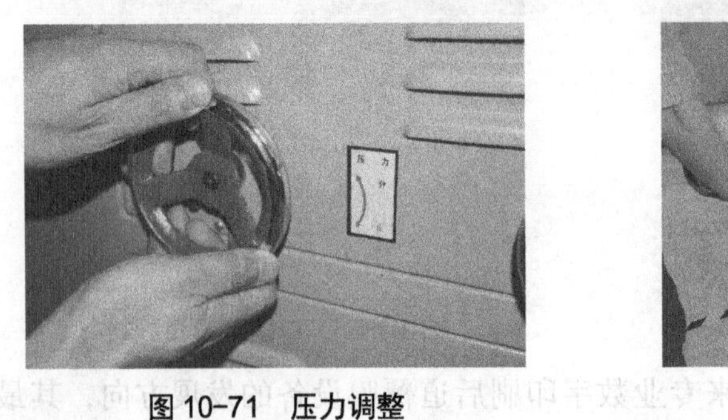
图 10-71　压力调整

图 10-72　正式覆膜

第十四节　上光

上光就是在印刷品表面涂布一层无色透明涂料，经流平、固化后，在表面形成薄而均匀的透明光亮层。数字印刷品一般 90% 以上只需满版上光，多使用微型手动上光机，此设备具有结构紧凑、操作简单、上光质量高、速度较快、价格低廉（成本约为覆膜的 60%）等优点，是数字印后小规格、小批量表面上光的主要设备之一。

一、台式淋膜机操作要点

数字印后装订普遍使用台式淋膜机（图 10-73），其最大的优点是占地小，可放在办公桌上使用。台式淋膜机可使用水性淋膜液或油性淋膜液，由于环保要求及安全因素，目前均使用环保型水性光油。台式淋膜机均采用三辊式涂布，其中三辊分别指计量辊、橡胶辊和上光辊，计量辊的作用是控制涂料层厚度并使涂料层均匀，橡胶辊是用来将淋膜液转涂到印刷品上，上光辊则是压住印刷品使印刷品在涂布过程中与橡胶辊均匀无间隙接触（图 10-74）。

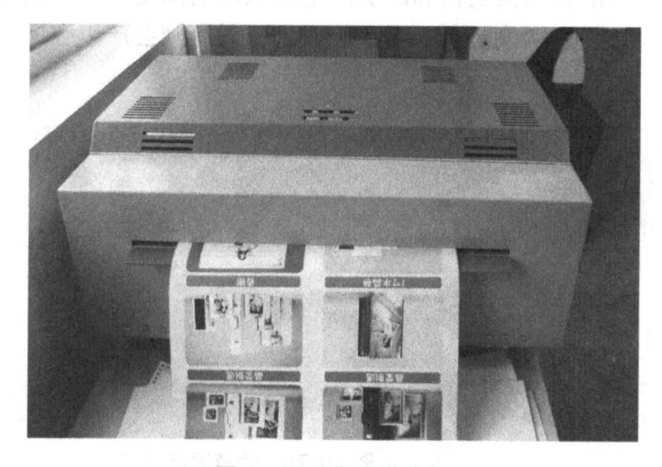

图 10-73　台式淋膜机

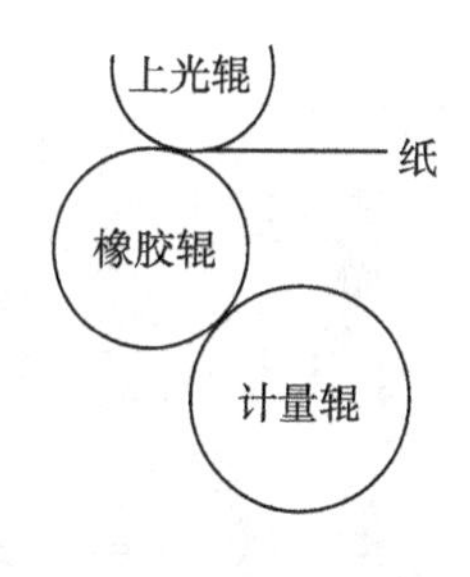

图 10-74　淋膜机结构

1. 涂布量调节

涂布量是通过改变计量辊与橡胶辊之间的间隙来控制的。打开防护罩，用内六角扳手转动计量辊上的调节螺钉进行调整（顺时针间隙变小，涂布量减小，逆时针则增大）。需要注意的是计量辊与橡胶辊之间的间隙要基本一致，否则会影响到涂布的均衡。一般淋膜涂布量的厚度为 0.015mm 左右（图 10-75）。

2. 上光压力调节

上光压力通过上光辊两边的调节螺钉进行校正，调整时要保持上光辊两端的压力基本一致，否则会影响涂布的均衡性并造成走纸歪斜（图 10-76）。压力测试时，用手盘动三辊使纸张进入上光辊和橡胶辊之间开始调整压力，待产品可稍用力拉出而不损坏时即完成调压。需要注意的是若压力过大，上光辊就会与橡胶辊完全接触使上光棍附着淋膜液，产品朝上面（朝下面为淋膜面）则会局部粘上淋膜液，造成产品粘坏及蹭脏。

图 10-75　涂布量调节

图 10-76　上光压力调节

3. 打开电热风道

由于淋膜液呈液态，涂布后到达收纸斗时应基本凝固，因此在输出机构装有电热风道进行干燥（图 10-77）。此外，电热风道上的电扇还可将已淋膜产品吹起，使其上部紧贴在传送带上，可避免下部淋膜面被划伤和蹭脏。电热吹风的温度一般控制在 60 ～ 90℃（具体根据环境温度调整），温度过低不易干燥，温度过高则会产生被烤发黄现象（图 10-78）。

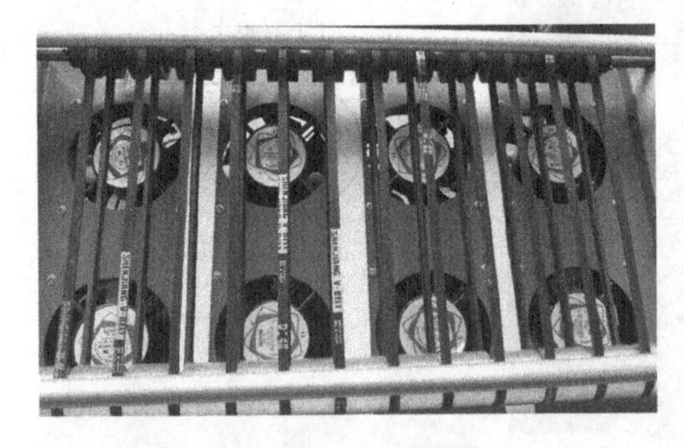
图 10-77　电热风道

图 10-78　烘道温度调整

4. 涂布

在淋膜时，须注意数字印刷品朝下的版面是淋膜面，送纸要平稳，不可歪斜（图 10-79）。而收纸则是自动输出后堆叠（图 10-80），须密切注意干燥程度。

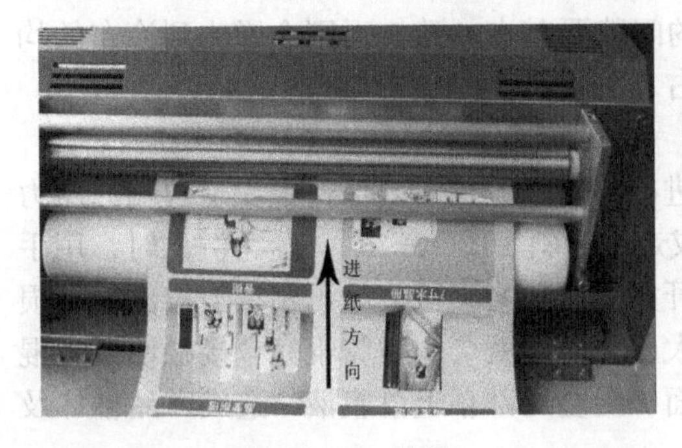

图 10-79　输纸

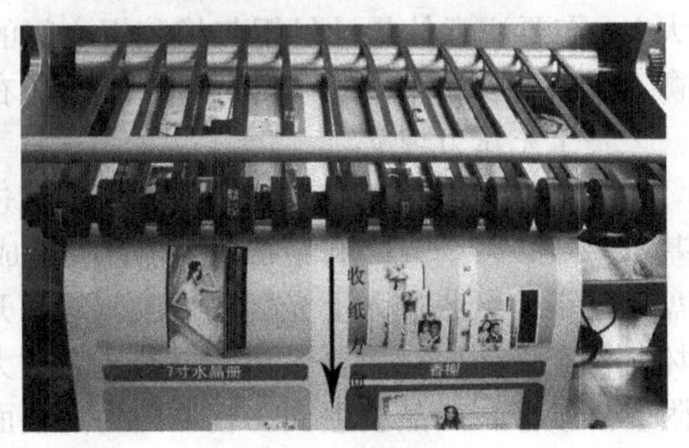

图 10-80　收纸

注意：完成上光后必须对浸液槽和三辊涂布机构进行清洁。在清洁浸液槽时，放掉未使用完的淋膜液，使用酒精等溶剂将浸液槽擦拭干净即可。清洗三辊时，须拆下后用水清洗（图 10-81）。

图 10-81　清洗上光机构

二、手动小型上光机操作要点

数字印刷小型上光机由手动输纸、上光、红外干燥、UV 固化和手动收纸机构组成（图 10-82），可适用于 UV 光油或水性光油的上光工艺，此设备具有结构紧凑、可操作性强、环保等特点。该机型采用三辊式结构（图 10-83），其中计量辊驱动机构是独立的，手动输纸台设置有定位侧规，输纸台板可向下翻转，油盘的倾斜式设计使清洗更加便捷，手动收纸台上的挡纸板则可根据纸张幅面进行调整，以上结构特点均保证了输出产品的质量稳定。

图 10-82　小型上光机

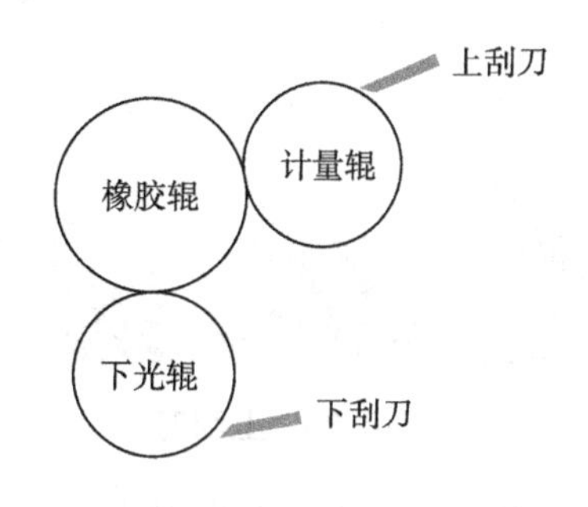

图 10-83　小型上光机结构

1. 压力调节

将印品放置于橡胶辊与下光辊之间（两端各放一张），调节手轮（逆时针转动可使橡胶辊向上移动，减小压力，顺时针则增大压力），直至橡胶胶辊靠到下光辊后再稍加压力（手轮再顺时针旋进 2 圈左右），达到稍用力即可将印品拉出的程度即可（图 10-84）。

2. 上油量调节

转动计量辊调节手轮来改变计量辊与橡胶辊之间的间隙。顺时针转动手轮，间隙变小，上油量少，逆时针上油量大。需要注意的是计量辊与橡胶辊之间无油时，必须把计量辊与橡胶辊分开防止磨损橡胶辊，当使用酒精稀释 UV 光油时，随着工作时间增加，橡胶辊会逐渐膨胀，要及时调整橡胶辊与下光辊和计量辊的间隙（图 10-85）。

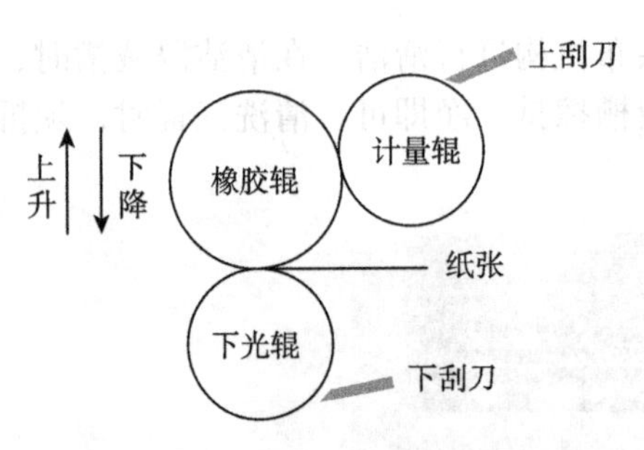

图 10-84　橡胶辊与下光辊压力调整

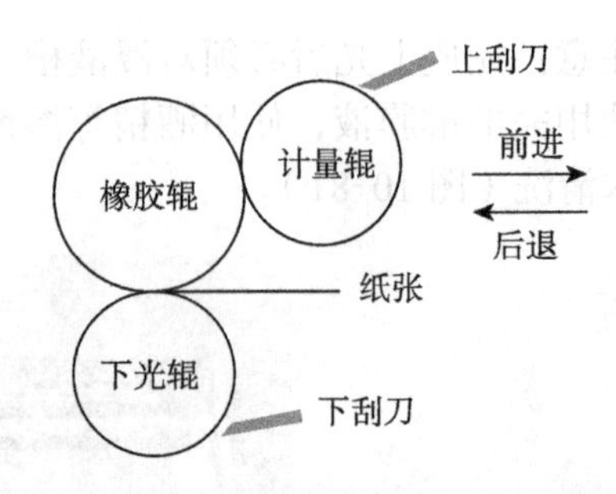

图 10-85　计量辊与橡胶辊压力调整

3. 刮刀的使用

计量辊上的刮刀为上刮刀，用来清洁计量辊以保证涂到橡胶辊上的油层均匀且干净。上刮刀与计量辊的压力通过刮刀一端的小手轮来调整，压力调整到刚好能把滚筒刮干为宜。当计量辊与橡胶辊之间及浸油槽中无油时，要把刮刀抬起，以免磨坏滚筒（图 10-86）。

下刮刀的动作由气缸控制，下刮刀的压力在机器出厂时已经调校好，一般不用再调。要注意的是当进行水性油上光时，下刮刀应选用钢刮刀片，进行 UV 油上光时，下刮刀应选用橡胶刮刀（图 10-87）。

图 10-86　上刮刀

图 10-87　下刮刀

4. 红外干燥与 UV 固化调节

红外线干燥箱是对水性光油进行干燥的装置，采用 1.8kW 短波电热管产生热量对印品进行烘干，烘箱温度应根据印品面积、光油品种、运行速度等因素在 80 ～ 200℃之间进行调整（图 10-88）。UV 固化箱是对 UV 光油进行固化的装置。其固化原理是涂有 UV 油的印刷品在紫外线高压汞灯的照射下瞬间产生热固膜，均匀牢固地附着在印刷品上（图 10-89）。

印刷品进入红外线或紫外线灯箱是通过传送带（特氟龙网带）来输送的，当发现传送带跑偏时，可以通过带上的筋条在带槽中的定位来校正。注意机器运行一段时间后，特氟龙网带会变长，可以适当地将网带张紧辊对网带的压力调大，直到网带运行平稳。在上光机控制面板上（图 10-90）装有网带电机按钮开关等调整旋钮，用来控制网带电机的启动与停止、调节网带运行速度等。

图 10-88　红外线干燥

图 10-89　UV 光固化

5. 校样调节

①开启气动油泵，调节油泵气管的单向节流阀来控制打油量大小，使橡胶辊与计量辊之间的“V”形谷有约 15mm 的油层。若出油量过大（油层过高），光油就会溢出“V”形谷。压缩空气气压设定为 0.4MPa 左右（图 10-91）。

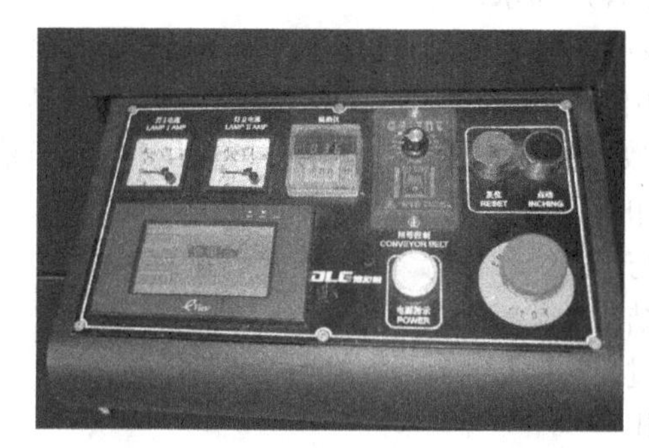

图 10-90　操作面板

图 10-91　调整打油量

②将上光主机的运行速度调至 30% ～ 50%，取一张印品试验机器运行情况，检查上光产品是否符合质量要求。

③油层的厚度要根据上光油的黏度及纸品上光效果来调节，刮刀的压合强度根据需要调节气量，刮刀启动、脱开的快慢可以调节气缸的节流阀来控。

每次上光工作结束后须清洗油盘，不要使油盘中产生上光油的沉积。清洗时可以将油盘抽出来独立清洗（图 10-92）。

上光对空气湿度的要求较高，一般均安装去湿机来解决湿度问题（图 10-93）。

图 10-92　油盘清洗

图 10-93　去湿机

第十五节　烫金

烫金是利用热压转移的原理，将电化铝（烫金纸）中的铝层转印到承印物表面，以形成特殊金属效果的印后加工工艺。目前数字印刷品烫金也沿袭了数字印刷可变、按需、多样的特征，形成了数字无版烫金、金属版烫金、自制版烫金、字母烫金和烫金边等装帧方式。数字印刷后道所使用的烫金机均为台式小型烫金机。

一、数字烫金机

数字烫金机是一种小巧轻便的桌面烫金机，无须制版，电脑排版、即排即烫，使用专用软件控制，弥补了复杂图案无法加工的难题。这种新型烫金技术在和传统烫金技术进行了很好优势互补的同时，更迎合了社会上越来越多小批量、个性化数字印刷品的多种烫金需求。数字烫印机的烫印材料包括：纸张、不干胶、塑料、布料、丝带等介质，广泛用于名片、贺卡、请柬、商标、封面、相册、画册、广告等业务中，能很好地胜任文字、图案的个性化烫金，以满足客户需求。

数字烫金机是采用无版烫印技术，其核心是烫印头（打印头）用来给电化铝加热、加压、成像。数字烫印机中的烫印点是由打印针实现的，而传统热烫金采用热压转移的原理。因此数字烫印的图文其实是无数个烫印点聚集的表现，类似于电脑屏幕的分辨率，烫印点越小图文边缘越光滑，烫印图像越精细，和数字照片的像素一样，这是与传统烫金机的最大区别。数字烫印机根据其结构、自动化程度来分有许多型号，虽然经过多次升级换代，但烫印原理和工艺流程基本相同。数字烫金机工艺流程：工作准备→安装电化铝→设置烫印参数→试烫印→正式烫印。我们就以 HP3045 数字烫金机（图 10-94）来叙述数字烫金机的操作。

图 10-94　HP3045 数字烫印机

（一）操作准备

数字烫金机有两种烫印图案文件读入模式：一是 U 盘读入；二是联网读入。

离线模式即 U 盘烫印模式。使用 U 盘插在 PC 机的 USB 接口上，使用 U 盘里的编辑软件，生成 *.dat 的可打印文件。然后将 U 盘插到数字烫印机的 USB 口上，同时设备液晶屏上会显示 U 盘内可打印文件，选择之前生成的文件，再按确定键即可进行烫印作业。

联机模式是将网络电缆一端插在数字烫印机的网络接口上，另一端直接插在 PC 机的网络接口上，并将 PC 机的 IP 地址更改为：192.168.0.101，其他操作与离线 U 盘烫印相同。

1. 工作准备

被烫印材料可以是平版纸也可以是圈筒纸。

（1）平版纸烫印

将烫印纸张放置在工作平台上，即烫印纸张前端处于烫印头下面，工作平台后部有指示标尺，用来对烫印纸张进行纵向定位。侧规可以左右移动，用来对烫印纸张时进行横向定位（图 10-95）。

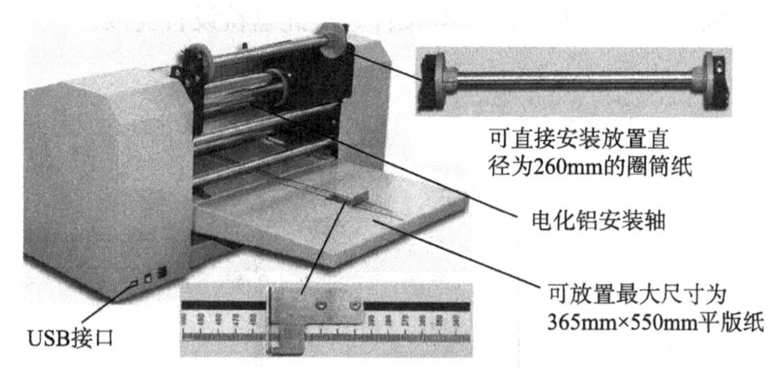

图 10-95　烫印输纸平台

（2）圈筒纸烫印

圈筒纸是安装在输纸轴上的，通过输纸导向轴后，从烫印头下穿过后，直接输出。圈筒纸没有纵向定位，横向定位取决于圈筒纸在输纸轴上左右位置。

2. 安装电化铝

数字烫印所用的电化铝与常用电化铝相比，区别是烫印工作温度的不同。电化铝安装在烫印主机前边的电化铝放料轴上（图 10-95），中间穿过打印头下部，最后缠绕在收废料轴上（图 10-96）即可。

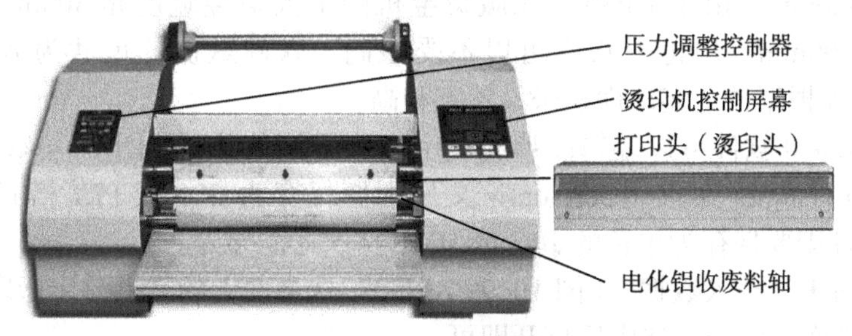

图 10-96　收废料轴

电化铝的正确安装很重要，安装不当会造成烫印缺陷，甚至引起烫印头损坏。严禁普通电化铝上机使用，以免影响烫印质量和烫印头使用寿命。

3. 软件安装

在随机配备 U 盘中找到“编辑软件 V3.0-140225”目录文件夹，然后把这个文件夹复制到本地硬盘想要存放的位置，打开“编辑软件 V3.0-140225”目录文件夹，找到 Vector3D2010.exe 文件，单击鼠标右键发送到桌面快捷方式即可。

（二）烫印作业设置

烫印作业设置的操作步骤有：确定存盘路径、页面设置、载入烫印文件、图形位置设置、烫印参数设置、烫印作业发送到 U 盘或烫印机。下面我们就以 Vector3D2010 为例设置烫印参数文件，在 HP3045 无版数字烫印机上用该文件进行烫印。

以管理员权限打开桌面上 Vector3D2010 快捷键，打开 Vector3D2010 烫金作业软件。

点击软件右上角①U盘图标（图10-97），“选择USB设备”后弹出对话框（图10-97右），设置烫金机IP地址（192.168.0.100），点击②“确认”键后弹出窗口（图10-97左），③区域显示了U盘中的所有文件，至此盘符设置完成。

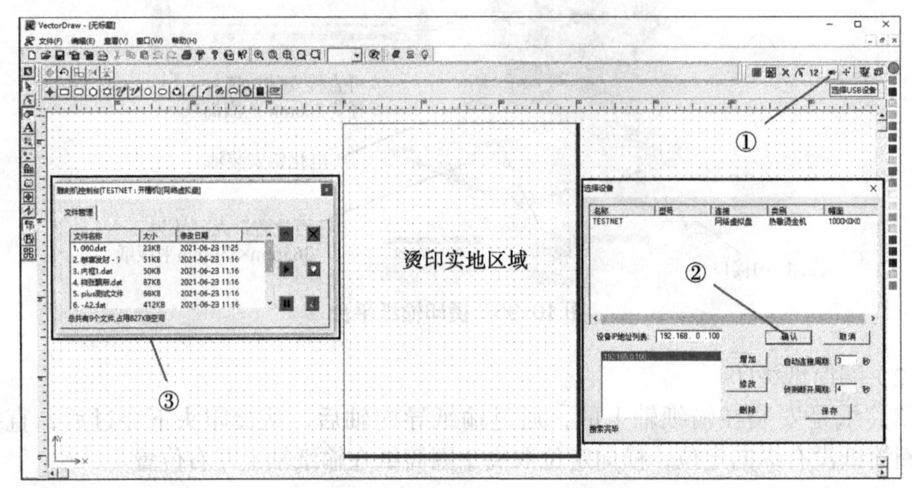

图10-97　设置烫印文件存盘路径

在Vector3D2010的“页面设置”中按F10进行页面设置（图10-98），将“宽度”设置为“300mm”，“高度”设置为“420mm”，这时烫金机的最大烫印面积为300mm×420mm。由于HP3045无版烫金机的最大烫金宽度是300mm，因此宽度设置必须≤300mm。理论上长度可以不受限制，软件默认的尺寸为A3（297mm×420mm），可以根据烫金实地面积来设置宽和高。

Vector3D2010软件可以编辑图形和文字，也可导入现有的图形。Vector3D2010软件可以导入Illustrator文件，Coreidraw文件则要保存为EPS或PLT格式才能导入，Photoshop文件则要保存为单色的JPG或BMP格式才能导入。

点击按钮①“载入数据”（图10-99左上），选桌面上的“上海出版印刷高等专科学校”AI文件作为例子，选中后打开即可。

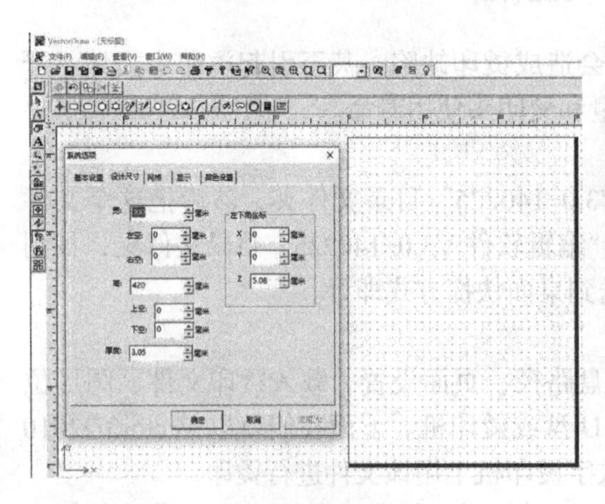

图10-98　页面设置

图10-99　载入烫印文件

打开文件后，要烫印的图案就会呈现在软件的烫印实地区域中，软件默认放在红框的左下角。用鼠标点击“选择位”（图 10-100 左上角），选中烫印图案放置到红框的左上角，这样烫印基准就定位在左边，与烫印机的左边定位基准保持一致。按 F2 参数设定键后，弹出框显示当前烫印图案的长度尺寸、高度尺寸及中心坐标位置，可以随时修正当前位置。

用鼠标点击“加工路径”（图 10-101 左上角），弹出“烫印控制设置”对话框，有四个菜单可供选择。“配置热敏打印机”用于联机烫印的参数选择；“打印输出”用于 U 盘存储；“切换设备”用于不同设备的切换（如热敏打印机、切割机、雕刻机、开槽机等）；“载入 dat 文件”就是读入烫印文件。我们选择“打印输出”项，则出现对话框可以对烫印参数进行设置，最后起个文件名即可。按“确定”键文件名为“版专 LOGO”（图 10-102）的文件被保存在 U 盘中。

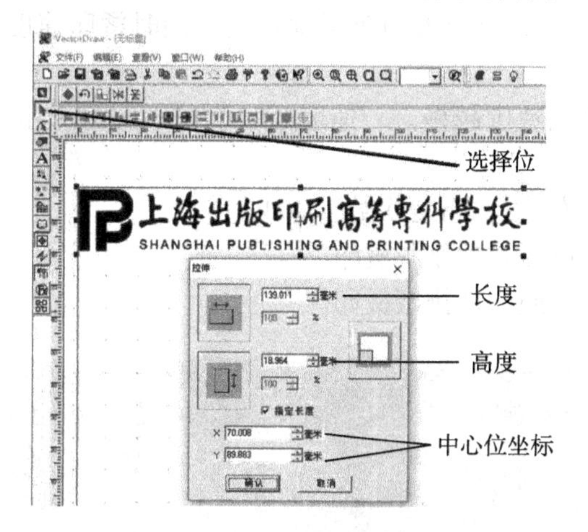

图 10-100　烫印位置设置

图 10-101　烫印参数设置

雕刻机控制台[TESTNET：开槽机][网络虚拟盘]

文件管理

文件名称	大小	修改日期
1. 版专LOGO.dat	47KB	2021-06-23 17:07
2. 000.dat	23KB	2021-06-23 11:25
3. 内框1.dat	50KB	2021-06-23 11:16
4. 样张飘带.dat	87KB	2021-06-23 11:16
5. plus测试文件	68KB	2021-06-23 11:16
6. -A2.dat	412KB	2021-06-23 11:16

重新读控制卡上的内容,Shift注册

图 10-102　文件保存

打开 HP3045 打印机，把 U 盘插到烫金机背面的 USB 接口上（图 10-95），设备屏幕上出现文件列表，点击菜单按钮可以弹出设备菜单。返回文件列表，选择好要打印文件后，点确认键，弹出参数设置页面，可以设置烫印参数。参数设置正确后，再按确认键可以进行烫印作业。

控制面板上共有 8 个按键（图 10-103），各个按键的作用如下。

“菜单”：切换屏幕显示到主菜单。

“测试”：打印测试图案。

“返回”：返回到 U 盘目录，参数设置完成后的返回功能。

“暂停”：烫印过程中暂停工作以及恢复工作。

“删除 / 急停”：烫印过程中的紧急停止。

“V+、V-”：主菜单下的选择条上下移动，参数设置时参数的加减。

“上翻、下翻”：主菜单下的选择条的上下翻页，参数设置时的参数项的上下选择。

“确定”：参数修改后的确定，烫印开始。

选中第一个文件“版专 LOGO.dat”（图 10-104），按确定键进入参数选择。屏幕上共有六个打印参数可供选择。

“加热功率”：烫印文件使用的烫印热量，数值越大加热强度越大，同时烫印速度越慢。“加热功率”在 18 ～ 50 范围内选择。

“速度延时”：打印速度的延时，数值越大速度越慢。“速度延时”在 0 ～ 20 范围内选择。

“重复次数”：设置同样内容的版面烫印次数，“重复次数”≥ 1。

“头空”：选 1 有图案即开始烫印；选 0 按照软件排版烫印。

“尾空”：选 1 图案打印完成即停；选 0 按照软件排版烫印。

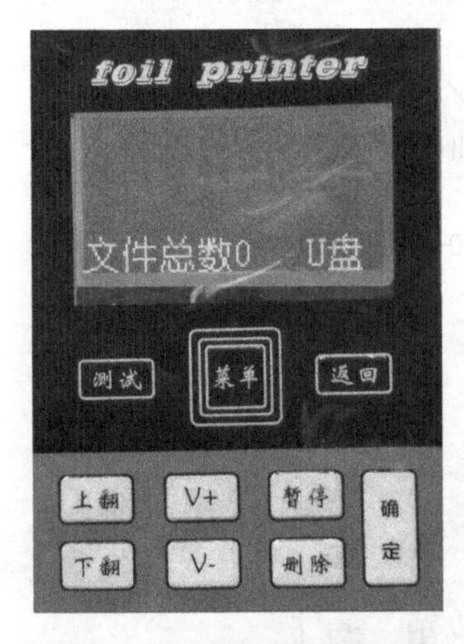

图 10-103 控制面板按键功能

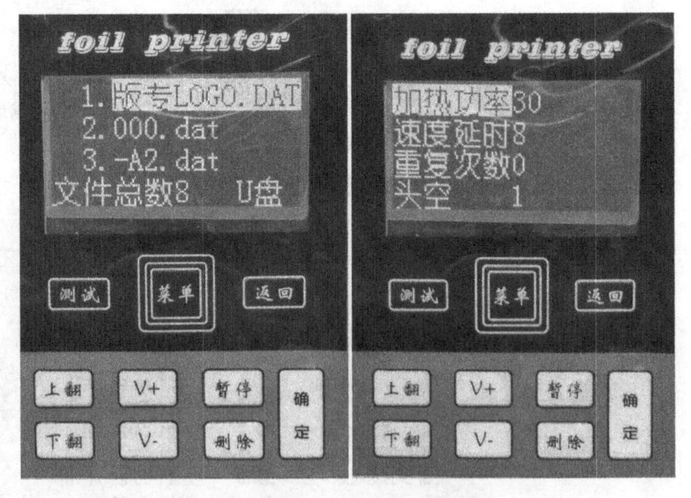

图 10-104 烫印机参数设置

“打印压力”：调整时只要旋转调节旋钮（图 10-105），显示屏上的数值就会发生变化，参数调节范围在 40 ～ 70，需根据不同厚度烫印物来调整参数。

烫印的三大要素是温度（加热功率）、压力（打印压力）、速度（速度延时），由于本次产品被烫印物是 157g 铜版纸，经过调试后烫印机参数设置为：“加热功率”30、“打印压力”65 、“速度延时”8，成品取得了较好的效果（图 10-106）。

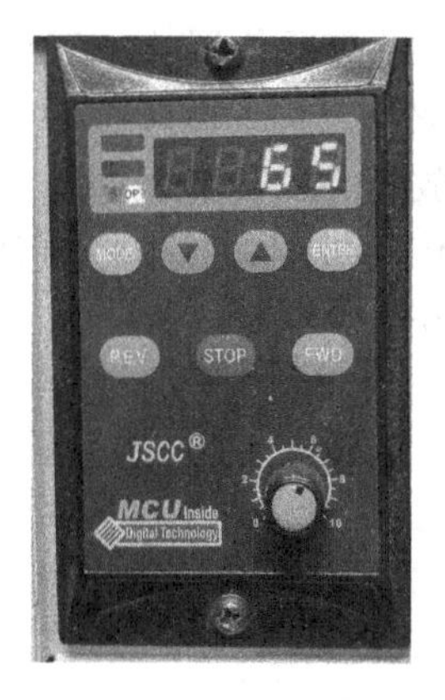

图 10-105　压力调整控制器

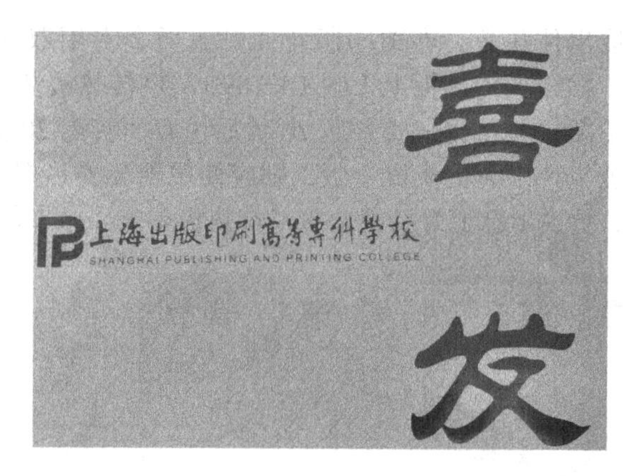

图 10-106　烫印产品

二、金属版烫金机

金属版烫金机是使用金属烫金版进行烫金加工的设备，常见的有铜版、锌版等。其中铜版（传热性能好，耐压、耐磨、不变形）烫印效果最好，因此对于要求较高的烫金制品应尽可能选用铜版。金属版的厚度一般在 3 ～ 5mm 之间，腐蚀深度至少应在 0.6mm 以上，坡度 70° 左右，以保证烫印图文清晰，减少连片和糊版现象，同时提高耐印力。目前数字快印后道中多使用小型半自动平压平烫金机（图 10-107），此机型采用平压平气动结构，最大压力达 2 吨，烫金纸可自动传输，最大烫印面积 200mm × 300mm，烫印头高低、烫金工作台前后、烫金温度、烫金压力、烫金时间均可调，具有操作便捷，使用寿命长等优点。

1. 金属版烫金的操作

（1）安装烫金版

装版是将制好的烫印版粘贴固定在传热压板上，传热压板通过电热板受热，并将热能传递给烫印版进行烫印。在安装烫金版前须确保版面平整、图文线条清晰、边沿光洁、无麻点和毛刺等，对于非连接点、多余点、坡度、麻点等弊病应用小刀进行修复（图 10-108）。

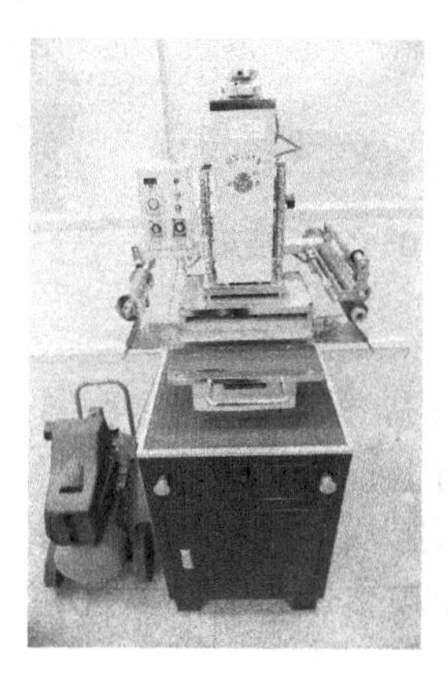

图 10-107　小型半自动金属版烫金机

图 10-108　烫金版修复

取出传热板，在烫印版背面贴上烫金专用双面胶后，选择合适位置（一般居中定位）黏结到传热板上（图 10-109）。将传热板装回并紧固螺丝，按下烫印按钮令传热板下压，在与烫金版紧压 20 秒后（双面胶需 20 分钟）释放压力，烫金版即完成安装。若生产中需更换烫金版，则应使用配套隔热把手旋紧在传热板的螺孔中将烫金版拉出，更换上已上好新烫金版的传热板并装回原来位置（图 10-110）。

图 10-109　安装烫金板

图 10-110　更换烫金版

（2）粘贴垫纸

在工作台的烫印位置上粘贴一张比待烫印品面积大的衬垫纸，推荐使用 1mm 厚的黄纸板并将朝上面用细砂纸打磨光滑（图 10-111）。粘贴衬垫纸的作用是保护烫金版，防止烫印板直接冲压工作台，同时还可减少热量的传导，保持烫印温度。工作台上待烫印品的摆放定位通常以印品的两条或三条边为基准，用一定厚度的纸板（不要超过烫印件厚度）或耐高温海绵胶带做好挡规来定位（图 10-112）。

图 10-111　粘贴衬垫

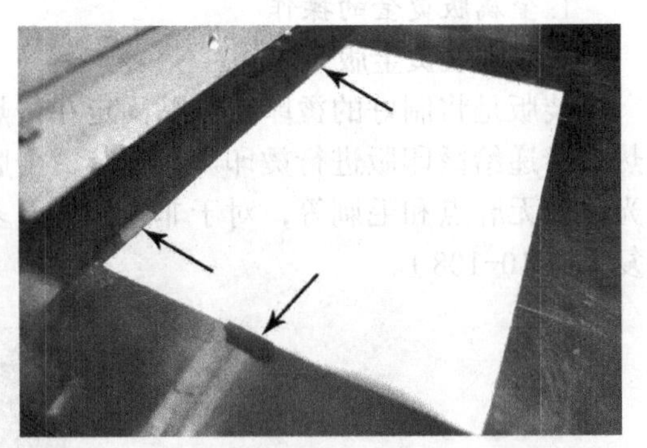

图 10-112　挡规定位

（3）安装烫金纸

松开螺丝，取出烫金纸挡圈，把烫金纸套入定位杆内，装回挡圈，旋紧固定螺丝，烫金纸即定位。安装烫金纸时，烫金纸着色面必须向上，调整左右定位杆，可控制烫金纸高低位置，以烫金纸的位置远离传热板，而又不影响工作台进出为佳。走纸时间用于控制烫后的烫金纸走纸长度，此长度应按烫金面积来调整，顺时针转动送纸长度增加，反之长度减少（图 10-113）。

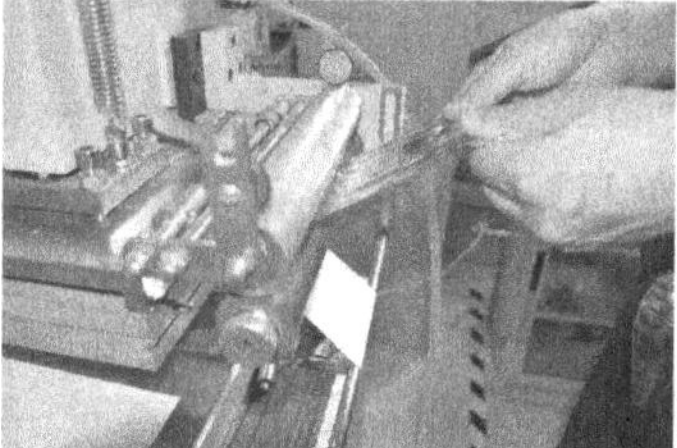

图 10-113　穿烫金纸

（4）设定工艺参数

温度、压力、速度是烫金工艺的三要素，三者互相关联，互相作用，直接影响到最终烫印质量。

①温度。小型烫金机的温度均采用自然恒温器控制，并由温度表及指示灯显示。开机后将温控调至所需温度，发热部分需 15 分钟的预热时间，大部分数字印后物件的烫印温度范围应控制在 100 ～ 180℃之间。具体情况应根据印版的实际温度、电化铝类型、图文状况等多种因素确定，通常需通过几次试烫找出最适合的温度，以温度最低而又能压印出清晰的图文线条为标准（图 10-114）。

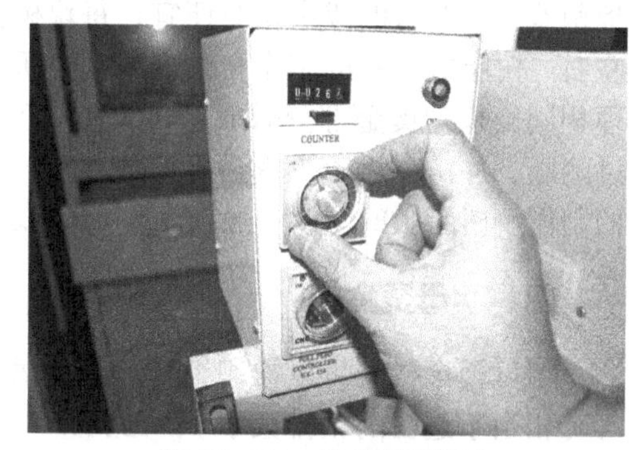

图 10-114　温度控制调节

②压力。烫印压力与电化铝附着牢固程度关系很大，施压是为了保证电化铝能够黏附在承印物上。印件烫纹过深，表示压力过大，印件烫纹过浅或不完整，表示压力太小。压力大小的调节是通过控制传热板与工作台之间的距离来实现的，顺时针转动压力调节螺母，压力减小，反之压力增大，调好后要锁紧固紧螺母，以免工作期间走位（图 10-115）。

在试烫中若出现着色不均匀，须调整固定板四角上的螺钉，将烫印痕过浅或上不到色部分方向的螺钉顺时针旋转，把印痕过深或着色越界部分方向的螺钉逆时针适当旋转（图 10-116）。

图 10-115　压力调整

图 10-116　压力均匀调节

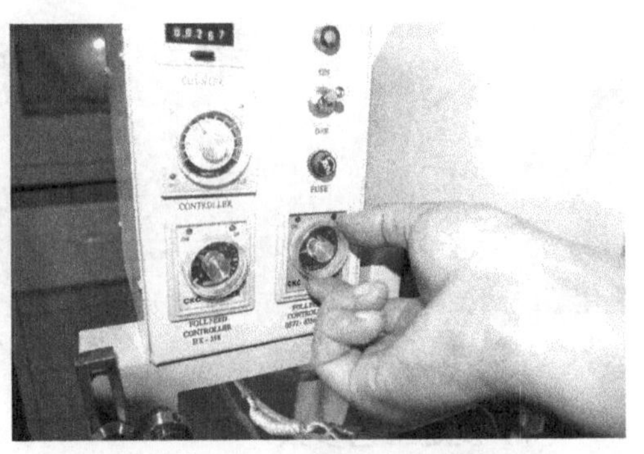

图 10-117　烫印速度调节

③速度。烫印速度是指电化铝与承印物的接触时间长短，数字印后产品的烫印时间基本上控制在 1 秒以内（图 10-117）。

三、自制版烫金机

自制版（树脂版）烫金机（图 10-118）与上文的小型金属版烫金机原理完全相同，只不过机器自带制版功能。此类机型最大的特点是从定稿到制版，再到最后的成品只需耗时 30 分钟，而烫印效果则比金属板稍差。自制版的成本相对便宜，每块树脂版的成本在 5 元左右。树脂烫印版的制作和柔性印刷中所用树脂版的制作原理相同，须把烫金部分做成 K100 的单色图后出胶片，再经过晒版、冲洗、烘干（烫金机自带烘箱）等步骤完成烫金版的制作。树脂版的厚度一般在 2 ～ 5mm 之间。

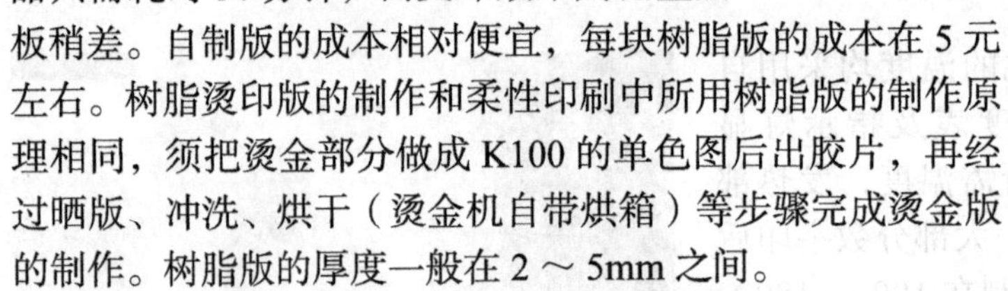

图 10-118　自制版烫金机

四、字母烫金机

字母烫金机既可以烫印组合后的金属字母、文字、线条等（相当于过去的铅排文字），也能烫印金属版的 LOGO 图案（图 10-119），具有快速换版、即排即烫的特点。字母烫金机可以烫印不同厚薄纸张和面料，也可以在不同厚度书本上进行直接烫印，这是一般烫印机无法实现的。其具有其他金属版烫印机一样的功能，如烫金、烫粉箔和压凹凸等，其优点主要体现在烫印版的快速、简便制作上。

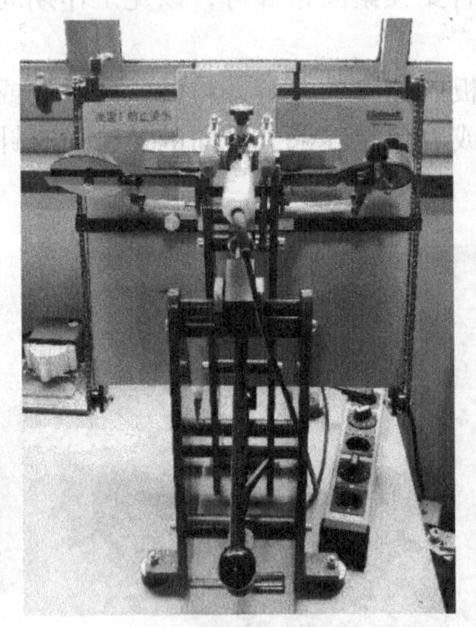

图 10-119　字母烫金机

五、烫金边机

烫金边机同样是利用热压转移原理。与专业的烫金边机不同（专业烫金边机可自动完成磨书边、除尘、上胶、烘干、烫金边工序），数字印后多使用的烫金边机是小型半自动设备（图 10-120），其是在完成书芯订联、裁切制作工艺流程后，再分别进行磨边和烫金的。

1. 磨边

磨边是对承印物表面进行打磨，以获得高平整度，此步骤是烫金边前的必备工序，不可缺少。由于数字快印店使用的小型烫金边机不带磨边功能，所以磨边须在磨边机上完成。磨边机工作原理是采用 2 个高速电动磨头（磨头上粘贴砂纸，根据产品要求，砂纸可换）对烫金边进行不断打磨，以达到烫印要求（图 10-121）。

图 10-120 烫金边机

图 10-121 磨边机

2. 安装烫金纸

烫金纸安装在主机右侧，废料筒安装在左侧，将烫金纸穿过两侧导杆卷绕在废料筒上，烫印纸的里面是烫印面（烫印时朝里），外面是基膜层（烫印时朝外）。收卷和放卷装置上可根据承印物高度放置宽度不同的烫金纸，放卷装置上的压力弹簧可调节电化铝的松紧（图 10-122），收卷装置上的手柄用于电化铝的进位（图 10-123）。

图 10-122 放卷装置

图 10-123 收卷装置

3. 烫金边

操作时将承印物夹持在上下压板之间，烫印面紧靠前规（前规与压板的间距约为5mm），打开压力阀，使上压板向下紧压承印物。开启电源，烫金辊逆时针低速旋转，电热板开始加热（温度可调），到达烫印温度时，脚踩踏板（压力阀开启），烫金辊在空气压力弹簧的作用下紧贴承印物（图10-124）。由于烫金辊的自转承印物将自动向前运行，开始走轨烫金，当完成烫印后，关闭烫金压力开关，空气压力弹簧收回。烫金压力可通过调节圆柱手柄来调压，调压时松开锁紧螺母，顺时针转动圆柱手柄烫金压力增大，反之减小（图10-125）。

图10-124 烫金辊

图10-125 压力调节

第十六节 数字印后辅助设备

随着数字印刷的快速发展，数字印后设备已渗透进书刊装订和印品整饰的每一个角落。与数字印后相匹配的辅助加工设备也覆盖了从低端到高端的整个数字印后市场业务，这些设备具有多功能、快速准备、短时启动、低能耗及高利用率特点。

一、蝴蝶装

1. 蝴蝶对裱装

蝴蝶装是将书帖进行对裱合成为书芯的装订方式，其制作的书芯可装订成平装和精装。此机型书帖之间用冷胶黏合，书页打开后无接缝，适用于数字印刷后道婚纱影册、画册、儿童纸板书等产品的装订加工。小型自动蝴蝶装对裱机把手工蝴蝶装的工序集合于一体，一气呵成，缩短了传统蝴蝶装的工艺流程（图10-126）。

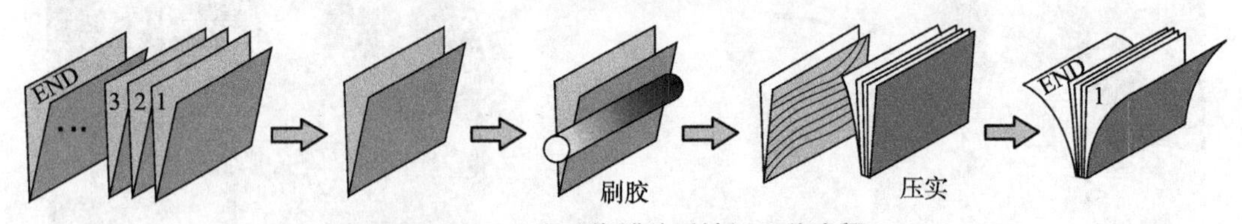

图10-126 自动蝴蝶装对裱机工艺流程

蝴蝶装对裱机在操作时只需将配好页的书帖置于顶部进纸飞达中，输纸系统就会把书帖一张张自动送往刷胶机构，每一本书芯的第一个书帖不刷胶，其余书帖都进行单面刷胶，未经刷胶的第一个书帖就成为多本书芯之间的自然分隔帖。所有书帖都由吸气辊输送至收纸台（书脊朝下），当一个新书帖到达时，摆动式压实板就压实一次，最终获得的成品为一摞尺寸精确、边缘整齐的方背书芯（图 10-127）。自动蝴蝶装对裱机的速度可达 70 帖 / 分，此加工速度是手工和半自动对裱机所不能比拟的，因此给数字印后加工带来新的增值空间。

图 10-127　自动蝴蝶装对裱机

2. 蝴蝶精装

蝴蝶精装通常用 250g 或 300g 铜版纸经折页后对裱压合在一起，常见于菜谱、婚纱相册、个人写真画册、纪念相册等的制作。蝴蝶装的优点是每整幅图画同在一版内，每页都可以翻开摊平阅读，完全不受中缝影响，外表精致美观，能够给人极佳的阅读体验。缺点是纸张利用率低，书本厚度大。

蝴蝶精装除了书芯订联采用对裱粘连法，制壳和套合和普通精装本基本一致。只是有一些细节有所区别，如：蝴蝶精装的中缝是不能涂胶的（图 10-128），否则不能完全摊平；蝴蝶精装的中缝偏大不偏小等。

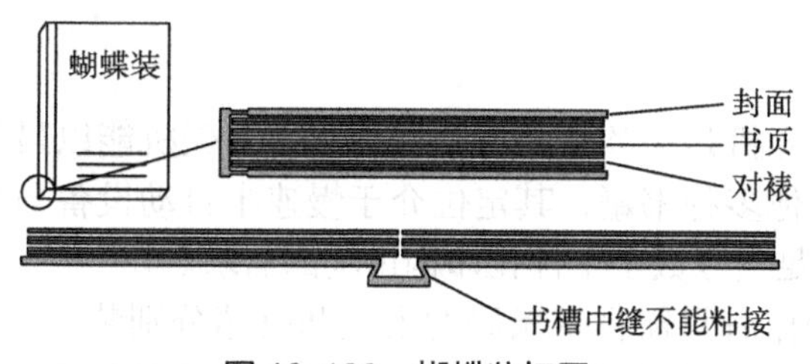

图 10-128　蝴蝶装打开

二、折配锁线机

折配锁线机工艺流程集折页、配页、锁线功能于一身（图 10-129），具有构造紧凑、折页灵活、配页正确、自动锁线、调版快速等特点，专门为数字印后加工量身打造。

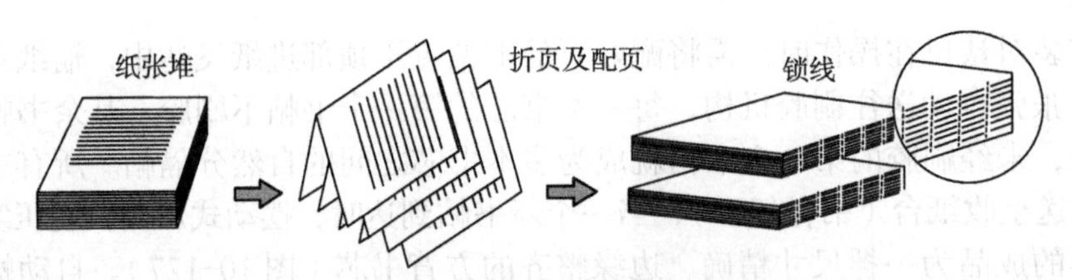

图 10-129　折配锁线系统工艺流程

折配锁线系统由输纸、折页、配页、锁线机构集合而成（图 10-130、图 10-131），能够有效实施短版锁线，进料为印张，出料为成品毛本书。飞达输纸机构中的印张以平铺方式装载进锁线机料斗中，最大进料高度为 600mm，前置真空吸嘴轮和后部分离吸嘴组合工作，将料斗内的印张从堆料顶部逐张吸入折页、配页单元，其进料速度可达 350 张 / 分。折页方式采用了门式工作站，通过皮带和三角折叠板完成折页工作。折页完成后并不是马上进入锁线工位，而是在配页工位等待，当折叠后的书帖达到预置数量后，才会输送到锁线单元进行锁线。整个系统换版调整只需在触摸操控屏上数分钟就可设置完成。

图 10-130　折配锁线机

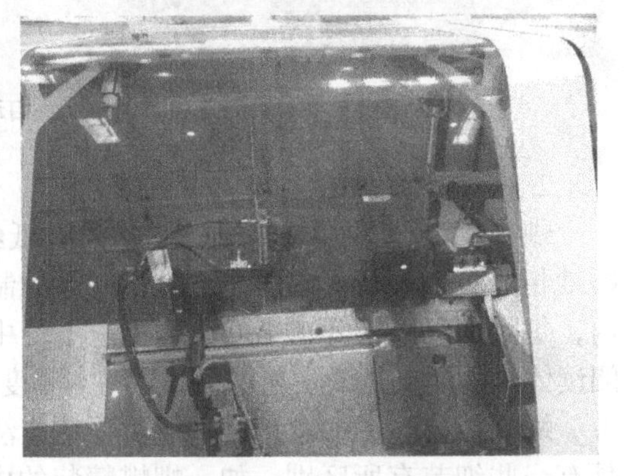

图 10-131　折配页机构

三、上书壳机

小型全自动上书壳机是一款精装机型，该款上书壳机能以最经济的方式生产精装相册、儿童读物及其他多种书籍，其定位介于慢速半自动设备与昂贵的大型专业设备之间，能够灵活地满足当今数字个性化印刷市场的需求。

自动上书壳机操作时只需将带条码的书壳和书芯分别装入其各自的飞达（图 10-132），条码阅读器会进行扫描以保证二者相互匹配。当书壳进入新型刷胶机构时，书芯封面、封底及书背部位都接受刷胶，其套合刷胶使用热熔胶（图 10-133），具有一次成型、快速固化特点。在复合机构中，书芯被置于书壳上，封底部分接触书壳，设备的精确定位能保证二者精确对位，书壳的封面经折叠后盖在书芯上，形成书的完整形状。然后经过初步压实，成书前进至书脊成型及辊子压实机构，由于书脊部分已经刷胶，因此无须加热即可进行书脊成型处理，使书本更加结实耐用。

图 10-132　自动上书壳机

图 10-133　套合热熔胶供给系统

四、数字印刷配套联动线

随着印后加工技术的不断进步与科技创新，数字印后加工已经能进行小批量、个性化、多品种兼容生产，充分体现出市场对数字印刷产品需求的变化，和数字印刷相配套的印后加工联动线的品种越来越多，给数字印后加工注入了蓬勃发展的新生机。

如：精密达 Digital FoldLine180 分切折叠系统是专门与数字印刷相配套的自动生产连线设备（图 10-134），为小批量、短品种书刊装订生产而设计，模块化结构能对应轮转数码印刷和传统平张印刷。其中的胶订联线系统的工艺流程由放卷→折页→裁切→书芯点胶→堆积→胶订→三面切所组成，可与惠普、柯达、佳能、理光等高速数码印刷机无缝衔接，并组成全自动数码印刷胶装连动生产线，真正实现多品种、个性化按需印刷，同时兼容批量生产。

未来型 Digital FoldLine180 分切折叠系统也可以和锁线机（图 10-135）、骑马订等订联设备智能相连，组合成不同功能的生产作业系统。纸张通过折页机进行折页，在压实、堆积机上进行书帖计数累积成书芯，再喂入锁线、骑订等不同订联作业。其优点有三个：一是可变尺寸作业加工，如通过读取每本书本上不同条形码将同一尺寸的书芯生产为不同尺寸的成品。二是数字化、智能化、网络化印后加工联动设备全自动调整，如伺服马达转换快速以匹配不同的尺寸，并实现一键启动生产。三是自动识别控制，如通过摄像系统验证条形码正确与否，以确保折页后传送时书帖顺序和相配套封面的准确度。

图 10-134　精密达分切折叠系统

图 10-135　配套锁线机

第十一章

装订材料

书刊装订材料是指装订、装帧书刊本册所用的各种材料，大致分为书籍本册装订主体材料、书籍本册装帧材料、书籍本册订联材料。

第一节　书籍本册主体材料

现代书籍本册主体材料是纸张和纸板，现代书刊本册没有纸张就无法制作，在今后很长的时间内，纸张仍是制作书刊本册的基本材料。

一、纸张

造纸是我国古代劳动人民的四大发明之一，是记载和传播文化的重要工具之一，与人们的文化生活有着密切的联系。纸张是一种由极为纤细的植物纤维，经填料加工处理，使其相互牢牢交织而成的纤维薄片，其重量不超过 $250g/m^2$。

纸张的种类很多，约有上千种，但我们经常接触的只有百余种，涉及印刷、装订的也只有十几种。纸张的简单分类方法如下。

1. 按造纸方法分类

施胶纸与非施胶纸，涂料纸与非涂料纸，色纸与白纸，卷筒纸与单张纸。

2. 按纸张用途分类

印刷用纸，书写制图用纸，包装用纸。

二、卡纸和纸板

纸板指比纸张厚度大、重量大的一种挺括坚实的纸制品，与一般纸张的区别为重量 $350g/m^2$ 以上，纸张厚度均以 mm 为计量单位。卡纸指比纸板厚度小、质地好的一种挺括光滑的纸制品，其重量一般在 250 ～ $350g/m^2$ 之间。

三、纸张的丝缕

纸张对印刷质量影响很大，对书刊本册装订效果更为重要，尤其是现代机械自动化装订，对纸张质量的要求越来越高。纸张的物理、机械和化学性能对书刊本册装订效果影响甚大，了解纸张的特性、适性是为了获取理想的加工效果，避免出现次品或废品，造成不必要的损失。纸张适性是指纸张与装订条件相匹配，适合于装订作业的性能，主要有纸张的丝缕、抗张强度、表面强度、伸缩性等，而纸张的丝缕方向对装订质量会产生一系列直接影响，如纸张起拱、折封爆口、扫衬起皱、封面翘曲等弊病。可见，正确认识纸张的丝缕十分重要。

1. 纸张丝缕的形成

纸张丝缕是指纸张纤维组织的纹理，通俗地讲就是纸张中大多数纤维排列的方向。

纸张的主要成分是植物纤维和辅料。植物纤维是指纤维素、半纤维素，辅料是指填料、胶料和染料。造纸就是从悬浮的纸浆中排出水分，使余下的造纸纤维交结在一起，形成纸张的过程。造纸工艺过程可分为制浆→打浆→抄纸→整饰，其中抄纸程序是将已制好的纸浆加入大量的水，使纸浆中的纤维产生水化作用，当纤维随着水流分布在金属网上时，由于纸浆水流的动能和高速运行的筛网的共同作用，使得纸张的纤维大致有规则地形成纵向纤维方向性，其后进入造纸机，使纤维紧黏着造纸毛毡上，以减去大部分水分，并经过成型、压榨、干燥及压光等程序而形成可用的纸张。纸张是一种非均质材料，纸卷在抄造时，造纸机运转方向（纸的前进方向）称为纸张的纵丝缕也叫长丝缕、直丝缕，与造纸机运转方向垂直的方向称为纸张的横丝缕，即短丝缕方向。

众所周知，如果将一把小竹片或竹筷，放入湍急的河流中，竹筷在顺流而下时，竹筷长度方向与水流运行方向必定一致，竹筷绝不可能垂直水流运行方向而横走。竹筷就好比纸浆中的长纤维，在造纸过程中处于机器运行方向，也就是直丝缕方向。从中也可以得出结论，折叠处于直丝缕方向的竹片，弯曲时有反弹倔强性，而折叠处于横丝缕方向的竹片（实际上是折叠竹片相互之间的空隙），并无反弹倔强性。

手工造纸则是通过一个筛网，采用手工抖动的方法渗漏掉纸浆中的大部分水分，同时也使纸张纤维在筛网的范围内均匀地分布。这种方法制得的纸张，其纤维分布是没有规律的，也根本不存在纸张丝缕方向。只有机器造出的纸张才有直丝缕和横丝缕之分。

从图 11-1 中可以看出不同裁切方式得到的纸张，有着不同的丝缕方向。假如采用丁字三开裁切法，那么就会得到两个直丝缕和一个横丝缕，我们在裁切厚纸或套裁封面时一般都会尽量避免此类弊病的产生。

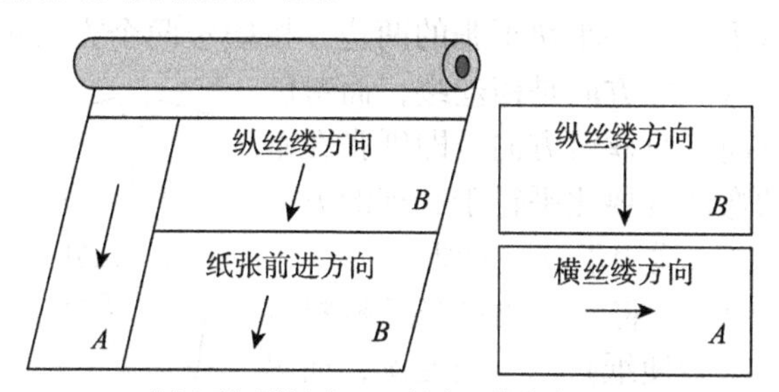

分切下相同尺寸A、B纸张丝缕方向是不同的

图 11-1 纸张丝缕形成

2. 纸张丝缕的特点

不同原料的纸张纤维长度和宽度、形状是不同的，但其一般结构是类似的，都是中空的半透明管状，它的两端有渐渐变细的封口。

（1）膨胀性

纸张是亲水性很强的物质，含水量会随着环境温度、湿度的变化而改变，因而也会引起尺寸和形状的变化。由于纸张横丝缕和直丝缕两个方向的物理性质不同，造成了不同纸张存在着不同的方向性，当受到环境温度、湿度的影响，其伸缩量存在着明显差异，这是因为纸张纤维在吸水发生膨胀时，其纤维伸长率远小于其变粗率，这样就形成了一个和纸张丝缕方向相对应的方向，即纸张膨胀方向，与纸张丝缕方向相垂直。所以在纸张含水量发生变化后，纸张膨胀方向（横丝缕方向）的尺寸变形比在纸张丝缕方向伸展要大得多（横丝缕方向的膨胀率是直丝缕的 3 倍），这一点我们可以从纸张在装订过程中经常发生的扫衬、裱糊等现象中发现，这是由于在黏合剂水分的影响而引起卷曲变形的情况就是最好的例证。一般纸张的纵向（直丝缕方向）伸缩量较小，而横向（横丝缕方向）伸缩变化幅度较大，而且容易发生卷曲变形。

（2）挺直性

是指纸张纵丝缕方向比较挺直。即在纸张直丝缕方向上的挺直度、抗张强度都要大于在其横丝缕方向上的相应值。这一现象也是我们印后装订加工必须重点注意的事项。

3. 纸张丝缕的鉴别

根据纸张丝缕的特点，可以用很多方法辨别出一张纸的直、横丝缕方向，纸张丝缕的鉴别方法可分为机械测定法和手工检测法。

（1）机械测定法

分别按规则切取不同纸向的纸条，用检测纸张的仪器去测试纸样的环压强度、耐折度、抗张强度等。测试数值大的纸张为纵向丝缕。反之，则是横向丝缕。

（2）手工检测法

常用的手工检测方法有以下三种（图 11-2）。

①撕纸法。在纸张没有折痕的情况下，将一张纸撕开，看一看撕下的纸张边，光滑不带毛边且撕纸比较省力的一边为直丝缕。撕裂口无规则和方向性，明显呈毛边、波纹状的是横丝缕。这种方法适用于中等厚度的纸张，如 60 ～ 120g/m^2 的纸张。

②弯曲法。用双手按住一小块纸张的两边，按横竖两个方向进行弯曲测试，如弯度大、无弹性，那么弯曲的方向是横丝缕，而弯度小、有弹性的弯曲方向是直丝缕方向。即纸张在垂直于纹理的方向上的弯曲度要比平行于纹理的方向的弯曲度更硬。这种方法适用于较厚的纸张。

③浸水法（缩水法）。将一小块单张纸材料轻轻地放到水的表面，这会使纸张的一面变湿，而另一面保持干燥。这时湿润一面的纸张纹理就会膨胀，从而使纸张卷曲成管状，管子长度的方向就是纸张的直丝缕纹理方向。而纸张弓皱弯曲多的一边

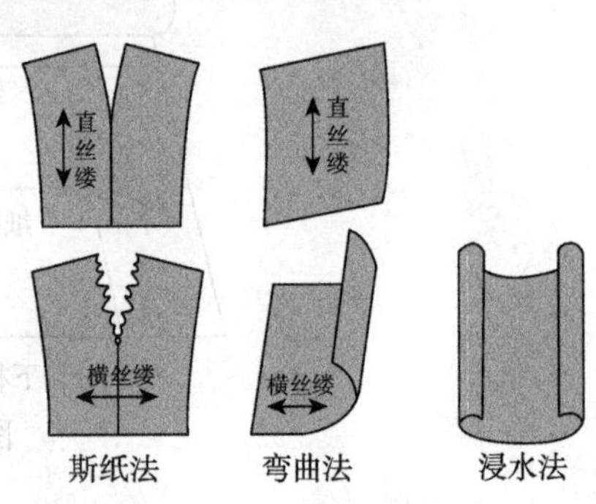

图 11-2 纸张丝缕鉴别

为横丝缕。这种方法几乎适用于所有的印刷纸张，也是一种比较简单、实用、有效的最常用的方法。

纸张丝缕的检测方法很多，还有拉扯法、手执法、翻执法、水滴法、目测法等等，但其原理都是利用的纸张在丝缕方向和膨胀方向所表现的不同特性来检测，如挺度、膨胀变形率、耐撕折度等，我们可以根据实际情况来灵活应用。

4. 纸张丝缕对书刊装订影响

（1）纸张丝缕直接影响装订质量

纸张纹理对装订产生影响也是有目共睹的，如：垂直于直丝缕封面方向的折叠，折缝处会出现爆裂及波纹，直接影响书本外观质量。假使不同质量纵向与横向丝缕的纸张使用于同一本书中，由于切边后可伸展度不同，不可能产生干净利落的切边效果，会引起锯齿边。纸张丝缕纹理方向如不与书背平行，那么也会影响到书本的打开（摊平），特别是较重克数的纸张。这些事实充分说明了纸张纹理方向对印后装订至关重要。

（2）纸张丝缕要适应装订生产

①纸张在丝缕方向和膨胀方向所表现出的不同的特性，也决定了在进行版面设计时要尽量多考虑纸张的特性，因为横丝纸一旦伸缩，装订工艺上是没有办法补救的，必须加以重视。

②印刷部门也要遵循纸张丝缕的特性，防止印刷过程中纸张变形膨胀影响到装订产品质量。如胶印水放得太大纸张变形，纸张太干卷曲等。

③纸张是一种可变性材料，组成纸张的纤维具有吸湿作用，空气是含有一定量水分的，纸张只要与空气接触，就会不断与空气湿度保持平衡，当周围环境中空气湿度高于纸张所含的湿度时，纸张就会吸收空气中的水分而膨胀伸长（尤其是横丝缕方向），反之，当周围环境中空气湿度低于纸张本身所含的湿度时，纸张就会释放出水分而收缩变短，以达到与环境湿度的平衡，我们平时所见的荷叶边、紧边、翘曲、起拱等纸张变形缺陷，都是纸张的含水量不均匀造成的。车间的相对湿度较高，纸张原有的含水量过低，纸张边缘便吸水而伸长，中间部分来不及吸湿，纸张便失去原来的平整度，纸边呈“波浪形”俗称荷叶边。车间相对湿度较低，纸张原有的含水量较高，纸张边缘脱水较快，纸张四边上翘，产生“紧边”。纸张的含水量过少，纤维在横、直两个方向都收缩，纸张便朝着比较干的一面往上卷曲（纤维的宽度即横丝缕方向含水量高，更易挥发）。纸张的理想含水量约为6%左右，环境温度应控制在20℃左右，相对湿度控制在60%。装订在没有恒温的条件下，最好用塑料薄膜将所要加工的印张和半成品围起来，以预防印张受潮和过分干燥而引起的纸张变形等弊病，防止影响生产和质量。

④在印刷部门，通常以印张的直丝缕纤维排列方向与滚筒轴线方向相互平行为基准。对于装订折页机而言同样适用，这是因为：从飞达输纸方面来看，纵丝缕纸在来去（轴向）方向比较挺硬，不易撕口，便于吹松和输送。在折页中如果印张直丝缕方向与折辊平行，书帖折缝也不易断裂，而且折下书帖也相对平服。

⑤对于折叠厚封面，经常碰到的就是折缝爆裂，尤其对于纸张丝缕与封面折缝不一致的会更加严重，需要采用压痕刀，先压痕线再折叠，以避免纸张出现裂纹。这也

是折页机要配置压痕装置的原因之一。

⑥在书刊装订中，尽量使书芯和封面纸张的丝缕方向与成品书籍的书背方向一致（图 11-3），这样书本翻阅比较容易，而且展开时也很平服、便于阅读，对于内文和封面用纸较厚的书来说，这一点表现得尤为突出。

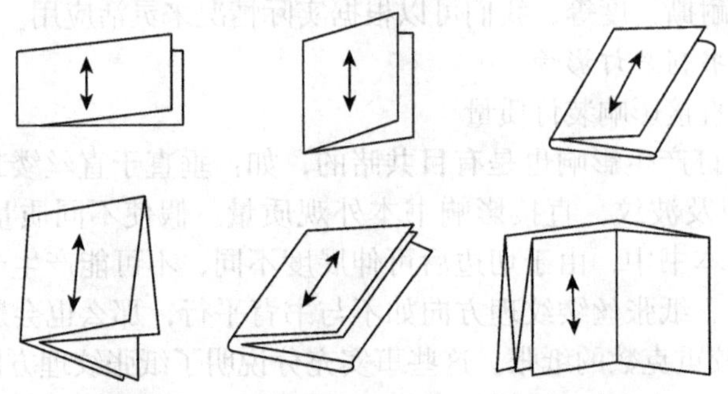

图 11-3　几种常见折页形式及纸张丝缕方向

纸张各项特性与其装订适性息息相关，正确认识和判别纸张的直、横丝缕，科学合理利用纸纹特性来指导装订生产，无疑对书刊装订加工会有积极的帮助，为提高装帧产品的精度、提升装订的产品质量提供基础保障。

第二节　书籍本册装帧材料

书籍本册装帧材料，指除去书芯和纸板以外，装帧书刊本册所用的各种材料。装帧材料的范围很广，包括装饰书芯、书背、书封所用材料多种。正确选用装帧材料，是体现本册加工效果的关键，材料选用得当与否，会使加工后的成品有明显的不同。选用材料，应根据书刊本册的品级、牢固、形式等要求来决定，不能一味追求价格高低，应立足于适当，所用的材料一定要与所加工书籍本册的档次相匹配。

一、书背装帧材料

书背是书册需订联部分，所用装帧材料有书背纸、书背布、书背纸板、堵头布等。

1. 书背纸

书背纸是粘在书芯背上的衬纸，用以加固书背，增加书背的平整度和提高书册的外观质量。对于平装书籍，当书芯厚度在 15mm 以上时，都要贴书背纸。在无线粘胶订生产线上常用的书背纸的定量在 150 ～ 250g/m^2 的胶版纸或卡纸。

2. 书背布

书背用布有平纹白布、纱布、无纺布或其他性质相同的织品。

有些平装书本厚度大，只用纸粘书背不牢固，为了书本的耐久度和防止变形，往往在书背上粘贴布或在布上再粘一层纸。布料的规格：长应与书芯相同或少 3mm 左右，宽与平装书背相同。

二、封面材料

封面材料选用范围很广，大致可分为织品类、皮革类、纸张类、涂布类、塑料类等。封面材料的选择是根据书刊本册的品级（档次）、内容、出版者要求而决定的。封面材料，特别是精装封面材料，在书刊加工中占很重要的地位，材料的选择关系到一本书的整体装帧效果。

常用织品类封面材料：棉织品材料、丝织品材料、麻织品材料、化学纤维织品材料等。

常用涂布类封面材料：漆涂布材料（漆布、漆纸）、乙烯树脂涂布材料、聚氯乙烯涂布封面材料等。

常用皮革和塑料封面材料：皮革面料、塑料面料等。

三、环衬、衬纸、硬衬材料

1. 环衬

环衬，指精装书籍本册的书芯上下一折两页的白色或其他颜色、图案的纸张。

环衬作用有两个：一是保护书芯，不易在加工中弄脏书籍正文；二是与书封壳套合后粘连牢固。常用环衬纸有胶版纸、铜版纸、花纹纸等。

2. 衬纸

衬纸常用于平装书籍，分双衬（封二下一张、封三上一张或封二下封三上各两张）、单衬（一般在封二下）。衬纸可用与书芯相同纸，或比书芯略好、定量略大的胶版纸或花纹纸。

一般平装书的衬纸与扉页（书名页）为同一张纸，不与书芯订联在一起，折后另粘在书籍第一页上面。中档以上的平装书则用双衬（一折二页）粘在前面，有时还加后衬（封三上一或两张）。

3. 硬衬

硬衬，指活套简易精装的书芯或环衬上另粘的一张或半张灰白硬卡纸。硬衬的作用是挺括书芯上下衬，以便摆放在书封软壳的封兜内。硬衬的尺寸：长与书芯相同；宽有两种，一种比书芯宽少 3 ～ 4mm，称全衬，另一种为书芯宽的一半，称半衬。粘贴时硬衬粗糙的一面涂黏结剂与环衬黏结牢固、平整，干燥后与封面套合成册。

环衬与衬纸等选用应与书芯、封面相适应，加工后要求牢固、平整、无八字皱褶，三边无张口不粘等现象。

第三节　书籍本册订联材料

将印刷好的一批批分散的半成品页张（包括图表、衬页、封面等），根据不同规格和要求，采用不同的订、锁、粘的方法，使其连接起来成为书芯的过程叫订联。

订联的材料可分为二大类：一类是订缝连接材料；另一类是粘接材料。

一、订缝连接材料

装订的订缝连接材料，是指将零散书帖，经订、缝或锁使其连接成册的各种材料。装订用订缝材料的种类、性能与质量如何，是关系到书刊本册连接是否牢固、平整的关键。掌握装订订缝材料知识有利于装订质量的提高。

（一）线连接材料

使用线连接书籍，在我国已有几个世纪的历史。早在公元14世纪中叶明朝时期，就已出现使用线装订的古线装书了。线装订分锁线订、缝纫订、三眼线订和古线装订等多种。线是采用一定的纺制方法制成的，将棉、丝、麻等短纤维，通过纺纱工序制出单股纱，再将几股纱合并制成线称作纺线。单股线强度往往是不够的，将两股或两股以上单线并合加捻叫股线。线纺完后，根据需要，还要浸入淀粉液中上浆，使其挺括、光滑、不卷曲，便于加工时使用。线由于原材料质地的不同而分为多种，如棉线、丝线、麻线、化学纤维线等。我国传统装订采用棉线和丝线，现代装订用线越来越多地使用强度高、性能好的化学纤维线。

常用线连接材料有：棉线，丝线，合成纤维线，热熔线，塑料线等。

（二）金属丝连接材料

金属丝种类很多，如铁丝、铜丝、钢丝等。装订连接书帖的金属丝主要是铁丝。用铁丝装订书籍加工方便、速度快、成本低，是我国加工骑马订装和圈装的主要连接材料。

1. 铁丝

铁丝是用低碳钢拉制成的一种金属丝：即将炽热的低碳钢金属坯压成直径为5mm的条状，再放入拉丝装置内拉成丝状，并逐步缩小拉丝盘孔径，进行冷却、退火、涂镀等加工，制成各种不同型号与直径的铁丝。装订所用铁丝的包装形式均为圆盘式，大盘直径一般为160mm左右，小盘直径一般为100mm。铁丝质量的优劣与选用是否得当，关系到书籍本册的牢固性等订联加工的质量高低，因此使用时应注意以下几点。

①装订时以选用大盘为好，因为大盘包装曲径大而曲率小，便于制作订锔。小盘包装曲径小而曲率大，对于订锔成型前的垂直度加工有一定影响。

②铁丝的质量要求应是：粗细（线径）一致，表面光滑、亮泽，无毛刺、无锈迹、无弯曲不直，强度好，硬度适当，并有一定柔韧性。

③遇到铁丝硬度过大而表面又有毛刺时，可以用涂油的方法解决，使铁丝表面光滑度增大，以免发生阻塞等情况影响生产。

④铁丝要注意保管，贮存时应放置于干燥处，如贮存的室内潮湿或连续雨天，可用滑石粉、干燥粉等涂撒，避免生锈造成浪费。

⑤装订用铁丝规格，中华人民共和国新闻出版行业标准（CY/T29—1999）中规定了以下指标，即“使用铁丝直径为0.50～0.71mm”。

2. 金属（或塑料）丝圈连接材料

金属（或塑料）丝圈是用不同线径的不同金属制成的有一定规格的拉簧状的环圈，一般用于连接挂历或活页本册。

①连接挂历和本册用金属丝圈。连接（穿订）挂历和本册用的金属丝圈有两种：一种是将金属丝绕卷成圆柱弹簧形状；另一种是将金属丝事先用卷丝设备制成可直接穿压的长条形状。这两种形状的金属丝圈大都用铁丝制成，少数为钢丝，线径一般为 0.60mm 左右。为了保证本册或挂历外表美观和防止生锈，还可再将金属丝进行表面喷塑装饰，喷塑的颜色要与所加工的挂历或本册等封面的颜色匹配，使其增加艺术色彩。

②活页卡等用金属环。活页卡金属环主要用于活页本册、相册、集邮册等的连接，一般选用 1 ～ 2mm 线径的铜或铁，表面通常经过镀铝或喷塑等处理，再制成直径不等的各式样的圆环。装订时将穿订的工作物的订口打上孔眼，并选择不同线径的金属环，将其穿入连接成册。使用这种金属环必须注意所打眼孔直径、孔与孔的间距，都要和所用的金属环线径，书册厚度、长度相配合，否则会出现无法翻阅或穿后页张不整齐，影响加工效果和质量。

二、黏结材料

装订用黏结材料是指装订时使用的具有优良黏合性能的材料。黏结材料是装订加工中不可缺少的重要材料之一，正确选用各种装订黏结材料，是保证书刊本册质量的关键，粘接材料选用得当，加工的成品就牢固、平整美观，反之则其寿命缩短，影响读者的使用。

黏结材料的种类很多，材料来源极为广泛。在这些原材料中，有许多是从天然材料中提取的，如从动物、植物和矿物中提取的物质。目前应用最多的是人工合成树脂，这些合成的人造黏结材料与天然的黏结材料相比较有许多优点。其不仅有足够的黏结能力，而且干燥快，能形成近似无色的弹性透明胶膜，除个别种类的黏结剂以外，一般没有什么气味，不挥发有害气体、稳定性好，不易发霉变质，不怕虫蛀鼠咬等，且来源广泛可靠，有助于装订专业的标准化、数据化和自动化加工生产，并能保证黏结的牢度和质量要求。

水溶性黏结剂的成本一般较低，无毒，制造也简单，对纸张等表面有微孔的材料，有良好的渗透性能，且使用方便（用水溶后即可使用）。但这一类黏结剂是靠水分挥发进行干燥的，因此干燥速度较慢，往往需要增加一套干燥设备，如远红外线、高频介质加热、烫烘等，才能保证机械化作业的连续加工。

热熔性黏结剂则有许多优点，这种黏结剂使用时要加热到一定程度。一旦冷却就能很快保证黏结牢度，如 EVA 热熔胶一般在 10 秒内就可基本干燥。由于其干燥速度快，适合机械化高速装订需要。从缩短出书周期考虑，使用这种黏结材料有利高速联动生产，可以减轻工人劳动强度和改善工作条件。

1. 动物胶黏结材料

动物类黏结材料的使用有悠久的历史，早在两千多年前，人们就将动物皮革在火上熬成皮鳔胶，用于各种材料的粘接。这种胶是从热水或石灰浆处理的动物的皮、肌内组织和骨骼获得的一种黏结材料。动物胶黏结材料的种类主要有骨胶、明胶等。

2. 淀粉基类黏结材料

淀粉基黏结材料是指用植物的种子、茎秆、块茎等提取的淀粉制成的黏结剂。不同种类的淀粉可以从不同的植物中提取，其中包括小麦、玉米、马铃薯等多种。植物黏结材料主要有面筋粉浆、面粉糨糊、糊精等。

3. 纤维素类黏结材料

纤维素类黏结材料基本上是由纤维素改性的溶液组成。可黏结纸张、纸板、封面等，有良好的黏结性能。纤维素类黏结材料主要有羧甲基纤维素黏结剂、甲基纤维素黏结剂。装订业一般用甲基纤维素黏结封面等，胶液易涂布，但有时起泡。调制时要加入些磷酸三丁酯，防止起泡。

4. 合成树脂类黏结材料

合成树脂又称人造树脂是由单体经聚合或缩聚而成的树脂。合成树脂黏结剂是使用广泛、方便、品种繁多的黏结材料。用于书籍装订主要有以下几种。

（1）聚醋酸乙烯酯（PVAC）黏结材料

聚醋酸乙烯酯是一种聚合物，由醋酸乙烯酯单体聚合而成。根据聚合方法不同，又分为乳液型和溶液型两种，装订所用的属乳液型，因其颜色乳白、使用时间较长，又称乳胶或白胶。

（2）聚乙烯醇（PVA）黏结材料

聚乙烯醇黏结剂是一种白色絮状或粉末状的高分子化合物，能溶于水，热熔后为无色透明的黏稠液体。使用时根据所需黏度，在胶内加入适量水，放置容器内加热成均匀黏状液体，加热时要用蒸或水浴的方法，不可直接与加热器接触，胶内加热温度不得超过 100℃，以防其老化变质。

（3）EVA 热熔胶

EVA（乙烯 - 醋酸乙烯共聚树脂）热熔胶是一种无须溶剂、不含水分的 100% 可熔性聚合物。热熔胶常温下为固体，加热熔融到一定程度而变为流动且有一定黏性的液体，熔融后的热熔胶为浅棕色半透明体。

①热熔胶的成分。EVA 热熔胶由基本树脂、增黏剂、黏度调节剂和抗氧剂等成分组成。

热熔胶的基本树脂是乙烯和醋酸乙烯在高温高压下共聚而成的，即 EVA 树脂。这种树脂是制作热熔胶的主要成分，占其配料数量的 50% 以上。基本树脂的比例、质量决定了热熔胶的基本性能，如胶的黏结能力、熔融温度及其助剂的选择。因此装订所用黏结纸张的 EVA 热熔胶，应选择乙烯与醋酸乙烯比例恰当，并具有一定柔软性、弹性、黏着力、变形小的品种使用。

②热熔胶的性能。EVA 是 100% 的固体胶，完全靠高温加热熔融变成流体。当加热至 80 ～ 100℃时，胶体缓动，随着温度的增高，流动逐渐加快，当温度上升到 250℃时，胶体老化，颜色变深，黏度下降，胶变色。EVA 胶体固化过程全靠冷却完成，是一种快速固化性能好的黏结材料。

③热熔胶的使用。EVA 对多孔和非多孔材料都能进行黏结，但是胶面不宜过大，否则会无法黏结，因为这种胶固化时间最多只有十几秒钟。EVA 主要用于高速生产的无线胶订联动线，不能用于手工装订操作。

a. 使用时要提前将胶量储够，并要提前 2 小时进行预加热，使其逐渐变成所需流体。

b. 胶体的流动性可用温度控制，需要黏度高（稠）时，可将温度略降低些，需黏度低（稀）时，可将温度调高些。

c. 热熔胶固化时间一般为 7 ～ 13 秒，冷却时间一般为 3 分钟左右。在联动生产线上其冷却过程是以延长传送带方法实现的，在一定时间内应保证胶体有冷却干燥的良好条件，才能保证书籍黏结牢固、美观平整。

d. 使用热熔胶生产的条件，应是保证正常的室温，室温过低会影响固化时间，黏结剂会因过早干燥、被黏合物黏结不牢（或粘不上）而脱落。

（4）PUR 热熔胶

PUR 胶 PUR（Polyurethane Reactive）被称为活性胶黏剂，其主要成分是带活性氢的多元醇（聚酯聚醚等）。低分子量二元醇和异氰酸盐的聚合物。当活性终端团暴露在潮湿的空气中或纸张湿度达到一定水平时，就会发生不可逆交联反应。交联后的 PUR 薄膜具有较高的固有强度（内聚力）形成非常耐久的胶黏剂薄膜。PUR 薄膜对印刷油墨和溶剂不敏感，还具有极强的耐久性。PUR 热熔胶装订的手册可在超冷或超热的环境下使用。用 PUR 胶粘的书刊与现在市场上普及的 EVA 热熔胶粘的书刊相比，其优点十分明显。PUR 胶的优点如下。

①书籍的平摊性好。通常情况下，书芯刷胶厚度约为 0.5mm 左右，此时 PUR 胶层比 EVA 热熔胶要柔软得多，厚度可以减少 50% 或更薄（0.2 ～ 0.3mm），因此书本翻开非常平整。阅读时不必用手按住书本，大大提高了读者的阅读舒适感，解决了胶水图书翻不平问题。

②耐高温且耐低温。一般的黏结材料只耐高温或只耐低温，二者很难兼而有之。而 PUR 装订的书册既耐高温又耐低温，甚至在 94℃或 -40℃条件下也没有问题。由 PUR 胶装的书籍几乎不受温度影响，这对于需要在不同温度环境下存放的书籍非常重要。

③耐溶剂性是 PUR 的又一特性。PUR 是既耐溶剂又耐油脂的装订材料，把干燥固着的 PUR 黏合剂胶层浸入到印刷时使用的溶剂和油脂中，例如甲乙酮和酒精，这些化学品对 PUR 胶层没有丝毫影响。而用传统的胶订，如 EVA 热熔胶，部分化学品会使其薄膜慢慢变软，甚至溶解，降低了胶订效果。

④书脊平整。采用普通 EVA 热熔胶装订横丝缕纸张时，在书籍的装订线处会起皱。PUR 热熔胶属于冷胶黏合剂，工作温度相对低，书脊处纸张的水分蒸发少，纸张不易起皱。此外，PUR 胶层在干燥过程中有一定的延展性，不会影响纸张的纤维方向，因此纸张不易起皱。

⑤书芯切口光滑。PUR 热熔胶是其他热熔胶涂胶厚度的一半，在切纸刀处不会有较厚的材料堆积，因此切口光滑无梯形，书封边缘也很光滑。

⑥回收过程有利于环保。由于 PUR 与纸张易分离，因此不会影响回收后的纸张质量。与 EVA 相比 PUR 柔韧性好，不易开裂，延长了书籍的使用寿命，减轻了对环境的污染。

PUR 非常适合高克重纸张的装订，以及一些需要经常在温度波动较大的条件下使用的书刊，如地图册等的装订。此外，年度报表和商业期刊装订也是 PUR 的一个主要应用市场，这些业务需要装订高级铜版纸和纹理不规则的艺术纸。相对锁线来说，

PUR 胶装在成本上更有优势，而且第四代 PUR 胶使联线扒圆成为可能，许多精装书生产厂家都在研究开发这种胶。

	PUR	EVA
黏结强度/（N/cm²）	15以上	5以上
耐久性/年	100	10
翻平性	良好	差
循环利用性	不易破裂，可滤除	易破裂，滤除困难
耐热性/℃	90	40
耐寒性/℃	−40	−5
耐溶剂性	良好	受溶剂影响
干燥时间	达到初始强度时间：3分钟 达到完全强度时间：1小时 达到最大强度时间：12小时	达到初始强度时间：若干秒 达到最大强度时间：30分钟

PUR 胶水是被罐装在铁桶或纸桶中，再用铝塑密封包装（图 11-4），开罐拆封后须马上放入 PUR 胶锅内，进入密封状态融熔，要防止 PUR 和空气过长时间接触而发生交联反应。

图 11-4 PUR 使用

（5）纸塑复合黏结剂

这种材料是丙烯酸酯和苯乙烯共聚物，外观是乳白色液体。其胶体有良好的黏结性能和所需要的黏度和膜弹性。纸塑复合黏结剂以水为分散介质（水溶剂），不易燃，无毒、无害，无刺激气味，是一种使用方便、黏结能力很强的水溶性黏结材料。

这种黏结剂随着装帧材料的创新（如封面材料中的 PVC 涂料纸、覆膜纸、塑料封面等）应用更广泛，在与纸张连接时必须用这种黏结剂，特别是涂塑、上光类封面的精装书壳与环衬的黏结，若三边出现粘不牢现象，用此胶便可粘牢。

（6）504 黏结剂

504 黏结剂是一种透明的液体黏结剂，可单独使用，也可与其他黏结剂混合使用，其黏结性能很强。在装订中，一般与其他黏结剂混合使用，如将 504 黏结剂与聚醋酸乙烯乳胶或面粉浆混合后，可黏结纸和 PVC 涂料纸、纸和塑料薄膜，黏结效果良好。

附　录

印后加工技术术语

术语是科学文化发展的产物。随着社会的发展进步，新概念大量涌现，必须用科学的方法定义、指称这些概念，于是人们在自己的语言中利用各种手段创制适当的词语来标记它们，这是术语的最初来源。印后加工技术术语是印后加工领域用来表示概念的称谓的集合。印后加工技术术语是通过语音或文字来表达或限定印后加工技术概念的约定性语言符号，是思想和认识交流的工具，是用来正确标记印后加工领域中的事物、现象、特性、关系和过程。由于书籍装订加工中的术语很多，加上地区和习惯的称呼不同，给学习和交流带来了很多困难。国家标准 GB/T9851.9—1990 规定了印刷技术中印后加工术语及其定义（或说明），为印后加工课程教学的顺利进行和学生的正确掌握，以及印后业内技术交流和探讨奠定了基础。掌握好印后加工技术术语有助于印后课程学习效率和操作技能的提高，也为印刷行业及与之有关专业编制标准和出版、教学、科研以及国内外技术交流提供了标准。

1. 印后加工

使印刷品获得所要求形状和使用性能的生产工序，例如书刊装订、纸张表面整饰、物品包装等。印刷技术是一个系统工程，主要分为印前、印刷、印后加工三大工序。

2. 装订

将印好的书页、书帖加工成册，或把单据、票证等整理配套，订成册本等的总称。

3. 平装

书籍常用的一种装订方式，以纸质软封皮为特征。平装又称“简装”。

4. 精装

一种精致的书籍装订方式，以装潢讲究和耐折、耐保存的装饰材料作封面为特征。精装主要采用较厚的封面，并对书封和书芯背脊、书角等进行造型加工。精装加工的特点是精致美观，牢固耐用，易翻阅，好保存，适合较厚或常用久放的书籍。

5. 锁线订

将配好的书帖逐帖以线串订成书芯的装订方式。即一种用棉、丝线等在书贴的最后一折缝线上，按照号码和版面的顺序逐帖穿联起来的方法。

6. 骑马订

指无书脊厚度的，在书脊处用铁钉或线固定书页的装订方式，属于平装形式之一。

7. 线装

中国传统的装订方式，用线把书页连封皮装订成册，订线露在外面。

8. 螺旋装

把打好孔的单张散页用一根螺旋形金属丝或塑料条穿在一起的装订方式。

9. 三眼订

在书籍的订口边上打上三个小孔，穿线结牢的一种装订方式。

10. 活页装

以各种夹、扎、粘等形式将散页连在一起的装订方式。即书籍簿册的封面和书芯不作固定订联，可以自由加入和取出书页的装帧形式。

11. 书芯

指书籍封皮以内或未上封皮之前已订在一起的书帖及环衬等。将折好的书帖按其顺序经配、订后的半成品称书芯（即毛本书）。

12. 书帖

把书籍印张按页码顺序折叠成帖。即将大张页（即全张）按号码及版面的顺序，折成几折后成为多张页的一沓称书帖。

13. 书页名

书芯的第一页，载有书名、作者和出版单位等内容。

14. 订口

书页装订部位的一侧，从版边到书背的白边。即书刊需要订联的一边、靠近书籍装订处的空白叫订口。

15. 切口

书页除订口边外的其他三边。通常切口指的是：“书页裁切的边。”

16. 环衬

连接书芯和封皮的衬纸。环衬的作用有两个：一是保护书芯不易脏损，二是可以与书封壳牢固连接。

17. 书背

书籍封面、封底连接的部分，相当于书芯厚度（只有起脊的精装书除外）。也指书帖配册后需订联的平齐部分。

18. 毛本

未裁切过的书芯。

19. 光本

三面按尺寸裁切过的书芯。

20. 封面

书刊的外层，包括封面、封底及书背。封面也称封皮、书衣、外封、皮子、书封等，是包在书芯外面的部分，有保护书芯和装饰书籍的作用。

21. 护封

套在书籍封皮外面印有书名和装饰性图案的封套，主要起着保护封面和广告作用。

22. 勒口

书籍封皮沿书口向里折叠的部分。是将封面边沿书芯前口切边向里折齐在封二和封三内的加工。为防止覆膜封面的翘边现象，通常采用勒口方式（图附-1）。

主要作用有三点：一是张贴作者信息，二是保护书芯，三是装饰、实用、美观。

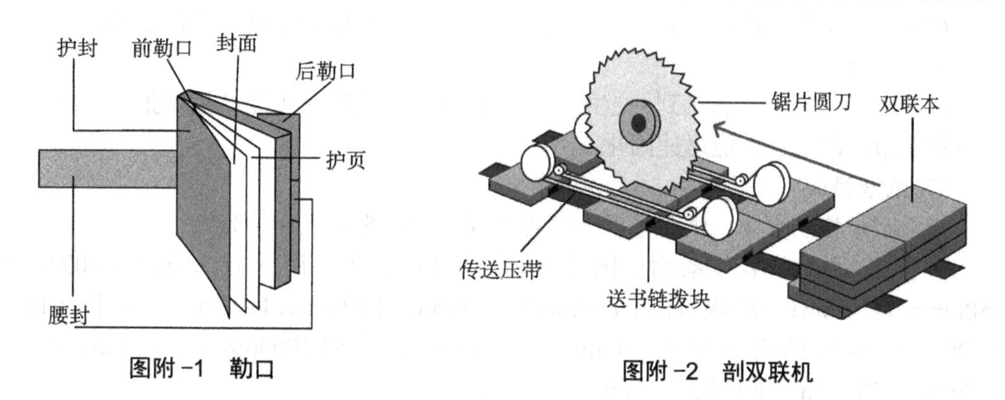

图附-1 勒口

图附-2 剖双联机

23. 双联装订

两本相联在一起的毛本书装订工艺。胶订双联本是用剖双联机分切的（图附-2）。

24. 插页

书刊中插入不成帖的零头页。一般插页内容与正文没有上下衔接关系；插页尺寸比开本尺寸略小；插页纸张或颜色与正文也可不相同。

25. 书芯加工

从印张加工成书芯的全过程，包括折页、配帖、锁线、订合、切净等。

26. 折页

将印张按照页码顺序折叠成书刊开本大小的书帖，或将大幅面印张按照要求折成一定规格的幅面。印前也称折帖，是检验拼版页面顺序正确与否的重要手段。

27. 配帖

将书帖或单张按页码顺序配集成书册的工序。配帖有两种方法：一是套配帖，二是叠配帖。

28. 压平

用压平机将书芯压实，排除书芯内空气，使书芯紧实。

29. 订书机

把书帖或散页装订成册的机器统称，可分锁线订书机、骑马订书机、胶订等。

30. 冷胶

施胶时不需加热的胶黏剂。

31. 零头页

零头页指未能放入整帖中的图表等零头页张。

32. 折页机

把大幅面印张按一定规格要求折叠成帖的机器。

33. 配页机

把书帖或散印书页按照页序配集成册的机器。

34. 三面切书机

用三面刀切净书芯三边的机器。三面刀由一把口子刀，两把侧刀组成。

35. 胶订联动线

从配帖、铣背、胶粘书芯、包封皮、三面裁切、堆积和打包的联合加工机械。

36. 热熔胶

在常温下是固体，加热到一定的温度就熔融成黏稠胶体（能粘接纸张等物体），一旦冷却到熔点以下，就能迅速固化。

37. 纸张幅面

指纸张规格的大小。纸张幅面有两种不同形式：平板纸和卷筒纸。

平板纸幅面有多种系列：国家标准（GB）系列常用的有 787mm × 1092mm、850mm × 1168mm；大幅面有 880mm × 1230mm、889mm × 1194mm，国际（ISO）标准系列常用的有 A 系列 841mm × 1189mm；B 系列 1000mm × 1414mm；C 系列 917mm × 1279mm。如：B5=176mm × 250mm。

常用卷筒纸幅面有：787mm；850mm；880mm；1092mm，卷长约为 6000m 左右。

38. 纸张的克重

纸张克重是以每张纸的每平方米（m^2）多少克（g）重为单位，记作 g/m^2，简称“克”。

39. 令数

印刷业中常用的计量单位之一，以每 500 张全张纸为一令。其计算公式如下。

总令数 = 装订总册数 × 每本书页数量 / 开数 ×500（一令）

封面令数 = 装订总册数 × 每本封面书页数量 / 开数 ×500（一令）

书芯令数 = 装订总册数 × 每本（书页减封面）数量 / 开数 ×500（一令）

40. 开数

表示书刊幅面大小的简称。指一全张纸上，排印多少版或裁切成多少块纸张。

41. 开本

是书刊或画片大小的术语。指一本书的大小，也就是书的面积。

通常把一张按国家标准分切好的平板原纸称为全开纸。把全开纸裁切成面积相等的若干小张称为多少开数；将它们装订成册，则称为多少开本。

42. 开本尺寸

是指书刊装订后的实际尺寸（净尺寸）。

43. 版芯

指图书版面上印有图文的部分。

44. 周空

指版心四周留出的一般约 2cm 宽的空白。天头，又称“上白边”，是处于版心上方白边；“地脚”，又称“下白边”，是处于版心下方白边；“订口”，又称“内白边”，是位于版心内侧的白边；“前口或翻阅口”，又称“外白边”，是位于版心外侧的白边。

45. 版面

指印刷好的每面书刊的幅面，包括图文和四周的余白（周空）。即指印刷成品幅面中图文和空白部分的总和。如书报杂志上每一页的整面。

46. 版权页

亦称版本记录页，版本说明，是每本书诞生的历史记录。印有书名全称、编辑单位、作者、出版、承印厂名、发行单位、版次（应标明某年某月，第 × 版第 × 次印刷）、开本（即全张纸规格长 × 宽的毫米积数及本书的开数）、字数（书版面字数以千为单位，如 32 万字，可写成 320 千字）、印张数、印数（标明本批印数，如再版则以上一版次印数为起始数：如第一次印 5000 本，本次再版印 3000 本，在印数上应写成 5001—8000 本）、插页数、书号、定价或注明“内部刊物”等。

47. 页

指书刊中的页张，一张为一页，两张为两页，一张页上有两个页码。

48. 页码

指书刊中每页张上印的号码，奇数页码在正面，偶数页码在背面，页码设计是书刊设计的一个必要环节。

49. 面

指页张上正反印的两个版面，每一页有两面，即正面和反面。

通常人们看书都习惯地说打开到第几页，其实这个页系指页码，而书刊计算中的“页”，包含着正反二面，系指这一页纸张。单个页码，称为面，也就是通常所说的一个“P”，如某客户说我这本书字版 180 个 P、彩图 12 个 P 等等，即是指单个页面。

50. 书脊

指书芯表面连接封面、封底的部分，即封面和书背交接处的上下窄线条，书脊宽度就是指上下窄线条的间距，相当于书芯厚度。精装书如经过扒圆起脊后高出书芯表面的凸出线条就是书脊，书脊宽度是圆孤周长。而骑马订书脊是一条窄线条，是没有书脊宽度的。

51. 衬纸

衬纸也叫衬页，指封面和书芯正文之间另粘的白张页，即封二和扉页之间或最后一页和封三之间的空白页。在精装、线装书籍中称为环衬。前者称为前环衬，后者称为后环衬。环衬必须在配页前与头尾粘书帖粘好。

前环衬同扉页合在一起，如果扉页印上文字，这种连接扉页的环衬称为假环衬。有些平装书为了节约成本，通常只采用前环衬，而不用后环衬。环衬按装饰特点可以是白纸或特种纸，也可以是印有与该书内容相关或无关的装饰图样。

52. 扉页

衬纸下面印有书名和出版单位的单张页，有的书刊衬纸和扉页印在一起称为筒子页，也称扉页衬。有的扉页纸上印有水印，起到防伪作用（图附 -3）。

53. 天头

指书刊每页正方上方的空白部位，即书刊最上方一行字头到书页边的距离。

54. 地脚

地脚位置与天头相反，指书刊正文最下一行文字的脚到书帖下面纸边距离。

55. 前口

前口也称口子或口子边。指订口相对的翻阅口、阅读边位置。

56. 订口

订口指书刊应订联部分的位置。

57. 左开本、右开本（图附 -4）

左开本指书刊加工后在阅读时，向左面翻开的方式。左开本书刊为横排版，即每一行字是横向排列着，阅读时文字从左往右、从上往下看，页码在上部或下部。

右开本在阅读时是向右面翻开的方式，右开本书刊为竖排版，即每一行字是竖向排列，阅读时文字从上至下、从右向左看，页码在左部。

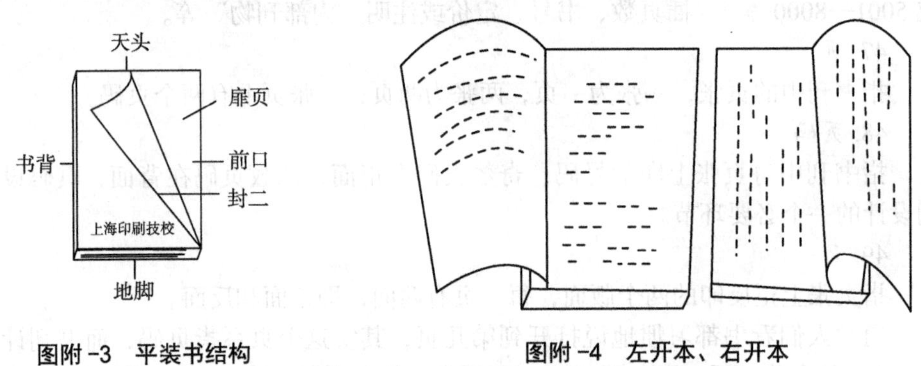

图附 -3　平装书结构　　　图附 -4　左开本、右开本

58. 刀花

开料和裁切时，纸边或书边的切口处留有凹凸不平的痕迹，或发毛的现象。

59. 帖码

每帖书背上印放的书帖序列码，是按帖数顺序编放的，其作用是在配页前按照书名与帖码顺序进行分类理号，防止其他书帖混入。在配页安放书帖时，可以查看误配差错。

60. 帖标

也称折标或黑方块，是装订毛本质量检查的标记。在检查毛本时，因每帖的帖标均按梯形排列，如有误配则一目了然。

61. 小页

小页是由于折页时折边不齐或配帖后碰撞不齐，经包面裁切成册后，有部分书页缩进书芯内，造成比应切尺寸小的页张。

62. 白页

无文字和图案的页面称为白页，两种情况下产生，一是全书装帧需要，如全书打开，起首第一页，最后一页，内封、扉页的反白。二是全书经印张分配后余数不足双页，加上一页白页。而印刷漏印正面或反面造成的白页，则属于严重印刷质量事故。

63. 跨页

跨页是指一幅图跨越相邻二个页面，也称拼图、合版等。彩版书较常见，黑白版也有发生，遇到此类页面，在施工单重要说明栏中，必须提请印刷、装订注意，防止印刷色差，装订拼图错位等现象发生。

64. 压痕线

压痕线是指在包封前沿着封面书脊上下压四条硬痕，作为封面的定位线。中间两条痕线是书芯的厚度，中间两条到外边两条的距离的痕位线是翻阅线。

65. 岗线

岗线是指封面在书背与封面或封底的连接处呈凸起楞线，即书背相邻的两个直角平面上出现的条岗线。

66. 死折

死折是印刷时承印物有皱褶，印刷后印刷品文字和图案出现断缺的现象。

67. 印张

印张即印刷用纸的计量单位。一全张纸有两个印刷面（正面、反面）。以一全张纸的一个印刷面为一印张，一全张纸两面印刷后就是两个印张，即全张纸幅面的一半（即一个对开张）两面印刷后称为一个印张。

印张是计算印刷和装订费用、纸张用量及其费用的基本单位。印张 × 开本 = 面数。

68. 书封壳（图附 -5）

书封壳也称书壳、封壳、壳子等，是精装书籍外套，一般指硬封面。

69. 书槽

书槽又称书沟或沟槽，指精装书套合后，封面和封底的书脊连接部分所压进去的两个沟槽。书糟的宽度与纸板厚度有直接关系。

70. 中径

书壳在展开平放时，精装书籍的书封壳里层封二到书封壳三之间的距离。书壳为圆背时，中径宽为圆背弧长加两个中缝的宽；书壳为方背时，中径宽为书背宽加两个中缝宽；若为方背假脊时，中径宽为书背宽加两个中缝宽再加两张封面纸板厚度。

71. 中径纸

中径纸指书封壳面料里层，中间所粘贴的纸板条或纸条，处于两个中缝之间。

72. 中缝

中缝指书壳在展开平放时，中径纸板与书壳相距的两个空隙。制作书壳时所留出的中缝是书壳与书芯联结和压槽成型时使用，可以使书籍美观大方、便于翻阅、结实耐用。

73. 中腰

中腰指精装书封壳面料外层的中间位置，即封一到封四面料表层的部分。

中腰宽度 = 中径宽度 +2 个中缝宽度

74. 接面与整面

精装书壳制作时，用两种以上材料连接而成的封面称接面；用一整张材料连接面成的封面称整面。

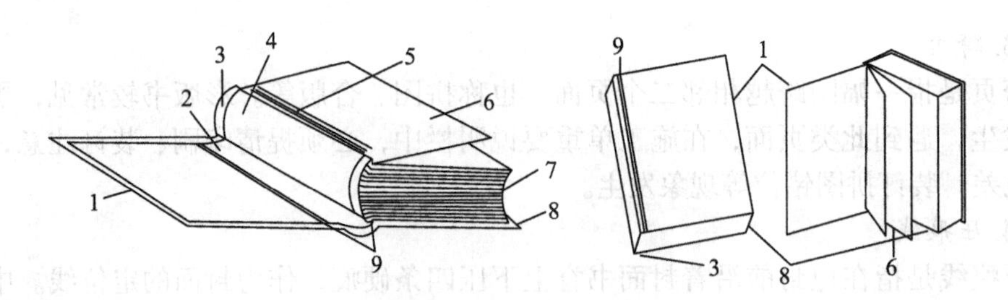

1—书封壳；2—中径纸；3—堵头布；4—书背纸；5—纱布；6—环衬；7—书芯；8—飘口；9—中缝（书槽）

图附 -5　精装书结构

75. 堵头布

堵头布也称绳头、花头布，是一种经加工后带有线棱的布带，粘在书芯后背两端，以牢固粘合和装饰精装书籍外观。

76. 飘口

飘口指精装书刊经套合加工后，书封壳大出书芯（切口）的部分。三面飘口一般为 3mm，也可根据书刊幅面大小增大或减小。飘口的作用是保护书芯和使书籍外形美观。

77. 方角和圆角

加工书刊和书册时，经裁切的书刊四角均呈 90° 的为方角；将前口上下两角切成圆势的称圆角，常见于精装书刊。

78. 活套与死套

活套和死套指精装套合的一种形式。活套，即书芯与封面成活络套。死套，即书芯环衬粘贴在书壳上。

79. 筒子纸

筒子纸指一折后的两页，并将两页口子用胶水接搭成筒形纸。筒子纸多用于厚度大的书籍书背上，一面粘在书背上，另一面粘在中径板上，以增加厚书强度，使之不扭曲变形。

80. 拇指索引

又称查阅踏步口索引，是在精装词典的书口冲孔并粘上字母的工艺，由于是按字母顺序或音序编排，检索查找十分方便，深受广大读者的喜爱（图附 -6）。

图附 -6　拇指索引

81. 书函套

包装书册的夹板、盒子、书套等统称为书函套。

82. 覆膜

覆膜是把塑料薄膜覆贴到印刷品表面，形成纸塑合一产品，起保护及增加光泽的作用。

83. 上光

上光是在印刷品表面涂上（或喷、印）一层无色透明涂料，起保护及增加光泽的作用。

84. 烫印

主要是采用加热和加压的办法，将图案或文字转移到被烫印材料表面。

85. 电化铝箔

电化铝箔是一种在薄膜片基上经涂料和真空蒸镀复加一层金属箔而制成的烫印材料。常用电化铝有基膜层、脱离层、颜色层、镀铝层、粘胶层五层组成。

86. 模切

把纸、纸板印刷品或其他形式坯料用模切刀按设计要求切成一定形状。

87. 压痕

把纸、纸板印刷品或其他形式坯料用压痕刀线按设计要求压出印痕，便于弯折。

如果压痕刀换成打孔刀（龙线刀），就能压出成排孔的易撕线（又叫打龙），常用于撕断处理的纸张。如：包装盒盖、邮票、门票、回执及正副券连接处，手一拉就断开。

88. 压凹凸

压凹凸是用凹凸模具在一定的压力作用下，使印刷品基材发生塑性变形。压凹凸需要制作一块凹版（金属版）、一块凸版（树脂版），并要求两块版有很好的配合精度。

89. 糊盒

将产品的某些部分通过粘合方法形成所需形状。如烟盒、酒盒、包装盒、书函套等。

90. 印刷拼版

印刷拼版就是将一些已经完成好的单板组成一块大的印刷版的过程。书籍工艺设计的核心就是拼版，不同的装订方式决定着拼大版的折页方式。

91. 自翻版印刷

自翻版印刷一般是印张正反面的图案完全相同，正反面都需要印刷的印刷品。自翻版印刷品沿中间裁切后可得两份同样的印刷品。

92. 十字线（图附 -7）

十字线是各色印版图文套印准确的依据。

93. 套准跟踪标识

为带圈十字线，一种自动检测校正跟踪标记。

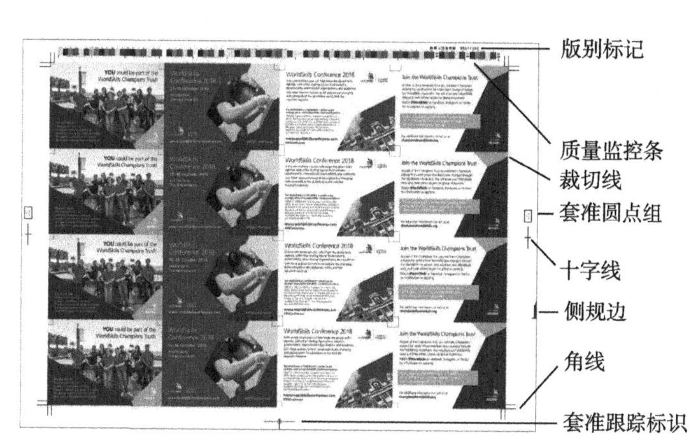

图附 -7 印刷标识

94. 侧规线

表明印张左、右定位的规线。

95. 角线

角线置于版面四角的十字规线，它标志着版面的尺寸。角线有单角线和双角线两种。

96. 版别标记

在印版上标记产品名称、版别（正、反）、序号、为印刷和装订等后工序提供方便。

97. 套准圆点组

套准圆点组是印刷套准检测软件的检测标识，能实现印刷套准的自动测量。

98. 质量测控条

质量测控条是彩色印刷中用于复制过程中控制和检测各工序复制质量的测试图。

99. JDF 文件

JDF 即活件描述格式文件，是一种基于 XML（可扩展标志语言）用于活件的描述及交换的开放式文件格式。这种格式使印刷使用者明确每一工序过程中必要的控制，指导生产装置去执行生产过程，并能用于前期业务管理与后期生产执行之间相互交换。

100. CIP4

CIP4 是由多家印刷产业的供货商以及学术团体所联合组成的商业策略联盟，该联盟致力制定通用的档案交换与数据分享格式以推动及实现上述的理想。CIP4 把 JDF 印刷数据文件通过网络把印前、印刷、印后加工实现数字化贯通，印刷数据通过网络在印后加工中得到采集、应用、反馈，使印后加工生产作业的响应速度更快，精准操作度更高。